정수와 암호론

Integers and Cryptography

최은미 저

북스힐

서문

정수론이란 제목이 말해주듯이 정수의 성질을 연구하는 학문입니다. 정수는 여러 종류의 수 체계 중에서 가장 기본인 것처럼, 정수론은 수학의 가장 기본이 되는 분야입니다. 실제로 초·중·고등학교 과정의 수와 연산, 문자와 식의 영역에서 다루는 소인수분해, 최대공약수, 최소공배수, 다항식의 곱셈공식, 인수분해, 약수와 배수, 나머지정리, 항등식, 다항식의 인수분해 등이 정수론의 주요 주제입니다.

피타고라스나 유클리드에 의하여 기원전 500년경부터 학문적 기초가 정립되었으며, 현대 정수론은 '마지막 정리'로 유명한 페르마로부터 시작되어, 오일러, 가우스, 힐베르트 등을 거치면서 발전해 왔습니다. 정수론의 연구 주제는 매우 세분화되고 다양해졌지만, 큰 틀에서 볼 때 소수 연구와 정수계수 방정식풀이 연구로 양분할 수 있습니다. 한편 연구 방법에 따라 해석적, 대수적, 산술적 정수론으로 분류하기도 합니다. 가우스는 학문적 아름다움과 가치로 인해 정수론을 수학의 여왕이라 부르기까지 했으며, 순수수학 중에서도 가장 순수한 분야라고 오랫동안 인식되어 왔습니다. 그러나 1950년이 이후 컴퓨터의 발전과 더불어 암호학이나 부호이론 등에의 응용성이 크게 부각되고 있습니다.

저자는 오랫동안 2, 3학년 대학생들에게 정수론을 강의해 왔습니다. 대학 환경이 시시각각으로 변화하는 상황에서 고등학교 과정의 연계성을 고려한 교재가 필요하게 되었습니다. 또한 정수론의 내용이 변한 것은 아니지만 전통적으로 이론과 엄밀한 증명을 요구하던 내용에서, 조금은 직관적인 사고와 추론을 기르는 강의로 바꾸어야 한다는 당위성도 생겼습니다. 아울러 정수이론의 응용으로서 암호론을 강조할 필요도 생겼습니다. 이 책은 기초 정수론을 위한 교재입니다. 학생들 눈높이에 맞추기 위해 어렵고 복잡한 증명 대신에 많은 예제를 다룸으로서 학생들이 단계별로 접근할 수 있게 했습니다. 학생들 쉽게 읽을 수 있게 구성하면서, 스스로 해결할 수 있는 수준의 예제는 교재에 빈 여백을 주어 자신의 아이디어를 쓸 수 있도록 했습니다. 연습문제의 해답을 충실히 넣었습니다.

부족함이 많은 책을 출판하면서 두렵기도 하지만 오류와 허점은 점차 수정 보완해 나가도록 하겠습니다. 마지막으로 책의 출판에 큰 도움을 주신 북스힐 관계자들께 감사드립니다.

2019년 3월

저자 최은미

차례

정수

두 정수 사이의 관계는 약수와 배수의 개념으로 설명될 수 있다.

1.1 정수의 성질(Integer)

두 정수 $a, b \in \mathbb{Z}$ 에 대하여, $b = ca$인 정수 c가 존재할 때, a를 b의 **약수**(divisor) 또는 **인수**(factor)라 하고 b를 a의 **배수**(multiple)라고 한다. 이것을 기호 $a \mid b$로 표현하고, 'a는 b를 나눈다' 또는 'b는 a로 나누어 떨어진다'라고 말한다.

정수에 관련된 수많은 성질을 알아 가는데 가장 기본이 되는 것은 다음에 배울 나눗셈 정리와 최대공약수 정리라고 할 수 있다. 이 두 정리는 기원전 300년경의 수학자 유클리드(Euclid)의 이름으로 설명되지만, 그 후 오랜 시간에 걸쳐 몇 가지 다른 방법의 증명이 만들어졌다.

정리 1.1 나눗셈 정리(Division algorithm)

정수 $a, b \in \mathbb{Z}\,(b > 0)$에 대해 $a = qb + r$를 만족하는 정수 q와 r이 유일하게 존재한다. 이 때 $0 \le r < b$가 된다.

증명 존재성과 유일성을 나누어 증명한다.

■ **존재성**

집합

$$S = \{a - xb \mid x \in \mathbb{Z},\ a - xb \ge 0\}$$

를 만들어보자. 그러면

$$a - (-|a|)b = a + |a|b \ge a + |a| \ge 0$$

이므로 S는 공집합이 아니다. 정수의 정렬성(Well Ordering Principle, 1.4절 참고)에 의해, S는 최소의 원소를 포함한다. 그 최소 원소를 r이라고 하면 $r \in S$이므로 적당한 $q \in \mathbb{Z}$ 가 존재하여

$$r = a - qb \geq 0$$

로 표현되어

$$a = qb + r \quad (r \geq 0)$$

라고 쓸 수 있다. 이제 $r < b$를 보이면 된다. 만일 $r \geq b$이라고 반대 가정을 하자. 그러면

$$0 \leq r - b = (a - qb) - b = a - (q+1)b$$

인데, 이것은 집합 S에 속하는 원소의 형태이다. 즉, $r - b \in S$이다. 그런데 $b > 0$이므로 $r - b < r$이 되어, r이 S에 속하는 최소의 원소라는 사실에 모순이다. 그러므로 $r < b$이다.

■ **유일성**

두 정수 a와 b를

$$a = qb + r \text{ 또한 } a = q_1 b + r_1 \quad (0 \leq r,\ r_1 < b)$$

의 두 방법으로 표현된다고 가정하자. 그러면

$$(q - q_1)b = r_1 - r$$

이 되어 $b \mid (r_1 - r)$이다. 그런데 $r_1 - r < b$이므로 $b \mid (r_1 - r)$가 성립할 수 있는 유일한 경우는 $r_1 - r = 0$일 때이다. 즉 $r_1 = r$이다. 그러면 $(q - q_1)b = 0$이며 $b \neq 0$이므로 $q = q_1$이다. ■

이 두 정수 q와 r을 각각 a를 b로 나누었을 때의 **몫**(quotient)과 **나머지**(remainder)라고 한다. 정리 1.1에서는 우선 b가 양수인 경우를 가정했다. b가 음수인 경우는 이 증명에서 부호부분만 처리를 해주면 되며, 연습문제로 남겨 놓는다. 따라서 나눗셈 정리는 $b \neq 0$인 모든 경우로 일반화될 수 있다.

참고 나눗셈 정리에 의해 임의의 정수를 양의 정수 k로 나누면 그 나머지에 의해 $kn, kn+1, kn+2, \cdots, kn+(k-1)$ (단, n은 정수)으로 분류되며, 임의의 정수는 이 중 어느 하나의 형태로 표현된다. ▎

정리 1.1에서 나눗셈 정리의 증명은 수학적으로 아름다운 아이디어를 가지고 있어서 공집합이 아닌 집합 S에 정수의 정렬성이라는 성질을 사용하여 최소 원소가 '존재'하는 것을 말함으로서 몫 q과 나머지 r의 존재성을 설명했다. 그러나 이러한 증명 방법은 '존재성'을 '이론적(theoretical)'으로 보여주기는 하지만, 그것들이 어떠한 값인지는 '실제적(practical)'으로 보여주지 못한다. 좀 더 현대적은 증명 방법에 따르면 q와 r에 대한 정보를 확실히 알 수 있다.

정의 1.1

$\lfloor x \rfloor$는 x 보다 작거나 같은 수 중에서 가장 큰 정수를 의미한다. 이때 기호 $\lfloor\ \rfloor$는 floor라고 부른다. 한편 $\lceil\ \rceil$는 ceil이라고 부르며 $\lceil x \rceil$는 x보다 크거나 같은 수 중에서 가장 작은 정수를 말한다. 그러므로

$$x-1 < \lfloor x \rfloor \le x \text{이며 } x \le \lceil x \rceil < x+1$$

이다. 실제로 $\lfloor\ \rfloor$과 $\lceil\ \rceil$는 가우스 기호 [ ]를 세분화 한 것이다.

예제 1.1

$\lfloor 3.14 \rfloor = 3$이며 $\lceil 3.14 \rceil = 4$이다.

정리 1.2 나눗셈 정리

주어진 정수 $a, b \in \mathbb{Z}(b > 0)$에 대해 $a = qb + r$를 만족하는 정수 $q, r \in \mathbb{Z}$가 유일하게 존재한다. 또한 $0 \le r < b$이다. 실제로 $q = \left\lfloor \frac{a}{b} \right\rfloor$이며 $r = a - \left\lfloor \frac{a}{b} \right\rfloor b$이다.

증명 $q = \left\lfloor \frac{a}{b} \right\rfloor$와 $r = a - \left\lfloor \frac{a}{b} \right\rfloor b$라고 하면 당연히 다음의 식을 만족한다.

$$a = \left\lfloor \frac{a}{b} \right\rfloor b + r = qb + r$$

이제 r의 크기가 $0 \le r < b$임을 보이면 충분하다. $\left\lfloor \frac{a}{b} \right\rfloor$의 정의에 의해

$$\frac{a}{b} - 1 < \left\lfloor \frac{a}{b} \right\rfloor \le \frac{a}{b}$$

이다. 그러므로 세 변에 각각 음수 $-b$를 곱하면

$$-(a-b) > -\left\lfloor \frac{a}{b} \right\rfloor b \geq -a$$

이며 세 변에 각각 a를 더하면

$$0 \leq a - \left\lfloor \frac{a}{b} \right\rfloor b < b$$

즉 $0 \leq r < b$가 된다. ■

약수와 배수

앞서 배웠듯이, 정수 a가 b를 나눌 때 기호 $a \mid b$로 표시하며, a는 b의 약수라 부르며, 한편 b는 a의 배수라고 부른다. 약수와 배수의 관계를 알아보자.

정리 1.3

정수 a, b에 대하여 다음이 성립한다.

(1) $1 \mid a$, $a \mid a$, $-a \mid a$ 또한 $a \mid -a$이다.

(2) $a \mid b$이면 $a \mid -b$이며, $(-a) \mid b$이고 또한 $(-a) \mid (-b)$이다.

(3) $a \mid b$이고 $b \mid c$이면 $a \mid c$이다.

(4) $a \mid b$이면, 임의의 정수 c 에 대하여 $a \mid bc$이다.

(5) $a \mid b$이고 $a \mid c$이면 $a \mid (b+c)$이며 $a \mid (b-c)$이다.

증명 이 정리를 증명하기는 쉬우므로 몇 개만 증명한다.

(1) $a = 1 \cdot a$이므로 정의에 의해 $1 \mid a$이며 또한 $a \mid a$이다.

(4) $a \mid b$이면 $b = aa'$(적당한 $a' \in \mathbb{Z}$)가 되므로 $bc = aa'c$이다. 따라서 $a \mid bc$이다.

(5) $a \mid b$이고 $a \mid c$이므로 $b = ab'$, $c = ac'$(적당한 $b', c' \in \mathbb{Z}$)가 된다. 그러므로

$$b \pm c = ab' \pm ac' = a(b' \pm c')$$

가 되어서 $a \mid (b \pm c)$이다. ■

1.2 최대공약수와 최소공배수(GCD와 LCM)

주어진 두 수의 약수와 배수가 유일하게 존재하는 것이 아니기 때문에, 그것들 중에서 특별한 의미를 갖는 **최대공약수**와 **최소공배수**가 중요한 역할을 한다.

정의 1.2

두 정수 a, b에 대하여

$$d \mid a \text{이며 } d \mid b$$

인 정수 d를 a와 b의 **공약수**(common divisor)라고 한다. 그리고 $a, b \in \mathbb{Z}$에 대하여, 다음 세 조건을 만족시키는 정수 d 를 a와 b의 **최대공약수**(greatest common divisor)라고 하고, 기호 $\gcd(a, b)$로 나타낸다.

(1) $d > 0$

(2) d는 a와 b의 공약수이다. 즉 $d \mid a$이며 $d \mid b$이다.

(3) 만일 $c \mid a$, $c \mid b$이면 $c \leq d$이다. 즉, d는 공약수 중에서 가장 큰 것이다.

정의 1.3

두 정수 a, b에 대하여

$$a \mid c \text{이며 } b \mid c$$

인 정수 c를 a와 b의 **공배수**(common multiple)라고 한다. 그리고 a, $b \in \mathbb{Z}$에 대하여, 다음 세 조건을 만족시키는 정수 l을 a와 b의 **최소공배수**(least common multiple)라 하고, 기호 $\mathrm{lcm}(a,b)$로 나타낸다.

(1) $l > 0$

(2) l 은 a 와 b의 공배수이다. 즉 $a \mid l$이며 $b \mid l$이다.

(3) 만일 $a \mid c$, $b \mid c$이면 $l \leq c$이다. 즉, l은 공배수 중에서 가장 작은 것이다.

예제 1.2

다음의 최대공약수에 대해 생각해 보자.

(1) $\gcd(14, 35)$　(2) $\gcd(-14, 35)$　(3) $\gcd(14, -35)$

(4) $\gcd(14, 0)$　(5) $\gcd(-14, 0)$

풀이

정리 1.4 최대공약수 정리

$a \neq 0$ 또는 $b \neq 0$일 때, $d = \gcd(a,b)$이라고 하자. 그러면 적당한 정수 $x, y \in \mathbb{Z}$가 존재하여 $d = ax + by$이 된다. 즉, a, b의 최대공약수는 a와 b의 일차결합으로 표현된다.

증명 집합

$$S = \{au + bv \mid au + bv > 0,\ u, v \in \mathbb{Z}\}$$

을 만들자. 그러면

(1) $S \neq \varnothing$ 인데, 왜냐하면 $u = \pm 1$, $v = 0$일 때 $0 < |a| = a(u) + b(0) \in S$이기 때문이다.

(2) 정수의 정렬성(Well ordering principle)에 의해, S는 최소 원소를 포함한다. 그 최소의 원소를 d라고 하자. 그러면 $d \in S$이므로 적당한 $x, y \in \mathbb{Z}$가 있어서

$$d = ax + by$$

로 표현된다.

(3) 이제 $d \mid a$이고 $d \mid b$임을 보이자. 나눗셈 정리에 의해 $a = qd + r$(적당한 $q, r \in \mathbb{Z}$ 이며 $0 \leq r < d$)라고 하자. 만일 $r > 0$이면

$$\begin{aligned} 0 < r &= a - qd \\ &= a - q(ax + by) \\ &= a(1 - qx) + b(-qy) \end{aligned}$$

가 되어 집합 S에 속한다. 즉 $r \in S$인데 $r < d$이므로 이것은 d가 S에 속하는 최소의 원소라는 점에 모순이 된다. 따라서 $r = 0$이고 $a = qd$, 즉 $d \mid a$이다. 이와 유사하게 $d \mid b$가 성립하는 것도 보일 수 있다.

(4) 마지막으로 $c \mid a$, $c \mid b$일 때, $c \leq d$를 보이자. $a \mid c$이며 $b \mid c$이므로 정리 1.3의 (4)와 (5)에 의해 $c \mid ax$, $c \mid by$이며 또한 $c \mid (ax + by)$이다. 따라서 $c \mid d$, 즉 $c \leq d$이다. ■

정리 1.5

$d = \gcd(a,b)$라고 하자. 그러면

(1) $d \mid a$이며 $d \mid b$이다. 또한 만일 $c \mid a$이며 $c \mid b$이면 $c \leq d$이다. 더욱이 $c \mid d$이다.

(2) $a = da'$, $b = db'$이며 $\gcd(a', b') = 1$가 되는 정수 a', b'이 존재한다.

증명 (1) 정리 1.4에 의하면, 적당한 $x, y \in \mathbb{Z}$가 존재하여 $d = ax + by$로 표현된다. 그런데 만일 $c \mid a$이며 $c \mid b$이면 $a = ca'$, $b = cb'$ $(a', b' \in \mathbb{Z})$가 되어

$$d = c(a'x + b'y)$$

즉, $c \mid d$이다.

(2) $a = da'$, $b = db'$인데, 만일 $\gcd(a', b') = k$이라면,

$$a' = ka'' \text{이며 } b' = kb''(a'', b'' \in \mathbb{Z})$$

이다. 따라서 $a = dka''$, $b = dkb''$가 되어 dk는 a와 b의 공약수이다.

그러므로 (1)에 의해 $dk \mid d$이므로 $k = \pm 1$이다. 그런데 k는 최대공약수이므로 양수인 $k = 1$이다. ■

정리 1.4에서 최대공약수가 존재하여 주어진 두 수의 일차결합으로 표현된다는 것이 이론적으로 증명되었지만, 실제로 어떻게 표현되는지는 확실히 드러나지 않는다. 이에 대해, 유클리드 호제법(알고리즘)은 두 수 a와 b의 (최대)공약수를 구할 수 있는 효과적인 방법일 뿐만 아니라 최대공약수를 a와 b의 일차결합으로 표현할 수 있는 방법을 구체적으로 알려준다.

정리 1.6

$a, b \in \mathbb{Z}$라고 하자. 그러면 임의의 $k \in \mathbb{Z}$에 대해 $\gcd(a, b) = \gcd(a - kb, b)$이다. 그러므로 만일 $a = bq + r(0 \le r < b)$이면 $\gcd(a, b) = \gcd(r, b)$이다.

증명 $\gcd(a, b) = d$이며 $\gcd(r, b) = n$라고 하자. $d \mid a$이고 $d \mid b$이므로 $d \mid a - bq$, 즉 $d \mid r$이다. 따라서 $d \le n$이다. 한편 $n \mid b$이고 $n \mid r$이므로 $n \mid bq + r$, 즉 $n \mid a$이다. 따라서 $n \le d$이다. 그러므로 $n = d$이다. ■

예제 1.3

$\gcd(1022222,\ 24555)$를 계산하여라.

풀이

$$\begin{aligned}\gcd(1022222, 24555) &= \gcd(1022222 - 41(24555), 24555)\\ &= \gcd(15467, 24555) = \gcd(15467, 9088)\end{aligned}$$

$$
\begin{aligned}
&= \gcd(6379, 9088) = \gcd(6379, 2709) \\
&= \gcd(961, 2709) = \gcd(961, 787) \\
&= \gcd(174, 787) = \gcd(174, 91) \\
&= \gcd(83, 91) = \gcd(83, 8) = 1
\end{aligned}
$$

유클리드의 알고리즘(호제법)(Euclidean Algorithm)

두 양 의정수 a, b에 대하여

$$
\begin{aligned}
b &= aq_1 + r_1, & 0 < r_1 < a \\
a &= r_1 q_2 + r_2, & 0 < r_2 < r_1 \\
r_1 &= r_2 q_3 + r_3, & 0 < r_3 < r_2 \\
&\vdots & \vdots \\
r_{n-2} &= r_{n-1} q_n + r_n, & 0 < r_n < r_{n-1} \\
r_{n-1} &= r_n q_{n+1} + r_{n+1}
\end{aligned}
$$

만약 $r_{n+1} = 0$이면

$$
\begin{aligned}
\gcd(a,\ b) &= \gcd(a,\ r_1) = \gcd(r_1,\ r_2) = \cdots \\
&= \gcd(r_{n-1},\ r_n) = \gcd(r_n,\ r_{n+1}) \\
&= \gcd(r_n,\ 0) = r_n
\end{aligned}
$$

이 성립한다. 또한 앞의 등식들을 맨 아래에서부터 반대로 차례차례 이용하면

$$\gcd(a, b) = as + bt$$

의 식을 만족하는 정수 s와 t를 구할 수 있다. 즉,

$$
\begin{aligned}
\gcd(a,\ b) = r_n &= r_{n-2} - r_{n-1} q_n \\
&= r_{n-2} - (r_{n-3} - r_{n-2} q_{n-1}) q_n \\
&= r_{n-2}(1 + q_{n-1} q_n) + r_{n-3}(-q_n) \\
&\vdots \\
&= as + bt
\end{aligned}
$$

이것으로부터 다음의 정리를 확인할 수 있다.

정리 1.7

$d=\gcd(a,b)$ 이면 적당한 $s,\ t\in\mathbb{Z}$ 가 존재하여 $d=as+bt$이다.

증명 유클리드 알고리즘으로부터 $\gcd(a,b)=r_n=as+bt$이다. ■

이것은 정리 1.4와 동일한데, 최대공약수를 주어진 두 수의 일차결합으로 표현하는 구체적인 방법을 알려준다.

예제 1.4

$\gcd(12321,8658)$을 계산하여라. 또한 최대공약수를 주어진 두 수의 일차결합으로 표현하여라.

풀이

위 정리의 역의 명제

'$x,y\in\mathbb{Z}$ 일 때 만일 $d=ax+by$이면 $d=\gcd(a,b)$이다.'

는 성립하는가? 이 질문에 대한 반례는 쉽게 만들 수 있다.

$$6=2\cdot1+4\cdot1,\ \text{그러나}\ \gcd(2,4)\neq6$$

더 나아가 다음과 같은 정리를 만들 수 있다.

정리 1.8

$a,b\in\mathbb{Z}$ 에 대해 $T=\{ax+by\mid x,y\in\mathbb{Z}\}$는 $\gcd(a,b)$의 배수들의 집합이다. 다시 말해서
(1) 만일 $k=ax+by\ \ (x,y\in\mathbb{Z})$이면 k는 $\gcd(a,b)$의 배수이다.
(2) 만일 s가 $\gcd(a,b)$의 배수이면 $s=au+bv$ (적당한 $u,v\in\mathbb{Z}$)이다.

증명 (1) $\gcd(a,b)=d$이며 $k=ax+by$라고 하자. $d\,|\,a$이고 $d\,|\,b$이므로 $d\,|\,ax+by$, 즉 $d\,|\,k$이다.

(2) s가 $\gcd(a,b)=d$의 배수이므로 $s=ds'(s'\in\mathbb{Z})$라고 하자. 정리 1.4에 의해 $\gcd(a,b)=d$는 a,b의 일차결합으로 $d=ax_0+by_0$ (적당한 $x_0,\ y_0\in\mathbb{Z}$)로 표현된다. 그러므로

$$s=ds'=(ax_0+by_0)s'=a(x_0s')+b(y_0s')$$

이어서 $u=x_0s',\ v=y_0s'$에 대해 $s=au+bv$로 표현된다. ■

정리 1.9

$\gcd(a,b)=1$일 필요충분조건은 적당한 $x,y\in\mathbb{Z}$가 존재하여 $1=ax+by$이다.

증명 정리 1.8 (1)에서 $1=\gcd(a,b)$이면 $1=ax+by$ (적당한 $x,y\in\mathbb{Z}$) 이다. 또한 (2)에서 $1=ax+by$이면 $\gcd(a,b)\,|\,1$이 되어서 $\gcd(a,b)=\pm 1$이다. 그러나 $\gcd(a,b)>0$ 이므로 $1=\gcd(a,b)$이다. ■

여기서 한 가지 질문을 해 보자.

'만일 $a\,|\,bc$이면 $a\,|\,b$이거나 $a\,|\,c$인가?'

반례를 쉽게 구성할 수 있다. 예를 들어 $4\,|\,12=2\cdot 6$이지만 $4\nmid 2$이며 또한 $4\nmid 6$이다. 마찬가지로 $10\,|\,20=4\cdot 5$이지만 $10\nmid 4$이며 $10\nmid 5$이다.

예제 1.5

$a\,|\,bc$이지만 $a\nmid b$이며 $a\nmid c$인 다른 예제를 생각해보자.

풀이 $a=6,\ b=3,\ c=4$라고 해 보자.

유클리드는 다음의 성질을 증명했다.

정리 1.10 유클리드 보조정리 (Euclid Lemma)

$a\,|\,bc$일 때, 만일 $\gcd(a,b)=1$이면 $a\,|\,c$이다.

증명 $a \mid bc$이므로 $bc = aa'$ (적당한 $a' \in \mathbb{Z}$)이다. 또한 $\gcd(a, b) = 1$이므로 정리 1.9에 의해 적당한 $x, y \in \mathbb{Z}$가 존재하여 $1 = ax + by$이다. 양변에 c를 곱하면

$$c = acx + bcy = acx + aa'y = a(cx + a'y)$$

가 되어서 $a \mid c$이다. ■

예제 1.6

다음 최대공약수를 구하여라. 또한 그것을 두 정수들의 일차결합으로 표현하여라.

(1) $\gcd(3,5)$ (2) $\gcd(12,42)$ (3) $\gcd(1022,245)$

풀이

1.3 배수 판정(Multiple)

$a \in \mathbb{Z}$, $a \geq 2$일 때, 임의의 양의 정수 b에 대하여 다음 등식을 만족시키는 정수들 m, r_0, r_1, ... , r_m이 존재한다.

$$b = r_m a^m + r_{m-1} a^{m-1} + \ldots + r_1 a + r_0$$

여기서 $m \geq 0$, $0 \leq r_i < a$ $(0 \leq i \leq m)$이다. 이 때 b를 $(r_m r_{m-1} \ldots r_1 r_0)$으로 나타내고 이를 b의 ***a*진법** 표현이라고 한다.

$a = 10$일 때, 즉 십진법의 표현이 보통 사용되는 숫자이다. 우리가 항상 쓰고 있는 정수들을 잘 살펴보면 배수에 관한 어떤 법칙을 발견할 수 있다.

정리 1.11

2의 배수는 1의 자리수가 짝수인 수들이다. 또한 5의 배수는 1의 자리수가 0 또는 5인 수들이다.

증명 쉽게 이해하기 위해, 십진법으로 표현된 다섯 자리수 $abcde$를 생각하자. 그러면

$$abcde = (abcd)10 + e$$

로 표현할 수 있다. 그러므로 $abcde$가 2의 배수이려면 e가 2의 배수, 즉 짝수이어야 한다. 마찬가지로 $abcde$가 5의 배수이려면 e가 5의 배수, 즉 $e = 0, 5$이어야 한다. 이제 임의의 자리수의 숫자에 대해서도 유사하게 증명할 수 있다. ■

정리 1.12

4의 배수는 마지막 두 자리수가 4의 배수인 수들이다. 또한 8의 배수는 마지막 세 자리수가 8의 배수가 되는 수이다.

증명 십진법으로 표현된 다섯 자리수 $abcde$는

$$abcde = (abc)100 + de = abc \cdot 25 \cdot 4 + de$$

로 표현되므로, 만일 de가 4의 배수이면 $abcde$는 4의 배수이다. 마찬가지로

$$abcde = (ab)1000 + cde ab \cdot 125 \cdot 8 + cde$$

이므로 만일 cde가 8의 배수이면 $abcde$는 8의 배수이다. 임의의 자리수의 숫자에 대해서도 유사하게 증명할 수 있다. ■

정리 1.13

3의 배수는 각 자리의 수의 합이 3의 배수가 되는 수이다. 9의 배수는 각 자리의 수의 합이 9의 배수가 되는 수이다. 11의 배수는 일의 자리로부터 두 자리 씩 더한 수가 11의 배수가 되는 수이다.

증명 십진법의 다섯 자리수 $abcde$는

$$\begin{aligned} abcde &= 10000a + 1000b + 100c + 10d + e \\ &= 9999a + 999b + 99c + 9d + (a + b + c + d + e) \\ &= 3(3333a + 333b + 33c + 3d) + (a + b + c + d + e) \\ &= 9(1111a + 111b + 11c + d) + (a + b + c + d + e) \end{aligned}$$

이므로 $a+b+c+d+e$ 가 3 또는 9의 배수이면 $abcde$는 3 또는 9의 배수이다. 또한

$$abcde = 9999a + 990b + 99c + (a + 10b + c + 10d + e)$$

$$= 11(1111a + 110b + 119c) + (a + 10b + c + 10d + e)$$

이므로 $a + (10b + c) + (10d + e)$가 11의 배수이면 $abcde$도 11의 배수이다. ■

예제 1.7

13563은 9의 배수인가? 11의 배수인가? 145431는 9의 배수인가? 11의 배수인가?

풀이 $1 + 3 + 5 + 6 + 3 = 18$은 9의 배수이므로 13563도 9의 배수이다.
또한 $63 + 35 + 1 = 99$는 11의 배수이므로 13563도 11의 배수이다.
한편 $31 + 54 + 14 = 99$, 즉 11의 배수이므로 145431는 11의 배수이다.

배수 판정에 대한 여러 규칙이 있다. 7의 배수, 9의 배수, 11의 배수 또한 13의 배수 등은 '5장 합동' 이론에서 다시 배운다.

정리 1.14

배수 판정에 대하여

- 연속한 2개의 정수의 곱은 2의 배수이고,
- 연속한 3개의 정수의 곱은 2 및 3의 배수이며,
- 연속한 4개의 정수의 곱은 2, 3 및 4의 배수이다.

실제로 연속한 정수 $\cdots, -3, -2, -1, 0, 1, 2, 3, 4, \cdots$에서

(1) 연속한 두 정수의 곱, 예를 들어 $(-2)\times(-1)$, 0×1, 1×2, 2×3들을 생각하면 어느 것이나 두 수 중 어느 하나는 2의 배수이고

(2) 연속한 세정수의 곱, 예를 들어 $(-3)\times(-2)\times(-1)$, $0\times1\times2$, $1\times2\times3$들을 생각하면 어느 것이나 세 수 중 어느 하나는 2의 배수이고 어느 하나는 3의 배수임을 알 수 있다.

연습문제

1. $b<0$ 일 때 나눗셈 정리를 증명하여라.

2. 최대공약수를 구한 후, 주어진 두 수의 일차결합으로 표현하여라.

   (a) 12345, 543　　(b) 9600123, 7892

   (c) 54390124, 3452　　(d) 12378, 3054

3. $a=12321$와 $b=8658$의 최대공약수 d를 a, b의 일차결합으로 표현하여라.

4. 유클리드 알고리즘을 사용하여 다음 두 수의 최대공약수와 최소공배수를 구하여라. 또한 구한 최대공약수를 주어진 두 수의 일차결합으로 표현하여라.

   (a) 8, -18　　(b) 657, 963　　(c) 589, 5111

5. $\gcd(198, 288, 512)=198x+288y+512z$ $(x, y, z \in \mathbb{Z})$의 형태로 표현하여라.

[6~13] 다음을 증명하여라.

6. $\gcd(a,b)=d$이면 $\gcd\left(\frac{a}{d}, \frac{b}{d}\right)=1$이다.

7. $a \mid c$, $b \mid c$이고 $\gcd(a, b)=1$이면 $ab \mid c$이다.

8. $\gcd(a, b)=1$이고 $c \mid a+b$이면 $\gcd(a, c)=\gcd(b, c)=1$이다.

9. $k>0$일 때, $\gcd(ka, kb)=k \cdot \gcd(a, b)$이다.

10. 임의의 양수 n과 임의의 정수 a에 대해 $\gcd(a, a+n)$은 n을 나눈다.

11. 임의의 정수 a에 대해 $\gcd(a, a+1)=1$이다.

12. 임의의 정수 a에 대해 $2 \mid (a+1)$이며 $3 \mid a(a+1)(a+2)$이다.

13. $\gcd(a, b)=1$이면

    (a) $\gcd(a+b, a-b)=1$ 또는 2이다.

    (b) $\gcd(a+b, a^2-ab+b^2)=1$ 또는 3이다.

1.4 귀납법(Mathematical induction)

자연수 집합 $N=\{1, 2, 3, \cdots\}$은, 다른 집합들, 예를 들어 정수 $\mathbb{Z}$, 유리수 $\mathbb{Q}$, 실수 $\mathbb{R}$, 복소수 $\mathbb{C}$ 집합이 갖지 않는 독특하고 중요한 성질을 갖고 있다. 이러한 성질은 귀납법, 강한 귀납법 그리고 정렬성의 세 형태로 표현된다.

1. 귀납법(The Principle of Mathematical Induction)

부분집합 $A \subseteq N$에 대해, 다음의 두 성질 ①과 ②)가 성립하면 $A=N$이다.

① $1 \in A$이고 ② $n \in A \Rightarrow n+1 \in A$

2. 강한 귀납법(The Principle of Strong Mathematical Induction)

부분집합 $B \subseteq N$에 대해, 다음의 두 성질 ①과 ②가 성립하면 $B=N$이다.

① $1 \in B$ 이고 ② $0, 1, \cdots, n \in B \Rightarrow n+1 \in B$

3. 정렬성(Well Ordering Principle)

부분집합 $C \subseteq N$에 대해 만일 $C \neq \varnothing$이면 C는 최소의 원소를 포함한다.

정리 1.15

귀납법, 강한 귀납법, 정렬성은 모두 동치이다.

증명 $1 \Leftrightarrow 2$는 생략하고, $2 \Leftrightarrow 3$을 보이자.

$(2 \Rightarrow 3)$ $C \subseteq N$ 라고 하자. 만일 $C=N$이라면, C는 최소 원소 1을 당연히 포함한다. 그러므로 $C \subset N$라고 하자. 또한 C는 최소의 원소를 포함하지 않는다고 가정하자. ($C=\varnothing$를 보이면 된다.) 집합 $B=N-C$를 만들자. 그러면 $1 \in B$이다. (만일 $1 \notin B$이면 $1 \in C$인데, 1은 C의 최소원소가 되어 가정에 모순이다.) 만일 $1, \cdots, n \in B$라고 하자. 그러면 $1, \cdots, n \notin C$이 되어, $n+1 \notin C$이다. (만일 $n+1 \in C$ 이면 $n+1$이 최소원소가 되어 모순이다.) 따라서 $n+1 \in B$이다. 이로서 집합 B는 (2)의 두 성질 ①, ②를 만족하므로, (2)에 의해 $B=N$이다. 따라서 $C=\varnothing$이다.

$(3 \Rightarrow 2)$ 집합 B는 (2)의 가정을 만족한다고 하자. (이제 $B=N$을 보이자.) $C=N-B$라고 하고, $C \neq \varnothing$ 이라고 하자. 그러면 가정 3에 의해 C는 최소의 원소를 포함하는데, 최소 원소를 c라고 하자. 그러면 $c-1 \notin C$ 이다. 그러므로 $c-1 \in B$이다. 이와 마찬가지로 원소들 $c-1, c-2, c-3, \cdots, c-(c-1)$는 모두 C에 속할 수 없어서, $1, \cdots, c-1 \in B$ 가 된다. 그러면 (2)의 가정 ② '0, 1,2, $\cdots$, $n \in B$이면 $n+1 \in B$이다'에 의해 $c \in B$이다. 그러므로 $c \notin C$ 이다. 이것은 $c \in C$에 모순이 되므로, $C=\varnothing$ 이어야 한다. 따라서 $B=N$ 이다. ■

Chapter 02

소인수분해

정수를 구성하는 가장 기본 성분이 소수이다.

2.1 소수(Prime number)

양의 정수 $p>1$의 약수가 ± 1과 $\pm p$뿐일 때, p를 **소수**(prime number)라 한다. 또한 소수가 아닌 정수 $a>1$를 **합성수**(composite number)라고 한다. 그러므로 n이 합성수일 동치조건은 $n=ab$ $(1<a,\ b<n)$ 인 정수 a와 b가 존재하는 것이다. 예를 들면 2, 3, 5, 7, 11, 13은 소수이고, 4, 6, 8, 10, 12, 14은 합성수이다.

참고 소수(decimal number, 小數)와 소수(prime number, 素數)를 분별하자. 또한 소수(少數)와도 다른 뜻이 있음을 기억해야 한다. ❙

정리 2.1

다음의 두 성질은 서로 동치이다.

(1) p는 소수이다.

(2) 정수 a,b에 대해 $p\mid ab$이면 $p\mid a$이거나 $p\mid b$이다.

증명 (1)⇒(2) 만일 $p\mid a$이면 증명은 끝난다. $p\mid ab$이며 $p\nmid a$라고 하자. 그런데 p가 소수이므로 $p\nmid a \Leftrightarrow \gcd(p,\ a)=1$이다. 따라서 $ab=pz$ $(z\in\mathbb{Z})$이며, 또한 정리 1.9에 의해 $1=px+ay$ $(x,y\in\mathbb{Z})$가 된다. 그러므로

$$b=pbx+aby=pbx+pzy$$

가 되어 $b=p(bx+zy)$, 즉 $p\mid b$이다.

(2)⇒(1) $0<d\mid p$라 할 때, $d=1$ 또는 $d=p$를 보이면 된다. $d\mid p$이므로 적당한

$d' \in \mathbb{Z}$ 에 대해

$$p = dd', \text{ 즉 } p \mid dd'$$

이다. 그러면 가정 (2)에 의해 $p \mid d$ 또는 $p \mid d'$이다. 만일 $p \mid d$이면 $d = \pm p$이다. 그런데 $d, p > 0$이므로 $d = p$이다. 한편 $p \mid d'$이면, $d' \mid p$이므로 $p = \pm d'$가 된다. 따라서 $p = d'$, 즉 $d = 1$이다. ■

위의 정리를 확장하면 다음과 같이 표현할 수 있다.

정리 2.2

p가 소수일 때, 정수 $a_1, a_2, \cdots, a_k \in \mathbb{Z}$에 대해 $p \mid a_1 a_2 \cdots a_k$라고 하자. 그러면 적당한 $1 \le i \le k$에 대해 $p \mid a_i$ 이다.

그렇다면 정수 중에 소수의 개수는 얼마일까? 이 물음에 대해 기원전 300년경에 유클리드는 저서 《원론 IV》에서 다음을 증명하였다.

정리 2.3 유클리드(Euclid)

소수는 무한히 많이 존재한다.

증명 모순법(귀류법)으로 증명한다. 유한개의 소수 $p_1, p_2, \cdots, p_k$만 존재한다고 가정하자. 그리고

$$m = p_1 p_2 \cdots p_k + 1$$

로 놓자. m이 1보다 큰 정수이며, m은 위에서 표시한 모든 종류의 소수들 $p_1, p_2, \cdots, p_k$ 중 어느 것과도 같지 않기 때문에 m은 합성수임이 분명하다. 따라서 m은 어떤 소수 p로 나누어진다. 즉, $p \mid m$이다. 가정에 의하여, p는 $p_1, p_2, \cdots p_k$ 중의 어느 하나이므로

$$p \mid m - (p_1 p_2 \cdots p_k)$$

즉, $p \mid 1$이다. 그러나 p는 소수이므로 $p \mid 1$은 불가능하다. 따라서 처음의 가정이 잘못되었고, 소수는 무수히 많다. ■

참고 위의 증명에서 말하는 $p_1p_2\cdots p_k+1$의 명제에 대해, $p_1p_2\cdots p_k+1$의 형태가 항상 합성수라는 것은 아니다. 이러한 형태의 소수인 것들도 있다. 예를 들어서

$$2+1=3$$
$$2\cdot 3+1=7$$
$$2\cdot 3\cdot 5+1=31$$
$$2\cdot 3\cdot 5\cdot 7+1=211$$
$$2\cdot 3\cdot 5\cdot 7\cdot 11+1=2311$$

위의 각 계산을 통해 얻은 $3, 7, 31, 211, 2311$은 모두 소수이다. 그러나 그 다음 계산은 $2\cdot 3\cdot 5\cdot 7\cdot 11\cdot 13+1=30031=59\cdot 509$가 되어 소수가 아니다. ∎

참고 소수가 무한히 많음을 증명하는 여러 방법이 있다. 위에서 소개된 유클리드의 증명법 (기원전 300년 경)은 이에 관련된 최초의 증명이다. 그 후에 2000년 이상이 지나면서 여러 증명법이 만들어져서 대략 12가지 증명법이 발표되었다. 이에 관련하여 골드바흐 (Glodbach, 1730)가 증명한 방법을 16장에서 페르마 소수를 배운 후에 볼 수 있다. ∎

2.2 소인수분해(Prime factorization)

양의 정수 n $(n>1)$이 소수이거나 또는 유한개의 소수들의 곱으로 나타내어질 때, n은 **소인수분해 된다**고 말한다. 즉

$$n=p_1p_2\cdots p_k \quad (p_i\text{는 소수, } 1\le i\le k)$$

는 n의 **소인수분해**(prime factorization)이다. 서로 다른 소수 p_i를 사용하면

$$n=p_1^{e_1}\cdots p_r^{e_r} \quad (e_i\ge 0,\ i=1,2,\cdots,r)$$

로 표현된다. 위와 같은 소인수분해는 소수들의 순서를 고려하지 않는다면 유일한 형태로 표현되며, 다음 정리로 요약된다.

정리 2.4 소인수분해 정리

임의의 정수 n $(n>1)$은 항상 소인수분해된다. 만일 $n=p_1p_2\cdots p_r$와 $n=q_1q_2\cdots q_s$를 n의 소인수분해라고 하면 $r=s$이고 또한 이 두 소인수분해는 인수의 순서만 다를 뿐이다.

증명 이 증명은 다른 교재에도 많이 있으므로 여기서는 생략한다. ■

위의 정리는 '계산의 기본정리 (The fundamental theorem in arithmetic)'라고도 불리는데, 정수의 성질에서 가장 기본이 되는 것 중에 하나이다. 이 정리를 '이론적(theoretical)'으로 증명하는 것은 어렵지 않다. 그러나 정수를 '실제적(practical)'으로 인수분해하기는 쉬운 일이 아니며, 소인수분해의 어려움은 암호론의 이론적 배경이 된다.

이렇듯이 이론적으로 증명하는 것과 실제적으로 이용하는 것 사이에 차이가 있다. 소인수분해의 문제는 이론적으로는 임의의 모든 정수가 항상 소수들의 곱으로 표현되며, 더욱이 이러한 표현방법은 소수들의 곱의 순서를 고려하지 않는다면 유일한 형태로 표시된다. 그러나 실제적으로는 주어진 정수가 소수인지를 판정하는 것도 쉽지 않은 일일 뿐만 아니라, 정수를 구체적으로 소인수분해하는 완벽한 방법은 현재까지도 알려진 바가 없다. 정수를 소인수분해하는 것이 어렵다는 사실은 많은 사람을 난처하게 만드는 일이기도 하지만, 바로 이것이 21세기 정보화 사회를 이끄는 암호에서 가장 핵심 이론이다.

어떤 정수가 주어져있을 때, 그 정수가 소수인지 합성수인지 어떻게 판별할 수 있을까? 또는 그 정수의 약수들을 어떻게 찾을 수 있을까? 가장 쉽게 생각되는 방법은 주어진 정수보다 작은 정수들로 한번 씩 나누어 보는 것이다. 만일 1과 자기 자신을 제외한 약수가 나오지 않는다면 그 정수는 소수이다. 이 방법이 매우 간단하게 보일지 모르지만 유용하다고 말할 수 없는데, 엄청난 시간과 작업이 소요되기 때문이다.

소수의 개념을 사용하여 최대공약수와 관련한 다음의 정리를 보일 수 있다.

정리 2.5

임의의 정수 a와 b에 대해 만일 $\gcd(a,b)=c$ 이면 $\gcd(a^2,b^2)=c^2$이다.

증명 $\gcd(a,b)=c$라고 했으므로

$$a=a_1c,\ b=b_1c \text{ 이며 } \gcd(a_1,b_1)=1$$

로 쓸 수 있다 (정리 1.5). c의 소인수분해를

$$c=p_1p_2\cdots p_t \quad (p_i\text{: 소수})$$

라고 하자. 그러면 a와 b의 소인수분해를 다음과 같이 쓸 수 있다.

$$a=a_1c=q_1q_2\cdots q_s\,p_1p_2\cdots p_t,\ b=b_1c=r_1r_2\cdots r_u\,p_1p_2\cdots p_t$$

여기서 모든 q_j와 r_k는 소수들이다. 그런데 만일 $q_i = r_k$인 것이 하나라도 있다면 $\gcd(a_1, b_1) = 1$에 모순이 되므로, 모든 i, k에 대해 $q_i \neq r_k$임을 알 수 있다. 그러면

$$c^2 = p_1^2 p_2^2 \cdots p_t^2, \quad a^2 = q_1^2 q_2^2 \cdots q_s^2\ p_1^2 p_2^2 \cdots p_t^2, \quad b^2 = r_1^2 r_2^2 \cdots r_u^2\ p_1^2 p_2^2 \cdots p_t^2$$

이 된다. 그러므로

$$c^2 \mid a^2,\ c^2 \mid b^2$$

이다. 또한 a^2과 b^2의 더 큰 공약수는 반드시 q_k와 r_j를 포함해야 하는데, 이것은 불가능이다. 따라서 $\gcd(a^2, b^2) = c^2$이다. ■

예제 1.8

$p \geq 5$인 소수이면, $3 \mid p^2 - 1$, $8 \mid p^2 - 1$ 또한 $24 \mid p^2 - 1$임을 보여라.

풀이 $p^2 - 1 = (p-1)(p+1)$이다.

우선 연속한 세 수 $p-1, p, p+1$을 생각해보자. 이 세 수중에서 적어도 하나는 3의 배수인데, p는 소수이므로 $3 \nmid p$이다. 따라서 $3 \mid (p-1)(p+1) = p^2 - 1$이다.

한편, p가 3보다 큰 홀수인 소수이므로 $p-1$과 $p+1$은 둘 다 짝수이며 차이가 2이다. 그러므로 $p-1$과 $p+1$ 중의 하나는 4의 배수이다. 따라서

$$8 \mid (p-1)(p+1) = p^2 - 1$$

이다. 따라서 $24 \mid p^2 - 1$이다.

위 예제는 다음과 같이 생각할 수도 있다.

6보다 큰 소수는 $6n \pm 1$ 로 표현할 수 있다. 그러므로

$$p^2 - 1 = (6n \pm 1)^2 - 1 = 36n^2 \pm 12n = 12n(3n \pm 1)$$

이다. n과 $3n \pm 1$ 중의 하나의 정수는 반드시 2의 배수, 즉

$$n(3n \pm 1) = 2k \quad (k\text{: 정수})$$

이다. 따라서 $p^2 - 1 = 24k$ 가 되어 $24 \mid p^2 - 1$이다.

참고 위 8장에서 합동의 개념을 배우면 더 쉽게 증명할 수 있다.

연습문제

1. 다음을 소인수분해하여라.

   (a) 1234 (b) 10140 (c) 36000 (d) 2747

2. $\gcd(a,\ b)=p$ (소수)일 때, $\gcd(a^2,\ b^2)$, $\gcd(a^2, b)$, $\gcd(a^3,\ b^2)$을 구하여라.

3. p, q가 소수일 때 다음을 증명하여라.

   (a) $p \mid a^n$ 이면 $p^n \mid a^n$ 이다.

   (b) $p \geq q \geq 5$이면 $24 \mid p^2 - q^2$이다.

   (c) $2 < p \neq 5$이면 p^2-1 또는 p^2+1은 10의 배수이다.

4. $a, b, c, m \in \mathbb{Z}$ 에 대하여 다음을 증명하여라.

   (a) $\gcd(a_1a_2a_3,\ m)=1 \iff \gcd(a_1, m)=\gcd(a_2,\ m)=\gcd(a_3,\ m)=1$이다.

   (b) $\gcd(a, b)=1 \iff \gcd(a^n,\ b^n)=1$이다.

   (c) $as+bt=\gcd(a,\ b) \Rightarrow \gcd(s,\ t)=1$이다.

   (d) $\gcd(a,\ b)=\operatorname{lcm}(a,\ b) \iff a=\pm b$이다.

   (e) $\gcd(3n+2,\ 5n+3)=1$이다.

   (f) $\gcd(a,\ b)=\gcd(a,\ a+b)=\gcd(a+b,\ b)$이다.

보충문제

1. $a, b>0$일 때 다음을 증명하여라.

   (a) $\gcd(a,\ b)\operatorname{lcm}(a,\ b)=ab$

   (b) $\gcd(ac,\ bc)=c\ \gcd(a,\ b)$

   (c) $\operatorname{lcm}(ac,\ bc)=c\operatorname{lcm}(a,\ b)$

2. 다음을 증명하여라.

   (a) $\gcd(a,\ b,\ c)\operatorname{lcm}(ab,\ bc,\ ca)=abc$

   (b) $\operatorname{lcm}(a,\ b,\ c)\gcd(ab,\ bc,\ ca)=abc$

(c) $\gcd(a, \operatorname{lcm}(b, c)) = \operatorname{lcm}(\gcd(a, b), \gcd(a, c))$

(d) $\operatorname{lcm}(a, \gcd(b, c)) = \gcd(\operatorname{lcm}(a, b), \operatorname{lcm}(a, c))$

(e) $\gcd(\operatorname{lcm}(a, b), \operatorname{lcm}(a, c), \operatorname{lcm}(b, c)) = \operatorname{lcm}(\gcd(a, b), \gcd(a, c), \gcd(b, c))$

3. $a, b, c, m \in \mathbb{Z}$ 에 대하여 다음을 증명하여라.

(a) $a \mid b$이면 $\gcd(a, c) \mid \gcd(b, c)$이다.

(b) $\gcd(a, b) = 1$이며 $m \mid a$ 이면 $\gcd(b, m) = 1$이다.

(c) $\gcd(a, b) = 1$이며 $m \mid (a+b)$이면 $\gcd(a, m) = \gcd(b, m) = 1$이다.

(d) $\gcd(a, b) = 1$이며 $a \mid m$, $b \mid m$이면 $ab \mid m$이다.

(e) $\gcd(a, b) = 1$이면 $\gcd(ac, b) = \gcd(c, b)$이다.

Chapter 03

소수 판정법

7을 나누는 수는 1과 7밖에 없으므로 7이 소수라는 사실은 소수의 정의에 의해 쉽게 알 수 있다. 반대로 10은 2와 5에 의해서도 나누어지므로 합성수이다. 그러면 소수의 정의를 사용하여, 예를 들어서 1357은 소수인지 혹은 2017이 소수인지를 판정할 수 있는가?

3.1 소수 판정의 방법들(Primality test)

소수 판정에 대한 기본적인 방법들로서 '에라토스테네스의 체', '제곱근을 이용하는 소수 판정법', '인수분해를 이용한 소수 판정법', '페르마의 작은 정리를 이용한 소수 판정법'을 차례로 알아보자.

예제 3.1

1517은 소수인가? 1019는 소수인가?

1. 에라토스테네스의 체

고대 그리스 수학자 에라토스테네스(Eratosthenes of Cyrene, 276~194 B.C.)는 유명한 알렉산드리아 도서관 관장이었다. 그는 지구 둘레를 계산해 냈는데 그 계산 값은 오늘날 알려진 지구 둘레의 값과 놀라울 만큼 일치하는 결과였다. 또한 주어진 n이하의 모든 소수를 찾아내는 훌륭한 도구로서 '에라토스테네스의 체(Sieve)'를 고안했는데, 각 자연수들의 배수를 제거해 나감으로써 원하는 수까지의 모든 소수를 찾는 것이다. 예를 들면, 1~100까지 생각해보자.

1 2 3 4 5 6 7 8 9 10
11 12 13 14 15 16 17 18 19 20
21 22 23 24 25 26 27 28 29 30
31 32 33 34 35 36 37 38 39 40
41 42 43 44 45 46 47 48 49 50
51 52 53 54 55 56 57 58 59 60
61 62 63 64 65 66 67 68 69 70
71 72 73 74 75 76 77 78 79 80
81 82 83 84 85 86 87

1은 소수가 아니므로 제외하고, 2는 소수이므로 남겨두고 그 이외의 모든 2의 배수를 모두 없앤다. 이어서 3을 남기고 3의 배수를 모두 없애고, 그 다음은 5, 7순서로 같은 방법을 되풀이되면 된다. (6은 2와 3의 배수이므로 계산할 필요가 없다.) 이와 같은 방법으로 계속해나가면 남은 수들 즉 100까지의 소수를 모두 찾아낼 수 있다.

1	2	3	4	5	6	7	8	9	10
11	12	13	14	15	16	17	18	19	20
21	22	23	24	25	26	27	28	29	30
31	32	33	34	35	36	37	38	39	40
41	42	43	44	45	46	47	48	49	50
51	52	53	54	55	56	57	58	59	60
61	62	63	64	65	66	67	68	69	70
71	72	73	74	75	76	77	78	79	80
81	82	83	84	85	86	87	88	89	90
91	92	93	94	95	96	97	98	99	100

한 걸음 더 나아가 삭제되는 숫자 배열의 패턴도 발견할 수 있다. 이렇게 배열할 경우 배수를 찾아내기 위해 소요되는 시간을 절약하고 확인을 할 수 있다. 이러한 '체'는 에라토스테네스 당시에는 상당히 유용했을 터이나, 정수 n이 큰 수일 때는 전혀 쓸모가 없는 방법이 될 것이다. 그러나 이 문제로부터 새로운 질문들이 많이 파생되어, 가장 큰 소수의 존재성 문제, 소수 개수의 무한성에 관한 문제, 소수의 분포에 관한 문제 등 수학적 과제가 많이 나오게 되었다.

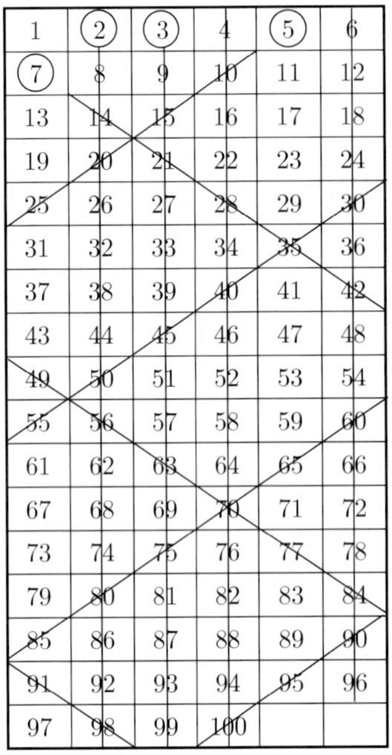

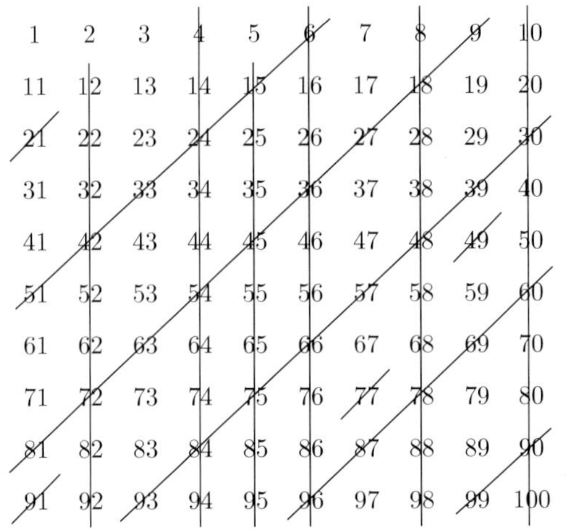

2. 제곱근을 이용하는 소수 판정법

주어진 정수 a가 소수인지 아닌지를 알기위해 a보다 작은 정수 b로 a를 나누어보게 된다. 이 때 b는 $1 \le b \le a$의 범위이지만 조금만 신중하게 생각하면 $1 \le b \le \dfrac{a}{2}$로 택할 수 있음을 쉽게 알 수 있다. 그러나 다음 정리는 $1 \le b \le \sqrt{a}$만으로 충분하다고 말해 준다.

정리 3.1 제곱근을 이용한 소수 판정법

1보다 큰 임의의 정수 a에 대해, 만일 a가 $\sqrt{a}$보다 작은 소수에 의해 나누어지지 않으면 a는 소수이다.

증명 a $(a > 1)$가 합성수이면 $a = bc$ $(1 < b, c < a)$로 쓸 수 있다. 만일 $b \le c$ 라고 가정하자. 그러면

$$b^2 \le bc = a, \text{ 즉 } b \le \sqrt{a}$$

이다. 다시 말해서 a는 $\sqrt{a}$ 보다 작은 인수 b를 갖는다. 만일 b가 소수가 아니라면 b의 소인수 p가 존재하여 $p \mid b$이다. 그러므로 $p \le b \le \sqrt{a}$이며 $p \mid a$이다. 따라서 a는 $\sqrt{a}$ 보다 작거나 같은 소인수 p를 갖는다. ■

위의 정리에 의해 정수 $a>1$의 소수성 테스트는 $\sqrt{a}$를 넘지 않은 소수에서 확인할 수 있게 된다. 이것을 대우명제의 형태로 표현하면 다음과 같다.

정리 3.2

a가 합성수이면 a는 $\sqrt{a}$ 보다 작거나 같은 소인수를 반드시 갖는다.

예제 3.2

$a=509$는 소수인가 합성수인가?

풀이 $\sqrt{509}$는 $22<\sqrt{509}<23$이므로, 22보다 작은 소수에 의해 나누어지는지 알아보면 된다. 그런데 22보다 작은 소수들인 $2,3,5,7,11,13,17,19$는 509를 나누지 못하므로 509는 소수이다.

예제 3.3

1601은 소수인가 합성수인가?

풀이 $\sqrt{1601}\approx 40.012$ 이므로 40보다 작은 소수들 $2,3,5,7,11,13,17,19,23,29,31,37$로 한번 씩 나누어 본다. 이 중 어느 것에 의해서도 나누어지지 않으므로 1601은 소수이다.

예제 3.4

481은 소수인가 합성수인가?

풀이

제곱근을 이용한 소수 판정은 상당히 좋은 방법이나. 그러나 이 경우도 정수 n의 자리수가 상당히 커서, 실제로 $\sqrt{n}$을 택하여도 여전히 큰 수인 경우는 그다지 사용할 만한 판정법이 아님이 분명하다. 또한 이런 방법의 효능은 $\sqrt{n}$보다 작은 소수의 개수에 연관되므로, 소수의 개수를 먼저 확인할 수 있을 장치가 필요하다.

가우스(Gauss)와 아다마르(Hadamard)는 자연수 n이 주어져 있을 때, 1부터 n 까지의 소수의 개수 $\pi(n)$를 계산했다. n의 값이 커지면 $\pi(n)$은 근사값으로 $\frac{n}{\ln n}$에 수렴한다고 했는데, 이것이 소수 개수에 관한 정리이다.

정리 3.3 소수 개수에 관한 정리(Prime Number Theorem, PNT)

자연수 n을 넘지 않은 소수의 개수 $\pi(n)$은 n이 커지면 근사적으로 $\frac{n}{\ln n}$이 된다. 즉

$$\pi(n) \approx \frac{n}{\ln n} \text{ 또는 } \lim_{n\to\infty}\left(\frac{\pi(n)\ \ln n}{n}\right) = 1$$

(여기서 $\approx$은 근삿값을 나타낸다.)

증명은 생략한다.

예제 3.2에서 $\sqrt{509}$ 보다 작은 소수의 개수 $\pi(\sqrt{509})$는 불과 8개이므로 그 각각의 값으로 509를 나누어 보는 것은 쉬운 일이다. 그러나 주어진 n이 몹시 큰 경우는, $\sqrt{n}$ 보다 작거나 같은 소수의 개수 $\pi(\sqrt{n})$ 도 상당히 많을 것으로 예상되며, 실제로 소수 개수에 관한 정리에 의하면, $\pi(\sqrt{n})$의 근사값은 $\frac{\sqrt{n}}{\ln\sqrt{n}}$이 된다. 즉,

$$\pi(\sqrt{n}) \approx \frac{\sqrt{n}}{\ln\sqrt{n}} = \frac{2\sqrt{n}}{\ln n}$$

이 된다.

예제 3.5

$\sqrt{509}$ 보다 작은 소수는 몇 개있는가?

풀이 n보다 작은 소수의 개수는 $\pi(n) \approx \frac{n}{\ln n}$이므로, $\sqrt{n}$ 보다 작은 소수의 개수는 $\pi(\sqrt{n}) \approx \frac{\sqrt{n}}{\ln\sqrt{n}} = \frac{2\sqrt{n}}{\ln n}$이다. 따라서

$$\pi(\sqrt{509}) = \frac{2\sqrt{509}}{\ln 509} \approx \frac{45.12}{6.2} \approx 7.27$$

이다(이 값은 $\pi(\sqrt{509})=8$과 거의 일치함을 볼 수 있다).

1792년에 불과 15세였던 가우스는 소수의 개수 $\pi(x)$의 근삿값을

$$\pi(x) \approx \int_2^x \frac{1}{\ln} t\,dt \quad \text{즉,} \quad \lim_{x\to\infty} \frac{\pi(x)}{\int_2^x \frac{1}{\ln t}\,\mathrm{dt}} = 1$$

으로 나타냈다. 아래 표는 근삿값이 어느 정도 정확한지를 보여준다.

x	$\pi(x)$	$x/\ln(x)$	$\frac{\pi(x)}{x/\ln(x)}$	$\frac{\pi(x)}{\int_2^x \frac{1}{\ln t}\,\mathrm{dt}}$
10	4	4.3	1	
10^2	25	21.7	1.15	
10^3	168	144.8	1.160	0.9438202
10^4	1,229	1,085.7	1.132	0.9863563
10^5	9,592	8,685.9	1.104	0.9960540
10^6	78,498	72,382.4	1.085	0.9983466
10^7	664,579	620,420.7	1.071	0.9998944
10^8	5,761,455	5,428,681.0	1.061	0.9998691
10^9	50,847,534	48,254,942.4	1.054	0.9999665
10^{10}	455,052,512	434,294,481.9	1.048	0.9999932

조금 더 효과적인 인수분해법을 알아보자.

3. 인수분해를 이용한 소수 판정법

1643년에 페르마(Fermat, P)는 메르센(Mersenne, M)과의 서신에서 큰 수들의 인수를 찾아내는 방법에 대해 설명하였다. 이것은 $\sqrt{n}$을 넘지 않은 모든 소수를 나누어 n의 인수를 알아냈던 고전적 방법에서 한 단계 진보한 것이다. 이것은 꽤 오래된 방법임에도 불구하고 서로 크기가 엇비슷한 소수들로 인수분해되는 수에 대하여 적용할 수 있는 매우 유용한 방법이다.

페르마의 인수분해 방법은 다음과 같은 사실들에 기초하고 있다. 만일 정수 n이 두 제

곱수의 차로 나타진다면,

$$n^2 = x^2 - y^2 = (x-y)(x+y)$$

로 인수분해 할 수 있다. 물론 여기서 두 수 x와 y의 차는 1인 경우는 제외한다. 한편 $n = ab$ $(a \ge b)$인 합성수일 때 위 식을 이용하여 x, y를 구할 수 있다.

이것을 정리하면 다음의 정리로 표현될 수 있다.

정리 3.4 페르마의 인수분해법

$n > 1$ 은 홀수인 정수라고 하자.

(1) $n = x^2 - y^2$이 정수근을 가지면 (단, 두 정수근의 차이가 1은 아님) n은 합성수이다.

(2) 반대로 만일 n 이 합성수이면 방정식 $n = x^2 - y^2$ 은 정수근을 갖는다.

증명 (1) $n = x^2 - y^2$이 차이가 1이 아닌 정수근을 갖는다고 가정하고, 그 정수근을 (s, t)라고 하자. 여기서 $|s-t| \ne 1$이다. 그러면

$$n = s^2 - t^2 = (s-t)(s+t)$$

인데, $|s-t| \ne 1$이므로 n은 합성수이다.

(2) 홀수 n이 합성수라고 가정하자. 그러면 $n = ab$ $(a \ge b > 1)$로 표현할 수 있으며, 이것은

$$n = \left(\frac{a+b}{2}\right)^2 - \left(\frac{a-b}{2}\right)^2$$

로도 나타낼 수 있다. 여기서 n은 홀수이므로 a,b도 홀수이며 $a, b \ge 3$이다. 그러므로 $\dfrac{(a+b)}{2}$ 와 $\dfrac{(a-b)}{2}$ 는 정수로서 방정식 $n = x^2 - y^2$의 정수근이 된다. ■

참고 $5 = 3^2 - 2^2$으로 표현되지만 5는 소수이다. 이것은 3과 2의 차이가 1이기 때문이다.

예제 3.6

3127이 소수인지 알아보자.

풀이 $\sqrt{3127} \approx 55.9$ 인데, $56^2 - 3127 = 9 = 3^2$ 이므로

$$3127 = 56^2 - 3^2 = 59 \cdot 53$$

이다. 이 경우는 단 한번의 과정으로 인수분해가 된다.

예제 3.7

119143이 소수인지를 알아보자.

풀이 $$354^2 < 119143 < 346^2$$

이므로, $k^2 - 119143$에 의해 다음과 계산한다.

$$346^2 - 119143 = 119716 - 119143 = 573$$
$$347^2 - 119143 = 120409 - 119143 = 1266$$
$$348^2 - 119143 = 121104 - 119143 = 1961$$
$$349^2 - 119143 = 121801 - 119143 = 2658$$
$$350^2 - 119143 = 122500 - 119143 = 3357$$
$$351^2 - 119143 = 123201 - 119143 = 4058$$
$$352^2 - 119143 = 123904 - 119143 = 4761 = 69^2 \quad (7\text{단계})$$

그러므로

$$119143 = 352^2 - 69^2 = (352 + 69)(352 - 69) = 421 \cdot 283$$

가 되어 (물론 421과 283은 소수이다.) 119143는 합성수이며 구체적으로 인수분해할 수 있다.

예제 3.8

(1) 23449는 소수인가 합성수인가?

(2) 2027651281는 소수인가 합성수인가?

풀이

1. $\sqrt{23449} \approx 153.1$이므로,

$$(154)^2 - 23449 = 23716 - 23449 = 267 \qquad (2\text{단계})$$
$$(155)^2 - 23449 = 24025 - 23449 = 576 = 24^2$$

그러므로 $23449 = (155 + 24)(155 - 24) = 179 \cdot 131$인 합성수이다.

2. $\sqrt{2027651281} \approx 45029.44$이므로,

$$(45030)^2 - 2027651281 = 202700900 - 2027651281 = 49619$$
$$(45031)^2 - 2027651281 = 202790961 - 2027651281 = 139680$$
$$\cdots\cdots$$
$$(45040)^2 - 2027651281 = 950319 \qquad (12단계)$$
$$(45041)^2 - 2027651281 = 1040400 = (1020)^2$$

이 되어, 결국 $2027651281 = 44021 \cdot 46061$로 소인수분해할 수 있다.

예제 3.9

위의 방법으로 9961이 소수인지 합성수인지 판정하여라.

풀이

페르마의 인수분해 방법이 획기적인 아이디어임에는 분명하지만, 큰 단점을 가지고 있다. 예를 들어 소수인지 합성수인지를 판단하려는 정수 n이 소수인 경우라면, 예컨대 509처럼 간단한 소수일지라도, 페르마의 방법에 의해, $k^2 - 509$로부터 페르마의 알고리즘을 반복하게 되면, $(k+i)^2 - 509$의 어떤 값도 결코 제곱수의 형태로 표시되지 않을 것이다 (509가 소수이기 때문이다.) 그렇다면 절대로 나오지 않을 결과를 위해 무작정 페르마의 알고리즘을 반복하는 헛수고를 하게 될지도 모른다. 그러나 페르마의 인수분해방법은 주어진 정수가 유사한 크기의 두 수의 곱으로 표시될 때는 상당히 유용한 판정법이 된다.

페르마의 인수분해 방법을 효과적으로 이용하기 위해 필요한 것이 무엇일까?

(1) 주어진 수가 소수일 때는 무한히 많은 단계를 거듭하더라도 결코 원하는 결과를 얻을 수 없다. 따라서 우선 결정해야할 일은, 적어도 몇 단계를 반복하는 것으로 충분한지에 관한 문제이다.

예를 들어 $n=6699557$의 소수성을 판정하자. $\sqrt{6699557}=2588.35\cdots$ 이므로

$$(2589)^2-n=6702921-6699557=3364=58^2$$

이 되어, $6699557=(2589-58)(2589+58)=2531\cdot 2647$로 단 한 단계 만에 인수분해를 할 수 있다. 이것은 두 개의 인수 2531과 2647의 크기가 거의 같기 때문이다.

한편 $n=26504551$의 소수성을 판정하자. $\sqrt{26504551}=5148.26\cdots$ 이므로

$$(5148)^2-n,\ (5149)^2-n,\ (5150)^2-n,\ \cdots$$

를 차례로 계산해도 결과가 완전제곱수로 나오는 단계가 쉽게 발견되지 않는다. 그러나 무려 692번째 단계에서

$$(5840)^2-n=34105600-26504551=7601049=(2757)^2$$

이 되어 $26504551=8597\cdot 3083$으로 인수분해된다. 우리가 손으로 692번의 단계를 반복한다는 것은 쉽게 할 만한 일은 아닐 것이다.

(2) 또한, 나타난 결과들 (가령, 49619, 139680, $\cdots$)을 보면서 그 수가 어떤 수의 제곱수인지를 판정할 수 있으면 도움이 될 것이다. 이에 대해, '0 부터 99 사이의 정수 중, 제곱을 한 결과의 마지막 두 자리 수는 모두 22종류이다.'

00	21	41	64	89
01	24	44	69	96
04	25	49	76	
09	29	56	81	
16	36	61	84	

이 밖에 소수 판정에 대한 여러 방법들은 합동에 대한 이론을 먼저 배운 후에 이해할 수 있다.

4. 페르마의 작은 정리를 이용한 소수 판정법

페르마 작은 정리는 간단히 '페르마 이론'이라 부르기도 한다. 이 이론은 중국인 가정 (즉, 정수 n이 소수이면 2^n-2은 n에 의해 나누어지며 그 역도 성립)과 오일러의 이론 ($a^{\phi(n)}\equiv 1(\mathrm{mod} n)$, 이때 $\gcd(a,n)\equiv 1$)을 일반화 시킨 것이다.

정리 3.5

만일 p가 소수이고 $p \nmid a$이면 a^{p-1}을 p로 나누면 나머지가 1이 된다. 즉 $a^{p-1} \equiv 1 (\bmod p)$이다.

이 정리의 증명은 7장에서 페르마의 정리를 배운 후에 한다.

예제 3.10

$2^{11-1} = 2^{10} \equiv 1(\bmod 11)$이다.

이 이론은 $2^n+1,\ n \geq 0$ 형태의 수들 중에서 소수 여부를 알아보는데 이용되지만 그 외의 소수성을 확인하려는 경우에는 효과적인 방법은 아니다. 이 정리가 페르마에 의해 증명되었더라도 첫 증명은 오일러에 의해 1749년 발표되었다. 이것이 페르마 작은 정리를 최초로 설명한 것인지는 분명하지 않다.

3.2 암호에서의 소수 판정(Primality test in cryptography)

수학에서 소인수분해 문제는 주어진 정수를 소수의 곱으로 나타내는 것이다. 예를 들어, 45를 소인수분해 하면 $3^2 \cdot 5$가 된다. 또한 그 인수분해는 유일하다. 두 개의 큰 소수가 주어졌다면, 그 두 소수를 곱하는 것은 어려운 일이 아니다. 그러나 그 반대로 어떤 큰 수가 있다면 인수를 찾기는 일반적으로 어렵다. 이러한 시스템적 어려움은 암호작성법과 관련되어 발전하였다. 만일 인수분해를 하는 빠른 방법이 발견된다면 여러 중요한 암호의 시스템이 깨질 것이다.

1. 소인수분해의 문제점과 난이도

임의의 정수를 소인수분해 하는데 직접적인 방법은 나누어 보는 것이다. 하지만 이 방법은 숫자가 커질수록 시간과 노력이 많이 요구된다. 따라서 많은 수학자들은 소인수분해를 효과적으로 하는 알고리즘을 연구하고, 빠르게 발전되고 있는 컴퓨터를 이용하여 소인수분해를 해결하려 노력하고 있다.

가령, 합성수 N을 소인수분해하기 위해 $N-1$까지의 모든 수로 나누는 대신 $\sqrt{N-1}$까지의 소수로만 나누면 된다. 이런 향상된 알고리즘은 컴퓨터를 이용하여 다듬어져 어느 정도 크기의 큰 수에 대해서는 그 결과를 신속히 얻을 수 있다. 그러나 합성수 N이 $2^{193}-1$과 같은 수일 경우 위 알고리즘을 이용해 첫 번째 소인수 13,821,503은 쉽게 찾을 수 있지만, 두 번째 소인수는 훨씬 떨어진 곳에 있다. 이 두 번째 소인수를 찾기 위해서 매초 10억 회의 나눗셈을 수행하는 컴퓨터를 수행한다면 약 35,000년이 걸릴 것이라 한다. $2^{193}-1$의 소인수분해는 수학자 포메란스(Pomerance, C.), 웨크스태프(Wagstaff, S.S. Jr.)가 찾아냈는데 다음과 같다.

$$N = 13,821,503 \times 6,165,444,023,348,340,616,559$$
$$\times 14,732,265,321,145,317,331,353,282,383$$

이러한 어려운 소인수분해는 컴퓨터를 이용하여 해결하기 때문에 소인수분해를 실행하는 것은 컴퓨터의 속도를 측정하는 기준이 되었다. 1994년에 여러 수학자들이 전 세계 400여대의 컴퓨터를 동원하여 'RSA 129'라고 불리는 129자리의 숫자를 인수분해하는데 성공하였는데 다음과 같다.

$n =$ 114,381,625,757,888,867,669,235,779,976,146,612,010,218,296,721,242, 362,562,561,842,935,706,935,245,733,897,830,597,123,563,958,705,058, 989,075,147,599,290,026,879,543,541

이 때, $n = pq$가 되는 두 소수 p와 q는

$p =$ 3,490,529,510,847,650,949,147,849,619,903,898,133,417,764,638,493,387, 843,990,820,577

$q =$ 32,769,132,993,266,709,549,961,988,190,834,461,413,177,642,967,992,942, 539,798,288,533

이다. 만일 슈퍼컴퓨터 1대로 했다면 20년은 걸렸을 것이라고 한다.

이러한 소인수분해의 어려운 점을 수의 크기에 관계없이 정확히, 효율적으로 계산할 수 있는 소인수분해법을 발견해 나가는 것이 현재 해결해야 할 문제이다.

2. 소인수분해의 어려운 점의 활용

앞서 말했듯이 소인수분해의 어려운 점이 가장 많이 이용되는 곳은 바로 암호 분야다.

암호는 보안을 중시하는 현대에 암호 전문인뿐만 아니라 일반인들에게도 많은 관심대상이다. 암호에 있어 가장 중요한 문제는 다음과 같은 두 가지 정수론적 문제로 설명된다.

첫째, 주어진 수가 소수인지를 알아내는 효과적인 판별법을 찾아야 한다.

둘째, 주어진 수를 효과적으로 소인수분해하는 방법을 찾아야 한다.

첫째는 암호체계를 만들기 위해 필요한 것이고, 둘째는 암호체계를 풀거나 혹은 암호의 안전성 여부를 확인하는데 사용된다. 여기서 효과적이란 것은 숫자의 크기에 비해 계산 횟수가 빨리 증가하지 않는다는 것을 뜻한다. 결론적으로 여러 암호체계의 안정성은 소인분해가 어렵다는데 달려있기 때문에 소인수분해에 많은 관심을 보이면서 정수론에 대한 이해와 기대가 늘어가고 있다.

연습문제

1. 다음 정수가 소수인지 아닌지 판정하여라.

(a) 2093 (b) 1517 (c) 509

2. 10만 보다 작은 소수는 대략 몇 개인가?

3. 소수 정리(PNT)에 의하면 5자리수의 소수는 근삿값으로 몇 개 인가?

4. 다음의 정수들 1111, 1517, 1829, 1949중 에서 소수인 것은 모두 몇 개인가?

5. 50!을 나누는 모든 소수를 찾아라.

6. 페르마 정리를 사용하여 다음을 인수분해하여라.

(a) 2747 (b) 10541

(c) 340663 (d) $2^{11}-1$

3.3 Maple 패키지에서의 소수 정리들(Maple for primes)

수학의 컴퓨터 프로그램으로서 Maple은 미분적분학과 선형대수학에서 많이 활용되고 있지만, 정수론에서도 소수 찾기, 인수분해하기 등등 다양하게 응용할 수 있다.

bigomega	cfrac	divisors	factorEQ	factorset	fermat
GIgcd	imagunit	index	integral_basis	invcfrac	invphi
issqrfree	jacobi	kronecker	lambda	legendre	mcombine
mersenne	migcdex	lambda	legendre	mcombine	mersenne
migcdex	minkowski	mipolys	mlog	mobius	mroot
msqrt	nearestp	nthconver	nthnumer	nthpow	order
pdexpand	phi	pi	pprimroot	primroot	quadres
rootsunity	safeprime	sigma	sq2factor	sum2sqr	tau

위 표로 정리된 Maple 명령어 중에서 divisors, factorset, fermat, mersenne, tau 등을 조금 더 알아보자.

divisors(n)와 tau(n)는 n 의 양의 약수집합과 약수의 개수를 계산한다.

```
> with(numtheory):
> divisors(-9);        {1, 3, 9}
> tau (-9);            3
> divisors(0);         { }
> tau(0);              0
> divisors(1);         {1}
> tau(1);              1
> divisors(10);        {1, 2, 5, 10}
> tau (10);            4
> divisors(20);        {1, 2, 4, 5, 10, 20}
> tau (20);            6
```

factorset(n)과 ifactor(n)는 n 의 소인수 집합과 소인수 분해를 계산한다.

```
> with(numtheory):
```

> factorset(10);	{2, 5}
> ifactor (96);	$(2)^5(3)$
> ifactors (96);	[[2, 5], [3,1]]]
> factorset(96);	{2, 3}

fermat(n)은 $n < 22$까지의 페르마 수를 계산한다.

> with(numtheory):	
> fermat(n);	$2^{(2^n)} + 1$
> fermat(0);	3
> fermat(3);	257
> fermat(4,'w');	65537
> w;	it is prime
> fermat(6,'w');	18446744073709551617
> w;	it is completely factored, $((2)^8(3)^2(7)(17)+1)(((2)^8(5)(47)(373)(2998279)+1)$
> length(fermat(20));	315653
> fermat(30,'w');	object too big
> w;	it has these prime factors, $(2)^{33}(127589) + 1,\ (2)^{32}(149041) + 1$
> fermat(9448,'w');	object too big
> w;	it has this prime factor, $(19)(2)^{9450} + 1$
> fermat(10000);	character unknown

mersenne(n): n번째 메르센느 소수를 계산할 수 있다.

n이 정수이면 $2^n - 1$꼴로 바뀔 것이고, n이 소수일지라도 $2^n - 1$이 소수가 아니면 fail로 나타낸다. 또한 n이 합성수이면 false로 나타난다.

> with(numtheory): mersenne(3);	7
> mersenne(4);	false
> mersenne(224737);	false

> mersenne(756853); false

이외에도 소수에 관한 명령어 nextprime, prevprime, isprime, ifactor 등이 있다. 우선 큰 소수를 발견하는데 이용되는 nextprime는 지정한 정수보다 큰 수중 가장 작은 소수를 찾아내며, prevprime는 주어진 정수보다 작은 수 중 가장 큰 소수를 알려준다.

> nextprime(8); prevprime(8); 11 7
> nextprime(4000433442120074580000); 40043344212007457977

소수인지 아닌지를 판단하는 명령어로 isprime이 있다. 이 명령어는 정수를 지정한 후 명령어를 실행하면 소수이면 ture, 소수가 아니면 false로 나타낸다.

> isprime(13); true
> isprime(111); false
> isprime(40043344212007457977); ture

RSA 암호화와 해독화 절차를 실행하는 데 Maple이 얼마나 유용한지 살펴보자.
큰 소수 p, q를 찾아보자.

>p := nextprime(4000433442120074580000);
p : = 400043344212007458013
>q := nextprime(500030066366269001200);
q : = 500030066366269001203

다음 $n=pq$, $m=(p-1)(q-1)$라 정의하면

>n : = $p * q$;
n : = 200033699955714283345172521584008468989639
>m : = $(p-1)*(q-1)$;
m : = 200033699955714283344272448173430192530424

마지막으로 소인수 분해에 이용되는 명령어 ifactor에 대해 알아보자. 예를 들어 43자릿수를 삽입하여 소인수 분해를 해 보자.

>ifactor(1118516508138307725195354324934560155358253);
$(17)^2(389)(45001200019828331)^2$

RSA암호체계의 보완성은 n의 소인수분해가 어려운지에 기초하고 있다. 그러므로 RSA 시스템의 보완성을 높이기 위해서는 앞에서 예로 들었던 n의 2자리 수의 인수보다 더 어려워야 한다. 비록 n의 값이 앞에서 예로 들은 수 보다 한자리 수 작지만 n의 소인수가 모두 크기 때문에 ifactor를 이용하여 소인수들로 나타내는데 매우 많은 시간이 걸릴 것이다.

메이플을 사용하여 다음과 같은 흥미로운 성질을 볼 수 있다.

> ifactor(11);	(11)
> ifactor(111);	(3)(37)
> ifactor(1111);	(11)(101)
> ifactor(11111);	(41)(271)
> ifactor(111111);	(3)(7)(11)(13)(37)
> ifactor(1111111);	(239)(4649)
> ifactor(11111111);	(11)(73)(101)(137)
> ifactor(111111111);	$(3^2)(37)(333667)$
> ifactor(1111111111);	(11)(41)(271)(9091)
> ifactor(11111111111);	(513239)(21649)
> ifactor(111111111111);	(3)(7)(11)(13)(37)(101)(9901)
> ifactor(1111111111111);	(53)(79)(265371653)
> ifactor(11111111111111);	(11)(239)(4649)(909091)
> ifactor(111111111111111);	(3)(31)(37)(41)(271)(2906161)
> ifactor(1111111111111111);	(11)(17)(73)(101)(137)(5882353)
> ifactor(11111111111111111);	(5363222357)(2071723)
> ifactor(111111111111111111);	$(3^2)(7)(11)(13)(19)(37)(333667)(52579)$

11은 소수이지만 그 외에 1로 구성된 18자리 수까지 모두 합성수임을 알 수 있다. 그렇다면 1로 구성된 수들 중에서 11을 제외한 모든 수는 합성수가 될 것이라고 추측할 수 있을까?

> ifactor(1111111111111111111);	(1111111111111111111)	19자릿수
> ifactor(11111111111111111111);	(11)(41)(101)(271)(27961)(9091)(3541)	

그러나 1로 구성된 19자리 수는 소수이며, 20자리 수는 합성수이다. 어떤 설명을 할 수 있을까?

3.4 재미있는 소수 이야기

1) 골드바흐의 추측(Goldbach's Conjecture)

골드바흐 (Goldbach, C., 1690~1764)는 정수들을 나열해 이런 저런 계산을 하던 중에, 하나의 수를 세 개의 소수들의 합으로 표현할 수 있었다.

$$7 = 2 + 2 + 3, \qquad 21 = 3 + 5 + 13.$$

더 나아가

$$4 = 2 + 2 \qquad 8 = 3 + 5$$
$$10 = 5 + 5 \qquad 50 = 19 + 31$$
$$100 = 53 + 47 \qquad 210{,}000 = 17 + 20{,}293$$

와 같이, 짝수들을 두 개의 소수들의 합으로 표현할 수 있게 되었다.

골드바흐는 1742년에 당대 최고의 수학자인 오일러에게 편지를 보내 자신의 발견이 일반적으로 성립하는 성질인지를 논의했다.

'모든 수는 세 개의 소수의 합으로 표현될 수 있다.'
'모든 짝수는 두 소수들의 합으로 표시되거나, 하나의 소수와 1의 합으로 표시된다.'

이것이 오늘날 **골드바흐의 추측**이라고 불리는 문제인데, 더욱 명확한 표현으로 다음과 같이 기술 할 수 있다.

'4보다 크거나 같은 모든 짝수는 두 홀수 소수들의 합으로 표시된다.'
여기서 $2 = 1 + 1$이므로 2는 제외한다.

처음의 작은 수에 대해서 다음과 같이 할 수 있다.

$$4 = 1 + 3 \qquad 6 = 3 + 3 = 1 + 5 \qquad 8 = 3 + 5 = 1 + 7$$
$$10 = 3 + 7 = 5 + 5 \qquad 12 = 5 + 7 = 1 + 11 \qquad 14 = 7 + 7 = 1 + 13$$
$$16 = 3 + 13 \qquad \cdots$$
$$30 = 7 + 23 \qquad 32 = 5 + 29 \qquad 34 = 3 + 31 \quad \cdots$$

'분석의 화신'이라 불리던 오일러조차 이 질문에 답하기 위해 수년 동안 갖은 방법을 다 써보았지만 만족할 만한 답을 찾아내지 못했다. 골드바흐의 편지에 대해 오일러는 다음과 같이 답장을 써 보냈다.

'5보다 큰 $4n+2$형태의 짝수는 $4n+1$형태의 소수이거나 1의 두 정수의 합으로 표현된다.'

실제로,

$$6=1+5,\ 10=5+5,\ 14=1+13,$$
$$18=17+1=5+13, \quad 22=5+17, \quad 26+13+17,\cdots$$

이 된다.

그 후 골드바흐의 추측은 여러 형태로 변형되어 연구되어 왔지만 아직까지 증명되지 못한 문제이다. 오늘날에는 컴퓨터를 사용하여 이 문제에 접근하기도 하는데, $4\cdot 10^{14}$까지 골드바흐의 추측이 옳다는 것이 1998년 발표되었다. 또한 모든 홀수는 소수 세 개의 합으로 표시된다는 추측은 10^{20}까지 확인되었다. 그러나 여전히 임의의 수에 대해서는 증명되지 못한 난제로 남아있다.

비노그라도프(Vinogradov)의 연구에 의하면 '거의 모든 짝수는 두 소수의 합으로 표현된다.'가 증명되었다. 여기서 거의 모든(almost)라는 것은 다음과 같은 극한으로 설명된다.

'두 소수의 합으로 표현되지 않는 짝수 n의 개수를 $A(n)$이라 하면,

$\lim_{n\to\infty}\frac{A(n)}{n}=0$이다.'

다시 말해서 골드바흐의 추측이 거짓일 확률은 많아야 0%라는 것이다.

2. 리만 가설(Riemann Hypothesis)

리만(Riemann, B., 1826~1866)은 40세의 짧은 생에도 불구하고 수학의 모든 분야에서 탁월한 업적을 남긴 독일의 수학자이다. 리만 가설이란 소수에 대한 증명으로 '주어진 수 보다 작은 소수는 몇 개인가?'에 대한 물음이다. 1859년에 리만이 베를린학술원에 제출한 불과 8쪽짜리 논문 '주어진 수보다 작은 소수의 개수에 관한 연구'에서 리만 가설로 알려지게 된 추측을 언급했으나 그 논문의 중심적 목적에 맞지 않았기 때문에 그는 증명을 시도하지는 않았다.

주어진 수보다 작은 소수의 개수를 말해주는 공식은 과연 존재 할 것인가? 이것이 바로 리만의 논문주제이다. 그 후 150년 이상 전 세계 수학자들이 노력했지만 리만 가설이 참인지, 거짓인지 증명하지 못한 채 오늘날 수학의 최고 난제 중 하나이다.

리만 가설에 관련하여 몇 가지 재미있는 사건들이 있다. 1866년에 불과 40살 나이에 결핵으로 리만이 죽은 후 리만의 가정부가 집을 정리하면서 리만의 대부분의 연구 자료를 불태워 버렸다고 한다. 1900년 국제수학자대회에서 힐베르트의 23가지 문제 중 가장 어려운 문제로 리만 가설을 여덟 번째로 언급했다. 2001년 미국 클레이 연구소가 21세기의 수학 문제 7문제 중의 하나로 리만 가설에 100만 달러의 상금을 걸다.

리만 가설이 중요한 이유는 소수(prime number)로부터 탄생한 현대식 컴퓨터 암호체계가 이것에 뿌리를 두고 있고 1970년대에는 원자핵물리학과 리만 가설이 밀접하게 연관돼 있다는 사실이 알려졌기 때문이다. 리만 가설이 풀린다면 현재 쓰이고 있는 공개키 암호 체계가 무용지물이 될 수도 있다고 수학자들은 지적한다. 신용카드, 은행예금 인출, 이메일 송수신, 휴대전화 사용, 기업이나 국방외교 기밀 보장 등에 사용되는 공개키 암호는 처음의 소수를 알아야만 메시지로 변환할 수 있다.

재미있는 수학 이야기

러시아 농부의 곱셈 알고리즘(Russian peasant multiplication algorithm)

(1) 두 개의 정수 중 첫째 정수가 홀수이면 둘째 정수 값을 누적시킨다.

(2) 첫째 정수가 1인가?
2-1) 맞으면 끝낸다.
2-2) 아니면 첫째 정수는 반으로 나누어 정수 값을 쓰고, 둘째 정수는 2를 곱한다.

(3) 첫째 정수가 1이 될 때까지 1번부터 반복한다.

예제 3.11

41과 53으로 예제를 적용해보자.

풀이

41	53	53	(첫째가 홀수이므로 둘째 정수값을 누적시킴)
20	106	--	(첫째 정수는 홀수가 아니며 1도 아니므로, 그것을 반으로 나누고 둘째는 2를 곱함)
10	212	--	(첫째 정수가 1이 아니므로 반으로 나누고 둘째는 2를 곱함)
5	424	--	(첫째 정수가 1이 아니므로 반으로 나누고 둘째는 2를 곱함)

5	424	424	(그런데 첫째 정수가 홀수이므로 둘째 값을 누적함)
2	848	--	(첫째 정수가 1이 아니므로 반으로 나누고 둘째는 2를 곱함)
1	1696	--	(첫째 정수가 1이 아니므로 반으로 나누고 둘째는 2를 곱함)
1	1696	1696	(그런데 첫째 정수가 홀수이므로 둘째 값을 누적함)

따라서 이제 두 수의 곱은 $53+424+1696=2173=41\times 53$이다.
러시아 농부 알고리즘이 성립하는 것은 이진수의 개념을 내포하고 있기 때문이다.
위의 예제에서 41을 이진수로 표현하면

$$41=101001=(1\times 2^5)+(1\times 2^3)+(1\times 2^0)$$

이다. 그러므로

$$\begin{aligned}41\times 53 &= ((1\times 2^5)+(1\times 2^3)+(1\times 2^0))\times 53\\ &= (53\times 2^5)+(53\times 2^3)+(53\times 2^0) = 1696+424+53\end{aligned}$$

이 되는데, $1696+424+53$이 바로 위에서 나온 결과와 동일함을 알 수 있다.

예제 3.12

(1) 11×12 (2) 59×42을 러시아 농부의 곱셈 알고리즘으로 계산하여라.

풀이

절반	두 배	누적	절반	두 배	누적
11	12	12	59	42	42
			29	84	84
5	24	24	14	168	
2	48		7	336	336
1	96	96	3	672	672
			1	1344	1344
합 $12+24+96=132=11\times 12$			합 $42+84+336+672+1344=2478=59\times 42$		

디오판토스 방정식

방정식의 해를 발견하기 위한 수많은 노력은 수학의 역사와 함께 계속되어 왔다. 기원전 6세기 바빌로니아에서는 일차방정식, 이차방정식, 삼차방정식에 해당하는 문제를 풀고 있었고, 고대 이집트에서 만들어진 가장 오래된 수학서인《아메스의 파피루스》에도 일차방정식과 이차방정식이 수록되어 있다.

아랍의 수학은 산술이나 방정식 분야에 치중했는데, 이항을 이용하여 방정식을 푸는 방법이 정착된 것은 알-콰리즈미(al-Khwarizmi, 780~850)의 시대부터라고 한다. 그는 일차, 이차방정식의 풀이 방법을 다룬 저서《On the solution of problems by Al-jabr and Al-muqabala》를 발표하였는데, 여기서 al-jabr (또는, al-muqabala)는 이항의 뜻을 갖는 용어로서, 이것이 오늘날의 대수(algebra)의 어원이 되었다.

삼차방정식의 해법을 처음 발견한 사람은 페로(Ferro, 1465?~1526)이며, 사차방정식은 카르다노의 제자인 페라리(Ferrari, 1522~1565)가 발견하였다. 카르다노(Cardano, 1501 ~1576)는 1545년에 삼차, 사차방정식의 해법을 책으로 발표하였다. 이런 방정식의 해법에 관해 타르탈리아(Tartaglia, 1499~1557)의 풀이 방법은 중요한 역할을 하였다.

삼차, 사차방정식의 해법이 발견된 후에 많은 수학자들은 5차 이상인 방정식에서 근의 공식을 발견하려고 고심하였으나 아벨(Abel, 1802~1829)은 1826년에 "5차 이상인 방정식은 일반적으로 풀 수 없다."라고 증명하였다. 이 후 갈루아(Galois, 1811~1832)는 5차 이상의 방정식도 특별한 것은 대수적으로 풀 수 있음을 증명하였고, 이것은 현대 수학에 막대한 영향을 주었다. 그리고 17세기 이후 기호대수 단계에 접어들었다. 비에타(Vieta, 1540~1603)가 미지량과 기지량에 문자를 사용하였으며, 일반해나 수치관계를 나타내는 증명의 도구로 대수가 사용 가능하게 되었다. 기호대수의 장점은 나라간의 언어 차이를 극복할 수 있었으며, 응용범위를 확장시켰다는 것이다. 수 개념이 실수, 복소수로 확장된 것도 하나의 예이다. 또한 기호대수 사용은 과거에는 문제생활과 그 해를 일상 언어로 표현하여 해가 구체적이고 하나였지만, 기호적 표현과 절차를 사용함에 따라 해는 구체적으로 표현되는 것이 아닌 기호에 의해 나타난 의미로부터 벗어난 결과를 가져왔다.

그 중에서 기원 후 250년경에 알렉산드리아 도시에 살았던 디오판토스(Diophantos)는 두 개 이상의 미지수를 갖는 일차 선형방정식의 정수해를 찾기 위한 방법을 연구하였으며, 이런 방정식을 디오판토스 방정식이라고 부른다. 그 후, 디오판토스 방정식 연구는 비선형 이차방정식의 정수해를 찾으려는 문제로 확장되었다. 결국 디오판토스 방정식 문제는 기원 전 550년경의 피타고라스 방정식 풀이로부터 페르마 방정식, 펠(Pell)의 방정식, 그리고 1770년의 라그랑주 방정식을 거쳐 현대에 이르기까지 수학계에 흐름을 이어왔다.

디오판토스의 대수체계와 비에타의 대수체계를 비교한 아래 표를 보자.

디오판토스	비에타
예) 두 수의 합과 차가 주어져 있다면 그 두 수가 얼마인지 항상 찾을 수 있다.	
합이 100, 차가 40이라 가정하자. 작은 수를 x라고 한다면 큰 수는 $x+40$이다. 따라서 $2x+40=100$, $x=30$이다. 즉, 두 수는 30, 70이다.	합이 a, 차가 b라고 하자. 작은 수를 x, 큰 수를 $x+b$라 하면, $2x+b=a$이다. 따라서 $x=(a-b)/2$이다. 즉, 두 수는 $x=(a\pm b)/2$이다.

4.1 방정식 풀이(Solving equation)

1. 연립일차방정식의 해

연립일차방정식의 해법은 크게 세 가지로 나누어 볼 수 있다. 이것은 중고등학교 방정식의 교과과정에 이론적 배경이며, 또한 선형대수학의 중요한 주제이다.

미지수가 $x_1, x_2, \dots, x_n$이고 방정식의 개수가 m개인 연립방정식

$$\begin{cases} a_{11}x_1 + a_{12}x_2 + \cdots + a_{1n}x_n = b_1 \\ a_{21}x_1 + a_{22}x_2 + \cdots + a_{2n}x_n = b_2 \\ \qquad\qquad\vdots \\ a_{m1}x_1 + a_{m2}x_2 + \cdots + a_{mn}x_n = b_m \end{cases}$$

은 다음과 같은 행렬방정식으로 나타낼 수 있다.

$$\begin{pmatrix} a_{11} & a_{12} & \cdots & a_{1n} \\ a_{21} & a_{22} & \cdots & a_{2n} \\ \cdot & \cdot & \cdots & \cdot \\ a_{m1} & a_{m2} & \cdots & a_{mn} \end{pmatrix} \begin{pmatrix} x_1 \\ x_2 \\ \vdots \\ x_n \end{pmatrix} = \begin{pmatrix} b_1 \\ b_2 \\ \vdots \\ b_m \end{pmatrix}$$

이 때, $A=(a_{ij})$는 이 연립방정식의 계수행렬이고, $X=(x_i)$는 미지수로 이루어진 열벡터, $B=(b_j)$는 상수의 열벡터라고 하면, 위의 연립방정식은 $AX=B$의 형태로 간단히 쓸 수 있다. 따라서 연립방정식의 해를 구하는 것은 $AX=B$에서 X를 구하는 것과 같다. 아래는 연립방정식의 풀이에 대한 설명이다.

2. Gauss-Jordan의 소거법

덧붙인 행렬(augmented matrix)

$$(A \mid B) = \left(\begin{array}{cccc|c} a_{11} & a_{12} & \cdots & a_{1n} & b_1 \\ a_{21} & a_{22} & \cdots & a_{2n} & b_2 \\ & & \vdots & & \\ a_{m1} & a_{m2} & \cdots & a_{mn} & b_m \end{array}\right)$$

에서 두 행을 서로 바꾸거나, 한 행을 k배하거나, 또는 한 행에 k배를 하여 다른 행에 더하는 연산을 하여 **기약행사다리꼴 행렬**(각 행의 0이 아닌 처음 숫자는 1 (선도 1)이고, 그 다음 행으로 갈수록 선도 1은 점점 오른쪽에 위치하며, 선도 1을 포함하는 열의 다른 원소는 모두 0이다. 또한 모든 성분이 0으로만 구성된 행은 제일 아래에 위치한다.)로 만들어서 해를 구한다.

3. 역행렬을 이용

$AX=B$이므로 A의 역행렬이 존재하면 A^{-1}을 양변에 곱해서 $X=A^{-1}B$를 얻는다.

4. Cramer의 방법

$AX=B$인 연립방정식에서 $|A| \neq 0$이면 ($|A|$는 A의 행렬식), x_j는 A의 j번째 열 대신에 B를 써 넣은 행렬의 행렬식을 A의 행렬식으로 나눈 값이 된다. 즉,

$$x_j = \frac{\begin{vmatrix} a_{11} & a_{12} & \cdots & b_1 & \cdots & a_{1n} \\ a_{21} & a_{22} & \cdots & b_2 & \cdots & a_{2n} \\ & & \vdots & & & \\ a_{m1} & a_{m2} & \cdots & b_m & \cdots & a_{mn} \end{vmatrix}}{|A|}$$

5. 이차방정식의 풀이

이차방정식의 해법의 역사는 바빌로니아까지 거슬러 올라간다. 당시 바빌로니아 수학판 중에는 '플림프톤 322(Plimpton 322)'라는 것이 있었는데 여기에는 직각삼각형의 빗변과 다른 한 변의 크기를 나타내는 세 줄짜리 숫자가 적혀있었다. 이것의 괄목할 점은 피타고라스 세 쌍과 일맥상통한다는 것이다. 다시 말해서 그들은 이차방정식의 해법을 이미 알고 있었던 것이다. 물론 정수해만을 취급하여 오늘날의 이차방정식의 대수적 해법과는 다른 면을 가지고는 있다.

4.2 고차방정식 풀이(Solving higher degree polynomial)

이차방정식 $ax^2+bx+c=0\ (a \neq 0)$의 근은 근의 공식에 의하여 복소수 범위에서

$$x = \frac{-b \pm \sqrt{b^2-4ac}}{2a}$$

의 두 개의 근을 갖게 된다. 따라서 임의의 이차식은 복소수 범위에서 일차식 두 개로 인수분해됨을 알 수 있다. 한편, 실수 계수를 갖는 임의의 n차방정식은 복소수 범위에서는 중복을 허락하여 꼭 n개의 근을 가짐이 증명되었는데, 이것이 '**대수학의 기본 정리**'이다.

1. 삼차방정식의 풀이

흔히 삼차방정식을 푼 사람이 카르다노라고 알고 있다. 사실 카르다노는 타르탈리아에게 간언하여 비밀을 꼭 지키겠다는 맹세를 하고 삼차방정식을 푸는 중요한 방법을 얻어낸 것이었다. 그러나 1545년에 카르다노는 대수에 관한 라틴어판《위대한 술법 (Ars Magna)》을 출간하면서 타르탈리아와의 약속을 저버리고 타르탈리아 해법을 실어버렸다. 카르다노는《위대한 술법》에 다음과 같은 수사적 방법으로 문제를 표현하였다.

"Let a cube and six time its side equal 20."

이것을 오늘날의 방식으로 표현으로 한다면, $x^3+6x=20$인 형태의 식이 된다. 카르다노의 저서에 나온 삼차방정식 $x^3+mx=n$의 해법은 다음과 같다. $x=a-b$로 놓으면

$$n = x^3 + mx = (a-b)^3 + m(a-b) = a^3 - b^3 - 3ab(a-b) + m(a-b)$$

이다. 여기서 a, b를

$$3ab = m, \;\; a^3 - b^3 = n$$

으로 놓고 두 식을 연립하면 a^3과 $-b^3$을 두 근으로 하는 이차방정식

$$t^3 - (a^3 - b^3)t + a^3(-b^3) = 0,$$

즉

$$t^2 - nt - \frac{m^3}{27} = 0$$

을 얻는다. 그러면

$$t = \frac{1}{2}\left(n \pm \sqrt{n^2 + \frac{4}{27}m^3}\right) = \frac{n}{2} \pm \sqrt{\left(\frac{n}{2}\right)^2 + \left(\frac{m}{3}\right)^3}$$

으로 된다. 따라서

$$a^3 = \frac{n}{2} + \sqrt{\left(\frac{n}{2}\right)^2 + \left(\frac{m}{3}\right)^3}, \;\; -b^3 = \frac{n}{2} - \sqrt{\left(\frac{n}{2}\right)^2 + \left(\frac{m}{3}\right)^3}$$

로부터

$$a = \sqrt[3]{\frac{n}{2} + \sqrt{\left(\frac{n}{2}\right)^2 + \left(\frac{m}{3}\right)^3}}, \;\; aw, \;\; aw^2; \;\; b = \sqrt[3]{-\frac{n}{2} + \sqrt{\left(\frac{n}{2}\right)^2 + \left(\frac{m}{3}\right)^3}}, \;\; bw, \;\; bw^2$$

이다. 여기서 w는 $w^3 = 1$, $w^2 + w + 1 = 0$을 만족한다. 그런데

$$x^3 + mx = n$$

의 세 근은

$$x = a - b, \;\; wa - w^2 b, \;\; w^2 a - wb$$

이므로, 근을 찾을 수 있다.

$$x = \sqrt[3]{\frac{n}{2} + \sqrt{\left(\frac{n}{2}\right)^2 + \left(\frac{m}{3}\right)^3}} - \sqrt[3]{-\frac{n}{2} + \sqrt{\left(\frac{n}{2}\right)^2 + \left(\frac{m}{3}\right)^3}},$$

$$w\sqrt[3]{\frac{n}{2} + \sqrt{\left(\frac{n}{2}\right)^2 + \left(\frac{m}{3}\right)^3}} - w^2\sqrt[3]{-\frac{n}{2} + \sqrt{\left(\frac{n}{2}\right)^2 + \left(\frac{m}{3}\right)^3}},$$

$$w^2\sqrt[3]{\frac{n}{2}+\sqrt{\left(\frac{n}{2}\right)^2+\left(\frac{m}{3}\right)^3}}-w\sqrt[3]{-\frac{n}{2}+\sqrt{\left(\frac{n}{2}\right)^2+\left(\frac{m}{3}\right)^3}}$$

2. 사차방정식의 풀이

사차방정식의 해법은 카르다노의 제자인 페라리가 발견했는데, 그의 해법은 카르다노의 《위대한 술법》에 수록되었다. 페라리의 사차방정식의 해법을 현대적 표기로 요약하면 다음과 같다. 우선 간단한 변환에 의하여 일반 사차방정식이 다음과 같은 꼴로 표현될 수 있다.

$$x^4+px^2+qx+r=0$$

따라서

$$x^4+2px^2+p^2=px^2-qx-r+p^2,$$

이고, 즉

$$(x^2+p)^2=px^2-qx+p^2-r$$

이다. 그러므로 임의의 y에 대해서

$$\begin{aligned}(x^2+p+y)^2&=px^2-qx+p^2-r+2y(x^2+p)+y^2\\&=(p+2y)x^2-qx+(p^2-r+2py+y^2)\end{aligned}$$

이다. 우변의 이차방정식이 완전제곱의 꼴이 되도록 (즉 판별식=0)하면

$$4(p+2y)(p^2-r+2py+y^2)-q^2=0$$

인데, 이것은 y에 관한 삼차방정식이므로 y를 구할 수 있다. 따라서 이 방법을 통해 사차방정식을 풀 수 있다.

3. 5차 이상의 방정식의 해

많은 수학자들은 이제 5차 이상의 방정식의 해법에 도전하게 되었으나 그 해법은 찾을 수가 없었다. 아벨은 1826년에 '일반적으로 5차 이상의 방정식은 대수적으로 풀 수 없다.' 라는 정리를 증명하였다.

4.3 디오판토스 방정식(Diophantos equation)

우리의 일상생활에서는 디오판토스의《산학 (Arithmetica)》에서와 같이, 계수가 모두 정수이며 방정식의 해도 정수가 되어야 하는 경우가 많이 있다. 그런데 정수의 집합 $\mathbb{Z}$ 는 체(field)가 되지 못하므로, $a \neq 0$인 경우에도 해가 존재하지 않을 수도 있다. 예를 들어, $2x-3=0$의 해 $x=\dfrac{3}{2}$은 정수가 아니므로 정수 범위 내에서는 해가 존재하지 않는다. 이렇게 정수인 해를 구하는 (일반적인) 방정식을 **디오판토스 방정식**이라 부른다.

디오판토스(200~284년 경)는 후기 그리스 수학자 가운데 위대한 인물 중 한 명이다. 대수의 발전에 대단히 중요하고 또 그 이후의 유럽 수론 학자들에게 깊은 영향을 준 디오판토스의 출생시기와 장소는 분명하지 않다. 물론 그가 알렉산드리아의 헤론(Heron, 10~75년)과 같은 시대의 사람일 것이라는 약간의 증거가 있긴 하지만 대부분의 역사학자들은 그를 3세기경의 인물로 보는 경향이 있다. 그의 생애에 대한 풍자적 문제가 있다.

【디오판토스의 묘비】

디오판토스는 일생의 $\dfrac{1}{6}$을 소년 시절로 보냈고, 그 후 일생의 $\dfrac{1}{12}$을 지나서 수염을 길렀다. 다시 일생의 $\dfrac{1}{7}$을 지나 결혼을 하였고, 결혼 후 5년 만에 첫아들을 얻었다. 그의 아들은 아버지의 일생의 $\dfrac{1}{2}$을 살았고, 아버지보다 4년 앞서 세상을 떠났다. 나는 몇 살에 죽었는가?

디오판토스의 저서《산학》은 총 13권이지만 그 중에서 6권이 전해진다. 이 책에 방정식 풀이에 대한 연구가 있는데, 방정식의 역사에 큰 획을 그은 디오판토스의 수학 업적에 대해 살펴보고 디오판토스가 어떤 방법으로 주어진 방정식을 풀었는지에 대해 알아보자.

정의 4.1

정수를 계수로 가진 대수방정식의 해 중에서 그 값이 모두 정수인 해를 이 방정식의 정수해라고 한다. 또, 이러한 방정식의 정수근만을 구하는 경우에, 이 방정식을 **부정방정식** 또는 **디오판토스 방정식**이라 한다.

일차 디오판토스 방정식 $ax+by=c$에 대해, 우선 다음의 두 예제를 생각해 보자.

예제 4.1

$3x+6y=18$, $2x+10y=17$, $4x-y=1$

이 방정식들의 근은 존재하는가? 근이 존재할 조건은 무엇인가? 근이 존재한다면 몇 개가 있는가? 모든 근을 다 찾을 수 있는가? 와 같은 질문을 예상할 수 있다.

주의 디오판토스 방정식 $4x-y=1$을 푸는 것은 방정식 $4x-y=1$을 푸는 것과는 다르다. 방정식 $4x-y=1$을 풀어서 근을 찾을 때는 $y=4x-1$을 만들어 $y=0$ 즉 $4x-1=0$이 되는 값 $x=\frac{1}{4}$가 근이다. 그러나 이것은 디오판토스 방정식이 아닌데, 왜냐하면 디오판토스 방정식은 정수해를 찾는 것이기 때문이다. ◆

정리 4.1

일차부정방정식 $ax+by=c$ ($a\neq 0$ 또는 $b\neq 0$)에서 $\gcd(a,b)=d$라고 하자.

(1) 방정식이 정수해를 가질 필요충분조건은 $d\mid c$이다.

(2) $d\mid c$일 때 (x_0,y_0)를 하나의 정수해라고 하면, 모든 정수해 (x',y')의 일반 형태는 다음과 같다.

$$x'=x_0+\frac{b}{d}u\ ,\quad y'=y_0-\frac{a}{d}u\qquad (u\in\mathbb{Z})$$

증명 $\gcd(a,b)=d$이므로 $a=da'$, $b=db'$ $(a', b'\in\mathbb{Z})$이며, 이 때 $\gcd(a',b')=1$이다 (정리 1.5).

(1) $(\Rightarrow)$ 만일 방정식이 정수해 (x_0,y_0)을 갖는다면

$$c=ax_0+by_0=da'x_0+db'y_0=d(a'x_0+b'y_0)$$

이므로 $d\mid c$가 된다.

$(\Leftarrow)$ $d\mid c$ 라고 하자. 그러면 $c=dc'$ $(c'\in\mathbb{Z})$이다. 또한 $\gcd(a,b)=d$ 이므로 정리 1.4에 의해 적당한 s, $t\in\mathbb{Z}$가 존재하여 $d=as+bt$이다. 그러므로

$$c=dc'=asc'+btc'=a(sc')+b(tc')$$

가 되어 (sc', tc')이 방정식 $ax+by=c$의 근이 된다.

(2) (x_0,y_0)를 하나의 정수해라고 하자. 임의의 정수해를 (x', y')라고 하면, 다음의 두 식

$$c = ax_0 + by_0,\ c = ax' + by'$$

이 성립된다. 따라서 $a(x' - x_0) = b(y_0 - y')$, 즉

$$da'(x' - x_0) = db'(y_0 - y') \text{ 또한 } a'(x' - x_0) = b'(y_0 - y')$$

이다. 따라서 $a' \mid b'(y_0 - y')$ 이다. 그런데 $\gcd(a', b') = 1$이므로 정리 1.10에 의해 $a' \mid (y_0 - y')$ 이다. 그러므로

$$y_0 - y' = a'u \ (u \in \mathbb{Z}),$$

즉

$$y' = y_0 - a'u = y_0 - \frac{a}{d}u$$

이다. 또한

$$a'(x' - x_0) = b'(y_0 - y') = b'a'u$$

로부터 $(x' - x_0) = b'u$이므로 $x' = x_0 + b'u = x_0 + \dfrac{b}{d}u$이다. ■

정리 4.1의 특별한 경우로서 다음의 정리가 성립한다.

정리 4.2

$\gcd(a,b) = 1$일 때, (x_0, y_0)를 일차부정방정식 $ax + by = c$의 하나의 정수해라고 하면, 이 방정식의 모든 정수해는 $x = x_0 + bu,\ y = y_0 - au \ (u \in \mathbb{Z})$이다.

예제 4.2

다음의 디오판토스 방정식을 풀어라.

(1) $172x + 20y = 1000$

(2) $6x + 15y = 1000$

(3) $999x - 49y = 5000$

풀이 (3) $999x - 49y = 5000$을 풀어보사. 유클리드 알고리즘을 x, y에 적용해 보면

$$
\begin{aligned}
999 &= 20 \cdot 49 + 19 \\
49 &= 2 \cdot 19 + 11 \\
19 &= 1 \cdot 11 + 8 \\
11 &= 1 \cdot 8 + 3 \\
8 &= 2 \cdot 3 + 3 \\
3 &= 1 \cdot 2 + 1 \\
2 &= 2 \cdot 1 + 0
\end{aligned}
$$

이다. 다시 유클리드 알고리즘을 사용하여 아래와 같이 나타낼 수 있다.

$$
\begin{aligned}
1 &= 3 - 2 \\
&= 3 - (8 - 2 \cdot 3) \\
&= (3)3 - 8 \\
&= (3)(11 - 8) - 8 \\
&= (3)11 - (4)8 \\
&= (3)11 - (4)(19 - 11) \\
&= (7)11 - (4)19 \\
&= (7)(49 - 2 \cdot 19) - (4)19 \\
&= (7)49 + (-18)19 \\
&= (7)49 + (-18)(999 - 20 \cdot 49) \\
&= 49(367) + 999(-18)
\end{aligned}
$$

즉,

$$1 = 999(-18) - 49(-367)$$

가 된다. 주어진 문제와 같이 상수항을 5000으로 만들기 위해, 각 항에 5000을 곱하면

$$5000 = 999(-18 \cdot 5000) - 49(-367 \cdot 5000)$$

이므로 $999x - 49y = 5000$의 해는

$$(-90000,\ -1835000)$$

이다. 이 밖의 일반해로는

$$x = -90000 - 49k, \quad y = -1835000 - 999k \quad (k \in \mathbb{Z})$$

이다. 더욱이

$$
\begin{aligned}
x &= -90000 - 49k = (-49 \cdot 1837 + 13) - 49k = 49m + 13 \\
y &= -1835000 - 999k = (-999 \cdot 1837 + 163) - 999k = 999m + 163
\end{aligned}
$$

로 나타낼 수 있으므로, 이 방정식의 해는 다음과 같다.

$$(x,\ y) = (49m+13,\ 999m+163) = (13,\ 163),\ (62,1162),\ \cdots$$

변수가 3개 이상인 디오판토스 방정식 $ax+by+cz=e$의 근을 찾아보자.

정리 4.3

$\gcd(a,b,c) = \gcd(\gcd(a,b),c)$

정리 4.4

$ax+by+cz=e$가 근을 가질 필요충분조건은 $\gcd(a,b,c) \mid e$이다.

또한 위 정리는 임의의 n개의 변수를 갖는 방정식으로 확장될 수 있다.

예제 4.3

$15x+12y+30z=24$의 근을 찾아라.

풀이 정리 4.3과 4.4에 의해 $\gcd(15,12,30)=3 \mid 24$이므로 방정식의 근이 존재한다. $15x+12y=3(5x+4y)=3w$라고 하자. 그러면 $3w+30z=24$이다. 변수 2개의 디오판토스 방정식 $3w+30z=24$의 근을 찾으면 $(w,z)=(-72,8)$이다.
그러면 다시 $5x+4y=w=-72$에 적용하면 근 $(x,y)=(-72,72)$를 얻는다. 따라서 하나의 근은 $(x,y,z)=(-72,72,8)$가 된다. 이제 나머지 모든 근을 찾으면 된다.

위의 예제에서처럼 변수가 4개, 5개 혹은 그 이상인 경우에도 여러 차례의 치환을 통해 디오판토스 방정식을 풀 수는 있지만, 그다지 적절한 방법으로 보이지는 않는다. 디오판토스 방정식 풀이에 관한 다음과 같은 방법을 알아보자.

예제 4.4

디오판토스 방정식 $999x-49y=5000$를 풀어보자.

풀이

주어진 방정식을 $\begin{cases} 999x - 49y = 5000 \\ x \qquad\quad = x \\ \qquad y \;= y \end{cases}$ 의 형태로 나타내자.

그러면 이것을

$$\begin{cases} 19x - 49(-20x+y) = 5000 \\ x \qquad\qquad\qquad\quad = x \\ 20x + \quad (-20x+y) \;= y \end{cases}$$

로 변형할 수 있다. 위의 두 식을 행렬의 형태로 표현하면

$$\begin{bmatrix} 999 & -49 & 5000 \\ 1 & 0 & \\ 0 & 1 & \end{bmatrix} \text{ 과 } \begin{bmatrix} 19 & -49 & 5000 \\ 1 & 0 & \\ 20 & 1 & \end{bmatrix}$$

가 된다. 이와 같이 디오판토스 방정식을 풀기위해 행렬의 모습으로 나타내는 방법을 생각할 수 있다.

다시 디오판토스 방정식 $999x - 49y = 5000$을 풀기 위해 방정식의 x, y항의 계수와 상수항을 행렬 유형으로 표현하여 적당한 수를 행과 열에 곱하고 나누어 보자.

첫 번째로 행렬을 구하면

$$\begin{bmatrix} 999 & -49 & 5000 \\ 1 & 0 & \\ 0 & 1 & \end{bmatrix}$$

여기서 2열에 20배하여 1열과 더한다.

$$\begin{bmatrix} -980 \\ 0 \\ 20 \end{bmatrix} \qquad \begin{bmatrix} 19 & -49 & 5000 \\ 1 & 0 & \\ 20 & 1 & \end{bmatrix}$$

이제 1열에 3배하여 2열과 더하자.

$$\begin{bmatrix} 57 \\ 3 \\ 60 \end{bmatrix} \qquad \begin{bmatrix} 19 & 8 & 5000 \\ 1 & 3 & \\ 20 & 61 & \end{bmatrix}$$

다음으로 2열에 -2을 곱하고 1열과 더한다.

$$\begin{bmatrix} -16 \\ -6 \\ -122 \end{bmatrix} \qquad \begin{bmatrix} 3 & 8 & 5000 \\ -5 & 3 & \\ -102 & 61 & \end{bmatrix}$$

1열에 -2을 곱하고 2열과 더한다.

$$\begin{bmatrix} -6 \\ 10 \\ 204 \end{bmatrix} \qquad \begin{bmatrix} 3 & 2 & 5000 \\ -5 & 13 & \\ -102 & 265 & \end{bmatrix}$$

2열에 -1을 곱하고 1열과 더한다.

$$\begin{bmatrix} -2 \\ -13 \\ -265 \end{bmatrix} \qquad \begin{bmatrix} 1 & 2 & 5000 \\ -18 & 13 & \\ -367 & 265 & \end{bmatrix}$$

끝으로 1열에 -2를 곱하고 2열과 더한다.

$$\begin{bmatrix} -2 \\ 36 \\ 734 \end{bmatrix} \qquad \begin{bmatrix} 1 & 0 & 5000 \\ -18 & 49 & \\ -367 & 999 & \end{bmatrix}$$

따라서

$$\begin{array}{c} \\ \\ x \\ y \end{array} \begin{array}{c} \begin{array}{ccc} u & v & \end{array} \\ \begin{bmatrix} 1 & 0 & 5000 \\ -18 & 49 & \\ -367 & 999 & \end{bmatrix} \end{array}$$

로부터 다음과 같이 해를 얻을 수 있다.

$$\begin{cases} u = 5000 \\ x = -18u + 49v = -90000 + 49v \\ y = -367u + 999v = -1835000 + 999v \end{cases} \qquad v \in \mathbb{Z}$$

비교 여기서 얻은 근

$$(x, y) = (-90000 + 49v, -1835000 + 999v) \quad (v \in \mathbb{Z})$$

는 예제 4.2의 풀이 결과인

$$x = -90000 - 49k, \ \ y = -1835000 - 999k \quad (k \in \mathbb{Z})$$

와 동일하다. 실제로 이 방법은 앞서 풀이방법에서 하나의 특이해를 구한 후 그것을 사용하여 일반해를 구하는 방법보다 훨씬 간단하다. 변수가 여러 개인 디오판토스 방정식에서도 동일한 방법을 적용할 수 있다. ◆

예제 4.5

디오판토스 방정식 $147x + 258y = 369$의 근을 찾아라.

풀이 $\begin{bmatrix} 147 & 258 & 369 \\ 1 & 0 & \\ 0 & 1 & \end{bmatrix} \Rightarrow \begin{bmatrix} 147 & 111 & 369 \\ 1 & -1 & \\ 0 & 1 & \end{bmatrix} \Rightarrow \begin{bmatrix} 36 & 111 & 369 \\ 2 & -1 & \\ -1 & 1 & \end{bmatrix}$

$$\Rightarrow \begin{bmatrix} 36 & 3 & 369 \\ 2 & -7 & \\ -1 & 4 & \end{bmatrix} \Rightarrow \begin{bmatrix} 0 & 3 & 369 \\ 86 & -7 & \\ -49 & 4 & \end{bmatrix}$$

로부터

$$\begin{array}{c} \\ x \\ y \end{array} \overset{\begin{array}{cc} u & v \end{array}}{\begin{bmatrix} 0 & 3 & 369 \\ 86 & -7 & \\ -49 & 4 & \end{bmatrix}}$$

가 되어 다음의 근을 얻게 된다.

$$\begin{cases} 3v = 369 \\ x = 86u - 7v = 86u - 7 \cdot 139 \\ y = -49u + 4v = -49 + 4 \cdot 139 \end{cases}$$

이러한 방법이 더욱 좋은 이유는 변수가 여러 개인 디오판토스 방정식에서도 동일한 방법으로 적용될 수 있기 때문이다.

예제 4.6

$2x + 3y + 4z = 5$ 의 정수근을 찾아라.

풀이 $\begin{bmatrix} 2 & 3 & 4 & 5 \\ 1 & 0 & 0 & \\ 0 & 1 & 0 & \\ 0 & 0 & 1 & \end{bmatrix} \Rightarrow \begin{bmatrix} 2 & 1 & 0 & 5 \\ 1 & -1 & -2 & \\ 0 & 1 & 0 & \\ 0 & 0 & 1 & \end{bmatrix} \Rightarrow \begin{bmatrix} 0 & 1 & 0 & 5 \\ 3 & -1 & -2 & \\ -2 & 1 & 0 & \\ 0 & 0 & 1 & \end{bmatrix}$

따라서

$$\begin{array}{c} \\ x \\ y \\ z \end{array} \overset{\begin{array}{ccc} u & v & w \end{array}}{\begin{bmatrix} 0 & 1 & 0 & 5 \\ 3 & -1 & -2 & \\ -2 & 1 & 0 & \\ 0 & 0 & 1 & \end{bmatrix}}$$

로부터

$$v = 5,\ x = 3u - v - 2w,\ y = -2u + v,\ \ z = w \quad (u,\ v,\ w \in \mathbb{Z})$$

이다. 그러므로 근

$$(x,\ y,\ z) = (3u - 2w - 5,\ -2u + 5,\ w)$$

을 찾았다. 만일 $u = w = 0$라면 $(-5,\ 5,\ 0)$이 근이고, $u = v = w = 1$이면 $(-4,\ 3,\ 1)$이 근이다.

4.4 디오판토스 연립방정식(System of Diophantos equations)

이 방법으로 일차연립 디오판토스 방정식을 효과적으로 풀 수 있다.

예제 4.7

3원 일차연립방정식$\begin{cases} 20x + 44y + 50z = 10 \\ 17x + 13y + 11z = 19 \end{cases}$의 정수해를 찾아라.

풀이 $x,\ y,\ z$의 계수와 항등식을 행렬로 표현한다.

$$\begin{bmatrix} 20 & 44 & 50 & 10 \\ 17 & 13 & 11 & 19 \\ 1 & 0 & 0 & \\ 0 & 1 & 0 & \\ 0 & 0 & 1 & \end{bmatrix}$$

3열에 -1을 곱하고 1열에 더하고, 또한 3열에 -1을 곱하여 2열에 더한다.

$$\begin{bmatrix} -30 & -6 & 50 & 10 \\ 6 & 2 & 11 & 19 \\ 1 & 0 & 0 & \\ 0 & 1 & 0 & \\ -1 & -1 & 1 & \end{bmatrix}$$

2열에 -3을 곱하고 1열과 더하고, 2열에 -5를 곱하고 3열과 더한다.

$$(18,\ -6,\ 0,\ -3,\ 3) \quad (30,\ -10,\ 0,\ -5,\ 5) \quad \begin{bmatrix} -12 & -6 & 80 & 10 \\ 0 & 2 & 1 & 19 \\ 1 & 0 & 0 & \\ -3 & 1 & -5 & \\ 2 & -1 & 6 & \end{bmatrix}$$

3열에 -2를 곱하여 2열에 더한다.

$$(-160,\ -2,\ 0,\ 10,\ -12) \qquad \left[\begin{array}{rrrr} -12 & -166 & 80 & 10 \\ 0 & 0 & 1 & 19 \\ 1 & 0 & 0 & \\ -3 & 11 & -5 & \\ 2 & -13 & 6 & \end{array}\right]$$

1열에 -14를 곱하여 2열에 더하고, 1열에 6을 곱하여 3열에 더한다.

$$(168,\ 0,\ -14,\ 42,\ -28) \quad (-72,\ 0,\ 6,\ -18,\ 12) \qquad \left[\begin{array}{rrrr} -12 & 2 & 8 & 10 \\ 0 & 0 & 1 & 19 \\ 1 & -14 & 6 & \\ -3 & 53 & -23 & \\ 2 & -41 & 18 & \end{array}\right]$$

2열에 6을 곱하여 1열에 더하고, 2열에 -4를 곱하여 3열에 더한다.

$$(12,\ 0,\ -84,\ 318,\ -246) \ (-8,\ 0,\ 56,\ -212,\ 164) \qquad \left[\begin{array}{rrrr} 0 & 2 & 0 & 10 \\ 0 & 0 & 1 & 19 \\ -83 & -14 & 62 & \\ 315 & 53 & -235 & \\ -244 & -41 & 182 & \end{array}\right]$$

따라서

$$\begin{array}{c} \\ \\ \\ x \\ y \\ z \end{array} \begin{array}{c} \begin{array}{rrrr} \ \ u & \ \ v & \ \ w & \end{array} \\ \left[\begin{array}{rrrr} 0 & 2 & 0 & 10 \\ 0 & 0 & 1 & 19 \\ -83 & -14 & 62 & \\ 315 & 53 & -235 & \\ -244 & -41 & 182 & \end{array}\right] \end{array}$$

로부터

$$2v = 10(\text{즉, } v = 5),\ w = 19$$

이며

$$\begin{cases} x = -83u - 14v + 62w = -83u - 70 + 1178 = -83u + 1108 \\ y = 315u + 53v - 235w = 315u + 265 - 4465 = 315u - 4200 \\ z = -244u - 41v + 182w = -244u - 205 + 3458 = -244u + 3253 \end{cases}$$

이 되어서, 연립방정식의 일반해는

$$(x,\ y,\ z) = (-83u + 1108,\ 315u - 4200,\ -244u + 3253)(u,\ v,\ w \in \mathbb{Z})$$

이다. 이 값을 연립방정식에 대입해 보면 정확한 근이 됨을 확인할 수 있다.
또한 구체적으로 근을 찾아볼 수 있다.

$$u=0 \text{일 때, } (x, y, z)=(1108, -4200, 3253)$$
$$u=1 \text{일 때, } (x, y, z)=(1025, -3885, 3009)$$

위와 같은 방법은 이제 폭넓게 적용되어, n개의 미지수를 갖는 방정식 m개의 연립방정식 계로 확장될 수 있다.

참고 변수가 여러 개인 일차방정식을 푸는 방법은 기본적으로 변수 2개인 방정식으로 줄여서 생각할 수 있다.

$$a_1x_1+a_2x_2+\cdots+a_{k-1}x_{k-1}+a_kx_k=c \quad (k>2)$$

에서 $\gcd(a_1, \cdots, a_k)\nmid c$일 때는 방정식의 근이 없으므로 $\gcd(a_1, \cdots, a_k)\mid c$를 가정한다.

$$A=\frac{a_k}{\gcd(a_{k-1}, a_k)}, \quad B=\frac{-a_{k-1}}{\gcd(a_{k-1}, a_k)}$$

라고 하자. $\gcd(A, B)=1$이므로 정리 1.9에 의해 적당한 $X, Y\in\mathbb{Z}$가 있어서

$$BX-AY=1$$

이다.

$$x_{k-1}=Xu+Av, \qquad x_k=Yu+Bv \tag{*}$$

라고 하면

$$a_{k-1}Av+a_kBv=0$$

이며

$$\begin{aligned}a_{k-1}x_{k-1}+a_kx_k&=a_{k-1}(Xu+Av)+a_k(Yu+Bv)\\&=a_{k-1}Xu+a_{k-1}Av+a_kYu+a_kBv\\&=(a_{k-1}X+a_kY)u\end{aligned}$$

이다. 그러므로 원래 디오판토스 방정식은

$$a_1x_1+a_2x_2+\cdots+(a_{k-1}X+a_kY)u=c$$

가 된다. 한편 (*)의 연립방정식을 풀면

$$(BX-AY)v=Xx_k-Yx_{k-1}$$

이며

$$(BX-AY)u=Bx_{k-1}-Ax_k$$

가 된다. 그런데 $BX-AY=1$이므로

$$v=Xx_k-Yx_{k-1}\text{이며 } u=Bx_{k-1}-Ax_k$$

이다. ∎

예제 4.8

$21x+14y+12z=1$의 정수근을 찾아라.

풀이 $\gcd(21,14,12)=1$이므로 해가 존재한다. $k=3$이므로 A,B는

$$A=\frac{12}{\gcd(14,12)}=\frac{12}{2}=6\text{이며}\quad B=\frac{-14}{\gcd(14,12)}=\frac{-14}{2}=-7$$

이며, $\gcd(6,7)=1$이므로

$$-7X-6Y=1$$

를 만족하는 X,Y는 $X=-1,\ \ Y=1$ 이다. 따라서

$$a_{k-1}X+a_kY=(14)(-1)+12(1)=-2$$

이다. 그러므로 3개 변수인 방정식 $21x+14y+12z=1$로부터 2개 변수인 방정식

$$21x-2u=1$$

을 얻는다. $\gcd(21,2)=1$로부터 $1=21-2(10)$이 되어서 $21x-2u=1$의 하나의 해

$$x_0=1,\ u_0=10$$

을 얻는다. 디오판토스 방정식이 일반해의 형태에 의해

$$x=1-2t,\ u=10-21t\quad (t\in\mathbb{Z})$$

가 근이 된다. 한편 $u=By-Az$이므로

$$-7y-6z=10-21t$$

이 되며, 유클리드 알고리즘에 의해 $1=-7(-1)-6(1)$이므로

$$10-21t=-7(-10+21t)-6(10-21t)$$

가 되어 방정식 $-7y-6z=10-21t$의 하나의 해

$$y_0=-10+21t,\ z_0=10-21t$$

가 되며, 이것의 일반해는

$$y=-10+21t-6s,\ z=10-21t+7s\quad (s\in\mathbb{Z})$$

이다. 따라서 원래 방정식 $21x+14y+12z=1$의 일반해는 다음과 같다.

$$x=1-2t,\quad y=-10+21t-6s,\ z=10-21t+7s\quad (t,\ s\in\mathbb{Z})\tag{1}$$

그러나 이 경우도 앞서 했었던 행렬 형태의 풀이방법이 더욱 쉽다.

예제 4.9

$21x+14y+12z=1$ 의 정수근을 찾아라.

풀이 행렬 형태로 만든다.

$$\begin{bmatrix} 21 & 14 & 12 & 1 \\ 1 & 0 & 0 & \\ 0 & 1 & 0 & \\ 0 & 0 & 1 & \end{bmatrix}$$

3열에 -1을 곱해 2열에, 3열에 -2를 곱해 1열에 각각 더한다.

$$(-12,\ 0,\ 0,\ -1),\ (-24,\ 0,\ 0,\ -2)\qquad \begin{bmatrix} -3 & 2 & 12 & 1 \\ 1 & 0 & 0 & \\ 0 & 1 & 0 & \\ -2 & -1 & 1 & \end{bmatrix}$$

2열에 2를 곱하여 1열에, 2열에 -6을 곱하여 3열에 더한다.

$$(4,\ 0,\ 2,\ -2),\ (-12,\ 0,\ -6,\ 6)\qquad \begin{bmatrix} 1 & 2 & 0 & 1 \\ 1 & 0 & 0 & \\ 2 & 1 & -6 & \\ -4 & -1 & 7 & \end{bmatrix}$$

1열에 -2를 곱해 2열에 더한다.

$$(-2,\ -2,\ -4,\ 8)\qquad \begin{bmatrix} 1 & 0 & 0 & 1 \\ 1 & -2 & 0 & \\ 2 & -3 & -6 & \\ -4 & 7 & 7 & \end{bmatrix}$$

따라서 $u=1$이며

$$\begin{cases} x=u-2v & =1-2v \\ y=2u-3v-6w & =2-3v-6w \\ z=-4+7v+7w & \end{cases}\tag{2}$$

가 근이다.

참고 풀이의 순서가 유일한 것은 아니다.

행렬 형태로부터

$$\begin{bmatrix} 21 & 14 & 12 & 1 \\ 1 & 0 & 0 & \\ 0 & 1 & 0 & \\ 0 & 0 & 1 & \end{bmatrix}$$

3열에 -1을 곱해 1열과 2열에 각각 더한다.

$$\begin{bmatrix} 9 & 2 & 12 & 1 \\ 1 & 0 & 0 & \\ 0 & 1 & 0 & \\ -1 & -1 & 1 & \end{bmatrix}$$

2열에 -4를 곱해 1열에, 2열에 -6을 곱해 3열에 더하면

$$\begin{bmatrix} 1 & 2 & 0 & 1 \\ 1 & 0 & 0 & \\ -4 & 1 & -6 & \\ 3 & -1 & 7 & \end{bmatrix}$$

1열에 -2를 곱해 2열에 더한다.

$$\begin{bmatrix} 1 & 0 & 0 & 1 \\ 1 & -2 & 0 & \\ -4 & 9 & -6 & \\ 3 & -7 & 7 & \end{bmatrix}$$

그러면 $u=1$이며,

$$\begin{cases} x = \quad 1-2v \\ y = -4+9v-6w \\ z = \quad 3-7v+7w \end{cases} \tag{3}$$

가 근이 된다. ∎

우리는 서로 다른 세 가지 방법을 사용하여 방정식 $21x+14y+12z=1$의 근을 찾았다. (1), (2), (3)에서 보듯이 근을 표현한 형태가 많아 달라 보이지만, 그 값들은 모두 동일하다. 실제로 몇 가지 특별한 근을 찾아보면서 그 관계를 볼 수 있다.

(1)	$(x, y, z)=(1-2t, -10+21t-6s, 10-21t+7s)$				
	$t=s=0$	$t=0, s=1$	$t=1, s=0$	$t=s=1$	$t=0, s=-1$
(x, y, z)	$(1, -10, 10)$*	$(1, -16, 17)$	$(-1, 11, -11)$	$(-1, 5, -4)$▼	$(1, -4, 3)$※

(2)	$(x,\ y,\ z)=(1-2v,\ 2-3v-6w,\ -4+7v+7w)$				
	$v=w=0$	$v=0,\ w=1$	$v=1,\ w=0$	$v=w=1$	$v=0,\ w=-1$
$(x,\ y,\ z)$	$(1,\ 2,\ -4)^{\circ}$	$(1,\ -4,\ 3)$※	$(-1,\ -1,\ 3)$◆	$(-1,\ -7,\ 10)$	$(1,\ 8,\ -11)$

(3)	$(x,\ y,\ z)=(1-2v,\ -4+9v-6w,\ 3-7v+7w)$				
	$v=w=0$	$v=0,\ w=1$	$v=1,\ w=0$	$v=w=1$	$v=0,\ w=-1$
$(x,\ y,\ z)$	$(1,\ -4,\ 3)$※	$(1,-10,10)^{*}$	$(-1,\ 5,\ -4)$▾	$(-1,\ -1,\ 3)$◆	$(1,\ 2,\ -4)^{\circ}$

한편 (1)에서 $t=0,\ s=1$일 때 근 $(1,-16,\ 17)$는 (iii)에서 $v=0,\ w=2$일 때의 근과 동일함을 알 수 있다.

다음과 같은 풀이방법도 생각할 수 있다. 가우스 소거법과 거의 유사한 방법으로 해결할 수 있다.

예제 4.10

방정식 $91x+21y=7$의 정수근을 찾아라.

풀이 행렬로 표현하면

$$\left[\begin{array}{c|cc} 91 & 1 & 0 \\ 21 & 0 & 1 \end{array}\right] \Rightarrow \left[\begin{array}{c|cc} 7 & 1 & -4 \\ 21 & 0 & 1 \end{array}\right] \Rightarrow \left[\begin{array}{c|cc} 7 & 1 & -4 \\ 0 & -3 & 13 \end{array}\right]$$

이다. 그러므로 일반해는 $x=1-3a,\ y=-4+13a\ (a \in \mathbb{Z})$이다.

예제 4.11

연립방정식 $\begin{cases} 5x+\ \ 6y+8z=1 \\ 6x-11y+7z=9 \end{cases}$의 정수근을 찾아라.

풀이 $\begin{bmatrix} 5 & 6 & 8 & 1 \\ 6 & -11 & 7 & 9 \\ 1 & 0 & 0 & \\ 0 & 1 & 0 & \\ 0 & 0 & 1 & \end{bmatrix}$

$$\Rightarrow (①열\times(-1)+②열,\ ①열\times(-1)+③열) \quad \begin{bmatrix} 5 & 1 & 3 & 1 \\ 6 & -17 & 1 & 9 \\ 1 & -1 & -1 & \\ 0 & 1 & 0 & \\ 0 & 0 & 1 & \end{bmatrix}$$

$$\Rightarrow (②열\times(-5)+①열,\ ②열\times(-3)+③열) \quad \begin{bmatrix} 0 & 1 & 0 & 1 \\ 91 & -17 & 52 & 9 \\ 6 & -1 & 2 & \\ -5 & 1 & -3 & \\ 0 & 0 & 1 & \end{bmatrix}$$

$$\Rightarrow (③열\times(-2)+①열) \quad \begin{bmatrix} 0 & 1 & 0 & 1 \\ -13 & -17 & 52 & 9 \\ 2 & -1 & 2 & \\ 1 & 1 & -3 & \\ -2 & 0 & 1 & \end{bmatrix}$$

$$\Rightarrow (①열\times(4)+③열) \quad \begin{bmatrix} 0 & 1 & 0 & 1 \\ -13 & -17 & 0 & 9 \\ 2 & -1 & 10 & \\ 1 & 1 & 1 & \\ -2 & 0 & -7 & \end{bmatrix}$$

로부터 $v=1,\ -13u-17v=9$, 즉, $u=-2$ 이므로

$$\begin{cases} x = 2u - v + 10w = -5 + 10w \\ y = u + v + w \quad = -1 + w \\ z = -2u - 7w \quad = 4 - 7w \end{cases}$$

이다. 따라서 근은 $(x,y,z)=(-5+10w,\ -1+w,\ 4-7w)$ $(w\in\mathbb{Z})$이다.

참고 다음과 같이 가우스의 첨가행렬의 형태로 표현하여 문제를 해결할 수 있다.

$$\left[\begin{array}{cc|ccc} 5 & 6 & 1 & 0 & 0 \\ 6 & -11 & 0 & 1 & 0 \\ 8 & 7 & 0 & 0 & 1 \end{array}\right] \Rightarrow \left[\begin{array}{cc|ccc} 5 & 6 & 1 & 0 & 0 \\ 6 & -17 & -1 & 1 & 0 \\ 3 & 1 & -1 & 0 & 1 \end{array}\right] \Rightarrow \left[\begin{array}{cc|ccc} 1 & -17 & -1 & 1 & 0 \\ 0 & 91 & 6 & -5 & 0 \\ 0 & 52 & 2 & -3 & 1 \end{array}\right]$$

$$\Rightarrow \left[\begin{array}{cc|ccc} 1 & -17 & -1 & 1 & 0 \\ 0 & -13 & 2 & 1 & -2 \\ 0 & 52 & 2 & -3 & 1 \end{array}\right] \Rightarrow \left[\begin{array}{cc|ccc} 1 & -17 & -1 & 1 & 0 \\ 0 & 13 & -2 & -1 & 2 \\ 0 & 0 & 10 & 1 & -7 \end{array}\right]$$

여기로부터 방정식

$$\begin{bmatrix} 1 & 0 & 0 \\ -17 & 13 & 0 \end{bmatrix} [k_1\, k_2\, k_3] = \begin{bmatrix} 1 \\ 9 \end{bmatrix}$$

을 계산하면 $k_1 = 1$, $k_2 = 2$가 되어, $\begin{bmatrix} k_1 \\ k_2 \\ k_3 \end{bmatrix} = \begin{bmatrix} 1 \\ 2 \\ a \end{bmatrix}$ $(a \in \mathbb{Z})$이다. 따라서

$$\begin{bmatrix} x \\ y \\ z \end{bmatrix} = \begin{bmatrix} -1 & -2 & 10 \\ 1 & -1 & 1 \\ 0 & 2 & -7 \end{bmatrix} \begin{bmatrix} 1 \\ 2 \\ a \end{bmatrix} = \begin{bmatrix} -5 + 10a \\ -1 + a \\ 4 - 7a \end{bmatrix}$$

이다. ∎

연습문제

1. 다음 디오판토스 방정식의 근의 존재성을 판정하여라.
   (a) $6x + 51y = 22$ (b) $33x + 14y = 115$ (c) $14x + 35y = 93$

2. 다음 디오판토스 방정식을 풀어라.
   (a) $1485x + 1745y = 15$ (b) $172x + 20y = 1000$ (c) $221x + 35y = 11$

3. 다음 디오판토스 방정식의 양의 근을 찾아라.
   (a) $54x + 21y = 906$ (b) $18x + 48y - 216$ (c) $123x + 360y = 99$

4. 변수가 3개인 디오판토스 방정식의 근을 찾아라.
   (a) $x + 2y + 3z = 1$ (b) $9x + 12y + 16z = 13$ (c) $3x + 5y + 7z = 315$

5. 디오판토스 방정식 $21x + 14y + 12z = 1$의 정수해를 4개 찾아라.

6. 연립 디오판토스 방정식 $x + y + z = 31$, $x + 2y + 3z = 41$의 정수해를 찾아라.

7. 연립 디오판토스 방정식 $x + y + z = 31$, $x + 2y + 3z = 41$의 양의 정수해를 찾아라.

8. 디오판토스 방정식 $x^3 - 7y^3 = 3$, $x, y \in \mathbb{Z}$ 의 정수해는 모두 몇 개 인가?

9. $xy = x + y + 3$을 만족하는 모든 정수해를 구하여라.

Chapter 05 합동

합동은 삼각형과 관련하여 잘 알려진 수학 용어이다. 그러나 여기서 말하는 합동은 정수의 합동을 말한다.

5.1 합동식(Congruence equation)

합동의 개념은 위대한 수학자 가우스(Gauss, Carl Friedrich, 1777~1855, 독일)가 19세기 초에 고안한 개념으로 정수론에서 가장 유용하게 쓰이는 도구 중 하나이며, 또한 현대대수에서 다루는 중요한 주제이다.

정의 5.1

$n \in \mathbb{Z}$, $n \geq 1$이라고 하자. 두 정수 a, b 사이에

$$n \mid (a-b)$$

인 관계가 있을 때 'a는 법(modulo) n에 관하여 b와 **합동**이다' (a is congruent to b modulo n)라고 한다. 이것을

$$a \equiv b \pmod{n}$$

으로 나타내며, 이 식을 **합동식**이라고 한다. 한편 $n \nmid (a-b)$일 때, $a \not\equiv b \pmod{n}$으로 나타낸다.

예제 5.1

$3 \equiv 6 \pmod{3}$, $5 \equiv -1 \pmod{6}$, $10 \equiv 0 \pmod{5}$, $1 \not\equiv -1 \pmod{3}$, $5 \not\equiv 1 \pmod{3}$

합동은 일상생활에서도 자주 이용되는 개념이다. 시계의 시침과 분침은 합동을 설명하는 좋은 예가 된다. 시계의 분침은 60을 법으로 하여 되풀이 되고, 시계의 시침은 12 또는

24를 법으로 하여 같은 시각이 되풀이된다. 또한 달력도 7을 법으로 하여 같은 요일이 되풀이되므로 합동을 이야기 할 수 있다. 예를 들어 12시40분에서 35분이 지난 시간은 $40+35 \equiv 60+15 \equiv 15 \pmod{60}$ 이므로 1시15분이다.

12 : 40   1 : 15   10 : 00   3 : 00

또 10시에서 5시간이 지난 시간은 $10+5 \equiv 12+3 \equiv 3 \pmod{12}$ 이므로 3시이다.

합동식의 기본성질

정리 5.1

합동에 관한 동치경우는 다음과 같다.

$$a \equiv b \pmod{m} \Leftrightarrow m \mid (a-b) \Leftrightarrow a-b \equiv mk \in m\mathbb{Z}$$

(여기서 $m\mathbb{Z}$는 m의 배수들의 집합을 말한다.)

증명 정의로부터 쉽게 볼 수 있다. ■

정리 5.2

a를 m으로 나눈 나머지를 b라 하면 $a \equiv b \pmod{m}$이다.

증명 a를 m으로 나눈 몫과 나머지를 각각 q와 b라 하면

$$a = mq + b \quad (0 \le b < m)$$

이다. $a-b = mq$이며 $m|(a-b)$이다. 그러므로 $a \equiv b \pmod{m}$이다. ■

정리 5.3

$a \equiv b \pmod{m}$일 필요충분조건은 a와 b를 각각 m으로 나눈 나머지가 같다.

증명 ($\Rightarrow$) $a \equiv b \pmod{m}$라고 하자. a와 b를 각각 m으로 나누면

$$a = mq_1 + r_1, \quad b = mq_2 + r_2 \text{ (적당한 정수 } q_1, q_2\text{, 그리고 } 0 \le r_1, r_2 < m)$$

로 표현할 수 있다. 따라서

$$a - b = m(q_1 - q_2) + (r_1 - r_2)$$

이다. 그런데 가정에서 $a \equiv b \pmod{m}$이므로

$$m \mid a - b, \text{ 즉 } m \mid (m(q_1 - q_2) + (r_1 - r_2))$$

이다. 따라서 $m \mid r_1 - r_2$이다. $r_1 - r_2 < m$이므로 $r_1 - r_2 = 0$, 즉 $r_1 = r_2$이다.

($\Leftarrow$) 역으로, a와 b를 m으로 나눈 나머지가 r로서 같다고 하자. 그러면 정수 q_1, q_2가 존재하여

$$a = mq_1 + r, \quad b = mq_2 + r$$

이다. 따라서

$$a - b = (mq_1 + r) - (mq_2 + r) = m(q_1 - q_2)$$

이다. 그러므로 $m \mid (a - b)$이고, $a \equiv b \pmod{m}$이다. ■

참고 이 증명을 다음과 같이 간략히 할 수 있다.

$a = mq_1 + r_1$이며 $b = mq_2 + r_2$라고 하자. 그러면 다음이 성립한다.

$$\begin{aligned} a \equiv b \pmod{m} &\Leftrightarrow a - b \equiv 0 \pmod{m} \\ &\Leftrightarrow m \mid a - b \\ &\Leftrightarrow m \mid r_1 - r_2 \\ &\Leftrightarrow r_1 - r_2 = 0 \end{aligned}$$

합동의 개념은 동등(같다, equal)의 개념처럼, 서로 합동인 두 값의 양변에 합동인 값을 연산하더라도 합동관계가 변하지 않는다는 것을 알 수 있다. 즉, 합동 기호 '$\equiv$'와 등호 '$=$'는 비슷한 성질을 많이 가지고 있다.

정리 5.4

$a, b, c, d \in \mathbb{Z}$라 하면 다음이 성립한다.

(1) (반사) $a \equiv a \pmod{m}$이다.

(2) (대칭) $a \equiv b \pmod{m}$이면 $b \equiv a \pmod{m}$이다.

(3) (추이) $a \equiv b \pmod{m}$이고 $b \equiv c \pmod{m}$이면 $a \equiv c \pmod{m}$이다.

증명 (1) $m \mid (a-a) = 0$이므로 $a \equiv a \pmod{m}$이다.

(2) $a \equiv b \pmod{m}$이면 정리 4.1에 의해 $a-b = km\,(k \in \mathbb{Z})$이다.

이때, $b-a = (-k)m\,(-k \in \mathbb{Z})$이므로 $b \equiv a \pmod{m}$이다.

(3) $a \equiv b \pmod{m}$, $b \equiv c \pmod{m}$이면, $m \mid (a-b)$, $m \mid (b-c)$이다. 따라서

$$a-c = (a-b)+(b-c)$$

이므로 $m \mid (a-c)$이다. 즉 $a \equiv c \pmod{m}$이다. ■

그러므로 다음과 같은 정리를 볼 수 있다.

정리 5.5

(1) $a \equiv b \pmod{m}$이고 $c \equiv d \pmod{m}$이면 $a+c \equiv b+d \pmod{m}$이며 $a-c \equiv b-d \pmod{m}$이다.

(2) $a \equiv b \pmod{m}$이고 $c \equiv d \pmod{m}$이면 $ac \equiv bd \pmod{m}$이다.

(3) $a \equiv b \pmod{m}$일 때, 임의의 양의 정수 n에 대하여 $a^n \equiv b^n \pmod{m}$이다.

(4) 모든 $i = 1, \cdots, n$에 대하여 $a_i \equiv b_i \pmod{m}$이면 $\sum_{i=1}^{n} a_i \equiv \sum_{i=1}^{n} b_i \pmod{m}$ 이며 또한 $\prod_{i=1}^{n} a_i \equiv \prod_{i=1}^{n} b_i \pmod{m}$ 이다.

증명 (1) $a \equiv b \pmod{m}$이므로 $a = b+mk$ 인 정수 k가 존재한다. 마찬가지로 $c \equiv d \pmod{m}$이므로 $c = d+mt$ 인 정수 t가 존재한다. 그러므로

$$a-c = b-d+m(k-t)$$

가 되어 $a-c \equiv b-d \pmod{m}$이다. 마찬가지로 $a+c \equiv b+d \pmod{m}$도 보일 수 있다.

(2) $ac-bc = (a-b)c$로부터 $m|(a-b)$이므로 $m|(a-b)c = (ac-bc)$이다.

즉, $ac \equiv bc \pmod{m}$ 이다.

(3) 수학적 귀납법을 사용한다. $n=1$ 일 때는 당연히 성립한다. $n=k$일 때 성립한다면 $a^k \equiv b^k \pmod{m}$인데, $a \cdot a^k \equiv b \cdot b^k \pmod{m}$이다. 따라서 $n=k+1$일 때도 성립한다. ■

예제 5.2

$17 \equiv 3 \pmod 7$, $19 \equiv 5 \pmod 7$, $15 \equiv 1 \pmod 7$, $51 \equiv 9 \equiv 2 \pmod 7$이다.

합동 ($\equiv$) 관계는 동등 ($=$)관계와 많은 점에서 유사하다. 예를 들어 $c \neq 0$일 때, $a = b \Rightarrow ac = bc$이며, 또한 그 역인 $ac = bc \Rightarrow a = b$ 도 성립한다.

그러면 $c \not\equiv 0 \pmod m$일 때 $ac \equiv bc \pmod m \Rightarrow a \equiv b \pmod m$ (소거법칙)이 성립할까?

예제 5.3

(1) $14 \equiv 8 \pmod 6$이다. 만약 양변을 2로 나누면 $7 \equiv 4 \pmod 6$가 되지만, 사실은 법 6에 의해 $7 \equiv 1$로서, $7 \not\equiv 4 \pmod 6$이다.

(2) $2 \cdot 3 \equiv 2 \cdot 1 \pmod 4$이고 $2 \not\equiv 0 \pmod 4$이지만 $3 \not\equiv 1 \pmod 4$이다.

예제에서 보듯이 합동관계 $a \equiv b \pmod n$은 동등관계 $a = b$와 비슷한 성질을 갖고 있으나 곱셈에 관한 소거법은 성립하지 않는다. 다시 말해, $ac \equiv bc \pmod n$이고 $c \not\equiv 0 \pmod n$이라고 하다라도 $a \equiv b \pmod n$는 성립하지 않는다.

다음 정리는 곱셈에 관한 소거법칙이 성립되는 경우에 관한 정리이다.

정리 5.6 합동의 소거법

$ab \equiv ac \pmod n$이고 $\gcd(a, n) = 1$이면, $b \equiv c \pmod n$이다.

증명 $ab \equiv ac \pmod n$이므로, $n \mid a(b-c)$이다. 한편, $\gcd(a, n) = 1$이므로 유클리드 보조정리 1.10에 의해 $n \mid (b-c)$이다. 따라서 $b \equiv c \pmod n$이다. ■

정리 5.7

$a, b, n, d \in \mathbb{Z}$, $n > 0$, $d > 0$이라고 하자.

(1) $d \mid n$일 때, $a \equiv b \pmod n$이면 $a \equiv b \pmod d$이다.

(2) $a \equiv b \pmod n \Leftrightarrow ad \equiv bd \pmod{nd}$이다.

(3) $d \mid n$, $d \mid a$, $d \mid b$일 때, $a \equiv b \pmod n \Leftrightarrow \dfrac{a}{d} \equiv \dfrac{b}{d} \left(\operatorname{mod} \dfrac{n}{d}\right)$

증명 합동식의 정의에 의하여 정리가 성립한다.

(1) $d \mid n$이므로, $n \mid (a-b)$이면 $d \mid (a-b)$이다.

(2) $n \mid (a-b) \Leftrightarrow nd \mid (a-b)d \Leftrightarrow nd \mid (ad-bd)$이다.

(3) $d \mid n$, $d \mid a$이며 $d \mid b$일 때,

$$n \mid (a-b) \Leftrightarrow d\frac{n}{d} \,\Big|\, d\left(\frac{a}{d}-\frac{b}{d}\right) \Leftrightarrow \frac{n}{d} \,\Big|\, \left(\frac{a}{d}-\frac{b}{d}\right)$$

이다. ■

정리 5.8

$ac \equiv bc \pmod{m}$이고 $\gcd(c, m) = d$ 이면, $a \equiv b \left(\bmod \dfrac{m}{d}\right)$이다.

증명 $ab \equiv ac \pmod{n}$이므로 $n \mid a(b-c)$이다. 양변을 $\gcd(a,n) = d$ 로 나누면 $\dfrac{n}{d} \,\Big|\, \dfrac{a}{d}(b-c)$이다. 그런데 최대공약수의 정의에 의해 $\gcd(a,n) = d$ 로부터 $\gcd\left(\dfrac{a}{d}, \dfrac{n}{d}\right) = 1$이다. 그러므로 유클리드 보조정리 1.10에 의해 $\dfrac{n}{d} \,\Big|\, (b-c)$이며, $b \equiv c \left(\bmod \dfrac{n}{d}\right)$이다.

다른 방법으로 증명해보자.

$\gcd(a,n) = d$ 이므로 적당한 a', n'이 존재하여

$$a = da', \ n = dn' \text{이며 } \gcd(a', n') = 1$$

이 된다. $ab \equiv ac \pmod{n}$ 로부터

$$n \mid a(b-c), \ dn' \mid da'(b-c) \ \text{ 또한 } \ n' \mid a'(b-c)$$

이다. 그런데 $\gcd(a', n') = 1$이므로 유클리드 보조정리 1.10에 의해 $n' \mid (b-c)$ 이다. 따라서 $b \equiv c \pmod{n'}$, 즉 $b \equiv c \left(\bmod \dfrac{n}{d}\right)$이다. ■

예제 5.4

$33 \equiv 15 \pmod{9}$이고 $\gcd(3, 9) = 3$이므로 $11 \equiv 5 \left(\bmod \dfrac{9}{3}\right)$ 즉, $11 \equiv 5 \pmod{3}$이다.

정리 5.9

(1) 소수 p와 두 정수 a, b에 대하여 $(a+b)^p \equiv a^p + b^p \pmod{p}$

(2) $\gcd(m, n) = 1$일 때, $\begin{cases} a \equiv b \pmod{m} \\ a \equiv b \pmod{n} \end{cases} \Leftrightarrow a \equiv b \pmod{mn}$

증명 이항전개를 하면

$$(a+b)^p = \binom{p}{0}a^p b^0 + \binom{p}{1}a^{p-1}b^1 + \binom{p}{2}a^{p-2}b^2 + \cdots + \binom{p}{p-1}a^1 b^{p-1} + \binom{p}{p}a^0 b^p$$

이다. 여기서 $\binom{p}{k}$는 이항계수로서 $\binom{p}{k} = {}_pC_k = \dfrac{p!}{k!(p-k)!}$ 이다. 이 값은 $1 \le k \le p-1$ 일 때 항상 p이 배수이므로 $\binom{p}{k} \equiv 0 \pmod{p}$이다. 따라서

$$(a+b)^p = \binom{p}{0}a^p b^0 + \binom{p}{p}a^0 b^p \equiv a^p + b^p \pmod{p}$$

이다. (2)는 8장에서 배울 중국인의 나머지 정리 (정리 8.3)로부터 볼 수 있다. ■

예제 5.5

$1! + 2! + 3! + 4! + \cdots + 99! + 100!$을 12로 나눌 때의 나머지는 얼마인가?

풀이 $4! \equiv 0 \pmod{12}$이므로 $5! \equiv 6! \equiv \cdots \equiv 99! \equiv 100! \equiv 0 \pmod{12}$이다. 따라서

$$1! + 2! + 3! + 4! + \cdots + 99! + 100! \equiv 1! + 2! + 3! \equiv 9 \pmod{12}$$

이므로 나머지는 9이다.

예제 5.6

$2^{20} - 1$은 41의 배수임을 증명하여라.

풀이 2의 거듭제곱을 계산해 보면,

$$2^5 = 32 \equiv -9 \pmod{41},\ 2^{20} = (2^5)^4 \equiv (-9)^4 \equiv 81^2 \pmod{41}$$

이다. 그런데 $81 \equiv -1 \pmod{41}$이므로 $81^2 \equiv (-1)^2 \equiv 1 \pmod{41}$이며, $41 \mid 2^{20} - 1$이다.

연습문제

1. 다음을 증명하여라.
   (a) $a \equiv a(\bmod n)$
   (b) $a \equiv b(\bmod n)$이면 $b \equiv a(\bmod n)$이다.
   (c) $a \equiv b(\bmod n)$이고 $b \equiv c(\bmod n)$이면 $a \equiv c(\bmod n)$이다.
   (d) $a \equiv b(\bmod n)$이면 $a+c \equiv b+c(\bmod n)$이며 또한 $ac \equiv bc(\bmod n)$이다.

2. $ax \equiv ay\ (\bmod n)$이면 소거법 $x \equiv y\ (\bmod n)$이 성립하는가?

3. $\gcd(a,\ n) = d$이고 $ax \equiv ay\ (\bmod n)$이면 $x \equiv y \left(\bmod \dfrac{n}{d}\right)$ 임을 증명하여라.

4. $ca \equiv cb(\bmod n)$이며 $\gcd(c,\ n) = 1$이면 $a \equiv b(\bmod n)$임을 증명하여라.

5. $\gcd(a,n) = 1$이며 $a \equiv b(\bmod n)$이면 $\gcd(b,n) = 1$임을 증명하여라.

6. $a \equiv b(\bmod n)$이면 $a^2 \equiv b^2(\bmod n)$임을 증명하여라.

7. $a^2 \equiv b^2(\bmod n)$이면 $a \equiv b(\bmod n)$이 되는가? 증명을 하거나 반례를 들어라.

8. 다음의 합동식을 풀어라.
   (a) $2x \equiv 5(\bmod 7)$
   (b) $17x \equiv 13(\bmod 8)$
   (c) $4x \equiv 12(\bmod 14)$
   (d) $17x \equiv 23(\bmod 52)$

5.2 잉여류(Residue class)

어떤 집합에서 정의된 연산이 반사(reflexive), 대칭(symmetric) 그리고 추이(transitive)의 세 가지 조건을 만족하면 이 연산으로 이루어진 각 **동치류**들은 **분할**(partition)을 이룬다. 예를 들어 법 n에 관하여 0과 합동인 모든 정수의 집합, 1과 합동인 모든 정수의 집합, 그리고 $(n-1)$과 합동인 모든 정수의 집합들을 생각해 보면 이 집합들은 정수전체의 집합을 n개의 집합들로 나누게 된다. 더욱이 이들 각 집합들의 교집합은 공집합이다. 따라서 정수 집합 $\mathbb{Z}$의 분할을 만드는데, 이때의 각 집합을 **잉여류**(residue class)라고 부른다. 임의의 정수 a를 양의 정수 n으로 나누었을 때 몫 q와 나머지 r이 유일하게 존재하여

$$a = nq + r \quad (0 \le r < n)$$

이 된다. 그러므로

$$a \equiv r \pmod{n}$$

이 된다. 더욱이 두 정수 r, $s\,(0 \le r < s < n)$에 대해 $r \not\equiv s\,(\mathrm{mod}\, n)$이므로 $a \equiv r \pmod{n}$인 정수 r은 유일하게 존재한다. 이와 같은 개념을 다음과 같이 정의할 수 있다.

정의 5.2

임의의 정수 r이 법 n에 대해 집합 $\{a_1, a_2, \cdots, a_n\}$의 꼭 한 원소와 합동일 때, n개의 정수의 집합 $\{a_1, a_2, \cdots, a_n\}$을 법 n에 대한 **완전잉여계**라고 한다.

정의 5.3

정수집합 $\mathbb{Z}$ 위의 합동관계 $a \equiv b\,(\mathrm{mod}\, n)$에 대한 잉여류를 법 n에 대한 **잉여류**(residue class modulo n)라고 한다. 이때, $a \in \mathbb{Z}$에 의해 결정되는 잉여류 $\bar{a}$는

$$\bar{a} \equiv \{x \in \mathbb{Z} \mid x \equiv a\,(\mathrm{mod}\, n)\} = \{a + kn \mid k \in \mathbb{Z}\}$$

가 된다.

다시 말하면 법 n에 관하여 $0, 1, 2, \ldots\ldots, (n-1)$과 합동인 정수의 집합들을 생각해 보면 임의의 정수는 반드시 이들 각 집합의 하나에만 속하게 되기 때문에 이들 집합은 모든 정수의 집합을 분할한다. 이 경우 각각의 집합을 법 n에 관한 잉여류(residue class)라 하고, 잉여류 각각에서 임의의 정수를 하나씩 택하여 만든 집합을 법 n에 관한 완전 잉여계(complete residue system modulo n)라 한다. 또한, 완전잉여계의 각각에서 n과 서로소인 정수들로 이루어진 집합을 법 n에 관한 **기약잉여계**(reduced residue system modulo n)라 한다.

예제 5.7

법 4에 의해 정수전체의 집합은 다음과 같이 나뉜다.

$$\cdots \equiv -8 \equiv -4 \equiv 0 \equiv 4 \equiv 8 \equiv \cdots \pmod 4$$
$$\cdots \equiv -7 \equiv -3 \equiv 1 \equiv 5 \equiv 9 \equiv \cdots \pmod 4$$
$$\cdots \equiv -6 \equiv -2 \equiv 2 \equiv 6 \equiv 10 \equiv \cdots \pmod 4$$
$$\cdots \equiv -5 \equiv -1 \equiv 3 \equiv 7 \equiv 11 \equiv \cdots \pmod 4$$

예제 5.8

'n 은 홀수이다.'를 합동을 써서 다른 표현으로 나타내면 $n \equiv 1 \pmod 2$ 또는 $n \equiv -1 \pmod 2$이다.

참고 유클리드 알고리즘으로 얻은 방정식 $a = nq + r$ 로부터 $a \equiv r \pmod n$을 얻을 수 있고, r의 값 $(0, 1, \cdots, n-1)$에 의해 완전 잉여계를 만들 수 있다. 특히 n보다 작으면서 음이 아닌 정수 $0, 1, 2, \cdots, n-1$로 이루어진 완전 잉여계(complete system of residues modulo n)를 **최소 양 잉여계**(least nonnegative system of residues modulo n)라 하고, 그 절댓값이 가장 작은 것만 택한 것을 **최소 절대 잉여계**(least absolute system of residue modulo n)이라고 부른다. ∎

예제 5.9

$n = 7$일 때, $0, 8, 2, 3, 11, 5, 6$은 완전 잉여계를 이루며, 특히 $0, 1, 2, 3, 4, 5, 6$은 최소 양 잉여계, $-3, -2, -1, 0, 1, 2, 3$은 최소 절대 잉여계를 이룬다.

정의 5.4

1부터 n까지의 정수 중에서 n과 서로소인 원소들의 집합을 $\mathbb{Z}_n{}^*$라고 할 때, $\mathbb{Z}_n^*$에 속한 원소들의 개수를 $\phi(n)$으로 표시하고, **오일러 ϕ** (Euler-phi)라고 부른다. 즉,

$$\mathbb{Z}_n{}^* = \{a \mid 1 \le a \le n,\ \gcd(a, n) = 1\}, \quad \phi(n) = |\mathbb{Z}_n{}^*|$$

이다. 또한 $\mathbb{Z}^+$를 양의 정수 전체의 집합이라고 할 때, 함수

$$\phi : \mathbb{Z}^+ \to \mathbb{Z}, \quad \phi(n) = |\mathbb{Z}_n{}^*|$$

를 **오일러의 ϕ함수**(ϕ-function)라고 한다. 그러므로 특별히 p가 소수이면

$$\mathbb{Z}_p^* = \{1, 2, \dots, p-1\} = \mathbb{Z}_p - \{0\}, \quad \phi(p) = p-1$$

이다.

예제 5.10

$\mathbb{Z}_2^* = \{1\}$, $\mathbb{Z}_3^* = \{1, 2\}$, $\mathbb{Z}_4^* = \{1, 3\}$이므로 $\phi(2) = 1$, $\phi(3) = 2$, $\phi(4) = 2$ 이다. p가 소수일 때 $\phi(p) = p-1$이며 $\phi(p^k) = p^k - p^{k-1}$이다.

정리 5.10

집합 $R = \{r_1, r_2, \dots, r_{\phi(n)}\}$은 법 n에 관한 기약 잉여계라 하자.

(1) $\gcd(a, n) = 1$이면, 집합 $T = \{ar_1, ar_2, \dots, ar_{\phi(n)}\}$는 법 n에 관한 기약 잉여계이다.

(2) 집합 $U = \{n - r_1, n - r_2, \dots, n - r_{\phi(n)}\}$는 법 n에 관한 기약 잉여계이다.

증명 (1) $\gcd(a, n) = 1$이므로 법 n에 대한 a의 역원이 존재하여(정리 4.6)

$$ar_i \equiv ar_j \pmod n \;\Rightarrow\; r_i \equiv r_j \pmod n$$

이다. 그런데 R은 법 n에 관한 기약 잉여계이므로

$$r_i \equiv r_j \pmod n \Rightarrow r_i = r_j$$

이다. 따라서

$$ar_i \equiv ar_j \pmod n \Rightarrow ar_i = ar_j$$

그러므로

$$|T| = |R| = \phi(n)$$

이다. 한편, $\gcd(a, n) = 1$이고 $\gcd(r_i, n) = 1$이므로 $\gcd(ar_i, n) = 1$이며, 집합 T는 법 n에 관한 기약 잉여계이다.

(2) (1)에서와 같이, 다음이 성립한다.

$$\begin{aligned} n - r_i \equiv n - r_j \pmod n \;&\Rightarrow\; r_i \equiv r_j \pmod n \\ &\Rightarrow\; r_i = r_j \\ &\Rightarrow\; n - r_i = n - r_j \end{aligned}$$

그러므로 $|U|=|R|=\phi(n)$이다. 한편, $\gcd(n-r_i, n)=\gcd(r_i, n)=1$이다. 따라서 집합 U는 n에 관한 기약 잉여계이다. ■

예제 5.11

법 8에 관한 완전 잉여계는 $\{-3, -2, -1, 0, 1, 2, 3, 4\}$이고 기약 잉여계는

$$\{1, 3, 5, 7\}, \{3\cdot1, 3\cdot3, 3\cdot5, 3\cdot7\}=\{3, 9, 15, 21\}$$

이다. 한편 법 5에 관한 완전 잉여계는

$$\{5, 1, -3, 8, 4\}, \{0, 1, 2, 3, 4\}, \{-2, -1, 0, 1, 2\}$$

이고, 기약 잉여계는

$$\{1, 2, 3, 4\}, \{5-3, 5-6, 5-9, 5-12\}=\{2, -1, -4, -7\}$$

이다.

연습문제

1. 다음의 집합이 법 11에 대한 완전 잉여계인지 판정하여라.
   (a) $A=\{-5, -4, -3, -2, -1, 0, 1, 2, 3, 4, 5\}$
   (b) $B=\{0, 12, 24, 36, \cdots, 120\}$
   (c) $C=\{k, k+1, k+2, \cdots, k+10\}$ (즉, 임의의 11개의 연속된 정수 집합)
2. $C_n=\{0, 1, 2, \cdots, n-1\}$을 법 n의 완전 잉여계라 할 때, 다음의 기약 잉여계를 구하여라.
   (a) $n=3$ (b) $n=9$
   (c) $n=18$ (d) $n=17$
3. m이 홀수인 정수이면 $\{2, 4, 6, \cdots, 2m\}$은 법 m의 완전 잉여계임을 증명하여라.
4. $m>2$인 정수이면 $\{1^2, 2^2, \cdots, m^2\}$은 법 m의 완전 잉여계가 아님을 증명하여라.
5. $\gcd(a, n)=1$이면, 임의의 c에 대해 $\{c, c+a, c+2a, \cdots, c+(n-1)a\}$는 법 n의 완전 잉여계임을 증명하여라.

6. 다음을 증명하여라.

(a) $a \equiv b \pmod{n_1}$, $a \equiv b \pmod{n_2}$이고 $n = \operatorname{lcm}(n_1, n_2)$이면 $a \equiv b \pmod{n}$이다.

(b) $a \equiv b \pmod{n_1}$, $a \equiv b \pmod{n_2}$일 때 $\gcd(n_1, n_2) = 1$이면 $a \equiv b \pmod{n_1 n_2}$이다.

(c) $a \equiv b \pmod{n_1}$, $a \equiv c \pmod{n_2}$일 때 $\gcd(n_1, n_2) = n$이면 $b \equiv c \pmod{n}$이다.

5.3 오일러 phi 함수(Euler phi function)

정의 5.5

임의의 양의 정수 n에 대해 **오일러 phi 함수** $\phi(n)$은 $\gcd(x, n) = 1$, 즉 n과 서로소가 되는 양의 정수 $x \le n$의 개수이다. 다시 말해서

$$\mathbb{Z}_n^* = \{x \mid 1 \le x \le n,\ \gcd(x, n) = 1\}$$

이라 하면 $\phi(n) = |\mathbb{Z}_n^*|$이다.

정리 5.11

p가 소수일 때

(1) $\phi(p) = p - 1$이다.

(2) $\phi(p^2) = p(p-1)$, $\phi(p^3) = p^2(p-1)$이다.

(3) $\phi(p^k) = p^{k-1}(p-1) = p^k - p^{k-1} = p^k\left(1 - \frac{1}{p}\right)$이다.

증명 (1) 집합 $\{1, 2, \cdots, p-1, p\}$에서 p와 서로소인 원소는 $\{1, 2, \cdots, p-1\}$로서 모두 $p-1$개다.

(2) 1부터 p^2까지 모든 원소를 다음과 같은 형태로 나열해 보자.

$$\begin{array}{ccccc} 1 & 2 & \cdots & p-1 & p \\ p+1 & p+2 & \cdots & 2p-1 & 2p \\ 2p+1 & 2p+2 & \cdots & 3p-1 & 3p \\ \vdots & \vdots & \cdots & \vdots & \\ (p-1)p+1 & (p-1)p+2 & \cdots & p^2-1 & p^2 \end{array} \qquad (*)$$

각 행에서 마지막 성분을 제외한 모든 원소는 p^2과 서로소이다. 또한 각 열의 모든 원소는 p^2과 서로소이다. 그러므로 표 (*)에서 p^2과 서로소인 원소들은

$$\begin{array}{cccc} 1 & 2 & \cdots & p-1 \\ p+1 & p+2 & \cdots & 2p-1 \\ 2p+1 & 2p+2 & \cdots & 3p-1 \\ \vdots & \vdots & \cdots & \vdots \\ (p-1)p+1 & (p-1)p+2 & \cdots & p^2-1 \end{array}$$

로서 모두 $(p-1)p$개이다. 즉, $\phi(p^2)=p(p-1)$이다. 유사한 방법으로 $\phi(p^3)=p^2(p-1)$를 보일 수 있다. 또한 이 결과로부터 (3)을 증명할 수 있다. ■

정리 5.12

$\gcd(a, bc)=1$일 필요충분조건은 $\gcd(a, b)=1$이며 $\gcd(a, c)=1$이다.

증명 ($\Rightarrow$) $\gcd(a, b)=d$라고 하자. $d\mid a$이고 $d\mid b$이므로 $d\mid bc$이다. 따라서 d는 a와 bc의 공약수이다. 그런데 $\gcd(a, bc)=1$이므로 $d\mid 1$, 즉 $d=1$이다. $\gcd(a, c)=1$도 유사하게 보일 수 있다.

($\Leftarrow$) 만일 $\gcd(a, bc)=k>1$라고 하자. k를 나누는 소인수 p를 생각하자. 그러면 $k\mid a$이며 $k\mid bc$이므로 $p\mid a$이고 $p\mid bc$이다. 소수 p의 성질 (정리 2.1)에 의해 $p\mid bc \Rightarrow p\mid b$ 또는 $p\mid c$이므로,

$$(p\mid a\text{이고 } p\mid b) \text{ 또는 } (p\mid a\text{이고 } p\mid c)$$

이다. 즉, $p\mid \gcd(a, b)$ 또는 $p\mid \gcd(a, c)$가 되어 모순이다. 따라서 $\gcd(a, bc)=1$이어야 한다. ■

정리 5.13

$\gcd(n, m)=1$이면 $\phi(nm)=\phi(n)\phi(m)$이다.

증명 1부터 nm사이에서 n과 서로소이며 동시에 m과 서로소인 원소를 세어보자. 우선 1부터 nm까지의 원소를 다음과 같이 나열한다.

$$\begin{array}{ccccccc}
1 & 2 & 3 & \cdots & c & \cdots & m \\
m+1 & m+2 & m+3 & \cdots & m+c & \cdots & 2m \\
2m+1 & 2m+2 & 2m+3 & \cdots & 2m+c & \cdots & 3m \\
\vdots & \vdots & \vdots & & \vdots & & \vdots \\
rm+1 & rm+2 & rm+3 & \cdots & rm+c & \cdots & (r+1)m \\
\vdots & \vdots & \vdots & & \vdots & & \vdots \\
(n-1)m+1 & (n-1)m+2 & (n-1)m+3 & \cdots & (n-1)m+c & \cdots & nm
\end{array}$$

(1) 각 행의 모든 숫자는 $\bmod m$에 대해 합동이 아니다.

만약 $1 \le i, j \le m$에 대해 $rm+i \equiv rm+j \pmod m$이라면 $i \equiv j \pmod m$이 되어 모순이다.

(2) 각 열의 모든 숫자는 $\bmod n$에 대해 합동이 아니다.

만약 $1 \le s, t \le n$에 대해 $sm+c \equiv tm+c \pmod n$이라면 $sm \equiv tm \pmod n$이다. 그런데, $\gcd(n, m)=1$이므로 $s \equiv t \pmod n$되어 모순이다.

(3) 각 행에서 m과 서로소인 원소의 개수는 $\phi(m)$이다.

1행의 '1부터 m사이의 원소 중'에서 m과 서로소인 원소의 개수는 $\phi(m)$이다. 임의의 r번째 행의 성분들

'$rm+1, rm+2, \cdots, rm+c, \cdots, (r+1)m$'

을 생각해보자. 정리에 의해 $\gcd(rm+c, m)=\gcd(c, m)$이므로, 만약 c가 m과 서로소라면 $rm+c$ 도 m과 서로소이며 그 역도 성립한다. 따라서 r 번째 행에서 m과 서로소인 원소는 1번째 행에서 m과 서로소인 원소의 개수$\phi(m)$ 만큼 존재하며, 더욱이 동일한 열에서 발생한다.

(4) 각 열에서 n과 서로소인 원소의 개수는 $\phi(n)$이다.

각 열의 모든 숫자는 $\bmod n$에 대해 합동이 아님을 (2)에서 보였으므로, 임의의 c 번째 열의 n개의 원소들

$$\{c, m+c, 2m+c, \cdots, rm+c, \cdots, (n-1)m+c\}$$

은

$$\{0, 1, 2, \cdots, n-1\}$$

와 $\bmod n$에 의해 동일한 집합이다. 그런데 집합 $\{0, 1, 2, \cdots, n-1\}$안에 n과 서로소인 원소가 $\phi(n)$개 있는 것처럼, c번째 열에도 n과 서로소인 원소가 $\phi(n)$개 있다.

(5) 따라서 m과 n에 동시에 서로소인 원소의 개수는 $\phi(m)\phi(n)$이다. ■

정의 5.6

$\gcd(n,m)=1$일 때 $F(nm)=F(n)F(m)$의 성질을 가진 함수 F를 **곱셈함수**(multiplicative function) 라고 부른다.

그러므로 오일러 ϕ 함수는 곱셈함수가 된다.

예제 5.12

$\phi(90)$를 구하여라.

풀이 $m=9,\ \ n=10$ 라고 하자. 물론 $\gcd(9,10)=1$이다. 1부터 90까지의 수를 다음과 같이 모두 나열하자.

$$\begin{array}{ccccccccc}
1 & 2 & 3 & 4 & 5 & 6 & 7 & 8 & 9 \\
9+1 & 9+2 & 9+3 & 9+4 & 9+5 & 9+6 & 9+7 & 9+8 & (2)9 \\
(2)9+1 & (2)9+2 & (2)9+3 & (2)9+4 & (2)9+5 & (2)9+6 & (2)9+7 & (2)9+8 & (3)9 \\
\vdots & \vdots & \vdots & \vdots & \vdots & \vdots & \vdots & \vdots & \vdots \\
(9)9+1 & (9)9+2 & (9)9+3 & (9)9+4 & (9)9+5 & (9)9+6 & (9)9+7 & (9)9+8 & (10)9
\end{array}$$

(1) 각 행에서 9와 서로소인 것을 생각해보자.
첫 행에서 9와 서로소인 것은 6개가 있으며, 각 행에는 9와 서로소인 것이 6개씩 있다.

(2) 각 열에서 10과 서로소인 것을 생각해보자.
첫 번째 열 $\{1, 9+1, 2\cdot 9+1, 3\cdot 9+1, \cdots, 9\cdot 9+1\}$은 법 10에 의해 $\{1, 0, 9, 8, \cdots, 2\}$와 합동이며 이 중에서 10과 서로소인 것은 모두 4개이다.
그러므로 $\phi(90)=6\cdot 4=24$ 인데, 이것은

$$\phi(90)=\phi(2\cdot 3^2\cdot 5)=\phi(2)\phi(3^2)\phi(5)=1\cdot 3(2)\cdot 4=24$$

와 같다.

정리 5.14

임의의 정수 n의 소인수분해가 $n=p_1^{k_1}p_2^{k_2}\cdots p_r^{k_r}$ 이면

$$\phi(n)=n\left(1-\frac{1}{p_1}\right)\left(1-\frac{1}{p_2}\right)\cdots\left(1-\frac{1}{p_r}\right)$$

이다.

증명 정리 5.11과 정리 5.13으로부터 쉽게 증명된다. 실제로 다음과 같다.

$$\begin{aligned}\phi(n) &= \phi\left(p_1^{k_1}\right)\phi\left(p_2^{k_2}\right)\cdots\phi\left(p_r^{k_r}\right)\\ &= p_1^{k_1-1}(p_1-1)p_2^{k_2-1}(p_2-1)\cdots p_r^{k_r-1}(p_r-1)\\ &= \left(p_1^{k_1}-p_1^{k_1-1}\right)\left(p_2^{k_2}-p_2^{k_2-1}\right)\cdots\left(p_r^{k_r}-p_r^{k_r-1}\right)\\ &= n\left(1-\frac{1}{p_1}\right)\left(1-\frac{1}{p_2}\right)\cdots\left(1-\frac{1}{p_r}\right)\end{aligned}$$

■

예제 5.13

$\phi(360)$을 계산하라.

정리 5.15

$n>2$이면 $\phi(n)$은 항상 짝수이다.

증명 만일 $n=p^k$(p는 홀수 소수)이면 $\phi(n)=p^{k-1}(p-1)$인데, $p-1$이 짝수이므로 $\phi(n)$은 짝수이다. 만일 $n=p_1^{k_1}p_2^{k_2}\cdots p_r^{k_r}$이면

$$\phi(n) = p_1^{k_1-1}(p_1-1)p_2^{k_2-1}(p_2-1)\cdots p_r^{k_r-1}(p_r-1)$$

인데, p_i-1이 짝수이므로 $\phi(n)$은 짝수이다. ■

연습문제

1. 다음 정수 n의 오일러 값 $\phi(n)$을 구하여라.
   - (a) $n=100$
   - (b) $n=1951$
   - (c) $n=12345$
   - (d) $n=95$

2. $n\geq 3$이면 $\phi(n)$은 짝수임을 보여라.

3. $n=\sum_{d \mid n}\phi(d)$는 가우스 정리로 알려져 있다. 이것을 $n=6$, $n=7$일 때 확인하여라.

4. 11은 $10^{101}+1$의 약수인가?

5. 모든 양의 정수 n에 대해, $5^{2^n} \equiv 1 \pmod{2^{n+2}}$임을 증명하여라.

6. p, q가 서로 다른 소수일 때, $\phi(pq)=pq-p-q+1=(p-1)(q-1)$임을 보여라.

5.4 합동의 응용(Application of congruence)

나눗셈 테스트(Divisibility test)

정리 5.16

주어진 정수 $b>1$가 있을 때, 임의의 양의 정수 N은 b의 거듭제곱의 형태

$$N=a_m b^m + a_{m-1}b^{m-1} + \cdots + a_1 b + a_0$$

로 유일한 방법으로 표현된다. 여기서 a_k는 b개의 가능성 $0, 1, \cdots, b-1$을 갖는다.

$b=10$ 인 경우가 십진법 표현인데, 예를 들면 $7359=7 \cdot 10^3+3 \cdot 10^2+5 \cdot 10+7$ 이다. 또한 $b=2$일 때는 이진법 표현이다. 가령 105를 2진법 표현하려면

$$\begin{aligned}105 &= 52(2)+1\\ 52 &= 26(2)\\ 26 &= 13(2)\\ 13 &= 6(2)+1\\ 6 &= 3(2)\\ 3 &= 1(2)+1\end{aligned}$$

이므로,

$$\begin{aligned}105 &= 52(2)+1=26(2)^2+1=13(2)^3+1=6(2)^4+2^3+1\\ &= 3(2)^5+2^3+1=2^6+2^5+2^3+1=(1101001)_2\end{aligned}$$

예제 5.14

$(1001111)_2 = 79$

정리 5.17

다항식 $P(x) = \sum_{k=0}^{m} c_k x^k$에서, $a \equiv b \pmod{n}$이면 $P(a) \equiv P(b) \pmod{n}$이다.

증명 $P(a) = \sum_{k=0}^{m} c_k a^k \equiv \sum_{k=0}^{m} c_k b^k = P(b) \pmod{n}$이다 ■

정리 5.18

임의의 정수 N의 십진법 표현이 $N = a_m 10^m + a_{m-1} 10^{m-1} + \cdots + a_1 10 + a_0$ $(0 \le a_i < 10)$일 때, $T = a_0 - a_1 + a_2 - \cdots + (-1)^m a_m$라고 하면 다음이 성립한다.

$$11 \mid N \iff 11 \mid T$$

증명 $P(x) = \sum_{k=0}^{m} a_k x^k$라 하면 $P(10) = N$, $P(-1) = T$이다. 그런데 $10 \equiv -1 \pmod{11}$이므로 정리 5.17에 의해

$$P(10) \equiv P(-1) \pmod{11}$$

즉

$$N \equiv T \pmod{11}$$

이다. 따라서

$$N \equiv 0 \pmod{11} \iff T \equiv 0 \pmod{11}$$

이다. ■

정리 5.19

임의의 정수 N의 십진법 표현이 $N = a_m 10^m + a_{m-1} 10^{m-1} + \cdots + a_1 10 + a_0 (0 \le a_i < 10)$일 때, $S = a_0 + a_1 + \cdots + a_m$라고 하면 다음이 성립한다.

$$9 \mid N \iff 9 \mid S$$

증명 $P(x)=\sum_{k=0}^{m} a_k x^k$라 하면 $10 \equiv 1 \pmod 9$이므로,

$$N = P(10) \equiv P(1) = S = a_0 + a_1 + \cdots + a_m \pmod 9$$

이다. 따라서 $9 \mid N \Leftrightarrow 9 \mid S$이다. ■

예제 5.15

$N = 1{,}571{,}724$은 9의 배수인가? 11의 배수인가?

풀이 $S = 4+2+7+1+7+5+1 = 27$이므로 N은 9의 배수이다. 또한 $T = 4-2+7-1+7-5+1 = 11$이므로 N은 11의 배수이다.

참고 위의 경우와 유사하게 7 또는 13의 배수 검사를 할 수 있다. 실제로 $10 \equiv 3 \pmod 7$이므로

$$7 \mid N \Leftrightarrow 7 \mid P(10) \Leftrightarrow 7 \mid P(3)$$

이다. 또한 $10 \equiv -3 \pmod{13}$이므로

$$13 \mid N \Leftrightarrow 13 \mid P(10) \Leftrightarrow 13 \mid P(-3)$$

이다.

예제 5.16

$N = 1{,}010{,}908{,}899$은 7의 배수인가? 13의 배수인가?

풀이

$N = 7 \times 144415557 = 9 \times 112323211 = 11 \times 91900809 = 13 \times 77762223$이다.

연습문제

1. 다음을 구하여라.
   (a) $1!+2!+3!+\cdots+100!$을 12로 나눈 나머지
   (b) $1^5+2^5+3^5+\cdots+99^5+100^5$을 4로 나눈 나머지
   (c) 4444^{4444}를 9로 나눈 나머지
   (d) 9^{9^9}의 마지막 두 자릿수
   (e) 7^{9999}의 마지막 세 자릿수

2. 합동방정식 $x^3+3x+1 \equiv 0 \pmod{7}$의 해를 구하여라.

3. 합동방정식 $17x \equiv 23 \pmod{52}$의 해를 구하여라.

4. 임의의 정수 a에 대해, a^2의 일자리 수는 0, 1, 4, 5, 6 또는 9임을 증명하여라.

5. 2009113207101가 다음 수로 나누어지는지 확인하여라.
   (a) 7
   (b) 9
   (c) 11
   (d) 13

6. $2^{15}14^{40}+1$이 11로 나누어떨어짐을 보여라.

Chapter 06

정수론적 함수

함수의 정의역과 공역이 모두 음이 아닌 정수의 집합 $\mathbb{Z}^+$일 때, 함수 $f:\mathbb{Z}^+\to\mathbb{Z}^+$를 정수론적 함수(number theoretic function) 라고 부른다.

6.1 정수론적 함수(Number theoretic function)

정수론적 함수의 대표적인 두 개의 함수를 알아보자.

정의 6.1

$n\in\mathbb{Z}^+$의 약수의 개수와 약수들의 합으로 정의되는 함수는 각각 다음과 같다.

$$\tau(n) : n\text{의 양의 약수들의 개수} = \sum_{d|n} 1$$

$$\sigma(n) : n\text{의 양의 약수들의 합} = \sum_{d|n} d$$

예제 6.1

다음의 빈칸을 채워라.

n	1	2	3	4	5	6	7	8	9	10
$\tau(n)$										
$\sigma(n)$										

정리 6.1 다음은 서로 동치이다.

$$\tau(n)=2 \Leftrightarrow n: \text{소수} \Leftrightarrow \sigma(n)=n+1$$

증명 $\tau(n)=2$이면 n의 양의 약수는 2개인데, n은 항상 1과 자기 자신 n을 약수로 가지므로, 그것 이외에는 더 이상 약수가 없다는 것으로서 n은 소수이다. 그러므로 $\sigma(n)=1+n$이다. n이 소수라면 더 쉽게 확인할 수 있다. ■

정리 6.2

$n=p_1^{k_1}\cdots p_r^{k_r}$이 소인수분해라면

(1) $\tau(n)=(k_1+1)(k_2+1)\cdots(k_r+1)$이다.

(2) $\sigma(n)=\dfrac{p_1^{k_1+1}-1}{p_1-1}\dfrac{p_2^{k_2+1}-1}{p_2-1}\cdots\dfrac{p_r^{k_r+1}-1}{p_r-1}$이다.

증명 $n=p_1^{k_1}\cdots p_r^{k_r}$의 임의의 약수 d는 다음과 같이 표현된다.

$$d=p_1^{a_1}\cdots p_r^{a_r} \quad (0\le a_i\le k_i)$$

그러면

$$\tau(n)= n\text{의 약수의 개수} = a_i\text{의 가능성의 개수} =(k_1+1)(k_2+1)\cdots(k_r+1)$$

이다(이 증명은 수학적 귀납법으로도 할 수 있다).

$\sigma(n)$을 계산해 보자.

만약 $n=p_1$이면 $\sigma(n)=1+p_1$

만약 $n=p_1^{k_1}$이면 $\sigma(n)=1+p_1+p_1^2+\cdots+p_1^{k_1}=\dfrac{1-p_1^{k_1+1}}{1-p_1}$

만약 $n=p_1^{k_1}p_2$이면

$$\begin{aligned}\sigma(n)&=\sigma(p_1^{k_1}p_2)\\&=1+p_1+p_1^2+\cdots+p_1^{k_1}+p_2+p_1p_2+p_1^2p_2+\cdots+p_1^{k_1}p_2\\&=(1+p_1+p_1^2+\cdots+p_1^{k_1})(1+p_2)\\&=\frac{1-p_1^{k_1+1}}{1-p_1}\frac{1-p_2^2}{1-p_2}=\frac{p_1^{k_1+1}-1}{p_1-1}\frac{p_2^2-1}{p_2-1}\end{aligned}$$

$$= \sigma(p_1^{k_1})\sigma(p_2)$$

만약 $n = p_1^{k_1} p_2^2$이면

$$\begin{aligned}
\sigma(n) &= \sigma(p_1^{k_1} p_2^2) \\
&= 1 + p_1 + p_1^2 + \cdots + p_1^{k_1} + p_2 + p_1 p_2 + p_1^2 p_2 + \cdots + p_1^{k_1} p_2 + p_2^2 + p_1 p_2^2 + \cdots + p_1^{k_1} p_2^2 \\
&= (1 + p_1 + p_1^2 + \cdots + p_1^{k_1}) + p_2(1 + p_1 + p_1^2 + \cdots + p_1^{k_1}) + p_2^2(1 + p_1 + p_1^2 + \cdots + p_1^{k_1}) \\
&= (1 + p_1 + p_1^2 + \cdots + p_1^{k_1})(1 + p_2 + p_2^2) \\
&= \sigma(p_1^{k_1})\sigma(p_2^2) \\
&= \frac{p_1^{k_1+1} - 1}{p_1 - 1} \frac{p_2^3 - 1}{p_2 - 1}
\end{aligned}$$

이다. 그러므로

$$\begin{aligned}
\sigma(n) = \sigma(p_1^{k_1} p_2^{k_2} \cdots p_r^{k_r}) &= \sigma(p_1^{k_1})\sigma(p_2^{k_2}) \cdots \sigma(p_r^{k_r}) \\
&= \frac{p_1^{k_1+1} - 1}{p_1 - 1} \frac{p_2^{k_2+1} - 1}{p_2 - 1} \cdots \frac{p_r^{k_r+1} - 1}{p_r - 1}
\end{aligned}$$

이다. ■

예제 6.2

$n = 180$일 때, $\tau(180)$과 $\sigma(180)$을 구하여라.

풀이

정리 6.3

$\tau(n)$이 홀수일 필요충분조건은 n이 완전제곱수이다.

증명 $n = p_1^{k_1} \cdots p_r^{k_r}$일 때

$$\tau(n) = (k_1+1)(k_2+1)\cdots(k_r+1)$$

이다. 만약 $\tau(n)$가 홀수라면 모든 $k_i + 1\ (i=1,\cdots,r)$들이 홀수여야 한다. 즉 모든 k_i가 짝수이다. 그러므로 $k_i = 2v_i\ (v_i \in \mathbb{Z})$라고 하면

$$n = p_1^{k_1} \cdots p_r^{k_r} = p_1^{2v_1} \cdots p_r^{2v_r} = (p_1^{v_1} \cdots p_r^{v_r})^2$$

과 같은 완전제곱수이다. 반대로 $n = m^2$인 완전제곱수라고 하자. 그러면

$$n = p_1^{2t_1} p_2^{2t_2} \cdots p_r^{2t_r} \quad (t_i \in \mathbb{Z})$$

가 되어,

$$\tau(n) = (2t_1+1)(2t_2+1)\cdots(2t_r+1)$$

인데, 이것은 홀수들의 곱이므로 $\tau(n)$은 홀수이다. ■

1. n의 양의 약수들의 곱셈

σ와 τ이외에 n의 양의 약수들의 곱셈으로 정의되는 정수론적 함수를 알아보자.

정의 6.2

$\pi(n)$: n의 양의 약수들의 곱셈 $= \prod_{d \mid n} d$

정리 6.4

$\pi(n) = n^{\tau(n)/2}$ 즉, $\prod_{d|n} d = n^{\tau(n)/2}$ 이다.

증명 D는 n의 모든 약수들의 집합이라 하자. 그러면 다음과 같이 표현할 수 있다.

$$D = \{d_1, d_2, \cdots, d_{\tau(n)}\}$$

각각의 $d_i \in D$에 대해, $d_i \mid n$이므로 적당한 $d_i{}'$가 존재하여 $d_i d_i{}' = n$가 된다. 즉

$$d_1 d_1{}' = n,\ \ d_2 d_2{}' = n,\ \ d_3 d_3{}' = n,\ \cdots,\ d_{\tau(n)} d_{\tau(n)}{}' = n$$

이다. 모든 $d_i' \in D$이며 $d_i' \neq d_j'$이다(만일 $d_i' = d_j'$이면 $d_i = \frac{n}{d_i'} = \frac{n}{d_j'} = d_j$이다). 따라서

$$\prod_{i=1}^{\tau(n)} d_i \cdot \prod_{i=1}^{\tau(n)} d_i' = n^{\tau(n)}$$

가 되어,

$$\left(\prod_{i=1}^{\tau(n)} d_i\right)^2 = n^{\tau(n)}, \text{ 즉 } \prod_{i=1}^{\tau(n)} d_i = n^{\frac{\tau(n)}{2}}$$

이다. 여기서 분명히 $n^{\frac{\tau(n)}{2}}$가 정수임을 확인해야 한다. 만약 $\tau(n)$가 짝수라면, $\frac{\tau(n)}{2}$는 당연히 정수이다. 만약 $\tau(n)$이 홀수라면, 정리 6.3에 의해 n은 완전제곱수 $n = s^2$ (적당한 $s \in \mathbb{Z}$)이다. 따라서 $n^{\frac{\tau(n)}{2}} = (s^2)^{\frac{\tau(n)}{2}} = s^{\tau(n)}$은 정수이다. ■

예제 6.3

$n = 36$일 때, n의 약수들의 곱을 계산하여라.

풀이 $n = 36 = 2^2 3^2$이므로, n의 약수는 모두 9개로서

$$\begin{array}{lll} 1, & 2, & 2^2, \\ 3, & 2\cdot 3, & 2^2\cdot 3, \\ 3^2, & 2\cdot 3^2, & 2^2\cdot 3^2 \end{array}$$

이다. 이것을 순서를 잘 정해 곱하면

$$\begin{aligned}\pi(36) &= (1\cdot 3^2 2^2)(2\cdot 3^2 2)(2^2\cdot 3^2)(3\cdot 2^2 3)(2\cdot 3) \\ &= 36\cdot 36\cdot 36\cdot 36\cdot 36^{1/2} = 36^{9/2} = 6^9\end{aligned}$$

이다.

2. n의 약수들의 역의 합

n의 양의 약수들의 역수의 합 $\sum_{d \mid n} \frac{1}{d}$으로 정의되는 정수론적 함수를 알아보자.

정리 6.5

$\sum_{d \mid n} \frac{1}{d} = \frac{\sigma(n)}{n}$ 이다.

증명 $d \mid n$이므로 $n = dd'$ (적당한 $d' \in \mathbb{Z}$)이며 $\frac{n}{d} = d'$ 이다. 그러므로

$$n\sum_{d \mid n} \frac{1}{d} = \sum_{d \mid n} \frac{n}{d} = \sum_{d' \mid n} d' = \sigma(n)$$

이다. 따라서 $\sum_{d \mid n} \frac{1}{d} = \frac{\sigma(n)}{n}$ 이다. ■

참고 위의 정리 6.4과 6.5는 16장에서 완전수를 다룰 때 다시 배운다. ❙

정리 6.6

함수 τ와 σ는 모두 곱셈함수이다. 다시 말해서 $\gcd(m,n) = 1$이면

$$\tau(nm) = \tau(n)\tau(m) \text{이며 } \sigma(nm) = \sigma(n)\sigma(m)$$

증명 생략한다. ■

연습문제

1. 다음을 보여라.
   (a) $\tau(p!) = 2\tau((p-1)!)$
   (b) $\sigma(p!) = (p+1)\sigma((p-1)!)$
   (c) $\phi(p!) = (p-1)\phi((p-1)!)$ 여기서 ϕ는 오일러 phi함수이다.

2. $\tau(n) = 8$이 되는 정수 n중에서 가장 작은 처음 두 수를 찾아라.

3. 다음을 계산하여라.
   (a) $\tau(56000)$ (b) $\sigma(12345678)$

4. 다음 등식을 만족하는 가장 작은 양의 정수 n을 구하여라.

(a) $\tau(n) = 2$ (b) $\tau(n) = 3$ (c) $\tau(n) = 14$

5. 다음을 보여라.

(a) $\gcd(a, b) \neq 1$이면 $\tau(ab) < \tau(a)\tau(b)$이다.

(b) $\tau(n) \leq 2\sqrt{n}$

(c) $n \leq \sigma(n) \leq n^2$

6. 다음의 등식을 만족하는 양의 정수 n을 모두 구하여라.

(a) $\sigma(n) = 12$ (b) $\sigma(n) = 18$ (c) $\sigma(n) = 24$

6.2 가우스 함수(Gauss function)

가우스 함수를 간단히 알아보자. 가우스 함수 $[\ ]: \mathbb{R} \to \mathbb{Z}$ 는 임의의 실수 $x \in \mathbb{R}$ 을 x를 넘지 않는 최대 정수로 대응시키는 함수이다.

정리 6.7

$x \in \mathbb{R}$ 일 때 가우스 정수 $[x]$에 대해 다음이 성립한다.

(1) $[x] \leq x < [x] + 1$

(2) $x - 1 < [x] \leq x$

(3) $0 \leq x - [x] < 1$

(4) $[x] + [y] \leq [x + y] \leq [x] + [y] + 1$

증명은 쉬우므로 생략한다.

예제 6.4

다음을 계산하라.

(1) $[-3/2]$ (2) $[\sqrt{2}]$ (3) $[1/3]$

(4) $[\pi]$ (5) $[-\pi]$

풀이 (1) -2 (2) 1 (3) 0 (4) 3 (5) -4

정리 6.8

양의 정수 $a, b \in \mathbb{Z}$, $x \in \mathbb{R}$ 일 때 다음이 성립한다.

(1) $[x+a]=[x]+a$이다.

(2) $b=qa+r$, $0 \le r < a$이면 $\left[\dfrac{b}{a}\right]=q$이다.

(3) a,b 가 양의 정수이면 $1,2,\cdots,b$ 중에서 a의 배수의 개수는 $\left[\dfrac{b}{a}\right]$이다.

(4) $\left[\dfrac{[x]}{a}\right]=\left[\dfrac{x}{a}\right]$이다. 특별히 $a,b,c \in \mathbb{Z}$, $a,b>0$일 때 $\left[\dfrac{\left[\frac{c}{b}\right]}{a}\right]=\left[\dfrac{c}{ab}\right]$

증명 (1)은 정의에 의해 당연하다.

(2) $b=qa+r$로부터 $\dfrac{b}{a}=q+\dfrac{r}{a}$, $0 \le \dfrac{r}{a}<1$이므로 $\left[\dfrac{b}{a}\right]=q$이다.

(3) $1,\cdots,b$ 중에서 a의 배수의 개수를 q라고 하면 $qa \le b < (q+1)a$, 즉 $q \le \dfrac{b}{a} < (q+1)$이다. 따라서 $\left[\dfrac{b}{a}\right]=q$이다.

(4) $x=[x]+\{x\}$, $[x]=qa+r$, $0 \le r \le a-1$이면, $x=qa+(\{x\}+r)$, $0 \le \{x\}+r<a$이다. (2)에 의해 $\left[\dfrac{x}{a}\right]=q=\left[\dfrac{[x]}{a}\right]$이다. 또한

$$\left[\dfrac{\left[\frac{c}{b}\right]}{a}\right]=\left[\dfrac{\frac{c}{b}}{a}\right]=\left[\dfrac{c}{ab}\right]$$

이다. ■

연습문제

1. n은 양의 정수, p는 소수이며, $n!$을 나누는 p의 최대 지수 e (즉, $p^e \| n!$)를 $E(p, n)$이라 하자. 그러면 $E(p,n) = \sum_{k=1}^{\infty} \left[\frac{n}{p^k} \right]$이다.

2. 다음을 구하여라.
   (a) $500!$을 나누어 떨어뜨리는 3의 최대 지수
   (b) $1000!$을 나누어 떨어뜨리는 6의 최대 지수
   (c) $2000!$을 나누어 떨어뜨리는 7의 최대 지수

3. $2^k \| 533!$인 k의 값을 구하여라. (여기서 기호 $\|$는 문제 1에서 정의된 것임.)

4. $30!$에서 0이 아닌 수가 처음 나타나는 자리 수는 얼마인가?

5. $1000!$에서 0이 아닌 수가 처음 나타나는 자리 수는 얼마인가?

6. $100!$의 끝의 0은 모두 몇 개인가?

7. 다음의 개수를 구하여라.
   (a) 1부터 500 사이의 정수 중에서 7의 배수의 개수
   (b) 1부터 200 사이의 정수 중에서 11의 배수의 개수

6.3 뫼비우스 함수(Möbious function)

뫼비우스(Möbius, A. F., 1790~1868)는 독일 프로이센 출생으로서 라이프치히, 괴팅겐, 할레 등지의 여러 대학에서 공부했으며, 가우스의 제자였다. 1815년에 라이프치히 대학의 천문학 교수가 되었으며, 1844년에 동 대학의 천문대장이 되었다. 천문학 이외에도 기하학·역학 등을 연구하여 업적을 남겼다. 기하학에서는 동차좌표의 일종인 중심좌표를 처음으로 도입한 업적으로 유명해졌다. 사영기하학의 기초를 굳혔으며, 직선기하학 연구의 선구적인 역할을 하였다. 앞 뒤 면의 구별이 없는 '**뫼비우스의 띠**(strip)' 연구로 널리 알려

져 있다.

1831년에 뫼비우스는, 오늘날 **뫼비우스 함수**라고 불리는 특별한 함수를 정의하였다.

정의 6.3

함수 $\mu : \mathbb{N} \rightarrow \mathbb{Z}$ 는 임의의 양의 정수 n에 대해 다음과 같이 정의된다.

$$\mu(n) = \begin{cases} 1 & \text{만일 } n = 1 \text{ 일때} \\ 0 & \text{만일 어떤 소수 } p\text{에 대해 } p^2 \mid n \text{ 일때} \\ (-1)^r & \text{만일 서로 다른 소수 } p_1, p_2, \cdots, p_r\text{에 대해 } n = p_1 p_2 \cdots p_r \text{ 일때} \end{cases}$$

정리 6.9

뫼비우스 함수 μ는 곱셈함수이다. 서로소인 두 정수 a, b에 대해 $\mu(a)\mu(b) = \mu(ab)$이 성립된다.

증명 (1) $a = 1$이면 $\mu(1) = 1$이다. 또한 $\mu(ab) = \mu(b) = 1\mu(b) = \mu(a)\mu(b)$이다.

(2) $p^2 \mid a$ 또는 $p^2 \mid b$라고 하자. 그러면 $\mu(a) = 0$ 또는 $\mu(b) = 0$이다. 또한 $p^2 \mid ab$이므로 $\mu(ab) = 0$이다. 그러므로

$$\mu(a)\mu(b) = \mu(ab)$$

이 성립한다.

(3) 서로 다른 소수 $p_i(1 \le i \le r)$와 $q_j(1 \le j \le t)$에 대해 $a = p_1 \cdots p_r$, $b = q_1 \cdots q_t$라고 하자. 그러면

$$\mu(ab) = (-1)^{r+t} = (-1)^r(-1)^t = \mu(a)\mu(b)$$

이다. ■

정리 6.10

$$\sum_{d \mid n} \mu(d) = \begin{cases} 1 & \text{만일 } n = 1 \\ 0 & \text{만일 } n \neq 1 \end{cases}$$ 이다.

증명 (1) $n = 1$이면 $\sum_{d \mid 1} \mu(d) = \mu(1) = 1$이다.

(2) 임의의 정수 $n > 1$에 대해 $\sum_{d \mid n} \mu(d) = G(n)$이라고 하자. μ가 곱셈함수이므로 G도 곱셈함수이다. n의 인수분해를 $n = p_1^{k_1} p_2^{k_2} \cdots p_r^{k_r}$라고 하자. 그러면 곱셈함수의

성질로 부터

$$G(n)=G(p_1^{k_1})G(p_2^{k_2})\cdots G(p_r^{k_r})$$

라고 쓸 수 있다. 그런데 임의의 k에 대해

$$\begin{aligned} G(p^k) &= \sum_{d \mid p^k}\mu(d)=\mu(1)+\mu(p)+\mu(p^2)+\cdots+\mu(p^k) \\ &= 1+(-1)+0+\cdots+0=1+(-1)=0 \end{aligned}$$

이므로

$$G(n)=G(p_1^{k_1})G(p_2^{k_2})\cdots G(p_r^{k_r})=0$$

가 된다. ■

뫼비우스 함수는 뫼비우스의 반전공식으로 인해 여러 형태로 응용된다.

정리 6.11 뫼비우스의 반전공식(Mobius inversion formula)

산술함수 F와 f에 대해 $F(n)=\sum_{d \mid n}f(d)$라고 하자. 그러면 다음이 성립한다.

$$f(n)=\sum_{d \mid n}\mu(d)\,F\left(\frac{n}{d}\right)$$

증명 $F(n)$의 정의에 의해

$$\sum_{d \mid n}\mu(d)\,F\left(\frac{n}{d}\right)=\sum_{d \mid n}\mu(d)\sum_{c \mid \frac{n}{d}}f(c)=\sum_{d \mid n}\sum_{c \mid \frac{n}{d}}\mu(d)f(c)$$

이다. $d \mid n$이며 $c \,\Big|\, \frac{n}{d}$이므로 적당한 $a,\, b\in\mathbb{Z}$에 대해

$$n=da\text{이며 } \frac{n}{d}=cb$$

이다. 즉 $n=cbd$이며 $\frac{n}{c}=bd$이다. 따라서

$$c \mid n\text{이고 } d \,\Big|\, \frac{n}{c}$$

이다. 그러므로

$$\sum_{d\mid n}\mu(d)\ F\left(\frac{n}{d}\right)=\sum_{d\mid n}\sum_{c\mid \frac{n}{d}}\mu(d)f(c)$$

$$=\sum_{c\mid n}\sum_{d\mid \frac{n}{c}}f(c)\mu(d)=\sum_{c\mid n}\left(f(c)\sum_{d\mid \frac{n}{c}}\mu(d)\right)$$

이다. n의 약수들은 $c_1=1<c_2<c_3<\cdots<c_k=n$이라고 하자. 그러면

$$\sum_{d\mid n}\mu(d)\ F\left(\frac{n}{d}\right)=\sum_{c\mid n}\left(f(c)\sum_{d\mid \frac{n}{c}}\mu(d)\right)$$

$$=f(1)\sum_{d\mid n}\mu(d)+f(c_2)\sum_{d\mid \frac{n}{c_2}}\mu(d)+\cdots+f(n)\sum_{d\mid 1}\mu(d)$$

이다. 만일 $\frac{n}{c}=1$이면 $\sum_{d\mid \frac{n}{c}}\mu(d)=1$이며, $\frac{n}{c}>1$이면 $\sum_{d\mid \frac{n}{c}}\mu(d)=0$이다. 그러므로

$$\sum_{d\mid n}\mu(d)\ F\left(\frac{n}{d}\right)=f(1)\sum_{d\mid n}\mu(d)+f(c_2)\sum_{d\mid \frac{n}{c_2}}\mu(d)+\cdots+f(n)\sum_{d\mid 1}\mu(d)$$

$$=f(n)\sum_{d\mid 1}\mu(d)$$

이다. 정리 6.10에 의해 $f(n)\sum_{d\mid 1}\mu(d)=f(n)\cdot 1=f(n)$이므로

$$\sum_{d\mid n}\mu(d)\ F\left(\frac{n}{d}\right)=f(n)$$

이 성립한다. ■

페르마 정리와 오일러 정리

페르마의 작은 정리는 1640년에 페르마에 의해 증명 없이 발표된 후, 1736년에 오일러(Euler, L., 1707~1783, 스위스)에 의해 증명되었다. 윌슨 정리는 수학자 워링(Waring, E., 1736~1798, 영국)의 학생이었던 윌슨(Wilson, J., 1741~1793, 영국)이 처음 발견하였고, 워링은 이 정리를 증명 없이 1770년에 발표하였다. 윌슨 정리는 페르마 작은 정리와 유사하게 증명할 수 있지만 페르마 작은 정리와는 달리 역 또한 성립한다.

7.1 윌슨 정리(Wilson theorem)

1770년에 영국의 수학자 워링은 몇 가지 새로운 정리를 발표했다. 이 중에 "p가 소수이면 $(p-1)!+1$은 p로 나누어진다."라는 정리가 있다. 이것은 워링의 제자인 윌슨의 보고서에 있는 내용이었다. 작은 소수 몇 개의 예를 들면 다음과 같다.

p	2	3	5	7	11
$(p-1)!+1$	2	3	25	721	3,628,801

예제 7.1

3628801을 11의 배수 판정법 (정리 5.18)을 사용하여 확인하여라.

풀이 $n=3628801$라 할 때, $1-0+8-8+2-6+3=0$은 11의 배수이므로, 11배수 판정법에 의해 $11 \mid n$이다.

윌슨과 워링은 정리의 결과를 가설했지만 증명을 하지는 못했는데, "이런 종류의 정리는 소수에 대한 명백한 표시법의 부재로 인해 증명하기 어렵다."고 고백했다. 워링의 비관적인 예상에도 불구하고 바로 다음 해인 1771년 라그랑주(Lagrange, J. L., 1736~1813,

프랑스)가 이것을 증명하였고 또한 그 역도 성립함을 밝혀냈다. 이보다 한 세기 앞서서 라이프니츠(Leibniz, G.W., 1646~1716, 독일) 또한 이 정리를 알고 있었다는 증거가 있으나 발표하지는 않았다.

정리 7.1 윌슨 정리

p가 소수이면 $p \mid (p-1)!+1$이다. 즉 $(p-1)! \equiv -1 \pmod p$이다.

윌슨 정리를 증명하기 이전에 예제 몇 가지를 통해 확인해보자.

예제 7.2

$p=7$일 때

$$\begin{aligned} 6! &= 1\cdot 2\cdot 3\cdot 4\cdot 5\cdot 6 = 1\cdot(2\cdot 3\cdot 4\cdot 5)\cdot 6 \\ &= 1\cdot(2\cdot 4)(3\cdot 5)\cdot 6 = 6 \equiv -1 \pmod 7 \end{aligned}$$

$p=11$일 때

$$\begin{aligned} 10! &= 1\cdot 2 \cdots 10 = 1(2\cdots 9)10 \\ &= 1(2\cdot 6)(3\cdot 4)(5\cdot 9)(7\cdot 8)10 = 10 \equiv -1 \pmod{11} \end{aligned}$$

$p=13$일 때

$$\begin{aligned} 12! &= 1\cdot(2\cdots 11)\cdot 12 \\ &= 1(2\cdot 7)(3\cdot 9)(4\cdot 10)(5\cdot 8)(6\cdot 11)12 = 12 \equiv -1 \pmod{13} \end{aligned}$$

위의 경험을 바탕으로 증명을 해 보자.

증명 $p=2$이면 $(2-1)! = 1 \equiv -1 \pmod 2$이다.

$p=3$이면 $(3-1)! = 2 \equiv -1 \pmod 3$이므로, $p=2$, $p=3$인 경우는 윌슨 정리가 성립한다.

이제 집합 $S=\{1, 2, \cdots, p-1\}$를 만들자. 그리고 임의의 원소 $a \in S$를 사용하여 새로운 집합 $T=\{a, 2a, \cdots, (p-1)a\}$를 만들자. 다음의 두 단계를 보이자.

① $|S|=|T|$:

법 p에 의해 S에 속하는 모든 원소는 서로 합동이 아니며 또한 T에 속하는 모든 원소도 서로 합동이 아니다. (만약 $ka \equiv ta \pmod p$ $(1 \le k \ne t < p)$라면 $\gcd(a, n)$

$=1$이므로 법 p에 대한 a의 역원이 존재하므로 $ka \equiv ta \pmod{p}$의 양변에 a의 역원을 곱하면 $k \equiv t \pmod{p}$이 된다. 그런데 $1 \le k,\ t < p$이므로 $k=t$가 되어 모순이다.) 따라서 $|S|=|T|$이다.

② $S \equiv T \pmod{p}$:

T에 속하는 임의의 원소 $ta(1 \le t < p)$는 법 p에 의해 1, 2, $\cdots$, $p-1$ 중의 하나이다. 따라서 $ta \pmod{p} \in S$, 즉 $T \subseteq S \pmod{p}$이다. 그런데 $|S|=|T|$이므로 $S \equiv T \pmod{p}$이다.

그런데 $1 \in S \equiv T$이므로 $ra \equiv 1 \pmod{p}$인 단 하나의 $1 \le r \le p-1$이 존재한다.
이제 $r \equiv a \pmod{p} \Leftrightarrow a=1$ 또는 $a=p-1$임을 보이자. 실제로

$r \equiv a \pmod{p}$일 때, $ra \equiv 1 \pmod{p}$이다.
$\Leftrightarrow (a-1)(a+1) \equiv 0 \pmod{p}$
$\Leftrightarrow (a-1) \equiv 0$ 또는 $(a+1) \equiv 0 \pmod{p}$
(이유: p가 소수일 때 $p \mid xy \Rightarrow p \mid x$ 또는 $p \mid y$이다.)
$\Leftrightarrow a-1=0$ 또는 $a+1=p$
(이유: $1 \le a \le p-1$ 이다.)
$\Leftrightarrow a=1$ 또는 $a=p-1$이다.

그러므로 $2 \le r \le p-2$ 인 r에 대하여 합동식 $ra \equiv 1 \pmod{p}$를 만족시키는 $r \in R$은 단 하나 존재하고 또 $r \ne a$, $2 \le r \le p-2$이다. 따라서 집합 $\{2, \cdots, p-2\}$의 서로 다른 두 원소를 적당히 짝지어 곱하면 법 p에 관하여 1과 합동이 된다. 그러므로

$$\begin{aligned}(p-1)! &= 1 \cdot 2 \cdot 3 \cdot \cdots (p-2) \cdot (p-1)\\ &\equiv 1 \cdot (2 \cdot 3 \cdot \cdots (p-2)) \cdot (p-1)\\ &\equiv 1 \cdot 1 \cdot (p-1)\\ &\equiv p-1 \equiv -1 \pmod{p}\end{aligned}$$

이다. ■

위 증명은 다음과 같이 요약할 수 있다.

증명의 대략

$(p-1)! = 1 \cdot [2 \cdot 3 \cdots (p-3) \cdot (p-2)] \cdot (p-1)$를 계산하기 위해 다음의 두 단계를 보인다.

① $2 \le k \le p-2$인 모든 k에 대해 항상 역원이 존재한다. (즉 곱하여 1이 되는 원소를 항상 발견할 수 있다.)

② 어떤 k에 대해 만약 $k^2 \equiv 1 \pmod p$이면, $k \equiv 1$ 또는 $k \equiv p-1 \pmod p$이다.

③ 따라서 $2 \le k \le p-2$인 모든 k는 자신과는 다른 역원을 항상 가지므로, 서로 짝이 되도록 묶음으로써 $(2 \cdots (p-2))$의 곱이 1이 되도록 할 수 있다. ■

예제 7.3

$p=13$이라 하자. 정수 $2, 3, \dots, 11$에서 두 정수의 곱이 법 13에 대해 1과 합동이 되도록 두 정수를 택할 수 있다. 즉, 법 13에 의해

$$2 \cdot 7 \equiv 1, \quad 3 \cdot 9 \equiv 1, \quad 4 \cdot 10 \equiv 1, \quad 5 \cdot 8 \equiv 1, \quad 6 \cdot 11 \equiv 1$$

이다. 따라서

$$(2 \cdot 7) \cdot (3 \cdot 9) \cdot (4 \cdot 10) \cdot (5 \cdot 8) \cdot (6 \cdot 11) = 11!$$

또 $11! \equiv 1 \pmod{13}$이므로, $12! \equiv 12 \cdot 11! \equiv 12 \equiv -1 \pmod{13}$이다. 따라서 $p=13$ 일 때, $(p-1)! \equiv -1 \pmod p$가 성립한다.

다음은 윌슨 정리의 역을 살펴보자.

정리 7.2

$n > 1$인 정수일 때, $(n-1)! \equiv -1 \pmod n$이면 n는 소수이다.

증명 n이 합성수이면 n을 나누는 약수 d,

$$d \mid n, \ 1 < d < n$$

가 존재한다. $d \mid (n-1)!$이므로 $(n-1)!+1$은 d로 나누어떨어지지 않는다.
따라서 $n \nmid (n-1)!+1$, 즉 $(n-1)! \not\equiv -1 \pmod n$이다.
그러므로 $(n-1)! \equiv -1 \pmod n$이면 n는 소수이다. ■

이 증명은 다음과 같이 생각할 수 있다.
만일 n이 합성수라면 $n = ab \ (1 < a \le b < n)$으로 표현된다. 그러면

$$(n-1)! = 1 \cdot 2 \cdots a \cdots b \cdots (n-1)$$

이 되어, 이 값이 ab의 배수, 즉 n의 배수이다. 따라서 $(n-1)! \equiv 0 \pmod{n}$가 되어 가정에 모순이다. 그러므로 n은 소수이다.

윌슨 정리와 그 역이 성립하므로, 다음 정리는 자연스럽게 성립한다.

정리 7.3

$p > 1$ 가 정수일 때,

(1) p 는 소수 $\Leftrightarrow$ $(p-1)! \equiv -1 \pmod{p}$이다.

(2) p 는 소수 $\Leftrightarrow$ $(p-2)! \equiv 1 \pmod{p}$이다.

위의 정리로 부터 $15!$을 17로 나누었을 때의 나머지를 쉽게 구할 수 있다. p가 소수인 것과 $(p-2)! \equiv 1 \pmod{p}$은 동치이므로, 소수 17은 $(17-2)! \equiv 1 \pmod{17}$이 성립한다. 따라서 $15! \equiv 1 \pmod{17}$이다. 그러므로 $15!$을 17로 나누었을 때의 나머지는 1임을 알 수 있다.

윌슨 정리를 이차방정식에 응용하기 위해 소수의 기본 성질을 몇 개 알아보자.

정리 7.4

다음의 두 성질은 서로 동치이다.

(1) p는 소수이다.

(2) $p \mid ab$ 이면 $p \mid a$이거나 $p \mid b$ 이다.

증명 (1) $\Rightarrow$ (2) p는 소수이며 $p \mid ab$라고 하자. 그러면 $ab = pk(k \in \mathbb{Z})$가 된다. 항상 $p \mid a$이거나 $p \nmid a$이다. 만일 $p \mid a$라면 증명이 끝난다. 이제 $p \nmid a$라고 가정하자. 그러면 $\gcd(p, a) = 1$이므로 적당한 $x, y \in \mathbb{Z}$가 존재하여 $px + ay = 1$이 된다. 양변에 b를 곱하면

$$b = pbx + aby = pbx + pky = p(bx + ky)$$

이다. 따라서 $p \mid b$이다.

(2) $\Rightarrow$ (1) $d \mid p$라 하자. p가 소수임을 알기 위해 $d-1$이거나 $d = p$임을 보이면 된다. $d \mid p$이므로 $p = dt(t \in \mathbb{Z})$가 된다. 즉 $p \mid dt$인데, 가정에 의해 $p \mid d$이거나 $p \mid t$이다. $p \mid d$이면, $d \mid p$와 함께 $d = p$가 된다. 유사하게 $p \mid t$이면 $t \mid p$와

함께 $t=p$가 되어 결국 $d=1$이다. 따라서 p는 소수이다. ■

참고 이것은 정리 2.1과 동일하다. ❙

정리 7.5

p가 소수일 때, $x^2-1\equiv 0\pmod{p}$이면 $x\equiv 1\pmod{p}$ 또는 $x\equiv -1\pmod{p}$이다.

증명 $x^2-1\equiv 0\pmod{p}$이므로 $p\mid x^2-1=(x-1)(x+1)$이다. 그런데 p가 소수이므로 정리 5.4에 의해

$$p\mid x+1 \text{ 또는 } p\mid x-1$$

이다. 따라서 $x\equiv 1\pmod{p}$이거나 $x\equiv -1\pmod{p}$이다. ■

예제 7.4

만일 소수가 아닌 n에 대해 $x^2-1\equiv 0\pmod{n}$이면 $x\not\equiv 1\pmod{n}$ 이며 $x\not\equiv -1\pmod{n}$인 반례를 말하여라.

풀이 $n=15$라고 하자. $4^2-1\equiv 0\pmod{15}$를 생각해보자.

$0\equiv 4^2-1=(4-1)(4+1)$이지만 $4-1$과 $4+1$ 어느 것도 법 15에 대해 0이 되지 않는다.

앞서 배웠지만 소수 판정이나 인수분해 문제는 매우 까다롭다. 그러나 다행스러운 것은 소수 판정의 문제가 인수분해의 문제에 비해 쉽다는 것이다. 윌슨 정리를 사용하여 소수를 판정할 수 있다. 정리에 의하면

'p가 소수일 필요충분조건은 $(p-1)!\equiv -1\pmod{p}$, 즉 $p\mid(p-1)!+1$이다.'

실제로

$$(11-1)!\equiv 10!\equiv 362880\equiv 11\cdot 32989+10\equiv 10\equiv -1\pmod{11}$$

가 되어, 11이 소수라는 사실을 확인할 수 있다.

그러나 일례로 137이 소수인지 아닌지를 판정하기위해 $(137-1)!$을 계산하려면 엄청나게 큰 수를 다루어야 한다. 따라서 윌슨 정리를 사용하여 소수를 판정하려는 것은 효율적인 방법은 아니다.

정리 7.6

p가 소수일 때 다음이 성립한다.

(1) $(p-2)!-1 \equiv 0 \pmod p$

(2) $2(p-3)!+1 \equiv 0 \pmod p$

(3) $6(p-4)!-1 \equiv 0 \pmod p$

(4) $(q-1)!(p-q)! - (-1)^q \equiv 0 \pmod p$

증명은 연습문제로 남긴다.

윌슨 정리는 다음과 같이 이용된다.

정리 7.7

p가 소수일 때 임의의 정수 a에 대해 $a^p + (p-1)!\,a$와 $(p-1)!\,a^p + a$는 모두 p의 배수이다.

증명 윌슨 정리에 의해 $(p-1)! \equiv -1 \pmod p$이므로 $(p-1)!\,a \equiv -a \pmod p$이다. 따라서 $(p-1)!\,a + a \equiv 0 \pmod p$이 되는데, 이것은 $(p-1)!\,a^p + a$가 p의 배수임을 말한다. ■

연습문제

1. 정리 7.6을 증명하여라.

7.2 페르마 정리(Fermat theorem)

페르마는 1601년에 프랑스의 부유한 피혁상인의 아들로 태어났다. 법학을 공부하여 변호사가 되었고, 30세에는 도시의 청원위원이 된 후 1648년부터 생애를 마칠 때까지 지방의회 의원으로 있었다. 수학을 취미로 하는 아마추어 수학자였으나 여러 방면에 획기적인 업적을 남겨 17세기 최고의 수학자로 손꼽힌다.

페르마의 여러 가지 공헌 중에 가장 빼어난 것은 현대정수론의 기초를 확립한 것이다. 디오판토스의《산학》에 자극받아 관여하게 된 이 분야에서는 소수 수열의 추측으로부터 시작하여, 페르마의 대정리(Greatest theorem, 또는 Last theorem), $4n+1$형 소수에 관한 제곱수의 합의 정리에 이르기까지, 뛰어난 통찰력이 발휘해 정수론 연구사상 커다란 전기를 이루었다. 그 중에 페르마 작은 정리와 마지막 정리가 잘 알려져 있다.

페르마의 작은 정리는 'p가 소수이고 $p \nmid a$이면 $a^{p-1} \equiv 1 \pmod{p}$이다.' 라는 소수의 성질에 관한 정리인데 이차합동식 풀이에 필수적이며, 소수를 판정하는데도 유용하게 쓰인다. 한편 페르마는 그의 친구 베시 (de Bessy, F., 1605~1675)에게 보낸 1640년 10월 18일 편지에서 페르마의 마지막 정리의 내용을 처음으로 언급했는데, 이 결과를 '증명이 너무 길지 않았다면 증명도 함께 썼을 것이다. (And this proposition is generally true for all progressions and for all prime numbers; the proof of which I would send to you, if I were not afraid to be too long.)' 라는 단서를 붙여놓기만 했다.

정리 7.8 페르마 작은 정리(Fermat's little theorem)

(1) p가 소수이고 a와 p가 서로소이면, $a^{p-1} \equiv 1 \pmod{p}$이다.

(2) p가 소수이고 a가 임의의 정수이면, $a^p \equiv a \pmod{p}$이다.

증명 (1) 집합

$$S = \{1, 2, \cdots, p-1\}$$

는 법 p에 관한 기약 잉여집합으로서 $|S| = p-1$이다.

$$T = aS = \{a,\ 2a,\ \cdots,\ (p-1)a\}$$

를 생각하자. 그러면 법 p에 관해 $T \subseteq S$이다.

또한 $a, 2a, 3a, \ldots, (p-1)a$들은 법 p에 대해 서로 합동이 아니다. 왜냐하면 만

일 $ra \equiv sa \pmod{p}$, $1 \le r < s \le p-1$라면 $\gcd(p, a) = 1$이므로 소거법을 사용하여 $r \equiv s \pmod{p}$가 되어 모순이 생긴다. 따라서 $|T| = p-1$이며 $S \equiv T \pmod{p}$이다. 그러므로

$$1 \cdot 2 \cdot 3 \cdots \cdot (p-1) \equiv a \cdot 2a \cdot 3a \cdots \cdot (p-1)a \pmod{p}$$

이고, 즉

$$(p-1)! \equiv a^{p-1}(p-1)! \pmod{p}$$

이다. 그런데 $p \nmid (p-1)!$이므로 $a^{p-1} \equiv 1 \pmod{p}$이다.

(2) 임의의 a는 소수 p와 관계하여 $p \mid a$이거나 $p \nmid a$이다. 만일 $p \mid a$이면 $p \mid a^p$이므로 $a^p \equiv 0 \equiv a \pmod{p}$가 성립한다. 만일 $p \nmid a$이면 (1)에 의해 $a^{p-1} \equiv 1 \pmod{p}$이므로 양변에 a를 곱하면 $a^p \equiv a \pmod{p}$이다. ■

페르마 정리는 그 유명세만큼이나 다양한 증명 방법이 제시되었다. 위에서 본 증명이 정수론적인 일반적 방법이다. 몇 가지 증명법을 보자.

증명 **1) 귀납법을 이용한 증명 방법**

수학적 귀납법과 이항정리를 이용하자. $a^p \equiv a \pmod{p}$는 $a=1$일 때 성립한다. $a=n$일 때 성립한다고 가정하여, $a=n+1$일 때도 성립한다는 것을 보이자.

$$(n+1)^p = n^p + {}_pC_1 n^{p-1} + \cdots + {}_pC_r n^{p-r} + \cdots + {}_pC_{p-1} n + 1$$

이므로,

$$(n+1)^p - (n+1) = n^p - n + {}_pC_1 n^{p-1} + \cdots + {}_pC_r n^{p-r} + \cdots + {}_pC_{p-1} n$$

이다. 가정에 의하여 $n^p - n \equiv 0 \pmod{p}$이며, 또한

$${}_pC_1 n^{p-1} + \cdots + {}_pC_r n^{p-r} + \cdots + {}_pC_{p-1} n$$

은 p의 배수이므로

$$(n+1)^p - (n+1) \equiv 0 \pmod{p}$$

이다. 따라서 $a = n+1$일 때도 성립하므로, 페르마의 작은 정리가 증명된다.

2) a의 조건을 나누어 증명하는 방법

① $a>0$ (즉, a가 자연수)이라 가정하자. 모든 자연수 전체에 대해 수학적 귀납법을 사용한다.

$1^p \equiv 1 \pmod p$이므로, $a=1$일 때 $a^p \equiv a \pmod p$이 성립한다. 임의의 자연수 n에 대하여, $a=n$일 때 $a^p \equiv a \pmod p$성립한다고 가정하자. 이때 $n^p \equiv n \pmod p$이므로 $(n+1)^p \equiv n^p + 1^p \equiv n+1 \pmod p$이고, 따라서 $a=n+1$일 때, $a^p \equiv a \pmod p$이 성립한다. 그러므로 수학적 귀납법에 의하여 모든 자연수 a에 대하여 $a^p \equiv a \pmod p$이 성립한다.

② $a=0$이면 $0^p \equiv 0 \pmod p$이므로 $a^p \equiv a \pmod p$ 이 성립한다.

③ $a<0$이면, ①에서 $n^p \equiv n \pmod p$이므로 $(-n)^p \equiv -n^p \equiv -n \pmod p$이다. 따라서 모든 정수 a에 대하여 $a^p \equiv a \pmod p$이다.

3) 오일러 함수를 이용한 증명 방법

오일러 정리에 의해 '$\gcd(a, m)=1$인 양의 정수 m에 대해 $a^{\phi(m)} \equiv 1 \pmod m$'이다. 따라서 $\gcd(a, p)=1$일 때 $a^{\phi(p)} \equiv 1 \pmod p$이다. $\phi(p)=p-1$이므로, $a^{\phi(p)} \equiv a^{p-1} \equiv 1 \pmod p$이다. ■

페르마 작은 정리는 다음과 같은 문제 풀이에 유용하다.

예제 7.5

8^{103}을 13으로 나눈 나머지를 구하여라.

풀이 페르마 작은 정리에 의하여 $8^{12} \equiv 1 \pmod{13}$이므로,

$$
\begin{aligned}
8^{103} &\equiv (8^{12})^8 \cdot 8^7 \equiv 1^8 \cdot 8^7 \equiv 8^7 \equiv (-5)^7 \equiv (-5)^6 \cdot (-5) \\
&\equiv (23)^3 \cdot (-5) \equiv (-1)^3 \cdot (-5) \equiv 5 \pmod{13}
\end{aligned}
$$

따라서 구하려는 나머지는 5이다.

예제 7.6

8^{103}을 13으로 나눈 나머지를 페르마 작은 정리를 사용하지 않고 구하여라.

풀이 $8 \equiv -5(\text{mod}12)$이므로

$$8^{103} \equiv (-5)^{103} = (-5)^{2 \cdot 51}(-5) = (25)^{51}(-5) \equiv (-1)^{51}(-5) = 5(\text{mod}13)$$

이다.

또한 페르마 작은 정리는 주어진 정수 n이 소수인지 합성수인지를 판정할 때 사용된다.

예제 7.7

117은 소수가 아님을 보여라.

풀이 만일 117이 소수라면 $2^{117} \equiv 2(\text{mod } 117)$이어야 한다. 그러나

$$\begin{aligned} 2^{117} &\equiv 2^{7 \cdot 16+5} \equiv (2^7)^{16} \cdot 2^5 \\ &\equiv 128^{16} \cdot 2^5 \equiv 11^{16} \cdot 2^5 \equiv (121)^8 \cdot 2^5 \\ &\equiv 4^8 \cdot 2^5 \equiv 2^{21} \equiv (2^7)^3 \equiv (11)^3 \\ &\equiv 121 \cdot 11 \equiv 4 \cdot 11 \equiv 44 \not\equiv 2(\text{mod } 117) \end{aligned}$$

이므로 117은 소수가 아니다.

2차 방정식 풀이에도 사용된다.

정리 7.9

p는 홀수 소수라 하자. 그러면 $x^2+1 \equiv 0(\text{mod } p)$가 근을 가질 필요충분조건은 $p \equiv 1(\text{mod } 4)$이다.

증명 $(\Rightarrow)$ a가 방정식 $x^2+1 \equiv 0(\text{mod } p)$의 근이라고 하자. 그러면 $a^2 \equiv -1(\text{mod } n)$이다. 만일 $p \mid a$이면 $a \equiv 0(\text{mod} p)$이므로 모순이다, 그러므로 $p \nmid a$이므로 페르마 정리를 활용하면

$$1 \equiv a^{p-1} = a^{2\left(\frac{p-1}{2}\right)} \equiv (-1)^{\left(\frac{p-1}{2}\right)}(\text{mod } p)$$

이다. 따라서 $\dfrac{p-1}{2}$는 짝수이다. 그러므로 $\dfrac{p-1}{2} = 2k\ (k \in \mathbb{Z})$라고 하면 $p = 4k+1 \equiv 1(\text{mod } 4)$이다.

($\Leftarrow$) 법 p에 대해 집합 $\{1, 2, \cdots, p-1\}$은 집합

$$\left\{-\frac{p-1}{2}, \cdots, -2, -1, 1, 2, \cdots, \frac{p-1}{2}\right\}$$

와 같다. 그러므로 윌슨 정리에 의해

$$\begin{aligned}-1 \equiv (p-1)! &= 1 \cdot 2 \cdots \frac{p-1}{2} \cdot \frac{p+1}{2} \cdots (p-2)(p-1) \\ &\equiv 1 \cdot 2 \cdots \frac{p-1}{2}\left(-\frac{p-1}{2}\right)\left(-\frac{p-3}{2}\right) \cdots (-2)(-1) \\ &\equiv 1 \cdot 2 \cdots \frac{p-1}{2}\left(\frac{p-1}{2}\right)\left(\frac{p-3}{2}\right) \cdots 2 \cdot 1 \\ &\equiv \left(1 \cdot 2 \cdots \frac{p-1}{2}\right)^2 (\mathrm{mod}\, p)\end{aligned}$$

이다. 그러므로 $\left(1 \cdot 2 \cdots \frac{p-1}{2}\right)$는 방정식 $x^2+1 \equiv 0\,(\mathrm{mod}\, p)$의 근이다. ■

예제 7.8

다음 방정식의 근의 유무를 확인하여라. 근이 있으면 찾아라.

(1) $x^2 \equiv -1\,(\mathrm{mod} 5)$
(2) $x^2 \equiv -1\,(\mathrm{mod} 13)$
(3) $x^2 \equiv -1\,(\mathrm{mod} 19)$
(4) $x^2 \equiv -1\,(\mathrm{mod} 23)$

풀이 (1)과 (2)는 근을 갖는다. $5 \equiv 13 \equiv 1\,(\mathrm{mod} 4)$이기 때문이다. 실제로 방정식 (1)은 근 2,3을 갖는다. 또한 방정식 (2)의 근은 5,8이다.
그러나 (3)과 (4)는 근을 갖지 않는데, $19 \equiv 23 \equiv -1\,(\mathrm{mod} 4)$이기 때문이다.

예제 7.9

$p=11$일 때, 집합 $\{1, 2, \cdots, p-1\}$과 $\left\{-\frac{p-1}{2}, \cdots, -2, -1, 1, 2, \cdots, \frac{p-1}{2}\right\}$이 합동임을 보여라.

풀이 $\{1, 2, 3, 4, 5, -5, -4, -3, -2, -1\} \equiv \{1, 2, 3, 4, 5, 6, 7, 8, 9, 10\}\ (\mathrm{mod}\, 11)$이다.

예제 7.10

만일 n이 소수가 아니라면 위 정리 7.9는 성립하지 않는다. 예를 들어서 $n=24$라고 하자. 그러면 $5^2=1(\mathrm{mod}\,24)$이다.

7.3 오일러 정리(Euler theorem)

친절하고 너그러운 사람으로 알려져 있는 오일러는 13명이나 되는 자녀에게 이야기를 들려주는 것을 좋아했다. 이런 점에서 보면 오일러는 은둔 생활과 내성적 사람이었던 뉴턴(Newton, I., 1642~1727, 영국)과는 현저한 대조를 이루고 있다. 오일러를 보면 수학의 천재들이 정서적으로 메마른 것은 아님을 알게 된다. 애석하게도 오일러는 1771년에는 시력을 잃어 거의 실명상태가 되었다. 이렇게 어려운 가운데서도 연구 활동을 쉬지 않았고 놀라운 방정식과 수식을 제자로 하여금 받아쓰게 하였다. 음악가인 베토벤(Beethoven, L., 1770~1827, 독일)에게 청각 장애가 큰 어려움이 되지 않았듯이, 오일러에게도 실명한 것이 수학을 연구하는데 장애가 되지 않았다.

오일러는 수학의 다방면에 크게 공헌하여, 오일러의 표수(Euler characteristic), 오일러의 다항식(Euler polynomial), 제1종, 제2종 오일러 적분(Euler's integral), 오일러 상수(Euler's constant), 오일러 방진(方陳), 오일러 함수(Euler's function) 등을 만들었다.

정리 7.10 오일러 함수의 성질

오일러 함수 ϕ는 다음의 성질을 만족한다.

(1) $\phi(1)=1$

(2) $\gcd(m,n)=1$ 이면, $\phi(mn)=\phi(m)\phi(n)$이다.

(3) p가 소수일 때, $\phi(p)=p-1$이다.

(4) p가 소수일 때, $\phi(p^k)=p^k-p^{k-1}=p^{k-1}(p-1)=p^k\left(1-\dfrac{1}{p}\right)$이다.
특히 $\phi(2^k)=2^{k-1}$이다.

증명 오일러 함수의 증명을 참조하자. ■

오일러 함수를 처음 몇 개의 정수에 관하여 계산하면 다음 표와 같다.

n	1	2	3	4	5	6	7	8	9	10	11	12
$\phi(n)$	1	1	2	2	4	2	6	4	6	4	10	4

이제 오일러 함수를 이용한 오일러 정리에 대해 알아보자.

정리 7.11 오일러 정리

양의 정수 m이 $\gcd(a, m) = 1$ 이면, $a^{\phi(m)} \equiv 1 \pmod{m}$이다.

증명 집합

$$S = \{a_1,\ a_2,\ \cdots,\ a_{\phi(m)} \mid 0 \le a_i \le m,\ \gcd(a_i,\ m) = 1\}$$

이라 하자. 그러면 S는 법 m에 관한 기약 잉여계이다. 새로운 집합

$$T = \{aa_1,\ aa_2,\ \cdots,\ aa_{\phi(m)}\}$$

를 생각하자.

① 법 m에 관해 T는 S에 포함된다.
(이유 : 법 m에 관해 $aa_i \equiv b \pmod{m}$라 하자. 그러면 $0 < b < m$이다. 그런데 $\gcd(a,\ m) = 1$, $\gcd(a_i,\ m) = 1$이므로, $\gcd(b,\ m) = \gcd(aa_i,\ m) = 1$로서 $aa_i \in S$이다.)

② $|T| = |S| = \phi(m)$이다.
(이유 : $|S| = \phi(m)$은 분명하다. $aa_i \equiv aa_j \pmod{m}$이라 하자. $\gcd(a, m) = 1$이므로 정리 5.6에 의해 $a_i \equiv a_j \pmod{m}$이 되어 모순이다. 따라서 $|T| = \phi(m)$이다.)

그러므로 $S \equiv T \pmod{m}$이며 S의 각 원소는 T의 단 하나의 원소와 법 m에 관하여 합동이다. 따라서

$$aa_1\, aa_2 \cdots aa_{\phi(m)} \equiv a_1 a_2 \cdots a_{\phi(m)} \pmod{m}$$

즉,

$$a^{\phi(m)} a_1 a_2 \cdots a_{\phi(m)} \equiv a_1 a_2 \cdots a_{\phi(m)} \pmod{m}$$

이다. 한편, $\gcd(a_i, m) = 1$이므로 $(a_1 a_2 \cdots a_{\phi(m)}, m) = 1$이다. 다시 한 번 정리 5.6에

의해

$$a^{\phi(m)} \equiv 1 \pmod{m}$$

이다. ■

오일러 정리는 정수의 소수 판정에 사용될 수 있다.

예제 7.11

정수 10은 소수가 아님을 오일러 함수 성질을 사용하여 확인하여라.

풀이 만약 10이 소수라면, $7^{\phi(10)} \equiv 1 \pmod{10}$이다. 오일러 함수의 성질(정리 5.11)에 의해 $\phi(10) = 9$이며, $7^{\phi(10)} \equiv 7^9 \equiv (7^4)^2 \cdot 7 \equiv 7 \not\equiv 1 \pmod{10}$이 되어 모순이다. 그러므로 10은 소수가 아니다.

오일러 정리는

'임의의 양의 정수 m에 대하여 $\gcd(a, m) = 1$ 일 때, $a^{\phi(m)} \equiv 1 \pmod{m}$ 이다.'

를 말한다. 그런데 특별히 $m = p$ 소수라면, $\phi(m) = \phi(p) = p - 1$이므로

'임의의 소수 p에 대하여, $\gcd(a, p) = 1$ 일 때, $a^{p-1} \equiv 1 \pmod{p}$ 이다.'

가 성립한다.

연습문제

1. 다음을 증명하여라.

(a) $\gcd(a, 35) = 1$이면 $35 \mid a^{12} - 1$이다.

(b) $\gcd(a, 42) = 1$이면 $a^6 \equiv 1 \pmod{168}$이다.

(c) $\gcd(a, 30) = 1$이면 $60 \mid a^4 + 59$이다.

(d) $\gcd(n, 13) = \gcd(a, 13) = 1$이면 $13 \mid n^{12} - a^{12}$이다.

2. 다음의 값을 구하여라.

(a) 15!을 17로 나눈 나머지

(b) 2(26!)을 29로 나눈 나머지

(c) 4(29!)+5!을 31로 나눈 나머지

3. 다음을 증명하여라.

(a) $437 \mid 18!+1$

(b) $7 \mid (3^{2n+1}+2^{n+2})$ (모든 정수 n에 대하여)

4. $\gcd(ab,p)=1$ (p: 소수)일 때 다음을 증명하여라.

(a) $a^p \equiv b^p \pmod{p}$이면 $a \equiv b \pmod{p}$이다.

(b) $a^p \equiv b^p \pmod{p}$이면 $a^p \equiv b^p \pmod{p^2}$이다.

5. $p>2$인 소수일 때 다음을 증명하여라.

(a) $1^{p-1}+2^{p-1}+\cdots+(p-1)^{p-1} \equiv -1 \pmod{p}$이다.

(b) $1^p+2^p+\cdots+(p-1)^p \equiv 0 \pmod{p}$이다.

6. $p>2$인 소수일 때 다음을 증명하여라.

(a) $p \mid ((p-2)!-1)$

(b) $(p-1)! \equiv p-1 \pmod{1+2+\cdots+(p-1)}$

(c) $p>5$이면 $p^2 \nmid (p-2)!-1$

7. 다음을 증명하여라.

(a) $p \neq q$가 소수이면 $p^{q-1}+q^{p-1} \equiv 1 \pmod{pq}$이다.

(b) $\gcd(m,\ n)=1$이면 $m^{\phi(n)}+n^{\phi(m)} \equiv 1 \pmod{mn}$이다.

8. 홀수 소수 p와 $\gcd(a,p)=1$인 a에 대해 다음을 보여라.

(a) $p \mid a^p+(p-1)!a$

(b) $p \mid (p-1)!a^p+a$

(c) $1^2 \cdot 3^2 \cdot 5^2 \cdots (p-2)^2 \equiv (-1)^{\frac{(p+1)}{2}} \pmod{p}$

7.4 페르마와 오일러 정리에 대한 대수적 접근(Algebraic view)

앞에서 소개한 페르마 작은 정리와 오일러 정리는 순수 정수 체계로서의 설명한 것이다. 이제는 대수학 체계에서의 접근 방식을 알아보자. 현대대수학을 배우지 않은 경우는 이 절을 그대로 지나가도 된다.

19세기 이전까지의 대수학의 주된 내용은 정수론과 방정식의 해법이었다. 그러나 아벨(Abel, N., 1802~1829, 노르웨이)과 갈루아(Galois, E., 1811~1832, 프랑스)가 5차 이상 방정식의 대수적 해법이 불가능함을 보이는 데 군과 체의 개념을 사용하면서 다양한 대수계가 탄생하였다. 대수계는 몇 가지 공리를 만족하는 연산을 갖춘 집합으로서, 군, 환 및 가군, 벡터공간, 체, 카테고리 등 많은 대수계의 구조론을 연구하는 것이 대수학이다.

어떤 체에서 0이 아닌 원소들은 곱셈에 대하여 군을 이룬다는 것은 쉽게 증명할 수 있다. 특히, $\mathbb{Z}_p$에서 원소 $1, 2, \ldots, p-1$ 은 p가 법인 곱셈에 대하여 위수가 $p-1$ 인 군을 이룬다. 군에서의 어떤 원소의 위수는 군의 위수를 나누기 때문에 $a \neq 0$인 $a \in \mathbb{Z}_p$는 $\mathbb{Z}_p$에서 $a^{p-1} = 1$이다. $a \in \mathbb{Z}_p$는 잉여류 $a + p\mathbb{Z}$로 표시되며, 잉여류의 곱은 p를 법으로 덧셈을 할 때와 마찬가지로 대표원의 곱셈에 의해 계산할 수 있다. 이것을 다음과 같이 정리할 수 있다. (여기서 증명은 생략한다.)

정리 7.12

F는 가환환이라고 하자.

(1) F가 체(field)일 동치조건은 $F - \{0\}$이 곱셈연산 아래 아벨군이다.

(2) 특별히 F가 유한체일 동치조건은 $F - \{0\}$가 곱셈연산에서 순환군이다.

(3) 그러므로 $\mathbb{Z}_p$가 체일 필요충분조건은 $(\mathbb{Z}_p^* = \mathbb{Z}_p - \{0\}, \cdot)$가 아벨군이다.

이들 잉여류의 모임인 $\mathbb{Z}/p\mathbb{Z}$는 $\mathbb{Z}_p$와 동형인 환이 되며, 이것으로부터 페르마의 작은 정리를 곧바로 얻을 수 있다.

페르마 정리의 대수적 증명 방법 :

p는 소수이면 $\mathbb{Z}_p$는 체가 된다. 또 $|\mathbb{Z}_p^*| = p-1$ 이다. a와 p가 서로소이면 $\bar{a} \in \mathbb{Z}_p^*$

이다. 라그랑주 정리[1]에 의해

$$(\overline{a})^{p-1} = \overline{1}, \text{ 즉 } \overline{a^{p-1}-1} = \overline{0}$$

이다. 따라서 $a^{p-1}-1$은 p의 배수가 된다.

오일러는 페르마의 정리를 일반화시켰는데, 다음 정리로부터 바로 얻을 수 있다.

정리 7.13

$\mathbb{Z}_n$에서 영인자[2]가 아닌 원소들의 집합 G_n은 n을 법으로 하는 곱셈에 대하여 군을 이룬다.

증명 먼저 G_n이 n을 법으로 하는 곱셈에 대하여 닫혀 있음을 보이자. a, b를 G_n의 원소라 하고 $ab \notin G_n$이라 하면 $(ab)c = 0$인 $\mathbb{Z}_n$의 원소 $c \neq 0$이 존재하게 된다. $(ab)c = 0$이면, $a(bc) = 0$이다. $b \in G_n$이고 $c \neq 0$이므로 G_n의 정의에 의해 $bc \neq 0$이다. 그러나 $a(bc) = 0$이면, $a \notin G_n$인데, 이것은 가정에 모순이다. 그러므로 어떤 환에서 0 인자가 아닌 원소들의 집합은 곱셈에 대하여 닫혀있음을 알 수 있다. 이제, G_n이 군임을 증명하자. 물론, n을 법으로 하는 곱셈에 대해서 결합법칙이 성립하고 $1 \in G_n$이다. 따라서 $a \in G_n$에 대해 $ab = 1$이 되는 $b \in G_n$가 존재하는 것만 보여주면 된다.

$$1,\ a_1,\ \ldots,\ a_r$$

을 G_n의 원소라고 하면,

$$a \cdot 1,\ a \cdot a_1,\ \ldots,\ a \cdot a_r$$

은 서로 다른 원소가 된다(만약 $aa_i = aa_j$이면 $a(a_i - a_j) = 0$이다. $a \in G_n$이므로 a는 영인자가 아니고, 따라서 $a_i - a_j = 0$이 되어 $a_i = a_j$이기 때문이다). 그러므로

$$1,\ a_1,\ \cdots,\ a_r \text{ 과 } a \cdot 1,\ a \cdot a_1,\ \cdots,\ a \cdot a_r$$

의 원소의 개수는 같게 되어 $a \cdot 1 = 1$이거나 또는 어떤 aa_i가 1이어야 한다. 따라서 a는 곱셈에 대하여 역원을 갖는다. ■

---

1) **라그랑주 정리:** 유한군 G와 그 부분군 H에서, H의 위수는 G의 위수를 나눈다. 실제로 $|G| = |G : H||H|$이다. 또한 군 G의 각 원소 a의 위수는 $|G|$의 약수이고, 따라서 $a^{|G|} = e$이다.

2) 원소 $a \in R$, $a \neq 0$에 대하여 $ab = ba = 0$인 $0 \neq b \in R$가 존재할 때, a를 R의 영인자(zero divisor)라고 한다.

앞의 정리에서 사용된 $\mathbb{Z}_n$의 성질은 $\mathbb{Z}_n$이 단위원을 갖는 환이라는 사실보다는 $\mathbb{Z}_n$이 유한이라는 사실을 사용한 것이다.

이제 페르마 정리에 대한 오일러의 일반화를 생각해 보기로 하자.

정리 7.14 오일러 정리

a가 n과 서로소인 정수이면 $a^{\phi(n)}-1$은 n으로 나누어진다. 즉, $a^{\phi(n)} \equiv 1 \pmod{n}$이다.

증명 $\gcd(a, n)=1$이므로 a를 포함하는 잉여류 $a+n\mathbb{Z}$는 n보다 작으면서 n과 서로소인 정수 b를 포함한다. 법 n의 곱셈에 의해 잉여류의 곱셈은 잘 정의될 수 있으므로,

$$a^{\phi(n)} \equiv b^{\phi(n)} \pmod{n}$$

이 된다. $\gcd(b, n)=1$이므로 $\mathbb{Z}_n$의 $\phi(n)$개의 원소로 구성된 곱셈군 G_n의 원소로 생각하여 $b^{\phi(n)} \equiv 1 \pmod{n}$을 얻을 수 있다. 따라서 $a^{\phi(n)} \equiv 1 \pmod{n}$이다. ■

페르마 작은 정리는 'p가 소수이고 $\gcd(a, p)=1$일 때 $a^{p-1} \equiv 1 \pmod{p}$'이며, '$p$가 소수이면, 모든 정수 a에 대하여, $a^p \equiv a \pmod{p}$'이다(정리 5.10). 오일러 정리는 $\gcd(a, m)=1$일 때, $a^{\phi(m)} \equiv 1 \pmod{m}$이다. 그러므로 오일러의 결과는 페르마와 같은 방법으로 모든 정수로 확장시킬 수 없다. 즉,

$$a^{\phi(m)+1} \equiv a \pmod{m}$$

는 성립하지 않는다.

오일러 정리의 대수적 방법 증명

$$F=\{0,\ a_1,\ a_2,\ \cdots,\ a_{\phi(m)} \mid 0 \le a_i \le m,\ \gcd(a_i,\ m)=1\}$$

는 유한체이다. 그러면 $F-\{0\}$는 위수 $\phi(m)$인 유한군이다. 그러므로 라그랑주 정리에 의해 임의의 $a \in F-\{0\}$에 대해 $a^{\phi(m)} \equiv 1$이다.

Fermat 정리와 Euler 정리 증명의 대수적 방법 비교	
집합 $G=\{x\in\mathbb{Z}_p \mid \gcd(x,\ p)=1\}$ $=\{1,\ 2,\ \cdots,\ p-1\}$ 을 만든다. 그러면 G는 군이 되며, 위수는 $p-1$이다. 그런데 $a\in G$이며, 라그랑주 정리에 의해 $a^{p-1}=1_G$이다. 즉 $a^{p-1}\equiv 1 \pmod p$이다.	집합 $G=\{x\in\mathbb{Z}_n \mid \gcd(x,\ n)=1\}$ $=\{x\in\mathbb{Z}_n \mid \exists\, x^{-1} \pmod n\}$ 을 만든다. 그러면 G는 군이 되며, 위수는 $\phi(n)$이다. 그런데 $a\in G$이며, 라그랑주 정리에 의해 $a^{\phi(n)}=1_G$이다. 즉 $a^{\phi(n)}\equiv 1 \pmod n$이다.

페르마 정리의 대우명제는 합성수인지를 판정하는데 유용하다.

정리 7.15

$n\in\mathbb{Z}$에 대해 $a^n\not\equiv a \pmod n$을 만족하는 a가 존재한다면 n은 합성수이다.

증명 페르마 정리 'p가 소수이면 모든 정수 a에 대해 $a^p\equiv a \pmod p$이다.'의 대우명제이다. ■

예제 7.12

$n=117$은 소수인지 합성수인지 판정하여라.

풀이 $a=2$를 생각해 보자. 그런데 $2^{117}\not\equiv 2 \pmod{117}$이므로 117은 합성수이다. 실제로 $117=13\cdot 9$이다.

예제 7.13

$n=341$은 소수인지 합성수인지 판정하여라.

풀이 $a=2$에 대해 $2^{341}\equiv 2 \pmod{341}$이다. 그러나 $a=3$에 대해 $3^{341}\not\equiv 3 \pmod{341}$이므로 341은 합성수이다. 실제로 $341=11\cdot 31$이다.

7.5 페르마 정리를 사용한 소수 판정 (Primality test by Fermat theorem)

모든 자연수는 소수들의 곱으로 분해될 수 있으므로, 소수들은 모든 자연수를 구성하는 기본적인 요소가 된다. 소수의 성질은 처음 고대 그리스 수학자들에 의해 광범위하게 연구되었다. 특히 피타고라스학파의 수학자들은 신비주의적 수의 성질에 관심이 많았다. 그들은 소수에 대한 이론 그 자체와 그 결과의 아름다움에 빠져서 순수하게 소수를 연구했다. 그 후 많은 수학자들에 의해 소수의 연구가 이루어졌으며, 오늘날에도 많은 사람들이 소수의 숨겨진 매력을 찾기 위한 연구가 계속되고 있다. 최근에는 현대 암호 체계의 안정성 문제에 소수의 문제가 대두되어, 쉽게 소수를 판별하는 방법이나 큰 수의 소인수분해에 대한 연구로 활용범위가 넓어졌다.

현재 사용되는 가장 빠른 소수 판정법들은 수학적으로 꽤 복잡하지만, 그것들의 기본 아이디어는 17세기 페르마가 생각해 낸 것과 유사한 개념에서 출발한다. 페르마의 작은 정리에 의하면, 만일 p가 홀수 소수이면 $2^{p-1}-1$은 p로 나누어떨어진다. 그러므로 p의 소수성을 판정할 때, $2^{p}-2$를 p로 나누어떨어지지 않으면 p는 소수가 아님을 알 수 있다. 그러나 $2^{p}-2$가 p로 나누어떨어지면 p가 소수일 가능성도 있지만 확신할 수는 없다. p가 소수이면 $2^{p}-2$는 언제나 p로 나누이떨어지지만, 이런 성질을 가신 합성수도 있어서, 예를 들면 341을 생각할 수 있다.

페르마 작은 정리에서 $a=2, 3, \ldots, 20$일 때, 500보다 작은 소수일 가능성이 있는 홀수인 합성수는 아래와 같다.

a	500보다 작은 소수일 가능성이 있는 홀수인 합성수	확률
2	341	0.6 %
3	91, 121	1.2 %
4	15, 85, 91, 341, 435, 451	3.8 %
5	217	0.6 %
6	35, 185, 217, 301, 481	3.2 %
7	25, 325	1.2 %
8	9, 21, 45, 63, 65, 105, 117, 133, 153, 231,273, 341, 481	8.3 %
9	91, 121, 205	1.9 %
10	9, 33, 91, 99, 259, 451, 481	4.4 %

11	15, 133, 259, 305, 481	3.2 %
12	65, 91, 133, 143, 145, 247, 377, 385	5.1 %
13	21, 85, 105, 231, 357, 427	3.8 %
14	15, 39, 65, 195, 481	3.2 %
15	341	0.6 %
16	15, 51, 85, 91, 255, 341, 435, 451	5.1 %
17	9, 45, 91, 145, 261	3.2 %
18	25, 49, 65, 85, 133, 221, 323, 325, 343, 425, 451	7.0 %
19	9, 15, 45, 49, 153, 169, 343	4.4 %
20	21, 57, 133, 231, 399	3.2 %

소수일 가능성이 있는 것들 중 어떤 것은 실제로 합성수이다.

페르마 작은 정리

p가 소수이면 모든 정수 a에 대하여 $a^p \equiv a \pmod p$ 이다. 특히 $\gcd(a, p) = 1$이면 $a^{p-1} \equiv 1 \pmod p$이다. 다시 말해서 $n(n \geq 2)$에 대하여 $a^n \not\equiv a \pmod n$인 정수 a가 존재하면, n은 합성수이다.

그러면 이제 페르마 작은 정리의 역이 성립하는 지를 살펴보자.

페르마 역의 명제 어떤 정수 n과 서로소인 모든 a에 대해 $a^{n-1} \equiv 1 \pmod n$이 성립하면 n은 소수이다.

예제 7.14

$2^{340} - 1$이 $341 = 11 \cdot 31$로 나누어지는지를 살펴보자. 2의 거듭제곱을 11로 나눈 나머지는 다음과 같다.

2의 거듭제곱	1	2	4	8	16	32	64	128	256	512	1024	…
11로 나눈 나머지	1	2	4	8	5	10	9	7	3	6	1	…

$2^{10} = 1024$부터 나머지는 반복된다. 그래서 $2^{340} - 1 = (2^{10})^{34} - 1$은 11로 나누어진다. 또한 2의 거듭제곱을 31로 나눈 나머지는 다음과 같다.

2의 거듭제곱	1	2	4	8	16	32	64	…
31로 나눈 나머지	1	2	4	8	16	1	2	…

그러므로 $2^{340}-1=(2^5)^{68}-1$은 역시 31로 나누어떨어진다. 따라서 $2^{340}-1$은 341로 나누어 떨어져서 $2^{340}\equiv 1 \pmod{341}$이다.

위의 예제에서 페르마 작은 정리의 역인 명제는 성립하지 않는다는 것을 알 수 있다. 341과 같이 실제로 그 자신이 소수는 아니면서 소수와 상당히 유사한 성질을 가진, 소수일 가능성(모든 소수들의 일반적인 성격을 가진 정수)을 가진 수가 존재한다. 이런 수는 그들이 만족하는 성질에 의해 다양하게 분류될 수 있다.

정의 7.1

양의 정수 a에 대하여 $a^n\equiv a \pmod{n}$을 만족하는 합성수 n을 밑수 a에 대한 **유사소수**(pseudoprime)라고 한다. 또한 밑수 a에 대한 유사소수를 $\mathrm{psp}(a)$라고 표시한다.

유사소수의 가장 중요한 특성은 페르마의 작은 정리로부터 볼 수 있으므로, 그것을 **페르마 유사소수**라고 부르기도 한다.

예제 7.15

91과 15는 각각 $91=7\cdot 13$, $15=3\cdot 5$로 소인수 분해가 되는 합성수이다. 이 수는 다음과 같이 각각 밑수 3, 4의 유사소수가 된다.

(1) 91은 밑수 3 에 대한 유사소수이다.

$$3^{91}\equiv (3^6)^{15}\cdot 3\equiv 1^{15}\cdot 3\equiv 3 \pmod{7}$$
$$3^{91}\equiv (3^3)^{30}\cdot 3\equiv 1^{30}\cdot 3\equiv 3 \pmod{13}$$

이므로 $3^{91}\equiv 3 \pmod{7\cdot 13}$가 성립한다. 그러므로 합성수 $91=7\cdot 13$는 밑수 3에 대한 유사소수이다. 더욱이 91은 밑수 3에 대한 가장 작은 유사소수이다.

(2) 15는 밑수 4에 대한 유사소수이다.

$$4^{15}\equiv (4^2)^7\cdot 4\equiv 1^7\cdot 4\equiv 4 \pmod{3}$$
$$4^{15}\equiv (4^4)^3\cdot 4^2\cdot 4\equiv 1^3\cdot 1\cdot 4\equiv 4 \pmod{5}$$

이므로 $4^{15} \equiv 4 \pmod{3 \cdot 5}$가 성립한다. 합성수 $15 = 3 \cdot 5$는 밑수 4에 대한 유사소수이다. 더욱이 15는 밑수 4에 대한 가장 작은 유사소수이다.

밑수 $2, 3, 4$에 대한 가장 작은 유사소수 $341, 91, 15$에 대하여 살펴보았다. 밑수 $a \le 100$에 대한 가장 작은 유사소수는 다음의 표와 같다.

a		a		a		a	
		26	$27 = 3^3$	51	$65 = 5 \cdot 13$	76	$77 = 7 \cdot 11$
2	$341 = 11 \cdot 13$	27	$65 = 5 \cdot 13$	52	$85 = 5 \cdot 17$	77	$247 = 13 \cdot 19$
3	$91 = 7 \cdot 13$	28	$45 = 3^2 \cdot 5$	53	$65 = 5 \cdot 13$	78	$341 = 11 \cdot 31$
4	$15 = 3 \cdot 5$	29	$35 = 5 \cdot 7$	54	$55 = 5 \cdot 11$	79	$91 = 7 \cdot 13$
5	$124 = 2^2 \cdot 31$	30	$49 = 7^2$	55	$63 = 3^2 \cdot 7$	80	$81 = 3^4$
6	$35 = 5 \cdot 7$	31	$49 = 7^2$	56	$57 = 3 \cdot 19$	81	$85 = 5 \cdot 17$
7	$25 = 5^2$	32	$33 = 3 \cdot 11$	57	$65 = 5 \cdot 13$	82	$91 = 7 \cdot 13$
8	$9 = 3^2$	33	$85 = 5 \cdot 17$	58	$133 = 7 \cdot 19$	83	$105 = 3 \cdot 5 \cdot 7$
9	$28 = 2^2 \cdot 7$	34	$35 = 5 \cdot 7$	59	$87 = 3 \cdot 29$	84	$85 = 5 \cdot 17$
10	$33 = 3 \cdot 11$	35	$51 = 3 \cdot 17$	60	$341 = 11 \cdot 31$	85	$129 = 3 \cdot 43$
11	$15 = 3 \cdot 5$	36	$91 = 7 \cdot 13$	61	$91 = 7 \cdot 13$	86	$87 = 3 \cdot 29$
12	$65 = 5 \cdot 13$	37	$45 = 3^2 \cdot 5$	62	$63 = 3^2 \cdot 7$	87	$91 = 7 \cdot 13$
13	$21 = 3 \cdot 7$	38	$39 = 3 \cdot 13$	63	$341 = 11 \cdot 31$	88	$91 = 7 \cdot 13$
14	$15 = 3 \cdot 5$	39	$95 = 5 \cdot 19$	64	$65 = 5 \cdot 13$	89	$99 = 3^2 \cdot 11$
15	$341 = 11 \cdot 31$	40	$91 = 7 \cdot 13$	65	$112 = 2^4 \cdot 7$	90	$91 = 7 \cdot 13$
16	$51 = 3 \cdot 17$	41	$105 = 3 \cdot 5 \cdot 7$	66	$91 = 7 \cdot 13$	91	$115 = 5 \cdot 23$
17	$45 = 3^2 \cdot 5$	42	$205 = 5 \cdot 41$	67	$85 = 5 \cdot 17$	92	$93 = 3 \cdot 31$
18	$25 = 5^2$	43	$77 = 7 \cdot 11$	68	$69 = 3 \cdot 23$	93	$301 = 7 \cdot 43$
19	$45 = 3^2 \cdot 5$	44	$45 = 3^2 \cdot 5$	69	$85 = 5 \cdot 17$	94	$95 = 5 \cdot 19$
20	$21 = 3 \cdot 7$	45	$76 = 2^2 \cdot 19$	70	$169 = 13^2$	95	$141 = 3 \cdot 47$
21	$55 = 5 \cdot 11$	46	$133 = 7 \cdot 19$	71	$105 = 3 \cdot 5 \cdot 7$	96	$133 = 7 \cdot 19$
22	$69 = 3 \cdot 23$	47	$65 = 5 \cdot 13$	72	$85 = 5 \cdot 17$	97	$105 = 3 \cdot 5 \cdot 7$
23	$33 = 3 \cdot 11$	48	$49 = 7^2$	73	$111 = 3 \cdot 37$	98	$99 = 3^2 \cdot 11$
24	$25 = 5^2$	49	$66 = 2 \cdot 3 \cdot 11$	74	$75 = 3 \cdot 5^2$	99	$145 = 5 \cdot 29$
25	$28 = 2^2 \cdot 7$	50	$51 = 3 \cdot 17$	75	$91 = 7 \cdot 13$	100	$153 = 3^2 \cdot 17$

1) 유사소수를 이용한 소수 판정

페르마의 결과를 이용하여 소수를 판정을 할 때, 'n이 $2^{n-1}-1$을 나누어떨어지게 한다'는 것을 발견한다면, 우리가 내릴 수 있는 모든 결론은 n이 소수이거나 또는 유사소수라는 사실이다. 이 경우에 실제로 소수일 가능성이 매우 높다. 왜냐하면 무한히 많은 유사소수가 존재하지만, 유사소수는 진짜 소수보다 훨씬 적게 나타나기 때문이다. n이 임의의 a에 관한 유사소수일 확률은 $\frac{1}{2}$보다 작다. 그러므로 페르마의 결과에서 나온 유사소수를 이용하면 소수를 판정하는 데에 훨씬 더 유용하게 사용될 수 있다.

정리 7.16

홀수인 합성수 n에 대하여 다음이 성립한다.

(1) n이 a에 관한 유사소수일 동치조건은 군 $\mathbb{Z}_n^*$의 원소 a의 위수가 $n-1$의 약수이다.

(2) n이 a_1, a_2에 관한 유사소수이면, n은 a_1a_2에 관한 유사소수이고, 또한 $a_1a_2^{-1}$에 관한 유사소수이다.

(3) 군 $\mathbb{Z}_n^*$의 적당한 원소 a가 존재하여 n이 a에 관한 유사소수가 아니면, 적어도 군 $\mathbb{Z}_n^*$의 절반 이상의 원소에 관하여 n이 유사소수가 아니다.

증명 (1) n이 a에 관한 유사소수이면, $\gcd(n,\ a)=1$이고 $a^{n-1}\equiv 1 \pmod{n}$이다. 그러므로 a는 군 $\mathbb{Z}_n^*$의 원소이며 a의 위수는 $n-1$의 약수이다. 역으로 군 $\mathbb{Z}_n^*$의 원소 a의 위수가 $n-1$의 약수이면,

$$\gcd(n,\ a)=1\text{이고 } a^{n-1}\equiv 1 \pmod{n}$$

이므로 n은 a에 관한 유사소수이다.

(2) n이 a_1, a_2에 관한 유사소수이면 $\gcd(n,\ a_1)=1$, $\gcd(n,\ a_2)=1$이고

$$a_1^{n-1}\equiv 1 \pmod{n},\ a_2^{n-1}\equiv 1 \pmod{n}$$

이다. 따라서 $\gcd(n,\ a_1a_2)=1$이고 또한

$$(a_1a_2)^{n-1}\equiv a_1^{n-1}a_2^{n-1}\equiv 1 \pmod{n}$$

이다. 따라서 n은 a_1a_2에 관한 유사소수이다. 한편 $1^{-1}\equiv 1 \pmod{n}$이므로 n은 $a_1a_2^{-1}$에 관한 유사소수이다.

(3) n이 a에 관한 유사소수가 아니라고 가정하고, n이 b에 관한 유사소수가 되는 원소들의 집합을 $B \subseteq \mathbb{Z}_n^*$라 하자. 그러면 n은 ab에 관한 유사소수가 아니다. 집합 B의 임의의 두 원소 b_i, b_j에 대하여

$$ab_i \equiv ab_j (\mathrm{mod}\, n) \Rightarrow b_i \equiv b_j (\mathrm{mod}\, n)$$

이므로, 집합 B의 원소의 개수 이상의 수에 관하여 유사소수가 아니다. ■

정리 7.17

양의 정수 n이 홀수인 합성수인 동시에 밑수 2에 대한 유사 소수이면, 메르센 수 $M_n = 2^n - 1$도 홀수인 합성수인 동시에 밑수 2에 대한 유사소수이다.

여기서 메르센 수(Mersenne number)란 양의 정수 n에 대하여 $M_n = 2^n - 1$의 형태의 정수를 말하며, 특히 소수 p에 대하여 $M_p = 2^p - 1$이 소수일 때 메르센 소수(Mersenne prime)라 부른다. 이에 관련하여 16장을 참고하자.

7.6 카마이클 수(Carmichael number)

페르마 작은 정리에 의하면, p가 소수일 때, $\gcd(a, n) = 1$인 모든 정수 a에 대하여 $a^{p-1} \equiv 1 \pmod p$이다. 그러나 예제에서 보는 바와 같이 양의 정수 n이 $\gcd(a, n) = 1$인 모든 양의 정수 a에 대하여 $a^{n-1} \equiv 1 \pmod n$이더라도 n은 소수가 아닐 수 있다.

예제 7.16

정수 561은 합성수로서 $561 = 3 \cdot 11 \cdot 17$이다. 그러므로 $\gcd(a, 561) = 1$인 모든 양의 정수 a에 대해

$$\gcd(a, 3) = 1,\ \gcd(a, 11) = 1,\ \gcd(a, 17) = 1$$

이므로 페르마 작은 정리에 의하여

$$a^2 \equiv 1 \pmod 3,\ a^{10} \equiv 1 \pmod{11},\ a^{16} \equiv 1 \pmod{17}$$

이다. 따라서 다음이 성립한다.

$$a^{560} \equiv (a^2)^{280} \equiv 1^{280} \equiv 1 \pmod 3,$$
$$a^{560} \equiv (a^{10})^{56} \equiv 1^{56} \equiv 1 \pmod{11},$$
$$a^{560} \equiv (a^{16})^{35} \equiv 1^{35} \equiv 1 \pmod{17}$$

그러므로 $a^{560} \equiv 1 \pmod{561}$이다.

예제와 같은 합성수를 처음으로 연구한 사람은 카마이클(Carmichael, R., 1879~1967)로서, 미국의 대표적인 수학자이다. 카마이클은 오늘날 카마이클 수, 카마이클 정리, 카마이클 함수라고 불리는 많은 업적을 남겼다.

정의 7.2

합성수 n이 $\gcd(a, n) = 1$인 모든 양의 정수 a에 대하여 $a^{n-1} \equiv 1 \pmod n$을 만족시킬 때, n을 **카마이클 수**라고 부른다.

카마이클 수를 종종 **절대 유사소수**라고 부르기도 하는데 그 이유는 밑수를 어느 것으로 택해도 유사소수가 되기 때문이다. 페르마의 작은 정리를 이용해 소수인지 아닌지를 판정하려고 할 때 카마이클 수가 큰 장애 요인이 된다. 왜냐하면 카마이클 수는 합성수이지만 어떤 밑을 택해도 페르마 정리의 형태를 만족하기 때문이다.

그러나 다행히도 카마이클 수는 그다지 많이 존재하지는 않는다. 100,000보다 작은 카마이클 수는 불과 16개 밖에 없으며, 처음 30개의 카마이클 수를 나열하면 다음과 같다.

561, 1105, 1729, 2465, 2821, 6601, 8911, 10585, 15841, 29341, 41041, 46657, 52633, 62745, 63973, 75361, 101101, 115921, 126217, 162401, 172081, 188461, 252601, 278545, 294409, 314821, 334153, 340561, 399001, 410041

25,000,000,000 보다 작은 카마이클 수는 2163개 존재하며, 10^{15}보다 작은 부분에서는 단지 105,212개 밖에 없다. 그러나 카마이클 수도 무한히 많이 존재함은 이미 증명되었다.

인수 $3, 4, \ldots, 20$ 를 가지는 가장 작은 카마이클 수를 표로 나타내면 다음과 같다.

k	$3 \le k \le 15$개의 인수를 갖는 가장 작은 카마이클 수
3	$561 = 3 \cdot 11 \cdot 17$
4	$41041 = 7 \cdot 11 \cdot 13 \cdot 41$
5	$825265 = 5 \cdot 7 \cdot 17 \cdot 19 \cdot 73$
6	$321197185 = 5 \cdot 19 \cdot 23 \cdot 29 \cdot 37 \cdot 137$
7	$5394826801 = 7 \cdot 13 \cdot 17 \cdot 23 \cdot 31 \cdot 67 \cdot 73$
8	$232250619601 = 7 \cdot 11 \cdot 13 \cdot 17 \cdot 31 \cdot 37 \cdot 73 \cdot 163$
9	$9746347772161 = 7 \cdot 11 \cdot 13 \cdot 17 \cdot 19 \cdot 31 \cdot 37 \cdot 41 \cdot 641$
10	$1436697831295441 = 11 \cdot 13 \cdot 19 \cdot 29 \cdot 31 \cdot 37 \cdot 41 \cdot 43 \cdot 71 \cdot 127$
11	$60977817398996785 = 5 \cdot 7 \cdot 17 \cdot 19 \cdot 23 \cdot 37 \cdot 53 \cdot 73 \cdot 79 \cdot 89 \cdot 233$
12	$7156857700403137441 = 11 \cdot 13 \cdot 17 \cdot 19 \cdot 29 \cdot 37 \cdot 41 \cdot 43 \cdot 61 \cdot 97 \cdot 109 \cdot 127$
13	$1791562810662585767521 = 11 \cdot 13 \cdot 17 \cdot 19 \cdot 31 \cdot 37 \cdot 43 \cdot 71 \cdot 73 \cdot 97 \cdot 109 \cdot 113 \cdot 127$
14	87674969936234821377601 $= 7 \cdot 13 \cdot 17 \cdot 19 \cdot 23 \cdot 31 \cdot 37 \cdot 41 \cdot 61 \cdot 67 \cdot 89 \cdot 163 \cdot 193 \cdot 241$
15	$6553130926752006031481761$ $= 11 \cdot 13 \cdot 17 \cdot 19 \cdot 29 \cdot 31 \cdot 41 \cdot 43 \cdot 61 \cdot 71 \cdot 73 \cdot 109 \cdot 113 \cdot 127 \cdot 181$

카마이클 수의 성질을 알아보자.

정리 7.18

합성수 $n = p_1 p_2 \cdots p_k$에서 $p_1, \ldots, p_k$가 서로 다른 소수로서 모든 $i = 1, 2, \ldots, k$ 들에 대해 $(p_i - 1) \mid (n-1)$이면 n은 카마이클 수이다.

증명 a를 $\gcd(a, n) = 1$인 양의 정수라고 하자. 이때, $n = p_1 p_2 \cdots p_k$이므로 각 i $(1 \le i \le k)$에 대하여 $\gcd(a, p_i) = 1$이다. 따라서 페르마 작은 정리에 의하여

$$a^{p_i - 1} \equiv 1 \pmod{p_i}, \quad (i = 1, 2, \ldots, k)$$

이 성립한다. 한편, 각 $i\,(1 \le i \le k)$에 대하여 $(p_i - 1) \mid (n-1)$이므로

$$n - 1 = (p_i - 1)t_i, \quad (i = 1, 2, \ldots, k)$$

인 정수 t_i가 존재한다. 이때,

$$a^{n-1} \equiv (a^{p_i - 1})^{t_i} \equiv 1^{t_i} \equiv 1 \pmod{p_i}, \quad (i = 1, 2, \ldots, k)$$

이고,

$$a^{n-1} \equiv 1 \pmod{p_1 p_2 \cdots p_k}, \quad \text{즉} \quad a^{n-1} \equiv 1 \pmod{n}$$

이므로 n은 카마이클 수이다. ■

예제 7.17

다음 수들은 카마이클 수이다.

$$\begin{aligned}
1105 &= 5 \cdot 13 \cdot 17 \quad (4 \mid 1104,\ 12 \mid 1104,\ 16 \mid 1104) \\
1729 &= 7 \cdot 13 \cdot 19 \quad (6 \mid 1728,\ 12 \mid 1728,\ 18 \mid 1728) \\
2465 &= 5 \cdot 17 \cdot 29 \quad (4 \mid 2464,\ 16 \mid 2464,\ 28 \mid 2464) \\
2821 &= 7 \cdot 13 \cdot 31 \quad (6 \mid 2820,\ 12 \mid 2820,\ 30 \mid 2820) \\
6601 &= 7 \cdot 23 \cdot 41 \quad (6 \mid 6600,\ 22 \mid 6600,\ 40 \mid 6600) \\
8911 &= 7 \cdot 19 \cdot 67 \quad (6 \mid 8910,\ 18 \mid 8910,\ 66 \mid 8910)
\end{aligned}$$

정리 7.19

카마이클 수는 적어도 세 개 이상의 소인수를 갖는다.

증명 n이 2개의 소인수를 가져서 $n = pq$ (p, q : 소수)라고 하자. 여기서 $p > q$라고 하자. 그러면 $p-1 > q-1$이므로 $p-1$은 $q-1$을 나눌 수 없다. 그러므로 $p-1$은 $n-1$을 나눌 수 없다. 그러면 n은 카마이클 수가 아니다. ■

정리 7.20

n이 p를 나눌 때, $n \equiv 1 \pmod{p-1}$이면 $n \equiv p \pmod{p(p-1)}$이다.

연습문제

1. 다음을 증명하여라.

(a) $ab \equiv cd \pmod n$, $b \equiv d \pmod n$, $\gcd(b,\ n) = 1$이면 $a \equiv c \pmod n$이다.

(b) 모든 정수 a에 대해 $a^{25} - a$는 30으로 나누어짐을 증명하여라.

2. $\phi(ab) \geq \phi(a)\phi(b)$ 임을 증명하여라.

3. 등호 $\phi(ab) = \phi(a)\phi(b)$가 성립하는 경우를 말하여라.

4. 모든 a에 대해 $a^p \equiv a \pmod p$이 성립함을 증명하여라.

5. 임의의 a에 대해 다음을 증명하여라.

(a) $a^{21} \equiv a \pmod{15}$

(b) $a^7 \equiv a \pmod{42}$

(c) $a^{13} \equiv a \pmod{273}$

(d) $a^9 \equiv a \pmod{30}$

6. $\gcd(a,\ 30) = 1$이면 60은 $a^4 + 59$의 약수임을 증명하여라.

7. 페르마 정리를 사용하여 3^{100}의 1자리 수를 찾아라.

8. $p \neq q$가 소수일 때, 임의의 a에 대해 $pq \mid a^{pq} - a^p - a^q + a$임을 증명하여라.

Chapter 08

congruence equation

합동방정식

1세기경 중국 한나라 때의 수학책인 《구장산술(九章算術)》은 연립방정식을 풀기위해 계수들을 마방진과 같은 틀 안에 써 놓고 이리 저리 더하고 빼는 방법을 소개하고 있다. 사각형(方) 안에서 이루어지는 과정(程)이라는 뜻으로 그 풀이방법을 방정(方程)이라고 했다. 영어로 방정식을 뜻하는 equation은 equal과 동일한 어원인데, 두 양을 같다고 놓은 것이라는 뜻으로 보인다. 이집트에서 만들어진 가장 오래된 수학서인 《아메스의 파피루스》에는 미지수를 사용한 방정식이 있으며, 바빌로니아의 점토판에도 고전적 형태의 이차방정식을 볼 수 있다.

방정식에 대한 체계적인 최초의 연구는 4장에서 배운 디오판투스(Diophantus, 236~330)로 돌아간다. 그는 일차방정식과 이차방정식을 놀라운 방법으로 풀었는데, 이차방정식을 기하학적 방법이 아닌 기호를 사용한 대수적 방법으로 시도하였다. 그러나 그에게는 음수의 개념이 없었기 때문에 음수 근은 인정하지 않았다. 또한 아라비아의 알콰리즈미(Al-Khwarizmi, 780~850)도 이차방정식을 대수적 방법으로 풀었는데 양수 근을 가지는 이차방정식만을 다루었다. 이차방정식의 해로 음수를 인정한 사람은 인도의 바스카라(Bhaskara, A., 1114~1185)였다.

▲타르탈리아

그 이후 이탈리아의 수학자 카르다노(Cardano, G., 1501~1576)에 의해 허수가 발견됨으로써 비로소 이차방정식의 대수적 해법이 완성되었다고 볼 수 있다. 여기서 대수적 해법이란, 일반적인 이차, 삼차, 사차방정식의 풀이와 같이 방정식의 계수들 사이에 가감승제 및 거듭제곱근을 구하는 연산을 유한 번 실시하여 방정식의 근을 구하는 것을 말한다. 16세기에서 17세기에 걸쳐서 이탈리아에서는 방정식을 푸는 시합이 유행하였다. 타르탈리아(Tartaglia, N., 1499~1557)와 피오르(Fior, A., 1506~ 미상)는 각자가 출제한 30문제의 방정식을 서로 교환하고, 50일 이내에 몇 문제를 풀 수 있는지에 대하여 공개적으로 시합을 하였다. 타르탈리아는 피오르가 출제한 문제를 모두 풀었으나, 피오르는 그렇지 못하여 결국 타르탈리아가 승자가 되었다. 한편 이차방정식은 이집트나 바빌로니아의 기록에 단편적으로 나타나고 있으나 본격적으로 다룬 최초의 학자는 그리스의 헤론(Heron, 10~70)으로 알려져 있다. 그러나 방정식이라고 해도 고대에는 식이라는 것이 없었고 모두 말로 서술되었는데, 현대식 기호 체계를 확립한 것은 비에타(Viete, F., 1540~1603)이다.

▲산수론

디오판토스의 주요 저서 《산학》은 13권 중 6권이 현재까지 남아 있다. 주로 일차부터 삼차까지의 정방정식과 부정방정식의 문제와 해법이 다루었다. 그는 음수부호, 미지량, 상등, 거듭제곱 등의 기호를 조직적으로 사용했다. 《산학》은 아라비아어로 번역되었고 후에 라틴어로 번역되어 중세 말기에 유럽으로 전파되어 대수학 발달에 공헌했다. 저서 중 '주어진 제곱수를 두 개의 제곱수로 분리하여라.'라는 문제는 뒤에 페르마에게 영향을 끼쳐, 페르마의 정리가 되었다고 한다.

이 장에서는 일차 합동방정식 풀이를 배우고, 이차 합동방정식은 10장에서 다룬다.

8.1 합동방정식 풀기(Solving congruence equation)

x에 관한 일차합동식은

$$ax \equiv b \pmod m, \; a \not\equiv 0 \pmod m$$

의 형태로 나타내어진다. 이제 두 변수를 가진 일차부정방정식의 해법과 비슷하게 일차합동식의 해를 구하는 방법을 알아보자.

예제 7.18

(1) $3x \equiv 2 \pmod 7$을 풀어라.

(2) $3x \equiv 2 \pmod 6$을 풀어라.

풀이 (1) $3^{-1} = 5 \pmod 7$이므로, 양변에 $5 \pmod 7$을 곱하면, $x \equiv 10 \pmod 7$이다. 즉 $x \equiv 10 \equiv 3 \pmod 7$이다. 그런데 (2)에서는 $3^{-1} \pmod 6$이 존재하지 않으며, 근도 없다.

정리 8.1

$\gcd(a,\ m)=1$일 때, 일차합동식 $ax \equiv b \pmod{m}$은 단 한 개의 해를 가진다.

증명 $\gcd(a,\ m)=1$이므로 정리 1.7에 의해 $as+mt=1$인 정수 s, t가 존재한다. 그러면

$$asb+mtb=b$$

이므로 $a(sb) \equiv b \pmod{m}$이다. 따라서 $x \equiv sb \pmod{m}$는 주어진 합동식 $ax \equiv b \pmod{m}$의 해이다. 이제 해가 유일하게 존재함을 증명하기 위해,

$$x \equiv c_1 \pmod{m}, \quad x \equiv c_2 \pmod{m}$$

이 주어진 합동식의 해라고 가정하자. 그러면 $x \equiv c_1 \equiv c_2 \pmod{m}$이므로

$$ac_1 \equiv b \equiv ac_2 \pmod{m}$$

이며, 가정에서 $\gcd(a,\ m)=1$이므로 $c_1 \equiv c_2 \pmod{m}$이다. 따라서 주어진 합동식은 단 한 개의 해를 가진다. ■

참고 이 정리는 다음과 같이 증명할 수도 있다.
$\gcd(a, m)=1$이므로 $as+mt=1$인 정수 s, t가 존재한다. 이 식을 법 m으로 표현하면 $as \equiv 1 \pmod{m}$으로서 $a^{-1} \equiv s \pmod{m}$이다. 따라서 주어진 방정식 $ax \equiv b \pmod{m}$의 양변에 s를 곱하면 $x \equiv a^{-1}b \equiv sb \pmod{m}$이다. ❙

예제 8.1

일차합동식 $7x \equiv 9 \pmod{23}$의 해를 구하여라.

풀이 $\gcd(7,\ 23)=1$이므로 1개의 해를 가진다. 실제로 $70x \equiv 90 \pmod{23}$이며

$$[(23 \cdot 3)+1]x \equiv [(23 \cdot 3)+21] \pmod{23}$$

이므로, $x \equiv 21 \pmod{23}$이 근이다.

예제 8.2

법 23에 대하여 7의 역원을 계산하여라.

힌트 : 23과 7에 유클리드 알고리즘을 적용하여 최대공약수를 두 수의 일차결합으로 표현한다.

정리 8.1을 일반화하여 다음의 정리를 만들 수 있다.

정리 8.2

일차합동식 $ax \equiv b \pmod{m}$, $a \not\equiv 0 \pmod{m}$에서 $d = \gcd(a, m)$이라 하자.

(1) 합동식 $ax \equiv b \pmod{m}$이 해를 가지기 위한 필요충분조건은 $d \mid b$이다.

(2) 더욱이 $d \mid b$인 경우에 $x \equiv x_0 \pmod{m}$을 이 합동식의 한 특수해라고 하면 합동식은 다음과 같은 d개의 해를 가진다.

$$x \equiv x_0 + \frac{m}{d}t \pmod{m} \qquad (t = 0, 1, 2, \cdots, d-1)$$

즉

$$x_0,\ x_0 + \frac{m}{d},\ x_0 + \frac{2m}{d},\ \cdots,\ x_0 + \frac{(d-1)m}{d}$$

은 서로 다른 근들이다. 특별히 $\gcd(a, m) = 1$이면, $ax \equiv b \pmod{m}$은 유일한 근을 갖는다.

증명 합동방정식 $ax \equiv b \pmod{m}$은 $ax = my + b$(적당한 $y \in \mathbb{Z}$), 즉 디오판토스 방정식

$$ax - my = b$$

로 표현된다. 그러므로 디오판토스 방정식에 관한 정리 4.1에 의해 $ax - my = b$는 $d = \gcd(a, m)$이 b를 나눌 때 근을 갖는다. 또한 $x = x_0 + \frac{m}{d}t$ $(t \in \mathbb{Z})$이다. 그런데 $t = d$이면

$$x = x_0 + \frac{m}{d}d \equiv x_0 \pmod{m}$$

이 되어 근이 반복적으로 나타난다. 이 정리는 디오판토스 방정식의 해법 증명과 동일하다. ■

예제 8.3

일차합동식 $9x \equiv 21 \pmod{30}$의 해를 구하여라.

풀이 $\gcd(9, 30) = 3$이며 $3 \mid 21$ 이므로 이 합동식은 세 개의 해를 가진다. 합동식의 양변을 3으로 나누어 동치인 합동식 $3x \equiv 7 \pmod{10}$을 생각하자. $\gcd(3, 10) = 1$이며 $3^{-1} \equiv 7 \pmod{10}$이므로,

$$3x \equiv 7 \pmod{10}$$

$$(3 \cdot 7)x \equiv 7 \cdot 7 \pmod{10}$$
$$x \equiv 9 \pmod{10}$$

이다. 따라서

$$x \equiv 9 + \frac{30}{3}t \pmod{30} \qquad (t = 0,\ 1,\ 2)$$

이다. 즉 근들은 다음과 같다.

$$x \equiv 9 \pmod{30}, \quad x \equiv 19 \pmod{30}, \quad x \equiv 29 \pmod{30}$$

예제 8.4

방정식 $18x \equiv 30 \pmod{42}$는 근을 갖는가? 있다면 몇 개인가? 근을 찾아라.

풀이

연습문제

1. 다음의 합동방정식을 풀어라.

(a) $9x \equiv 2 \pmod{25}$

(b) $4x \equiv 35 \pmod{32}$

(c) $15x \equiv 10 \pmod{85}$

(d) $42x \equiv 90 \pmod{156}$

(e) $91x \equiv 419 \pmod{440}$

(f) $17x \equiv 3 \pmod{2 \cdot 3 \cdot 5 \cdot 7}$

(g) $13x \equiv 71 \pmod{380}$

8.2 연립일차합동식(System of linear congruence equations)

법이 서로 다른 일변수 연립일차방정식의 해법을 알아보자. 이러한 문제는 고대 중국인들에게 널리 알려진 '3으로 나누면 2가 남고 5로 나누면 3이 남고 7로 나누면 2가 남는 수를 구하라' 같은 문제와 관련이 있다.

예제 8.5

중국인의 나머지 정리: 3으로 나누면 2가 남고 5로 나누면 3이 남고 7로 나누면 2가 남는 수 중에서 제일 작은 양의 정수는 무엇일까?

이 문제가 바로 중국인의 나머지 정리의 기원이다. 중국인의 나머지 정리란 연립일차합동식의 공통 해를 찾는 문제에 대한 정리로서, 여기서 각 일차합동식의 법(modulo)은 쌍마다 서로소여야 하는 가정이 들어 있다.

가우스(Gauss)와 오일러(Euler)는 이것과 관련된 정리를 많이 연구하고 이용하였지만 그 풀이법의 아이디어는 3세기 초 중국의 수학자 순체가 쓴 책에 있는 것과 거의 유사하다. 실제로 예제 8.5는 다음 연립일차합동식의 해를 구하는 것이다.

$$x \equiv 2 \pmod 3, \quad x \equiv 3 \pmod 5, \quad x \equiv 2 \pmod 7$$

최초의 공식적 표현은 280년과 473년으로 추정되는 《손자산경》에 나타나며, 또한 피보나치의 《산반서》에서도 볼 수 있다. 오일러도 유사한 연구를 했는데, 지금 우리가 보는 증명은 1967년 쇼클리(Shockley, J. E.)의 저서에 나타난 중국인의 나머지 정리이다.

정리 8.3 중국인의 나머지 정리

$n_1, n_2, \ldots, n_r$ $(r \geq 2)$이 쌍마다 서로소일 때, 임의의 정수 $a_1, a_2, \ldots, a_r$에 대하여 연립일차합동식

$$\begin{cases} x \equiv a_1 \pmod{n_1} \\ x \equiv a_2 \pmod{n_2} \\ \quad\vdots \\ x \equiv a_r \pmod{n_r} \end{cases}$$

은 법 $n_1 n_2 \cdots n_r$에 관하여 꼭 한 개의 해를 가진다.

증명 $N = n_1 n_2 \cdots n_r$이며

$$N_i = \frac{N}{n_i} = n_1 n_2 \cdots n_{i-1} n_{i+1} \cdots n_r \quad (1 \le i \le r)$$

라고 하자. $n_1, n_2, \ldots, n_r$ $(r \ge 2)$이 쌍마다 서로소이므로 $\gcd(N_i, n_i) = 1$이다. (만일 어떤 소수 p가 N_i를 나눈다면 소수의 정의에 의해 p는 $n_1, \cdots, n_{i-1}, n_{i+1}, \cdots, n_r$ 중에서 적어도 하나를 나눈다. 그런데 $n_1, \cdots, n_{i-1}, n_{i+1}, \cdots, n_r$들은 n_i와 모두 서로소이므로 p는 n_i를 나눌 수 없다.)

따라서

$$N_i M_i \equiv 1 \pmod{n_i} \quad (1 \le i \le r)$$

인 정수 M_i가 존재한다. 또한 $i \ne j$일 때,

$$N_j = n_1 \cdots n_{j-1} n_{j+1} \cdots n_r \equiv 0 \pmod{n_i} \ (1 \le i \le r)$$

이다. 이제

$$u = a_1 M_1 N_1 + a_2 M_2 N_2 + \cdots + a_r M_r N_r$$

라고 하면

$$u \equiv a_i M_i N_i \equiv a_i \pmod{n_i} \quad (1 \le i \le r)$$

이다. 따라서 주어진 연립합동식은 다음과 같이 고쳐 쓸 수 있다.

$$\begin{cases} x \equiv u & \pmod{n_1} \\ x \equiv u & \pmod{n_2} \\ \quad \vdots & \\ x \equiv u & \pmod{n_r} \end{cases}$$

그러므로 연립일차합동식은 한 개의 근 $x \equiv u \pmod{n_1 n_2 \cdots n_r}$를 가진다. ■

중국인의 나머지 정리를 다음의 몇 가지 방법으로 다시 생각해보자.

정리 8.4

임의의 정수 a_1, a_2, a_3에 대하여 연립합동식

$$\begin{cases} x \equiv a_1 \pmod{n_1} \\ x \equiv a_2 \pmod{n_2} \\ x \equiv a_3 \pmod{n_3} \end{cases}$$

은 $\gcd(n_i, n_j) = 1 \ (1 \le i \ne j \le 3)$일 때 법 $n_1 n_2 n_3$에 대해 단 하나의 해가 존재한다.

증명 $X = a_1(n_2n_3)((n_2n_3)^{-1} \bmod n_1) + a_2(n_1n_3)((n_1n_3)^{-1} \bmod n_2) + a_3(n_1n_2)((n_1n_2)^{-1} \bmod n_3)$

라고 하자. 그러면 $X \pmod{n_1n_2n_3}$를 연립방정식 $\begin{cases} x \equiv a_1 \pmod{n_1} \\ x \equiv a_2 \pmod{n_2} \\ x \equiv a_3 \pmod{n_3} \end{cases}$의 세 식에 각각 대입하면 각 식의 근이 됨을 알 수 있다. 따라서 연립방정식의 근이다. ■

정리 8.5

임의의 정수 $a_i\ (1 \le i \le r)$와 $\gcd(n_i,\ n_j) = 1\,(1 \le i \ne j \le r)$일 때, 연립방정식

$\begin{cases} x \equiv a_1 \pmod{n_1} \\ \quad \vdots \\ x \equiv a_r \pmod{n_r} \end{cases}$ 은 유일한 근 $X = \sum_{i=1}^{r} a_i M_i (M_i^{-1} \bmod n_i)$ (이때 $M = n_1 n_2 \cdots n_r$ 이며 $M_i = \dfrac{M}{n_i}$)을 갖는다.

증명 (r개의 연립방정식에서) 위에서처럼 $M = n_1n_2 \cdots n_r$과 $M_i = \dfrac{N}{n_i}$라고 하자. 그러면

$$\gcd(M_i,\ n_j) = \begin{cases} 1 & \text{만일 } i = j \\ n_j & \text{만일 } i \ne j \end{cases}$$

이다. 그러므로 각 i에 대해 $M_i^{-1} \bmod n_i$가 존재한다. 이제

$$\begin{aligned} &\sum_{i=1}^{r} a_i M_i (M_i^{-1} \bmod n_i) \\ &\equiv a_1 M_1 (M_1^{-1} \bmod n_1) + a_2 M_2 (M_2^{-1} \bmod n_2) + \cdots + a_r M_r (M_r^{-1} \bmod n_r) \\ &\equiv \sum_{i=1}^{r} a_i M_i (M_i^{-1} \bmod n_i) \end{aligned}$$

을 생각하면, 이것은 주어진 연립방정식 $\begin{cases} x \equiv a_1 \pmod{n_1} \\ x \equiv a_2 \pmod{n_2} \\ \quad \vdots \\ x \equiv a_r \pmod{n_r} \end{cases}$의 근이 된다. ■

예제 8.6

다음 연립일차합동식의 해를 구하여라.

$$x \equiv 2 \pmod 3, \quad x \equiv 3 \pmod 5, \quad x \equiv 2 \pmod 7$$

풀이 $M = 3 \cdot 5 \cdot 7 = 105$라고 하자. 또한

$$M_1 = \frac{M}{3} = 5 \cdot 7 = 35, \quad M_2 = \frac{M}{5} = 3 \cdot 7 = 21, \quad M_3 = \frac{M}{7} = 3 \cdot 5 = 15$$

라 하자. 그러면

$$35N_1 \equiv 1 \pmod 3, \quad 21N_2 \equiv 1 \pmod 5, \quad 15N_3 \equiv 1 \pmod 7$$

을 만족하는 정수 N_1, N_2, N_3는 각각 $N_1 = 2$, $N_{2,} = 1$, $N_3 = 1$이므로,

$$u = 2 \cdot 35 \cdot 2 + 3 \cdot 21 \cdot 1 + 2 \cdot 15 \cdot 1 = 233$$

이다. 따라서 구하는 해는 $x \equiv 233 \equiv 23 \pmod{105}$이다.
또는 다음과 같이 간단히 계산할 수 있다.

$$\begin{aligned} X &= 2(5 \cdot 7)(5 \cdot 7)^{-1} \bmod 3 + 3(3 \cdot 7)(3 \cdot 7)^{-1} \bmod 5 + 2(3 \cdot 5)(3 \cdot 5)^{-1} \bmod 7 \\ &= 2(35)2 + 3(21)1 + 2(15)1 = 233 \equiv 23 \pmod{105} \end{aligned}$$

예제 8.7

$17x \equiv 9 \pmod{276}$의 근을 구하여라.

풀이 물론 $\gcd(17, 276) = 1 \mid 9$이다. 또한 $276 = (3)(4)(23)$이므로,

$$\begin{cases} 17x \equiv 9 \pmod 3 \\ 17x \equiv 9 \pmod 4 \\ 17x \equiv 9 \pmod{23} \end{cases} \Rightarrow \begin{cases} 17x \equiv 0 \pmod 3 \\ 17x \equiv 1 \pmod 4 \\ 17x \equiv 9 \pmod{23} \end{cases} \Rightarrow \begin{cases} x \equiv 0 \pmod 3 \\ x \equiv 1 \pmod 4 \\ x \equiv 10 \pmod{23} \end{cases}$$

(계산 $23 = 17 + 6$, $17 = 2 \cdot 6 + 5$, $6 = 1 \cdot 5 + 1$이므로

$$1 = 6 - 5 = 6 - (17 - 2 \cdot 6) = 6(3) - 17 = (23 - 17)(3) - 17 = 17(-4) + 23(3)$$

이다. 따라서 $(17)^{-1} = -4 \pmod{23}$이다.)
그러므로 중국인의 나머지 정리에 의해

$$\begin{aligned} X &\equiv 0(4 \cdot 23)(4 \cdot 23)^{-1} \bmod 3 + 1(3 \cdot 23)(3 \cdot 23)^{-1} \bmod 4 + 10(12)(12)^{-1} \bmod 23 \\ &\equiv 1(3)(23) + 10(12)2 = 69 + 240 = 309 = 33 \pmod{276} \end{aligned}$$

가 연립방정식의 근이다.

또는 처음부터 디오판토스 방정식의 풀이 방법을 사용할 수도 있다.

$17x \equiv 9 \pmod{276}$로부터, $17x - 276y = 9$라고 하자. 유클리드 알고리즘에 의해

$$276 = 16(17) + 4$$
$$17 = 4(4) + 1$$
$$4 = 4(1) + 0$$

이므로 $9 = (9 \cdot 65)17 - (9 \cdot 4)276$이다. 따라서 $x = 586 \equiv 33 \pmod{276}$이 근이다.

이번에는 일반적인 연립일차합동식의 해를 구하는 방법을 생각해보자.

예제 8.8

법 154에 대하여 연립방정식 $8x \equiv 4 \pmod{14}$, $5x \equiv 3 \pmod{11}$의 근을 구하여라.

풀이 $8x \equiv 4 \pmod{14}$는 $4x \equiv 2 \pmod{7}$과 합동이고 $x \equiv 4 \pmod{7}$이다. 따라서 법 14에 대해 $8x \equiv 4 \pmod{14}$는 두 개의 근 $x \equiv 4 \pmod{14}$와 $x \equiv 11 \pmod{14}$을 갖는다. 한편 $5x \equiv 3 \pmod{11}$의 근은 $x \equiv 5 \pmod{11}$이다. (여기서 $5^{-1} \equiv 9 \pmod{11}$이다.) 그러므로 두개의 연립합동식

$$\begin{cases} x \equiv 4 \pmod{14} \\ x \equiv 5 \pmod{11} \end{cases} \text{와} \quad \begin{cases} x \equiv 11 \pmod{14} \\ x \equiv 5 \pmod{11} \end{cases}$$

이 생기는데, 여기에 중국인의 나머지 정리를 적용할 수 있다.

$$11 \cdot 9 \equiv 1 \pmod{14}, \quad 14 \cdot 4 \equiv 1 \pmod{11}$$

이므로

$$\begin{aligned} X &\equiv 4 \cdot 11(11^{-1} \bmod 14) + 5 \cdot 14(14^{-1} \bmod 11) \\ &\equiv 4 \cdot 11 \cdot 9 + 5 \cdot 14 \cdot 4 \equiv 60 \pmod{154}, \\ X &\equiv 11 \cdot 11(11^{-1} \bmod 14) + 5 \cdot 14(14^{-1} \bmod 11) \\ &\equiv 11 \cdot 11 \cdot 9 + 5 \cdot 14 \cdot 4 \equiv 137 \pmod{154} \end{aligned}$$

의 2개의 근이 있다.

예제 8.9

연립합동식 $x^2 \equiv 1 \pmod 3$, $x \equiv 2 \pmod 4$의 근을 구하여라.

풀이 $x^2 \equiv 1 \pmod 3$이므로 $x \equiv \pm 1 \pmod 3$이고, 주어진 연립방정식은

$$\begin{cases} x \equiv 1 \pmod 3 \\ x \equiv 2 \pmod 4 \end{cases}, \quad \begin{cases} x \equiv 2 \pmod 3 \\ x \equiv 2 \pmod 4 \end{cases}$$

이다. 중국인의 나머지 정리를 사용하면

$$x \equiv -2 \pmod{12}, \quad x \equiv 2 \pmod{12}$$

가 된다. 따라서 근은 $x \equiv \pm 2 \pmod{12}$이다.

연습문제

1. 다음의 연립합동방정식을 풀어라.

(a) $\begin{cases} x \equiv 5 \pmod 6 \\ x \equiv 7 \pmod{13} \end{cases}$ (b) $\begin{cases} x \equiv 7 \pmod{10} \\ x \equiv 4 \pmod{11} \end{cases}$ (c) $\begin{cases} 8x \equiv 4 \pmod{14} \\ 5x \equiv 3 \pmod{11} \end{cases}$

2. 다음의 연립합동방정식을 풀어라.

(a) $\begin{cases} x \equiv 5 \pmod 2 \\ x \equiv 1 \pmod 3 \\ x \equiv 2 \pmod 5 \end{cases}$ (b) $\begin{cases} x \equiv 5 \pmod 6 \\ x \equiv 4 \pmod{11} \\ x \equiv 3 \pmod{17} \end{cases}$

(c) $\begin{cases} x \equiv 1 \pmod 4 \\ 2x \equiv 3 \pmod 5 \\ 4x \equiv 5 \pmod 7 \end{cases}$ (d) $\begin{cases} 2x \equiv 2 \pmod 9 \\ 4x \equiv 2 \pmod{10} \\ x \equiv 4 \pmod 7 \end{cases}$

3. 연립합동방정식의 법 210에 대한 근을 구하여라.

$$\begin{cases} 2x \equiv 3 \pmod 5 \\ 4x \equiv 2 \pmod 6 \\ 3x \equiv 2 \pmod 7 \end{cases}$$

4. 연립방정식 $\begin{cases} 3x + 4y \equiv 5 \pmod{13} \\ 2x + 5y \equiv 7 \pmod{13} \end{cases}$을 풀어라.

8.3 고차합동방정식 $f(x) \equiv 0 \pmod{p^a}$ (Higher congruence equation)

이번 절에서는 $f(x) \equiv 0 \pmod{p^{a+1}}$ 형태의 방정식을 풀어보자.

아이디어: 방정식을 다음의 순서대로 푼다.

(1) $f(x) \equiv 0 \pmod{p}$, $f(x) \equiv 0 \pmod{p^2}$, $f(x) \equiv 0 \pmod{p^3}$을 순차적으로 푼다.

(2) $f(x) \equiv 0 \pmod{p^a}$를 먼저 풀어 근을 찾은 후 $f(x) \equiv 0 \pmod{p^{a+1}}$의 근을 찾는다.

(3) $f(x) \equiv 0 \pmod{p^a}$과 $f(x) \equiv 0 \pmod{p^{a+1}}$의 근의 집합을 각각 S_a와 S_{a+1}라 하면, $S_{a+1} \subseteq S_a$가 된다. 그러므로 $f(x) \equiv 0 \pmod{p^{a+1}}$의 근은 $f(x) \equiv 0 \pmod{p^a}$의 근 집합에 속한다.

$f(x) \equiv 0 \pmod{p^a}$의 모든 근들의 집합을

$$S_a = \{b_1, b_2, \cdots, b_r \pmod{p^a}\}$$

라고 하자. 즉 $f(b_i) \equiv 0 \pmod{p^a}$ (모든 i)이다.

만약 x가 $f(x) \equiv 0 \pmod{p^{a+1}}$의 근이면

① $x \equiv b_i \pmod{p^a} \in S_a$가 되어 $x \equiv b_i \pmod{p^a} = b_i + kp^a$ $(k \in \mathbb{Z})$로 쓸 수 있다.

② 그런데 $f(b_i) \equiv 0 \pmod{p^a}$이므로, $f(b_i) = tp^a$ $(t \in \mathbb{Z})$라 할 수 있다.

③ 도함수와 Taylor 급수의 관계에 의해, 또한 ①에 의해

$$f(x) = f(b_i + kp^a) = f(b_i) + f'(b_i)(kp^a) + \frac{f''(b_i)}{2!}(kp^a)^2 + \frac{f'''(b_i)}{3!}(kp^a)^3 + \cdots$$

가 된다.

④ 그런데 $f(x) \equiv 0 \pmod{p^{a+1}}$이므로,

$$\begin{aligned} f(x) &\equiv f(b_i) + f'(b_i)(kp^a) \pmod{p^{a+1}} \\ &\equiv tp^a + f'(b_i)(kp^a) \pmod{p^{a+1}} \\ &\equiv p^a(t + f'(b_i)k) \pmod{p^{a+1}} \end{aligned}$$

이 된다. 즉, x가 $f(x) \equiv 0 \pmod{p^{a+1}}$을 만족하면

$$
\begin{aligned}
& 0 \equiv f(x) \equiv p^a(t+f'(b_i)k) \pmod{p^{a+1}} \\
\Leftrightarrow\ & 0 \equiv t+f'(b_i)k \pmod{p} \\
\Leftrightarrow\ & f'(b_i)k \equiv -t \pmod{p}
\end{aligned}
$$

로 표현된다.

참고 Taylor 급수에 관한 기본 내용 이해

- 점 $x=0$에서: $f(x)=f(0)+f'(0)x+\frac{f''(0)}{2!}x^2+\frac{f'''(0)}{3!}x^3+\cdots$
- 임의 점 $x=b$에서: $f(x)=f(b)+f'(b)(x-b)+\frac{f''(b)}{2!}(x-b)^2+\frac{f'''(b)}{3!}(x-b)^3+\cdots$
- 위 식에서 $x-b=X$로 치환하면, $x=b+X$가 되어

$$f(b+X)=f(b)+f'(b)X+\frac{f''(b)}{2!}X^2+\frac{f'''(b)}{3!}X^3+\cdots$$

예제 8.10

$f(x)=x^2-x+1 \equiv 0 \pmod{49}$의 근을 찾아라.

풀이

① $f(x)=x^2-x+1 \equiv 0 \pmod 7$의 근을 찾는다. 가능한 근이 0, 1, 2, 3, 4, 5, 6의 7가지 밖에 없으므로 하나씩 대입해보면, $f(x)=x^2-x+1 \equiv 0 \pmod 7$의 근은

$$x \equiv -2 \pmod 7, \quad x \equiv 3 \pmod 7$$

이다.

② 이제 $b=-2$일 때와 $b=3$일 때, 각각 $f(x)=x^2-x+1 \equiv 0 \pmod{7^2}$의 근을 찾아보자. $f'(x)=2x-1$이므로,

$b=-2$일 때 $f(b)=7$이며 $f'(b)=-5$이므로, 식 $f(b)=t\,p$와 $f'(b)k \equiv -t \pmod{p}$를 만족하는 t와 k는

$$t=1,\ 5k \equiv 1 \pmod 7,\ \text{즉}\ k \equiv 3 \pmod 7$$

이다. 따라서

$$x \equiv b+kp \equiv -2+3\cdot 7 \equiv 19 \pmod{7^2}$$

이 된다.

마찬가지로 $b=3$일 때, $f(b)=7$, $f'(b)=5$이므로, 식

$$f(b) = tp \text{와} \quad f'(b)k \equiv -t \pmod{p}$$

를 만족하는 t와 k는

$$t = 1,\ 5k \equiv -1 \pmod{7},\ \text{즉}\ k \equiv -1 \cdot 3 \equiv -3 \equiv 4 \pmod{7}$$

이다. 따라서

$$x \equiv b + kp \equiv 3 + 4 \cdot 7 \equiv 31 \pmod{7^2}$$

이다. 그러므로 방정식 $f(x) = x^2 - x + 1 \equiv 0 \pmod{49}$의 근은 다음과 같다.

$$x \equiv 19,\ 31 \pmod{49}$$

8.4 합동식 응용(Application of congruence equation)

정수 계수 다항식

$$f(x) = a_n x^n + a_{n-1} x^{n-1} + \cdots + a_1 x + a_0$$

에서 $a_n \not\equiv 0 \pmod{m}$일 때,

$$f(x) \equiv 0 \pmod{m}$$

을 x에 관한 ***n*차 합동식**이라고 한다.

예제 8.11

식 $15x^4 - 5x^3 + 6x^2 - 1 \equiv 0 \pmod{5}$의 근을 찾아라.

풀이 법 5에 의해 계수들이 각각 $15 \equiv 0 \pmod{5}$, $-5 \equiv 0 \pmod{5}$, $6 \not\equiv 0 \pmod{5}$이므로 주어진 합동식은 $x^2 - 1 \equiv 0 \pmod{5}$와 동치이다. 따라서 $x \equiv \pm 1 \pmod{5}$이다.

참고 **이변수의 연립일차합동식**

선형대수에서 연립일차방정식을 풀기 위해 사용했던 가우스 소거법, 크라머 법칙(Cramer Rule) 또한 여인자(cofactor)와 수반행렬(adjacent matrix)을 기억해보자.

a, b, c, d, e, f와 m이 모두 정수일 때, 연립방정식

$$\begin{cases} ax+by \equiv e \pmod m \\ cx+dy \equiv f \pmod m \end{cases}$$

은 행렬식 $\Delta = ad-bc$, $\gcd(\Delta, m)=1$일 때 법 m에 대해 유일한 정수근을 가지며, 실제로 다음과 같은 형태로 된다.

$$\begin{cases} x = \Delta^{-1}(\mathrm{mod} m)\,(de-bf)(\mathrm{mod} m) \\ y = \Delta^{-1}(\mathrm{mod} m)\,(af-ce)(\mathrm{mod} m) \end{cases}$$

이것은 크라머 법칙(Cramer's rule)의 결과를 법 m으로 생각한 것과 동일하다.

한편 미지수 n개인 연립일차합동식을 풀기위해, 선형행렬방정식 $AX=B$를 만든다. 그러면 다음과 같은 동치의 경우를 볼 수 있다.

n개 연립일차합동식이 근을 갖는다.
$\Leftrightarrow$ A는 가역행렬이다.
$\Leftrightarrow$ $\det A$는 법 m에 의해 역원을 갖는다.
$\Leftrightarrow$ $\gcd(\det A,\ m)=1$

예제 8.12

다음의 연립방정식을 풀어라.

$$\begin{cases} 2x_1 + 5x_2 + 6x_3 \equiv 3 \pmod 7 \\ 2x_1 + \qquad + x_3 \equiv 4 \pmod 7 \\ x_1 + 2x_2 + 3x_3 \equiv 1 \pmod 7 \end{cases}$$

풀이 행렬방정식 $AX=B$으로 표현하여라.

$$\begin{bmatrix} 2 & 5 & 6 \\ 2 & 0 & 1 \\ 1 & 2 & 3 \end{bmatrix} \begin{bmatrix} x_1 \\ x_2 \\ x_3 \end{bmatrix} \equiv \begin{bmatrix} 3 \\ 4 \\ 1 \end{bmatrix} \pmod 7$$

$\det A = -5$이며 $\gcd(-5, 7)=1$이므로, $(\det A)^{-1} \equiv 4 \pmod 7$이다. 그러므로

$$A^{-1} = 4(\mathrm{adj}\ A) = 4\begin{bmatrix} -2 & -3 & 5 \\ -5 & 0 & 10 \\ 4 & 1 & -10 \end{bmatrix} = \begin{bmatrix} -8 & -12 & 20 \\ -20 & 0 & 40 \\ 16 & 4 & -40 \end{bmatrix} = \begin{bmatrix} 6 & 2 & 6 \\ 1 & 0 & 5 \\ 2 & 4 & 2 \end{bmatrix}$$

가 되어서, 근은 다음과 같다.

$$X = \begin{bmatrix} x_1 \\ x_2 \\ x_3 \end{bmatrix} = \begin{bmatrix} 6 & 2 & 6 \\ 1 & 0 & 5 \\ 2 & 4 & 2 \end{bmatrix} \begin{bmatrix} 3 \\ 4 \\ 1 \end{bmatrix} = \begin{bmatrix} 32 \\ 8 \\ 24 \end{bmatrix} \equiv \begin{bmatrix} 4 \\ 1 \\ 3 \end{bmatrix} \pmod 7$$

연습문제

1. 합동식의 근을 구하여라.

(a) $x^2 + x + 7 \equiv 0 \pmod{81}$　(b) $3x^2 + x + 4 \equiv 0 \pmod{441}$

(c) $x^2 \equiv -1 \pmod{125}$　(d) $x^2 + 3x - 3 \equiv 0 \pmod{49}$

(e) $x^2 + 3x - 10 \equiv 0 \pmod{49}$　(f) $x^2 + 3x + 2 \equiv 0 \pmod{12}$

2. 합동식의 근을 구하여라.

(a) $7x^3 + 2x^2 + 7x + 20 \equiv 0 \pmod{63}$

(b) $2x^3 + x^2 - x + 3 \equiv 0 \pmod{35}$

(c) $x^4 + 2x + 4 \equiv 0 \pmod{27}$

(d) $4x^4 + 9x^3 - 5x^2 - 21x + 61 \equiv 0 \pmod{1125}$

(e) $2x^3 - x - 1 \equiv 0 \pmod{3^2}$

(f) $x^2 - x + 7 \equiv 0 \pmod{27}$

3. 합동식의 근을 구하여라.

(a) $2x^{17} + 3x^2 + 1 \equiv 0 \pmod 5$

(b) $x^{10} + 2x^5 + 1 \equiv 0 \pmod 5$

(c) $3x^{23} + 2x^{20} + 4x^{17} - x^6 + x^5 - 3x^3 + 2x + 1 \equiv 0 \pmod 5$

4. 합동방정식 $x^4 + 2x + 1 \equiv 0 \pmod{5 \cdot 7}$을 풀어라.

5. $x^4 + 7x + 4 \equiv 0 \pmod{27}$을 풀어라.

6. $x^4 + 2x + 36 \equiv 0 \pmod{5^3 \cdot 7}$을 풀어라.

원시근

$\phi(n)$은 오일러 phi 함수라고 하자. 오일러 정리(7장)에 의하면, 만일 $\gcd(a, n) = 1$이면 $a^{\phi(n)} \equiv 1 (\text{mod} n)$이다. 다시 말해서 a를 $\phi(n)$번 거듭제곱을 하면 법 n에 대해 1이 된다. 그런데 $\phi(n)$은 a를 거듭제곱을 하여 1이 되도록 하는 값 중에서 가장 작은 값이 아닐 수도 있다.

9.1 위수(Order)

예를 들어서 $\gcd(3,13) = 1$이므로 오일러 정리에 의해 $3^{12} \equiv 1 (\text{mod} 13)$이다. 그런데 3은 12번 거듭제곱을 하기 전에 이미 $3^3 = 27 \equiv 1 (\text{mod} 13)$이 성립한다. 다시 말해서 $\phi(13) = 12$보다 작은 값인 3에 대해 3을 세제곱하면 법 13에서 1이 된다.

정의 9.1

$\gcd(a, n) = 1$라고 하자. $a^k \equiv 1 (\text{mod}\ n)$이 되는 최소의 양의 정수 k를 법 n에 대한 a의 **위수**(order)라고 부른다. 다시 말해서 법 n에 대한 a의 위수를 $O_n(a)$이라고 표시하면, $a^{O_n(a)} \equiv 1 (\text{mod}\ n)$이며 $O_n(a)$는 이러한 성질을 만족하는 최소의 양의 정수이다.

참고 위수 $O_n(a)$를 말할 때는 $\gcd(a, n) = 1$을 가정해야 한다. ▎

정리 9.1

(1) $a \equiv b (\text{mod}\ n)$이면 $O_n(a) = O_n(b)$이다.

(2) $a^h \equiv 1 (\text{mod}\ n)$일 필요충분조건은 $O_n(a) \mid h$이다. 특별히 $O_n(a) \mid \phi(n)$이다.

(3) $a^i \equiv a^j (\text{mod}\ n)$ 일 필요충분조건은 $i \equiv j\ (\text{mod}\ O_n(a))$이다.

(4) 정수들 $a, a^2, \cdots, a^{O_n(a)-1}$은 법 n에 대해 모두 비합동으로 기약 잉여계가 된다.

증명 (1) $O_n(a)$는 $a^{O_n(a)} \equiv 1 \pmod{n}$이므로

$$1 \equiv a^{O_n(a)} \equiv b^{O_n(a)} \pmod{n}$$

이다. $O_n(b)$는 $b^{O_n(b)} \equiv 1 \pmod{n}$이 되는 최소의 정수이므로 $O_n(b) \le O_n(a)$이다. 한편 $O_n(b)$는 $b^{O_n(b)} \equiv 1 \pmod{n}$로부터

$$1 \equiv b^{O_n(b)} \equiv a^{O_n(b)} \pmod{n}$$

인데, $O_n(a)$는 $a^{O_n(a)} \equiv 1 \pmod{n}$이 되는 최소의 정수이므로 $O_n(a) \le O_n(b)$이다. 따라서 $O_n(a) = O_n(b)$이다.

(2) 간단히 $O_n(a) = k$라고 하자. 그러면 $a^k \equiv 1 \pmod{n}$이다.

($\Leftarrow$) 만일 $k \mid h$라면 $h = kj$ (적당한 $j \in \mathbb{Z}$)이므로

$$a^h \equiv a^{kj} \equiv (a^k)^j \equiv 1 \pmod{n}$$

이다.

($\Rightarrow$) h와 k에 나눗셈 정리를 적용하면 $h = qk + r$로 표현되는 몫 q와 나머지 r $(0 \le r < k)$이 존재한다. 그런데 $a^h \equiv 1 \pmod{n}$이므로

$$1 \equiv a^h \equiv a^{qk+r} \equiv (a^k)^q \cdot a^r \equiv a^r \pmod{n}$$

이다. 만약 $1 \le r < k$인 r에 대해 $a^r \equiv 1 \pmod{n}$이라면 위수 $O_n(a) = k$의 정의에 모순이 되므로 $r = 0$일 수밖에 없다. 따라서 $h = qk$ 즉 $O_n(a) = k \mid h$이다.

(3) ($\Rightarrow$) 정수 $i \ge j$에 대해 $a^i \equiv a^j \pmod{n}$이라고 하자.

그러면 $a^{i-j} \equiv 1 \pmod{O_n(a)}$이다. (2)에 의해 $O_n(a) \mid (i-j)$이므로 $i \equiv j \pmod{O_n(a)}$이다.

($\Leftarrow$) $i \equiv j \pmod{O_n(a)}$이면 $i = j + tO_n(a)$ $(t \in \mathbb{Z})$이다. 그러므로

$$a^i \equiv a^{j+tO_n(a)} \equiv a^j (a^{O_n(a)})^t \equiv a^j 1^t \equiv a^j \pmod{n}$$

이다.

(4) $a, a^2, \cdots, a^{O_n(a)-1}$ 중에서 법 n으로 합동 $a^i \equiv a^j \pmod{n}$ $(1 \le i, j \le O_n(a))$인 것이 존재하면 (3)에 의해 모순이거나 $i = j$이다. 그러므로 $a, a^2, \cdots, a^{O_n(a)-1}$은 법 n에 대해 모두 비합동이다. ■

예제 9.1

$\gcd(3, 13) = 1$이므로 $3^{12} \equiv 1 \pmod{13}$이다. 그런데 $3^3 = 27 \equiv 1 \pmod{13}$이며 $3^1 \not\equiv 1$, $3^2 \not\equiv 1$이므로 $O_{13}(3) = 3$이다.

예제 9.2

$O_7(2)$와 $O_7(3)$을 구하여라.

풀이 법 7에 관하여 $2^1 \equiv 2$, $2^2 \equiv 4$, $2^3 \equiv 1$이므로 $O_7(2) = 3$이다. 또한 $3^1 \equiv 3$, $3^2 \equiv 2$, $3^3 \equiv 6$, $3^4 \equiv 4$, $3^5 \equiv 5$, $3^6 \equiv 1$이므로 $O_7(3) = 6$이다.

예제 9.3

$n = 15$일 때 기약 잉여계에 있는 모든 원소의 위수를 구하여라.

풀이 $\phi(15) = \phi(3)\phi(5) = 2 \cdot 4 = 8$이므로 15에 관한 기약 잉여계는

$$\{1, 2, 4, 7, 8, 11, 13, 14\} \equiv \{-7, -4, -2, -1, 1, 2, 4, 7\}$$

이다. 각 원소에 대한 위수는 다음과 같다.

a	-7	-4	-2	-1	1	2	4	7
$O_{15}(a)$	4	2	4	2	1	4	2	4

참고 위의 예제에서 $O_{15}(a)$의 값을 보면서 어떠한 것을 예측할 수 있는가?

정리 9.2

다음이 성립한다.

(1) $O_n(a^h) = \dfrac{O_n(a)}{\gcd(O_n(a),\ h)}$이다.

(2) $O_n(a^h) = O_n(a)$일 필요충분조건은 $\gcd(O_n(a),\ h) = 1$이다.

증명 기호를 간단히

$$O_n(a) = k,\quad \gcd(O_n(a),\, h) = \gcd(k,\, h) = d,\quad O_n(a^h) = r$$

라고 하자.

(1) 이제 $r = \dfrac{k}{d}$를 보이면 충분하다. 최대공약수의 정의에 의해 $d \mid k$이며 $d \mid h$이므로 적당한 정수 $k', h' \in \mathbb{Z}$가 존재하여

$$k = dk',\ h = dh' \text{이며 } \gcd(k',\, h') = 1$$

이다(정리 1.5). 그러므로

$$(a^h)^{k'} = (a^{h'd})^{\frac{k}{d}} = a^{h'k} = (a^k)^{h'} \equiv 1 \pmod n$$

이다. 따라서 $O_n(a^h) = r$이므로 $r \mid k'$이다. 한편

$$a^{hr} \equiv (a^h)^r \equiv 1 \pmod n$$

인데, $O_n(a) = k$이므로 $k \mid hr$이다. 다시 말해서

$$k'd \mid h'dr,\quad \text{즉 } k' \mid h'r$$

이다. 그런데 $\gcd(k',\, h') = 1$이므로 $k' \mid r$이다. 따라서 $r = k' = \dfrac{k}{d}$이다.

(2)는 (1)에서 특별히 $\gcd(O_n(a),\, h) = 1$인 경우이다. ■

예제 9.4

$n = 13$일 때 $a = 1, 2, \cdots, 12$의 위수를 계산하여라.

풀이 법 13에 대해,

$$2^1 \equiv 2,\ 2^2 \equiv 4,\ 2^3 \equiv 8,\ 2^4 \equiv 3,\ 2^5 \equiv 6,\ 2^6 \equiv 12,\ 2^7 \equiv 11,$$
$$2^8 \equiv 9,\ 2^9 \equiv 5,\ 2^{10} \equiv 10,\ 2^{11} \equiv 7,\ 2^{12} \equiv 1$$

이므로 $O_{13}(2) = 12 = \phi(13)$이다. 정리 9.2에 의해

$$O_{13}(2^2) = \frac{O_{13}(2)}{\gcd(O_{13}(2), 2)} = \frac{12}{\gcd(12, 2)} = 6$$

이며

$$O_{13}(2^3) = \frac{12}{\gcd(12, 3)} = 4$$

이다. 또한 법 13에 관해 위수가 12인 정수는 2^k의 형태로서 $\gcd(12, k) = 1$인 것이므로,

$$O_{13}(2) = 12 = O_{13}(2^5) = O_{13}(2^7) = O_{13}(2^{11})$$

이다. 그러므로 다음과 같은 표를 완성할 수 있다.

a	1	2	3	4	5	6	7	8	9	10	11	12
$O_{13}(a)$	1	12	3	6	4	12	12	4	3	6	12	2

연습문제

1. 법 17, 19, 23 에 대한 정수 2, 3, 5의 위수를 구하여라.

2. 법 7에 관한 위수표를 완성하여라.

a	1	2	3	4	5	6
$O_7(a)$						

3. 법 13에 관한 위수표를 완성하여라.

a	1	2	3	4	5	6	7	8	9	10	11	12
$O_{13}(a)$												

[4~12] 다음을 증명하여라.

4. 법 n에 대한 a의 위수가 hk이면 a^h의 위수는 k이다. (즉, $O_n(a) = hk \Rightarrow O_n(a^h) = k$)

5. 소수 $p > 2$에 대한 a의 위수가 $2k$이면 $a^k \equiv -1 \pmod{p}$이다.

6. $\gcd(a,n) = 1$, $O_n(a) = n-1$ 이면 n은 소수이다.

7. 소수 $p > 2$이고 $\gcd(a,p) = 1$일 때, $O_p(a) = 2$일 동치조건은 $a \equiv -1 \pmod{p}$이다.

8. a^*가 법 n에 대한 a의 역수이면 $O_n(a) = O_n(a^*)$이다.

9. $ab \equiv 1 \pmod{m}$이면 $O_m(a) = O_m(b)$이다.

10. $O_n(a) = h$, $O_n(b) = k$이면 $O_n(ab) \mid hk$ 이다. 특히 $\gcd(h,k) = 1$이면 $O_n(ab) = hk$이다.

11. 소수 $p > 2$일 때, $O_p(a) = 3 \Leftrightarrow O_p(a+1) = 6$이다.

12. $n > 1$일 때, $\phi(2^n - 1)$은 n의 배수이다.

9.2 원시근(Primitive root)

정의 9.2

법 n에 관해 a의 위수가 $\phi(n)$일 때, 즉 $O_n(a) = \phi(n)$일 때, a는 법 n의 **원시근**(primitive n th root)이라고 부른다.

예제 9.5

a가 법 13의 원시근일 때, a^i의 위수를 찾아라.

풀이 정리 9.2의 $O_n(a^i) = \dfrac{O_n(a)}{\gcd(O_n(a),\, i)}$를 이용한다. a가 법 13의 원시근이므로, $O_{13}(a) = \phi(13) = 12$이 되다. 따라서

$$O_{13}(a^2) = \frac{O_{13}(a)}{\gcd(O_{13}(a),\, 2)} = \frac{12}{\gcd(12,\, 2)} = 6$$

이다.

예제 9.6

법 $n = 7$에 관한 원시근을 찾아라.

풀이 법 7에 관한 위수는 다음 표와 같다.

a	1	2	3	4	5	6
위수	1	3	6	3	6	2

그러므로 위수가 $\phi(7)=6$이 되는 원소인 3과 5가 법 7에 관한 원시근이다.

예제 9.7

법 $n=8$에 관한 원시근을 찾아라.

풀이 법 8에 관한 위수는 다음 표와 같다.

a	1	3	5	7
위수	1	2	2	2

그러므로 위수가 $\phi(8)=\phi(2^3)=2^2\cdot 1=4$가 되는 원소가 존재하지 않으므로 법 8에 대한 원시근은 존재하지 않는다.

이제 다음의 몇 가지 질문이 자연스럽게 생긴다.

(1) 임의의 정수 n에 대해 법 n에 대한 원시근은 항상 존재하는가?

위의 예제에서 보았듯이 법 8에 대한 원시근은 존재하지 않는다. 즉 모든 정수 n에 대한 원시근이 존재해야 하는 아무런 근거가 없다. 그러나 n이 소수이면 n에 대한 원시근이 존재한다. 또한 n이 소수가 아닌 경우에도 원시근이 존재할 충분한 가능성이 있다.

(2) n에 대한 원시근이 존재한다면 그러한 원시근은 유일하게 존재할까? 몇 개 존재할까?

(3) 모든 원시근을 어떻게 구할 수 있을까?

정리 9.3

모든 a_i들은 $1\le a_i\le n$이며 $\gcd(a_i, n)=1$라고 하자. 또한 a는 법 n에 대한 원시근으로서 $\gcd(a, n)=1$라고 하자. 그러면 집합 $\{a_1, a_2, \cdots, a_{\phi(n)}\}$은 집합 $\{a, a^2, \cdots, a^{\phi(n)}\}$과 법 n으로 합동이다.

증명 $\gcd(a, n) = 1$이므로 $\gcd(a^i, n) = 1$(모든 $i \in \mathbb{Z}$)이다. 그러므로 각 a^i는 $a_1, a_2, \cdots, a_{\phi(n)}$ 중의 하나와 법 n에 대하여 합동이다. 또한 정수들 $\{a, a^2, \cdots, a^{\phi(n)}\}$은 법 n에 대해 모두 비합동이므로, a의 거듭제곱으로 된 정수는 순서에 상관없이 $\{a_1, a_2, \cdots, a_{\phi(n)}\}$을 나타낸다. 따라서

$$\{a_1, a_2, \cdots, a_{\phi(n)}\} \equiv \{a, a^2, \cdots, a^{\phi(n)}\} \pmod{n}$$

이다. ■

정리 9.4

만일 법 n에 대한 원시근이 존재하면 법 n에 대한 원시근은 모두 $\phi(\phi(n))$개 존재한다.

증명 a를 법 n에 대한 원시근이라고 하자. 그러면 n에 대한 원시근들은 a^i로서

$$1 \le i < \phi(n) \text{이며 } o(a^i) = \phi(n) = O_n(a)$$

을 만족하는 형태이다. $\phi(n)$은 1부터 n까지의 정수 중에서 n과 서로소인 것들의 개수이다. 그러므로 다음과 같이 표현된다.

n에 대한 원시근의 개수

$= 1 \le i < \phi(n)$이며 $O(a^i) = \phi(n) = O_n(a)$인 a^i 들의 개수

$= 1 \le i < \phi(n)$이며 $O(a^i) = \phi(n) = O_n(a)$인 i들의 개수

$= 1 \le i < \phi(n)$이며 $\gcd(i, O_n(a)) = \gcd(i, \phi(n)) = 1$인 i들의 개수

$= \phi(\phi(n))$. ■

그러므로 p가 소수일 때, p에 관한 원시근은 모두 $\phi(\phi(p)) = \phi(p-1)$개 존재한다.

예제 9.8

2는 법 13에 대한 원시근이다. 13에 대한 다른 원시근들을 찾아라.

풀이 13에 대한 다른 원시근들은 2^i $(1 \le i < 13)$의 형태로서

$$\gcd(\phi(13), i) = \gcd(12, i) = 1$$

인 것들이다. 그러므로 $i = 1, 5, 7, 11$인 4개인데, 이 개수는

$$\phi(\phi(13)) = \phi(12) = \phi(2^2)\phi(3) = 2 \cdot 2 = 4$$

와 일치한다.

예제 9.9

만약 법 31에 대한 원시근이 존재한다면 31에 관한 원시근은 모두 몇 개 존재하는가?

풀이 $\phi(\phi(31)) = \phi(30) = \phi(2)\phi(3)\phi(5) = 1 \cdot 2 \cdot 4 = 8$개 존재한다.

그러면 구체적으로 법 31에 대한 원시근을 어떻게 찾을 수 있을까? 작은 값들, 예를 들어 2 또는 3으로 시작해본다.

다음의 정리는 원시근이 존재하지 않을 수도 있음을 보여주는 정리이다.

정리 9.5

a가 홀수이고 $k \geq 3$이면 $a^{2^{k-2}} \equiv 1 \pmod{2^k}$이다.

증명 홀수 a를 $a = 2u + 1 (u \in \mathbb{Z})$이라고 하고, k에 대해 수학적 귀납법을 사용하자.

① $k = 3$이면 합동식은

$$a^{2^{k-2}} = (2u+1)^2 = 4u^2 + 4u + 1 = 4u(u+1) + 1$$

이다. u가 짝수이면 $4u(u+1)$은 8의 배수가 된다. 한편 u가 홀수이면 $u+1$이 짝수가 되어 $4u(u+1)$은 역시 8의 배수이다. 따라서

$$a^{2^{k-2}} = 4u(u+1) + 1 \equiv 1 \pmod 8$$

이다.

② $k > 3$일 때 $a^{2^{k-2}} \equiv 1 \pmod{2^k}$가 성립한다고 가정하자.

③ $k+1$일 때 $a^{2^{k-1}} \equiv 1 (\bmod 2^{k+1})$를 보이자. ②에서 $a^{2^{k-2}} \equiv 1 \pmod{2^k}$이므로

$$a^{2^{k-2}} = 1 + b2^k \text{ (적당한 } b \in \mathbb{Z})$$

이다. 양변을 제곱하면

$$a^{2^{k-1}} = (1 + b2^k)^2 = 1 + 2(b2^k) + (b2^k)^2$$

$$= 1 + 2^{k+1}(b + b^2 2^{k-1}) \equiv 1 \pmod{2^{k+1}}$$

이 된다. ■

정리 9.6

$n = 2^k(k \geq 3)$이면 법 n에 대한 원시근은 존재하지 않는다.

증명 $\phi(2^k) = 2^{k-1}$이다. 또한 2^k와 서로소인 정수는 홀수 a이다. 그러면 정리 9.5에서 $a^{\phi(2^k)/2} \equiv 1 \pmod{2^k}$이므로 2^k에 대한 원시근은 존재하지 않는다. ▌

정리 9.7

$m, n > 2$이고 $\gcd(m, n) = 1$이면 법 mn에 대한 원시근은 존재하지 않는다.

증명 증명은 생략한다. ▌

만약 g가 법 n에 대한 원시근이고 $k \mid \phi(n)$이면, 정리 9.2에 의해

$$O_n(g^k) = \frac{O_n(g)}{\gcd(O_n(g), k)} = \frac{\phi(n)}{\gcd(\phi(n), k)} = \frac{\phi(n)}{k}$$

정리 9.8

법 n에 대한 원시근이 존재한다고 하자. 또한 $k \mid \phi(n)$이며 $\gcd(a, n) = 1$이라고 하자. 그러면 $a^{\frac{\phi(n)}{k}} \equiv 1 \pmod{n}$일 필요충분조건은 $a \equiv b^k \pmod{n}$가 되는 $b \in \mathbb{Z}$가 존재하는 것이다.

연습문제

1. 소수 3, 5, 7 그리고 13을 법으로 하는 원시근을 구하여라.

2. 법 12의 원시근은 존재하지 않음을 보여라.

3. $3^8 \equiv -1 \pmod{17}$이며 또한 3은 법 17의 원시근임을 보여라.

4. 2는 법 19의 원시근이지만 17의 원시근은 아님을 증명하여라.

5. r이 법 n의 한 원시근 일 때, r^k가 법 n의 원시근일 필요충분조건은 $\gcd(k, \phi(n)) = 1$ 이다.

6. 법 43의 원시근은 몇 개인가 ?

[7~10] $p > 2$ 소수일 때 다음을 증명하여라.

7. $\gcd(g,p) = \gcd(h,p) = 1$인 법 p의 원시근 g, h에 대해 gh는 p의 원시근이 아니다.

8. $\gcd(g,p) = \gcd(h,p) = 1$이고 g, h가 법 p의 원시근이면 홀수 k에 대해 $h \equiv g^k \pmod{p}$ 이다.

9. 법 p의 원시근 g에 대하여 $gh \equiv 1 \pmod{p}$이면 h도 원시근이다.

10. $\gcd(g, p) = 1$인 g가 법 p의 원시근이면 $g^{\frac{p-1}{2}} \equiv -1 \pmod{p}$이다.

9.3 지수(Index)

법 n에 대해 원시근 g가 존재한다면 집합

$$\{1,\ g,\ g^2,\ \cdots,\ g^{\phi(n)-1}\}$$

은 법 n에 관한 기약잉여계이다. 따라서 다음과 같은 정의를 생각할 수 있다.

정의 9.3

g는 n에 대한 원시근이며 $\gcd(a, n) = 1$라고 가정하자. $g^i \equiv a \pmod{n}$를 만족하는 최소의 양의 정수 i $(0 \le i < \phi(n))$를 **g를 기저로 하는 a의 지수**(index)라고 부르며, $ind_g\, a$로 나타낸다.

그러므로 다음의 동치 관계를 알 수 있다.

$$ind_g a \equiv i \pmod{\phi(n)} \iff a \equiv g^i \pmod{n}$$

또한 분명히

$$1 \le ind_g a \le \phi(n)$$

이며

$$g^{ind_g a} \equiv a \pmod{n}$$

이다. a의 지수는 법 n과 n에 대한 원시근 g에 따라 결정된다. 그러나 어떠한 응용에서든지 n과 g는 고정되어 있기 때문에 기호 $ind_g a = ind\, a$를 혼동하지 않는 범위에서 사용할 수 있다. 지수의 개념이 오일러로부터 나오기는 했지만, 가우스에 이르러 체계적으로 연구되었다. 가우스는 《산술연구(Disquisitiones Arithmeticae)》에서 '지수'라는 용어와 그것의 기호 $ind\, a$를 처음 사용했다.

예제 9.10

2는 법 5의 원시근이다. 여기로부터 $ind_2 1$, $ind_2 2$, $ind_2 3$, $ind_2 4$를 계산하여라.

풀이 법 5에 관해 $2^1 \equiv 2$, $2^2 \equiv 4$, $2^3 \equiv 3$, $2^4 \equiv 1$이므로

$$ind_2 1 = 4,\ ind_2 2 = 1,\ ind_2 3 = 3,\ ind_2 4 = 2$$

예제 9.11

2는 법 13에 관한 원시근이다. 다음의 지수표를 완성하여라.

a	1	2	3	4	5	6	7	8	9	10	11	12
$ind_2 a$												

풀이 $g = 2$이므로, 법 13에 관해

$$g^0 \equiv 1,\ g^1 \equiv 2,\ g^2 \equiv 4,\ g^3 \equiv 8,\ g^4 \equiv 3,\ g^5 \equiv 6,$$
$$g^7 \equiv 11,\ g^8 \equiv 9,\ g^9 \equiv 5,\ g^{10} \equiv 10,\ g^{11} \equiv 7$$

이다. 그러므로 다음과 같이 완성할 수 있다.

a	1	2	3	4	5	6	7	8	9	10	11	12
$ind_2 a$	0	1	4	2	9	5	11	3	8	10	7	6

지수는 밑으로 택하는 수 g에 따라 당연히 달라진다.

예제 9.12

법 13에 관한 원시근은 2, 6, 7, 11이다. 이들을 밑으로 하는 지수표를 완성하여라.

풀이

법 13 지수표	a	1	2	3	4	5	6	7	8	9	10	11	12
	$ind_2 a$	0	1	4	2	9	5	11	3	8	10	7	6
	$ind_6 a$	0	5	8	10	9	1	7	3	4	2	11	6
	$ind_7 a$	0	11	8	10	3	7	1	9	4	2	5	6
	$ind_{11} a$	0	7	4	2	3	11	5	9	8	10	1	6

(계산은 각자 확인해 보자.)

지수(index)는 로그(logarithm)과 상당히 유사한 성질을 가지고 있다.

정리 9.9

법 n에 관한 원시근을 g라고 하고, $\gcd(a, n) = \gcd(b, n) = 1$라고 하자.

(1) $ind_g a = ind_g b \Leftrightarrow a \equiv b \pmod{n}$이다.

(2) $ind_g ab = ind_g a + ind_g b \pmod{\phi(n)}$

(3) $ind_g a^k = k\, ind_g a \pmod{\phi(n)}$

(4) $ind\, 1 \equiv 0 \pmod{\phi(n)}$, $ind\, g \equiv 1 \pmod{\phi(n)}$

증명 $ind_g a = i$, $ind_g b = j$라고 하자. 그러면 법 n에 관해

$$a \equiv g^i \text{이며 } b \equiv g^j$$

이다. 그러므로 다음이 성립한다.

(1) $ind_g a = ind_g b \Leftrightarrow i = j \Leftrightarrow a \equiv g^i \equiv g^j \equiv b \pmod{n}$이다.

(2) $ab \equiv g^i g^j \equiv g^{i+j} \pmod{n}$이므로

$$ind_g ab \equiv i + j \equiv ind_g a + ind_g b \pmod{\phi(n)}$$

이다.

(3) $a^k \equiv (g^i)^k \equiv g^{ik} \pmod{n}$이므로 $ind_g a^k = k\,i \equiv k\, ind_g a \pmod{\phi(n)}$이다.

(4) $g^{ind_g 1} \equiv 1 \equiv g^0 \pmod n$에서 $ind\,1 \equiv 0 \pmod{\phi(n)}$이다.

또한 $g^{indg} \equiv g^1 \pmod n$에서 $indg \equiv 0 \pmod{\phi(n)}$이다. ■

지수에 관한 연구는 이론적인 관심으로부터 출발하였지만, $\gcd(bc, m) = 1$일 때 합동방정식 $bx^k \equiv c \pmod m$의 풀이에 응용된다. 법 m에 대한 b의 역원을 양변에 곱하면 합동방정식 $bx^k \equiv c \pmod m$를 $x^k \equiv a \pmod m$의 형태로 바꿀 수 있다. 이로부터 이차 잉여에 대한 개념을 일반화 시킬 수 있다.

정의 9.4

양의 정수 m과 $\gcd(a, m) = 1$인 정수 a에 대해, 합동방정식 $x^k \equiv a \pmod m$이 해를 가질 때 a를 법 m에 대한 ***k*-거듭제곱 잉여**(k-th power residue of m)라고 부른다. 합동방정식이 근을 갖지 않을 때, a를 법 m에 대한 ***k*-거듭제곱 비잉여**(k-th power nonresidue of m)라고 한다.

다음은 a가 법 m에 대한 k-거듭제곱 잉여인지 비잉여인지를 판정하는 정리이다.

정리 9.10

p가 소수이며 $\gcd(a, p) = 1$라고 하자. a가 법 p에 대한 k-거듭제곱 잉여일 필요충분조건은 $a^{(p-1)/\gcd(k,\, p-1)} \equiv 1 \pmod p$이다.

증명 $a^{(p-1)/\gcd(k,\, p-1)} \equiv 1 \pmod p$의 지수를 계산하면

$$\frac{(p-1)}{\gcd(k,\, p-1)}\, ind\,a = ind\,1 \equiv 0 \pmod{\phi(p)}$$

즉,

$$\frac{(p-1)}{\gcd(k,\, p-1)}\, ind\,a \equiv 0 \pmod{p-1}$$

이다. 또한 이 식이 성립하기 위해서는 $\gcd(k,\, p-1) \mid ind\,a$이어야 한다. 이 조건은 합동식 $x^k \equiv a \pmod p$가 근을 가질 수 있는 필요충분조건이다. ■

참고 위의 정리는 a가 법 p에 대한 k-거듭제곱 잉여인지 아닌지를 판정하는데 효과적인 결과이지만, $b^k \equiv a \pmod p$를 만족하는 정수 b를 찾는 일은 쉬운 작업이 아니다. 그러나 만약 $\gcd(k, p-1) = 1$이라면 그 계산을 비교적 쉽게 해 낼 수 있다. 실제로, $\gcd(k, p-1) = 1$이면 유클리드 알고리즘을 사

용하여

$$sk = t(p-1)+1$$

가 되는 양의 정수 s와 t를 찾을 수 있다. 그러면

$$a^{sk} = a^{t(p-1)+1} \equiv a \pmod{p}$$

가 된다. 그러므로 a^s는 합동방정식 $x^k \equiv a \pmod{p}$의 근이 된다. ∎

이와 유사한 방법으로 만약 $d = \gcd(k, p-1)$일 때 $b^d \equiv a \pmod{p}$를 만족하는 정수 b를 찾았다면 $x^k \equiv a \pmod{p}$의 근은 쉽게 찾아낼 수 있다. 그러나 일반적으로, $p-1$에 대한 하나의 약수 d가 주어져 있을 때, 합동방정식 $x^d \equiv a \pmod{p}$를 푸는 일은 쉬운 것이 아니다.

예제 9.13

법 13의 원시근을 모두 찾아라.

풀이 $\phi(\phi(13)) = \phi(12) = 4$이므로 13의 원시근은 4개 존재한다. 또한

$$2^1 \equiv 2,\ 2^2 \equiv 4,\ 2^3 \equiv 8,\ 2^4 \equiv 3,\ 2^5 \equiv 6,\ 2^6 \equiv 12$$
$$2^7 \equiv 11,\ 2^8 \equiv 9,\ 2^9 = 5,\ 2^{10} \equiv 10,\ 2^{11} = 7,\ 2^{12} \equiv 1$$

이므로 2는 13의 하나의 원시근이며 나머지 원시근은 $2^k(1 \le k \le 12)$으로부터 구할 수 있다.

$$\gcd(k, \phi(13)) = \gcd(k, 12) = 1$$

이므로 k는 1, 5, 7, 11이다. 따라서

$$2^1 \equiv 2,\ 2^5 \equiv 6,\ 2^7 \equiv 11,\ 2^{11} \equiv 7 \pmod{13}$$

즉, 2, 6, 7, 11은 13의 원시근이다.

연습문제

1. 다음을 증명하여라.

   (a) $x^2 \equiv 1 \pmod p$의 유일한 해는 1과 $p-1$이다.

   (b) 합동식 $x^{p-1} + \cdots + x + 1 \equiv 0 \pmod p$는 정확히 $p-2$개의 해, 즉 $2, 3, \cdots, p-1$을 가진다.

2. 법 17에 대한 지수(index) 표를 완성하여라.

a	1	2	3	4	5	6	7	8	9	10	11	12	13	14	15	16
$ind_3 a$	16						11	10					4			

3. 법 17에 대한 원시근 3에 대한 지수표를 사용하여, 방정식을 풀어라.

a	1	2	3	4	5	6	7	8	9	10	11	12	13	14	15	16
$ind_3 a$	16	14	1	12	5	15	11	10	2	3	7	13	4	9	6	8

   (a) $x^{12} \equiv 13 \pmod{17}$
   (b) $8x^5 \equiv 10 \pmod{17}$
   (c) $9x^8 \equiv 8 \pmod{17}$
   (d) $7^x \equiv 7 \pmod{17}$

4. 법 11의 한 원시근에 대한 지수표를 만들고 그 표를 이용하여 방정식을 풀어라.

   (a) $7x^3 \equiv 3 \pmod{11}$
   (b) $3x^4 \equiv 5 \pmod{11}$
   (c) $x^8 \equiv 10 \pmod{11}$

5. 합동방정식을 풀어라.

   (a) $7^x \equiv 6 \pmod{17}$
   (b) $14x \equiv 25 \pmod{37}$
   (c) $4x^9 \equiv 7 \pmod{13}$
   (d) $7x^{10} \equiv 5 \pmod{13}$
   (e) $x^5 \equiv 2 \pmod 7$

6. 합동방정식 $4x^9 \equiv 7 \pmod{13}$을 원시근 6을 사용하여 풀어라.

[7~9] 다음을 증명하여라.

7. $p > 2$ 소수일 때 법 p의 원시근 g에 대해 $ind_g(-1) = ind_g(p-1) = \frac{p-1}{2}$이다.

8. 법 q의 원시근 g, h에 대해 $ind_g a \equiv (ind_h a)(ind_g h) \pmod{\phi(q)}$이다.

9. 법 q의 원시근 g, h에 대해 $(ind_g h)(ind_h g) \equiv 1 \pmod{\phi(q)}$이다.

Chapter 10

Quadratic Congruence Equation I

이차합동방정식 I

이차방정식의 역사는 그리스 시대로부터 시작하는데, 유클리드는 《원론》에서 주어진 양수 a, b에 대하여 $ax \pm x^2 = b^2$을 만족하는 양수 x를 기하적 작도 방법으로 구하였다. 그 후 방정식 풀이는 대수적 방법으로 연구 발전되었다.

10.1 이차방정식의 개념과 풀이과정(Solving quadratic equation)

이차방정식의 일반형은 $ax^2 + bx + c = 0$ $(a,\ b,\ c$는 실수, $a \neq 0)$이다. 이 방정식의 참값을 **해** 또는 **근**이라고 하고, 이차방정식의 근을 찾는 것을 **이차방정식을 푼다**라고 한다. 이차방정식의 근을 구하는 방법은 다음과 같다.

1) 인수분해에 의한 풀이

이차방정식 $f(x) = 0$의 좌변 $f(x)$를 인수분해하여 $f(x) = g(x)h(x) = 0$ 로 나타내면

$$\begin{cases} g(x) = 0, & h(x) = 0 \\ g(x) = 0, & h(x) \neq 0 \\ g(x) \neq 0, & h(x) = 0 \end{cases}$$

의 세 가지 중에서 어느 하나가 성립한다.

2) 완전제곱식에 의한 풀이

이차방정식 $ax^2 + bx + c = 0$의 좌변을 쉽게 인수분해 할 수 없는 경우에는 완전제곱식을 이용하여 (완전제곱식)=(상수)의 꼴로 변형한 다음, 제곱근의 원리에 의하여 해를 구한다. 이는 $a\left(x + \dfrac{b}{2a}\right)^2 - \dfrac{b^2 - 4ac}{4a} = 0$으로 변형하여 방정식의 근을 구하는 과정으로서 보

통 **근의 공식**이라고 부른다.

정리 10.1

방정식 $ax^2+bx+c=0$ (a, b, c는 상수, $a \neq 0$)의 근은 $x=\dfrac{-b \pm \sqrt{b^2-4ac}}{2a}$ 이다.

여기서 $D=b^2-4ac$라고 하면

(1) $D>0 \Leftrightarrow$ 서로 다른 두 실근을 가진다.

(2) $D=0 \Leftrightarrow$ 중근(실근)을 가진다.

(3) $D<0 \Leftrightarrow$ 서로 다른 두 허근을 가진다.

증명 주어진 이차방정식 $ax^2+bx+c=0$을 완전제곱의 형태로 바꾼다.

$$a\left(x^2+\frac{b}{a}x\right)+c=0$$

$$a\left(x^2+\frac{b}{a}x+\left(\frac{b}{2a}\right)^2\right)-\frac{b^2}{4a}+c=0$$

$$a\left(x+\frac{b}{2a}\right)^2=\frac{b^2-4ac}{4a}, \quad \text{즉} \quad \left(x+\frac{b}{2a}\right)^2=\frac{b^2-4ac}{4a^2}$$

이다. 그러면

$$x+\frac{b}{2a}=\pm\sqrt{\frac{b^2-4ac}{(2a)^2}}, \quad \text{즉} \quad x=\frac{-b\pm\sqrt{b^2-4ac}}{2a}=\frac{-b\pm\sqrt{D}}{2a}$$

가 된다. 따라서 D의 부호에 따라 실근과 허근이 판정된다. ■

참고 이 때 D를 판별식(discriminant)라고 한다.

정리 10.2

이차방정식 $ax^2+bx+c=0$ (a, b, c는 상수, $a \neq 0$)의 두 근이 α, β이면, 두 근의 합은 $\alpha+\beta=-\dfrac{b}{a}$이며 곱은 $\alpha\beta=\dfrac{c}{a}$이다.

증명 $ax^2+bx+c=0$(단, $a \neq 0$)인 이차방정식의 두 근을 α, β라고 하자. 그러면 $a(x-\alpha)(x-\beta)=0$이 되고 이것을 전개하면

$$a(x^2-\alpha x-\beta x+\alpha\beta)=0,$$
$$ax^2-a(\alpha+\beta)x+a\alpha\beta=0$$

이 되어, 원래의 식 $ax^2+bx+c=0$과 계수비교를 하면

$$b=-a(\alpha+\beta),\quad c=a\alpha\beta$$

가 되어, 다음의 관계가 생긴다.

$$-\frac{b}{a}=\alpha+\beta,\qquad \frac{c}{a}=\alpha\beta$$

■

10.2 이차 잉여(Quadratic residue)

이차합동방정식 $ax^2+bx+c\equiv 0\ (\mathrm{mod}\, n)$ (단, $a\neq 0$)의 근은 존재할 수도 있고 존재하지 않을 수도 있다. 이차합동방정식은 근의 존재 여부에 따라 이차 잉여와 이차 비잉여로 구분된다. 이러한 분류는 방정식 풀이에서 상당히 중요한데, 주어진 합동방정식이 이차 비잉여라고 판정이 되면 근을 찾으려는 수고를 할 필요가 없기 때문이다. 이제부터 이차 잉여와 이차 비잉여의 정의에 대해 알아보고 이차 잉여와 비잉여를 판정하는 방법을 오일러 정리, 르장드르 기호, 이차 잉여의 상반법칙, 야코비 기호와 크로네커 기호를 통해 알아보고 더 나아가 이차합동방정식의 근을 구하는 과정까지를 살펴본다.

이차 잉여와 이차 비잉여

예제 10.1

이차합동방정식 $5x^2-6x+2\equiv 0\ (\mathrm{mod}\ 13)$ 의 정수근을 찾자.

풀이 법 13에 대해 $5^{-1}(\mathrm{mod}\ 13)\equiv 8$이므로 양변에 $8(\mathrm{mod}\ 13)$을 곱한다.

$$x^2-48x+16\equiv 0$$

그러면 다시

$$x^2-9x+3\equiv 0\quad 즉\quad x^2+4x+3\equiv 0$$

로 변형할 있다. 인수분해하여 $(x+3)(x+1) \equiv 0$으로 생각하면, $x \equiv -1 \equiv 12(\mathrm{mod}13)$, $x \equiv -3 \equiv 10(\mathrm{mod}13)$인 근을 얻는다.

참고 $x^2+4x+3 \equiv 0$를 완전제곱의 형태로 고치면 $(x+2)^2 \equiv 1(\mathrm{mod}13)$이 되어서 $x \equiv -1 \equiv 12(\mathrm{mod}13)$, $x \equiv -3 \equiv 10(\mathrm{mod}13)$와 같은 동일한 결과를 볼 수 있다.

참고 법 13에 대한 5의 역원은 어떻게 구할 수 있는지 생각해보자.

예제 10.2

이차합동방정식 $3x^2+7x+5 \equiv 0(\mathrm{mod}\ 13)$의 정수근을 찾아라.

풀이 위에서 했던 것처럼, 법 13에 대한 3의 역원이 9이므로 양변에 $9(\mathrm{mod}\ 13)$을 곱한다.

$$x^2+63x+45 \equiv 0\,, \quad \text{즉} \quad x^2-2x+6 \equiv 0$$

가 되며, 이것을 완전제곱의 형태로 바꾸면

$$(x-1)^2+5 \equiv 0\,, \quad \text{즉}\ (x-1)^2 \equiv -5 \equiv 8$$

가 된다. 그러나 제곱하여 법 13으로 8이 되는 수를 생각하기 쉽지 않다. 실제로 $1, 2, \cdots, 12\ (\mathrm{mod}\ 13)$ 중에서 제곱하여 8이 되는 수가 아무것도 없음을 확인할 수 있으며, 따라서 $X^2 \equiv 8(\mathrm{mod}\ 13)$은 근을 갖지 못한다. 그러므로 $3x^2+7x+5 \equiv 0(\mathrm{mod}\ 13)$의 근은 존재하지 않는다.

이제 소수 $p>2$이며 $\gcd(a,p)=1$일 때 이차합동방정식 $ax^2+bx+c \equiv 0(\mathrm{mod}p)$의 정수근을 찾아보자.

참고 $\gcd(a,p)=1$를 가정한 이유는 무엇일까?
만약 $\gcd(a,p)=d>1$이라면 $d|p$이다. 그런데 p는 소수이므로 $d=p$가 되어, p는 a의 약수가 된다. 그러므로 $a \equiv 0(\mathrm{mod}p)$가 $ax^2+bx+c \equiv 0(\mathrm{mod}p)$는 이차방정식이 될 수 없다.

참고 p가 홀수이어야 하는 이유는 무엇일까?
다음의 정리 10.3에서 만약 $p=2$이면 법 p에 대해 $4a \equiv 0(\mathrm{mod}p)$가 된다.

정리 10.3

소수 $p>2$이며 $\gcd(a,\,p)=1$일 때, 이차합동방정식 $ax^2+bx+c\equiv 0\pmod{p}$은 항상 $X^2\equiv r\pmod{p}$의 형태로 변형된다.

증명 이차합동방정식 $ax^2+bx+c\equiv 0\pmod{p}$를 완전제곱의 형태로 바꾸기 위해 양변에 $4a$를 곱하면

$$4a(ax^2+bx+c)\equiv 0$$

이 된다. 그러면

$$(2ax+b)^2-(b^2-4ac)\equiv 0 \text{ 즉, } (2ax+b)^2\equiv(b^2-4ac)$$

이다. 이제 $2ax+b=X$이며 $b^2-4ac=r$이라고 치환하면

$$X^2\equiv r\pmod{p}$$

의 형태로 표현된다. ■

그러므로 일반적인 이차합동방정식

$$ax^2+bx+c\equiv 0\pmod{p}$$

은 항상 간단한 이차합동방정식

$$x^2\equiv r\pmod{p}$$

의 형태로 줄여서 생각할 수 있다.

예제 10.3

이차합동방정식 $5x^2-6x+2\equiv 0\pmod{13}$의 정수근을 찾아라.

풀이 주어진 식을 완전제곱 형태로 바꾸면

$$(2\cdot 5x-6)^2-(6^2-4\cdot 5\cdot 2)\equiv 0, \text{ 즉 } (10x-6)^2\equiv -4\equiv 9\pmod{13}$$

이므로 $10x-3=X\pmod{13}$으로 치환하면

$$X^2\equiv 9\pmod{13}$$

가 되어서 $X=3$ 또는 -3이다. 그러므로

$$\text{만약 } 10x-6=3\text{이면 } 10x=9 \Rightarrow -3x=9 \Rightarrow x=-3=10\text{이며,}$$

$$\text{만약 } 10x-6=-3\text{이면 } 10x=3 \Rightarrow -3x=3 \Rightarrow x=-1=12\text{이다.}$$

(예제 10.1과 비교해 보라.)

따라서 이제부터 $x^2 \equiv a(\bmod p)$ $(p>2)$를 푸는 방법을 알아보자.

정리 10.4

소수 $p>2$라 하자.

(1) $p \mid a$일 때 $x^2 \equiv a(\bmod p)$의 유일한 근은 $x \equiv 0$이다.

(2) $p \nmid a$일 때, x_0가 $x^2 \equiv a(\bmod p)$의 근이면 $p-x_0$도 근이다. 또한 $x_0 \not\equiv p-x_0$이다.

증명 (1) $p \mid a$이면 $x^2 \equiv 0(\bmod p)$이므로 $x \equiv 0$이 유일한 근이다.

(2) $(p-x_0)^2 = p^2-2px_0+x_0^2$이며, 법 p에 대해

$$(p-x_0)^2 = p^2-2px_0+x_0^2 = x_0^2 \equiv a$$

이므로 $p-x_0$도 방정식 $x^2 \equiv a(\bmod p)$의 근이다. 만약 $x_0 \equiv p-x_0$이면, $2x_0 \equiv p \equiv 0(\bmod p)$이다. p가 홀수이므로 $x_0 \equiv 0 \equiv a(\bmod p)$가 되어 $p \nmid a$에 모순이다.

그러므로 $p \nmid a$일 때 $x^2 \equiv a(\bmod p)$는 근이 없거나 정확히 2개의 근을 갖는다. ■

참고 만약 a가 완전제곱의 수이면 $x^2 \equiv a(\bmod p)$을 쉽게 풀 수 있지만, 그렇지 않은 경우는 쉽지 않다. $1, 4, 9, 16, \cdots$는 완전제곱수이다. 그런데 6은 완전제곱수처럼 보이지는 않지만, $4^2 \equiv 6(\bmod 10)$이므로 법 10에 대해 완전제곱수이다. 또한 5도 완전제곱수처럼 보이지는 않지만 $4^2 \equiv 5(\bmod 11)$이므로 법 11에 대해 완전제곱수이다.

정의 10.1

양의 정수 n과 $\gcd(a,n)=1$인 정수 a에 대하여 이차합동식 $x^2 \equiv a(\bmod n)$ 이 근을 가질 때 정수 a를 법 n에 관한 **이차 잉여(quadratic residue)**라 한다. 한편 이차합동식 $x^2 \equiv a(\bmod n)$ 이 근을 갖지 않을 때, a를 법 n에 관한 **이차 비잉여(quadratic non-residue)** 라고 한다.

n의 이차 잉여와 이차 비잉여는 $\gcd(a,n)=1$인 정수 a에 대해서만 생각한다. 만일

$a \equiv b \pmod n$이면 두 합동식 $x^2 \equiv a \pmod n$, $x^2 \equiv b \pmod n$은 같은 합동식이므로 a와 b는 동시에 이차 잉여거나 또는 이차 비잉여이다. 따라서 n의 이차 잉여나 이차 비잉여를 논할 때는 법 n에 관한 적당한 기약 잉여계 $\mathbb{Z}_n^* = \{1, 2, \cdots, n-1\}$에 속하는 정수에 대해서만 생각해도 된다.

예제 10.4

법 10에 관한 이차 잉여를 모두 구하여라.

풀이 $1^2 \equiv 1 \pmod{10}$, $2^2 \equiv 4 \pmod{10}$, $3^2 \equiv 9 \pmod{10}$,
$4^2 \equiv 6 \pmod{10}$, $5^2 \equiv 5 \pmod{10}$, $6^2 \equiv 6 \pmod{10}$,
$7^2 \equiv 9 \pmod{10}$, $8^2 \equiv 4 \pmod{10}$, $9^2 \equiv 1 \pmod{10}$

이므로 10과 서로소가 되는 정수 중에서 1, 9는 이차잉여이며, 3, 7은 이차비잉여이다.

위의 예제에서 보듯이, 3이 법 10에 관한 이차 비잉여이라는 것은 이차합동방정식 $x^2 \equiv 3 \pmod{10}$이 근을 갖지 않는다는 것이다. 따라서 다음과 같이 표현할 수 있다.

a는 n에 관한 이차잉여 $\Rightarrow$ a는 법 n에 의해 어떤 정수 x의 제곱이다.

그러므로 이차 잉여와 비잉여의 문제는

$$\text{이차합동방정식: } x^2 \equiv a \pmod n$$

을 푸는 문제일 뿐 만 아니라,

$$a\text{의 제곱근을 찾는 문제: } x \equiv \sqrt{a} \pmod n$$

로 이해할 수 있으며, 암호이론의 기초가 된다.

다음 정리는 이차 잉여와 이차 비잉여의 가능성에 관한 것이다.

정리 10.5

소수 $p > 2$에서 법 p에 관한 기약 잉여계는 $\frac{p-1}{2}$개의 이차 잉여와 $\frac{p-1}{2}$개의 이차 비잉여로 구성되었다. 실제로 $1^2, 2^2, \cdots, \left(\frac{p-1}{2}\right)^2$는 법 p에 관한 이차 잉여이고, 이 중 어느 것도 법 p에 관하여 합동이 아니다.

증명 법 p의 기약 잉여계 $\{1,\cdots, p-2, p-1\}$를

$$\left\{-\frac{p-1}{2}, \cdots, -2, -1, 1, 2, \cdots, \frac{p-1}{2}\right\}$$

로 표시할 수 있으며, 모든 원소를 제곱하면 $1^2, 2^2, \cdots, \left(\frac{p-1}{2}\right)^2$가 된다. 그런데

$$i^2 \equiv j^2 \pmod p \Leftrightarrow (i-j)(i+j) \equiv 0 \pmod p$$

$$\Leftrightarrow i \equiv j \pmod p \text{ 또는 } i \equiv -j \pmod p$$

이므로 $1^2, 2^2, \cdots, \left(\frac{p-1}{2}\right)^2$중 어느 두 개도 법 p에 관하여 합동이 아니다. 따라서 법 p에 관하여 $\frac{p-1}{2}$개의 이차 잉여와 $\frac{p-1}{2}$개의 이차 비잉여가 존재한다. ■

예제 10.5

$p=11$일 때 법 11에 관한 기약 잉여계는 $\{1, 2, 3, \cdots, 10\}$이며

$$1^2 \equiv 1,\ 2^2 \equiv 4,\ 3^2 \equiv 9, 4^2 \equiv 5,\ 5^2 \equiv 3 \pmod{11}$$

이므로, $\{1, 2, 3, \cdots, 10\}$는 이차 잉여 $\{1, 3, 4, 5, 9\}$와 이차 비잉여 $\{2, 6, 7, 8, 10\}$으로 구성되어있다.

법 p의 기약 잉여계의 원소 중 이차 잉여와 이차 비잉여를 판정하는 좋은 방법이 오일러에 의해 개발되었다.

정리 10.6 오일러의 판정법(Euler's criterion)

소수 $p>2$이며 $\gcd(a, p)=1$라고 하자. 이차합동식 $x^2 \equiv a \pmod p$이 근을 가질 필요충분조건은 $a^{\frac{p-1}{2}} \equiv 1 \pmod p$이다. 다시 말하면

(1) a는 법 p에 관한 이차 잉여이다. $\Leftrightarrow$ $a^{\frac{p-1}{2}} \equiv 1 \pmod p$

(2) a는 법 p에 관한 이차 비잉여이다. $\Leftrightarrow$ $a^{\frac{p-1}{2}} \equiv -1 \pmod p$

증명 (1) $(\Rightarrow)$ a가 p의 이차 잉여라면, $x^2 \equiv a \pmod p$는 근을 갖는데, 그것을 x_1이라 하

자. 그러면 $x_1^2 \equiv a \pmod{p}$이며,

$$a^{\frac{p-1}{2}} \equiv x_1^{2\frac{p-1}{2}} = x_1^{p-1} \equiv 1 \pmod{p} \qquad \text{(페르마 정리 사용)}$$

이 된다. (여기서 페르마 정리를 사용하려면 $\gcd(p, x_1) = 1$임을 확인해야 한다. 만일 $\gcd(p, x_1) \neq 1$이면 $p \mid x_1$이 되어서 $a \equiv x_1^2 \equiv 0 \pmod{p}$, 즉 $p \mid a$가 되어 $\gcd(a, p) = 1$에 모순이 된다. 따라서 $\gcd(p, x_1) = 1$이다.)

($\Leftarrow$) $a^{\frac{p-1}{2}} \equiv 1 \pmod{p}$라 하자. 또한 γ를 p의 원시근이라 하자. 그러면

$$\{\gamma, \gamma^2, \gamma^3, \cdots, \gamma^{p-1} = 1\} \equiv \{1, 2, \cdots, p-1\} \pmod{p}$$

이므로, 적당한 정수 $k(1 \leq k \leq p-1)$에 대해

$$a \equiv \gamma^k \pmod{p}$$

이다. 그러므로

$$\gamma^{k\frac{p-1}{2}} \equiv a^{\frac{p-1}{2}} \equiv 1 \pmod{p}$$

이 된다. 따라서

$$O_p(\gamma) = \phi(p) = p-1 \mid k\frac{p-1}{2}$$

이다. 즉, $2 \mid k$이며 $k = 2j$ $(j \in \mathbb{Z})$이므로

$$a \equiv \gamma^k \equiv \gamma^{2j} \equiv (\gamma^j)^2 \pmod{p}$$

가 되어서, γ^j는 방정식 $x^2 \equiv a \pmod{p}$의 근이다.

(2) 페르마 정리에 의해 $a^{p-1} \equiv 1 \pmod{p}$이다. 그러면 법 p에 대해

$$0 \equiv a^{p-1} - 1 = \left(a^{\frac{p-1}{2}} + 1\right)\left(a^{\frac{p-1}{2}} - 1\right)$$

이고, $0 \equiv a^{\frac{p-1}{2}} + 1$ 또는 $0 \equiv a^{\frac{p-1}{2}} - 1$이다. (이것은 p가 홀수 소수이므로 성립한다.) 따라서 $a^{\frac{p-1}{2}}$는 법 p에 대해 1이거나 1의 값을 갖는다.

그러므로

a는 비잉여이다. $\Leftrightarrow$ a는 잉여가 아니다.

$$\Leftrightarrow a^{\frac{p-1}{2}} \not\equiv 1 \pmod{p} \Leftrightarrow a^{\frac{p-1}{2}} \equiv -1 \pmod{p}$$

가 성립한다. ■

참고 **원시근을 기억해 보자.**

γ가 p의 원시근이란,

$$o(\gamma)_p = \phi(p) = p-1$$

를 만족하는 원소이다. $p \nmid \gamma$일 때, 페르마 정리에 의해 $\gamma^{p-1} \equiv 1 \pmod{p}$이다. 즉 $\gamma^{\phi(p)} \equiv 1 \pmod{p}$이다. 그러면 ($p$에 관한) γ 의 위수 $o(\gamma)_p$와 $\phi(p)$를 비교해 보면, $o(\gamma)_p \mid \phi(p)$가 된다. 그런데 특별히 $o(\gamma)_p = \phi(p)$인 경우에, γ는 p의 원시근이 된다.

원시근에 관한 성질로 다음의 두 가지를 기억할 수 있다.

① $\gamma, \gamma^2, \gamma^3, \cdots, \gamma^{p-1} = 1$은 $\{1, 2, 3, \cdots, p-1\}$과 법 p에 관해 합동이다. 즉 $\{\gamma, \gamma^2, \gamma^3, \cdots, \gamma^{p-1} = 1\} \equiv \{1, 2, \cdots, p-1\} \pmod{p}$이다.

② 원시근은 항상 존재하는 것은 아니고, p가 소수일 때만 존재한다. ▌

정리 10.7

소수 $p > 2$일 때, a가 법 p에 관한 이차 잉여라면 $x^2 \equiv a \pmod{p}$는 두 개의 해 $x \equiv x_0 \pmod{p}$과 $x \equiv -x_0 \pmod{p}$을 갖는다.

증명 a는 법 p에 관한 이차 잉여이므로 $x^2 \equiv a \pmod{p}$는 적어도 하나의 근을 갖는다. 이때 0이 아닌 근을 $x \equiv x_0 \pmod{p}$라 하자. 그러면 $p - x_0$도 역시 $x^2 \equiv a \pmod{p}$의 근이고 이 해는 x_0과는 다른 근이다.(만약 $x_0 \equiv p - x_0 \pmod{p}$이면 $2x_0 \equiv p \equiv 0 \pmod{p}$가 된다. 이때 $\gcd(2, p) = 1$이므로 $x_0 \equiv 0 \pmod{p}$가 되어 가정에 모순이 된다.) ■

예제 10.6

이차합동식 $x^2 \equiv 6 \pmod{11}$의 근의 존재성을 판단하여라.

풀이

$$6^{\frac{11-1}{2}} \equiv 6^5 \equiv 6^2 6^2 6 \equiv 3 \cdot 3 \cdot 6 \equiv -1 \pmod{11}$$

이므로 6은 법 11에 대하여 이차 비잉여이다. 즉, $x^2 \equiv 6 \pmod{11}$를 만족하는 근이 존재하지 않는다.

예제 10.7

이차합동식 $x^2 \equiv 17 \pmod{37}$의 근의 존재성을 판단하여라.

풀이 $$17^{\frac{37-1}{2}} \equiv 17^{18} \equiv (17^2)^9 \equiv (-7)^9 \equiv -(7^3)^3 \equiv -10^3 \equiv -1 \pmod{37}$$

이므로 이차 비잉여이다. 즉, $x^2 \equiv 17 \pmod{37}$을 만족하는 근이 존재하지 않는다.

예제 10.8

$x^2 \equiv 11 \pmod{37}$의 근이 있는지 조사하여라. 만일 근이 있으면 찾아라.

풀이 $$11^{\frac{36}{2}} = 11^{18} = (121)^9 \equiv 10^9 = (10^3)^3$$
$$\equiv (-11)^3 = -11^2\,11 \equiv -10 \cdot 11 = -110 \equiv 1 \pmod{37}$$

이므로 방정식은 근을 갖는다. 그런데 법 37에 대해

$$x^2 \equiv 11 \equiv 48 \equiv 85 \equiv 122 \equiv 159 \equiv 196 = 14^2$$

이므로 $x \equiv 14$와 $x \equiv -14 \equiv 23 \pmod{37}$이 근이다.

예제 10.9

$p = 13$일 때, 다음 방정식이 근을 갖는지 조사하여라.

(1) $x^2 \equiv 2 \pmod{p}$　　(2) $x^2 \equiv 3 \pmod{p}$　　(3) $x^2 \equiv 16 \pmod{23}$

풀이

위의 예제에서 볼 수 있는 것처럼 오일러 판정법은 주어진 합동식을 만족시키는 근이 존재하는 지를 법에 관한 기약 잉여계의 원소들을 직접 대입하여 계산하지 않고서도 판단할 수 있다. 그러나 홀수인 소수 p를 법으로 하는 합동식 $x^2 \equiv a \pmod{p}$에서 p의 값이 큰 경우에는 $a^{\frac{p-1}{2}} \pmod{p}$의 계산이 복잡해져서 오일러 판정법이 유용하지 못하다.

예제 10.10

$x^2 \equiv 51 \pmod{73}$의 근은 존재하는지 알아보아라. $a=51$, $p=73$라고 하자. $51^{36} \pmod{73}$을 어떻게 계산할 수 있을까?

풀이

참고 51^2, 51^3, 51^4, $\cdots$를 계산하는 방법으로는 51^{36}까지 만들어 낼 수가 없을 것이다. 이것을 비교적 쉽게 해결할 수 있는 방법으로 빠른 지수법(Fast exponentian method)이 있다. (14.3절 참조)

오일러 판정법이 갖는 실제적인 어려움은 르장드르 기호 Legendre symbol (a/p)를 계산함으로써 해결할 수 있다.

연습문제

1. 다음 합동식의 모든 근을 찾아라.

   (a) $2x^2 - x - 1 \equiv 0 \pmod{3}$

   (b) $x^2 - x + 7 \equiv 0 \pmod{5}$

   (c) $x^2 + 7x + 4 \equiv 0 \pmod{29}$

10.3 르장드르 기호(Legendre symbol)

르장드르(Legendre, A.M., 1752~1833)는 프랑스의 수학자로서 타원적분이나 오일러 적분 등의 적분학을 연구하였다. 또한 유클리드 기하학의 기초 및 최소제곱법, 측지학 등 다양한 분야에 걸쳐 많은 업적을 남겼다. 1785년에 발간된 저서에서 르장드르 기호의 상반법칙과 그 응용에 관한 기사와 자연수를 세 개의 제곱수의 합으로 표현하는 방법에 관한 이론, 서로소인 두 정수 a, b에 대하여 $an+b$의 꼴로 표현되는 정수 중에는 무한히 많은 소수가 존재한다는 정리를 다루었다.

1806년 《최소제곱법에 관하여》에서 '최소제곱법'을 가우스에 앞서 발표하였다. 그의 저서 《적분학 연습》, 《타원함수론》, 《오일러 적분론》 등은 교과서로서의 권위를 오랫동안 지켜왔다. 특히 《Elements of Geometry》(1794)는 유클리드의 《원론(Elements)》을 재구성 편집한 것인데, 상당히 오랜 기간 동안 많은 사람들의 사랑을 받았다. 실제로 저술된 지 100년가량이 지난 1885년까지 예일 대학에서 교재로 사용되기도 했다.

정의 10.2

$p>2$인 소수와 $\gcd(a, p)=1$인 정수 a에 대하여 기호 $\left(\dfrac{a}{p}\right)$의 값을 다음과 같이 정의하며, **르장드르 기호**(Legendre symbol)라고 부른다.

$$\left(\frac{a}{p}\right)=\begin{cases} 1 & (\text{만약 } a\text{가 법 } p\text{에 관한 이차 잉여일 때}) \\ -1 & (\text{만약 } a\text{가 법 } p\text{에 관한 이차 비잉여일 때}) \end{cases}$$

오일러 판정법과 더불어 다음과 같은 관계를 알 수 있다.

정리 10.8

$p>2$인 소수와 $\gcd(a, p)=1$인 정수 a에 대해 다음이 성립한다.

(1) $x^2\equiv a \pmod p$는 근이 있다 $\Leftrightarrow$ a는 법 p에 관한 이차 잉여이다.

$$\Leftrightarrow a^{\frac{p-1}{2}}\equiv 1 \pmod p \Leftrightarrow (a/p)=1$$

(2) $x^2\equiv a \pmod p$는 근이 없다 $\Leftrightarrow$ a는 법 p에 관한 이차 비잉여이다.

$$\Leftrightarrow a^{\frac{p-1}{2}}\equiv -1 \pmod p \Leftrightarrow (a/p)=-1$$

증명 정의에 의해 당연하다. ■

그러므로 위의 정의에서 $\left(\frac{a}{p}\right)=1$이면 이차합동식 $x^2 \equiv a \pmod{p}$는 두 개의 근을 가지며, $\left(\frac{a}{p}\right)=-1$이면 이차합동식 $x^2 \equiv a \pmod{p}$의 근은 없다.

예제 10.11

법 5에 관한 기약 잉여계 $\mathbb{Z}_5^*=\{1, 2, 3, 4\}$에 대하여 $1^2 \equiv 4^2 \equiv 1 \pmod{5}$이며 $2^2 \equiv 3^2 \equiv 4 \pmod{5}$이므로 $\left(\frac{1}{5}\right)=\left(\frac{4}{5}\right)=1$ 이며 $\left(\frac{2}{5}\right)=\left(\frac{3}{5}\right)=-1$이다.

정수 a가 소수 p의 이차 잉여인지 아닌지를 판정하는데 사용되는 오일러 판정법은 르장드르 기호를 써서 다음과 같이 표현될 수 있다.

정리 10.9

소수 $p>2$와 $\gcd(p, a)=1$인 정수 a에 대하여 $\left(\frac{a}{p}\right) \equiv a^{\frac{p-1}{2}} \pmod{p}$이다.

증명 $\left(\frac{a}{p}\right)=\pm 1$이다. 만일 $\left(\frac{a}{p}\right)=1$이면 a가 법 p에 대한 이차 잉여이며 $x^2 \equiv a \pmod{p}$가 근을 갖는다(정리 10.8). 그러면 오일러 판정(정리 10.6)에 의해 $a^{\frac{p-1}{2}} \equiv 1 \pmod{p}$이다. 따라서 $\left(\frac{a}{p}\right)=1 \equiv a^{\frac{p-1}{2}} \pmod{p}$가 된다.
이와 유사하게 $\left(\frac{a}{p}\right)=-1$일 때는 $\left(\frac{a}{p}\right)=-1 \equiv a^{\frac{p-1}{2}} \pmod{p}$가 된다. ■

르장드르 기호의 기본 성질들을 알아보자.

정리 10.10

소수 $p>2$이고 a, b가 p와 서로소인 정수일 때 다음을 만족한다.

(1) $a \equiv b \pmod{p}$이면 $\left(\frac{a}{p}\right)=\left(\frac{b}{p}\right)$이다.

(2) $\left(\frac{ab}{p}\right) = \left(\frac{a}{p}\right)\left(\frac{b}{p}\right)$ (3) $\left(\frac{1}{p}\right) = 1$

(4) $\left(\frac{a^2}{p}\right) = 1$ (5) $\left(\frac{a^2 b}{p}\right) = \left(\frac{b}{p}\right)$

증명 (1) 정리 10.9에 의해 $\left(\frac{a}{p}\right) \equiv a^{\frac{p-1}{2}} \pmod p$이다. $a \equiv b \pmod p$이므로

$$\left(\frac{a}{p}\right) \equiv a^{\frac{p-1}{2}} \equiv b^{\frac{p-1}{2}} \equiv \left(\frac{b}{p}\right)$$

이다.

(2) $\left(\frac{ab}{p}\right) \equiv (ab)^{\frac{p-1}{2}} \equiv a^{\frac{p-1}{2}} \cdot b^{\frac{p-1}{2}} \pmod p$이다. 만약 $\left(\frac{ab}{p}\right) = 1$이면

$$a^{\frac{p-1}{2}} = b^{\frac{p-1}{2}} \equiv 1 \text{이거나 } a^{\frac{p-1}{2}} = b^{\frac{p-1}{2}} \equiv -1$$

즉 $\left(\frac{a}{p}\right) = \left(\frac{b}{p}\right) = 1$ 또는 $\left(\frac{a}{p}\right) = \left(\frac{b}{p}\right) = -1$이다. 따라서 $\left(\frac{a}{p}\right)\left(\frac{b}{p}\right) = 1$이다.

만약 $\left(\frac{ab}{p}\right) = -1$이면 $a^{\frac{p-1}{2}}$ 또는 $b^{\frac{p-1}{2}}$ 중 하나는 1이고 하나는 -1이다. 따라서 $\left(\frac{a}{p}\right)\left(\frac{b}{p}\right) = -1$이다.

(3) $\left(\frac{1}{p}\right) \equiv 1^{\frac{p-1}{2}} = 1 \pmod p$이다.

(4) $\left(\frac{a^2}{p}\right) \equiv (a^2)^{\frac{p-1}{2}} \equiv a^{p-1} \pmod p$이며, 페르마 정리에 의해 법 p에 대해 1이다.

(5) $\left(\frac{a^2 b}{p}\right) = \left(\frac{a^2}{p}\right)\left(\frac{b}{p}\right) = 1\left(\frac{b}{p}\right) = \left(\frac{b}{p}\right)$이다. ■

(4)와 (5)에서, p와 서로소인 어떤 제곱수는 르장드르 기호의 값에 영향을 미치지 않는다. 또한 (5)에 의해, $x^2 \equiv a^2 b \pmod p$가 근을 가질 동치조건은 $x^2 \equiv b \pmod p$가 근을 갖는 것이다.

다음 정리는 르장드르 기호를 계산하는데 도움이 된다.

정리 10.11

소수 $p > 2$일 때 다음이 성립한다.

(1) $\left(\frac{-1}{p}\right) = (-1)^{\frac{p-1}{2}}$

(2) $p \equiv 1 \pmod 4$일 필요충분조건은 $\left(\frac{-1}{p}\right) = 1$이다.

$p \equiv -1 \pmod 4$일 필요충분조건은 $\left(\frac{-1}{p}\right) = -1$이다.

증명 $\left(\frac{-1}{p}\right) \equiv (-1)^{\frac{p-1}{2}} \pmod p$이므로 (1)이 성립한다. 한편, 홀수인 소수 p는 $4k \pm 1$의 형태이다. $p = 4k+1$이면 $\frac{p-1}{2} = 2k$이고, $p = 4k-1$이면 $\frac{p-1}{2} = 2k-1$이므로 (1)에 의하여 (2)가 성립한다. ■

예제 10.12

다음 방정식이 근을 갖는지 조사하여라. 만일 근을 가지면 찾아라.

(1) $x^2 \equiv -1 \pmod{131}$ (2) $x^2 \equiv -1 \pmod{137}$

풀이 $131 \equiv -1 \pmod 4$이므로 정리 10.11에 의해 $\left(\frac{-1}{131}\right) = -1$이 되어 $x^2 \equiv -1 \pmod{131}$는 근을 갖지 않는다.

한편 $137 \equiv 1 \pmod 4$이므로 $\left(\frac{-1}{137}\right) = 1$이 되어 $x^2 \equiv -1 \pmod{137}$는 근을 갖는다. 실제로 법 137에 의해

$$\begin{aligned} x^2 &\equiv -1 \equiv 136 \equiv 273 \equiv 410 \equiv 547 \equiv 684 \\ &\equiv 821 \equiv 958 \equiv 1095 \equiv 1232 \equiv 1369 = 37^2 \end{aligned}$$

이므로 $x \equiv 37$과 $x \equiv -37 = 100 \pmod{137}$이 근이다.

예제 10.13

다음을 계산하여라.

(1) $\left(\frac{30}{13}\right)$ (2) $\left(\frac{12}{13}\right)$

풀이 (1) $\left(\frac{30}{13}\right)=\left(\frac{4}{13}\right)=\left(\frac{2^2}{13}\right)=1$

(2) $\left(\frac{12}{13}\right)=\left(\frac{-1}{13}\right)=(-1)^{\frac{13-1}{2}}=1$

르장드르 기호는 여러 방법으로 계산할 수 있다. (2)에서 $\left(\frac{12}{13}\right)$는 다음처럼 계산할 수도 있다. $\left(\frac{12}{13}\right)=\left(\frac{25}{13}\right)=\left(\frac{5^2}{13}\right)=1$. 또한 $13\equiv 1 \pmod 4$ 이므로 $\left(\frac{-1}{13}\right)=1$이다.

예제 10.14

방정식 $x^2\equiv 51 \pmod{73}$은 근을 갖는지 조사하여라.

풀이 $\left(\frac{51}{73}\right)=\left(\frac{3\cdot 17}{73}\right)=\left(\frac{3}{73}\right)\left(\frac{17}{73}\right)$이다. 이제 각각의 르장드르 기호 $\left(\frac{3}{73}\right)$와 $\left(\frac{17}{73}\right)$의 값을 계산하여라.

또는, 다음과 같이 생각할 수 있다.

$$\left(\frac{51}{73}\right)=\left(\frac{-22}{73}\right)=\left(\frac{-1}{73}\right)\left(\frac{2}{73}\right)\left(\frac{11}{73}\right)$$

이므로, 각각의 르장드르 기호 $\left(\frac{-1}{73}\right)$, $\left(\frac{2}{73}\right)$, $\left(\frac{11}{73}\right)$를 계산하면 된다.

이차합동방정식의 근에 관해 알기 위해서 우선 소수를 법으로 하는 이차합동식에 대해 생각해보았다. 또한 소수를 법으로 하는 이차합동식에서 근을 찾기 위해 법을 이루고 있는 원소들의 모임인 기약 잉여계를 찾아 기약 잉여계의 원소 중 근이 되는 원소와 근이 되지 않는 원소를 구별했다.

예제 10.15

(1) $x^2 \equiv 2 \pmod{13}$는 근을 갖지 않는다.

(2) $x^2 \equiv 3 \pmod{13}$는 근을 갖는다.

(3) $x^2 \equiv a^2 \pmod{p}$는 항상 근을 갖는다.

예제 10.16

$x^2 \equiv -38 \pmod{13}$이 근을 갖는지 갖지 않는지를 판단하여라.

풀이 ① 근을 구체적으로 찾는 것은 쉽지 않다.

② $(-38)^{\frac{13-1}{2}} \pmod{13}$의 계산은 일반적으로 지루할 수 있다. (그러나 이 경우는 쉽게 계산되는데 $(-38)^{\frac{13-1}{2}} \equiv (1)^{\frac{13-1}{2}} \equiv 1 \pmod{13}$이다.)

③ 르장드르 기호를 계산한다.

$$\begin{aligned}(-38/13) &= (-1/13)(2/13)(19/13)\\ &= 1(-1)(6/13) = -(2/13)(3/13) - (-1)(1) = 1\end{aligned}$$

또는

$$\begin{aligned}(-38/13) &= (-1/13)(38/13)\\ &= (-1/13)(12/13) = (12/13)(12/13) = (12^2/13) = 1\end{aligned}$$

또는

$$(-38/13) = (1/13) = 1$$

그러므로 합동방정식 $x^2 \equiv -38 \pmod{13}$는 근을 갖는다. 실제로 근은 $x \equiv 1$, $x \equiv 12 \pmod{13}$이다.

예제 10.17

$x^2 \equiv -46 \pmod{17}$이 근을 갖는지 판정하여라.

풀이 $\left(\dfrac{-46}{17}\right) = \left(\dfrac{5}{17}\right) \equiv 5^{\frac{16}{2}} \equiv 5^8 \equiv (5^2)^4 \equiv 8^4 \equiv 2^{3\cdot 4} \equiv (2^4)^3 \equiv (-1)^3 \equiv -1 \pmod{17}$

이다.

르장드르 기호에 관한 몇 가지 성질을 더 알아보자.

정리 10.12

p는 홀수 소수라고 하자.

(1) $\left(\frac{-1}{p}\right)=\begin{cases} 1 & (\text{만약 } p \equiv 1 \pmod 4) \\ -1 & (\text{만약 } p \equiv 3 \pmod 4) \end{cases}$

(2) $\displaystyle\sum_{a=1}^{p-1}\left(\frac{a}{p}\right)=0$

그러므로 1과 $p-1$사이의 정수들 중에서 p에 관해 이차 잉여인 원소가 정확히 $\frac{p-1}{2}$개 있으며, 나머지 $\frac{p-1}{2}$개는 이차 비잉여이다.

(3) $\left(\frac{2}{p}\right)=\begin{cases} 1 & (\text{만약 } p \equiv 1 \text{ 또는 } 7 \pmod 8) \\ -1 & (\text{만약 } p \equiv 3 \text{ 또는 } 5 \pmod 8) \end{cases}$

(4) $\left(\frac{2}{p}\right)=(-1)^{\frac{p^2-1}{8}}$

증명 정리 10.11에서 보았듯이

(1) $p \equiv 1 \pmod 4$이면 $(-1/p)=(-1)^{\frac{p-1}{2}}=(-1)^{\frac{4k+1-1}{2}}=1$

$p \equiv 3 \pmod 4$이면 $(-1/p)=(-1)^{\frac{4k+3-1}{2}}=-1$이다.

(2) γ는 p의 원시근이라 하자.

(참고: 이러한 원시근 γ가 존재함을 확인하여라.)

그러면 집합 $S=\{\gamma, \gamma^2, \cdots, \gamma^{p-1}\}$는 집합 $T=\{1, 2, \cdots, p-1\}$과 $\bmod p$로서 합동이다.

(확인: 분명히 모든 $\gamma^i \pmod p \in T$이다. 만약 $\gamma^i \equiv \gamma^j \pmod p$이라면, $\gamma^{i-j} \equiv 1 \pmod p$가 되어 $\phi(p) \mid i-j$, 즉 $p-1 \mid i-j$가 되어 모순이다.)

그런데 $a \pmod p \in T$ 이므로, 유일한 $\gamma^k \in S$에 대해 $a \equiv \gamma^k \pmod p$이다. 따라서

$$\left(\frac{a}{p}\right)=\left(\frac{\gamma^k}{p}\right)=\left(\frac{\gamma}{p}\right)^k \equiv \gamma^{\left(\frac{p-1}{2}\right)k}$$

이다. 더욱이 페르마 정리에 의해 $\gamma^{p-1} \equiv 1 \pmod p$이므로 $\gamma^{\frac{p-1}{2}} \equiv \pm 1 \pmod p$인데, γ가 원시근이라 하였으므로 $\gamma^{\frac{p-1}{2}} \not\equiv 1$이다. 따라서

$$\left(\frac{a}{p}\right)=\left(\frac{\gamma^k}{p}\right)=\left(\frac{\gamma}{p}\right)^k \equiv \gamma^{\left(\frac{p-1}{2}\right)k} \equiv (-1)^k \pmod p$$

가 된다. 그러므로

$$\sum_{a=1}^{p-1}\left(\frac{a}{p}\right)=\sum_{k=1}^{p-1}\left(\frac{\gamma^k}{p}\right)\equiv\sum_{k=1}^{p-1}(-1)^k=-1+1-1+\cdots+1=0$$

이다(정리 10.8을 사용하여 증명할 수도 있다).

(3) 증명을 위해 가우스 보조정리 10.14(Gauss lemma) '$(a/p)=(-1)^n$'을 먼저 보여야 하며, 가우스 정수를 사용하여 계산할 수 있지만, 여기서는 증명을 생략한다.

(4)는 (3)의 결과를 사용하여 쉽게 얻어낼 수 있다. ■

다음의 예제를 생각해보자.

예제 10.18

(1) $x^2 \equiv 1951 \pmod{1949}$는 근을 갖는가, 즉 $(1951/1949)$의 값은 무엇인가?

(2) $x^2 \equiv 1949 \pmod{1951}$는 근을 갖는가, 즉 $(1949/1951)$의 값은 무엇인가?

풀이

(1) $\left(\frac{1951}{1949}\right)=\left(\frac{2}{1949}\right)\equiv 2^{\frac{1498}{2}} \equiv 2^{974}$이다. 그런데 2^{974}을 계산하는 것도 쉬운 일은 아니다. 이 때 정리를 사용하면 쉽게 해결할 수 있다. $1949 \equiv 5 \pmod 8$이므로 정리 10.12에 의해 $\left(\frac{1951}{1949}\right)=\left(\frac{2}{1949}\right)=-1$이 되어 $x^2 \equiv 1951 \pmod{1949}$는 근을 갖지 않는다.

(2) 마찬가지로 $\left(\frac{1949}{1951}\right)=\left(\frac{-2}{1951}\right)=\left(\frac{-1}{1951}\right)\left(\frac{2}{1951}\right)$이다. 그런데 $1951 \equiv -1 \pmod 4$이므로 $\left(\frac{-1}{1951}\right)=-1$이다. 또한 $1951 \equiv -1 \pmod 8$이므로 $\left(\frac{2}{1951}\right)=1$이다. 따라서 $\left(\frac{1949}{1951}\right)=\left(\frac{-1}{1951}\right)\left(\frac{2}{1951}\right)=-1$이 되어 $x^2 \equiv 1949 \pmod{1951}$는 근을 갖지 않는다.

참고 위의 예제에서 르장드르 기호를 계산하기 전에 반드시 1949와 1951이 소수인지 확인해야 한다.

예제 10.19

1949와 1951이 소수인지 확인하여라.

풀이

p, q가 서로 다른 홀수 소수이어서 (p/q)와 (q/p)이 모두 정의된다고 하자. (p/q)와 (q/p)사이에 어떤 관계가 있는지를 묻는 것은 자연스러운 질문이다. 이 물음에 대해 가우스는 이차상반법칙 (Reciprocity law)을 발견했다.

참고 이차합동방정식 풀이는 오일러와 르장드르를 거처 가우스의 연구로 발전되었다.

L. Euler(1707 ~ 1783) ⟹ A.M. Legendre(1752 ~ 1833) ⟹ C.F. Gauss(1777 ~ 1855)

다음 정리는 소수의 형태에 관한 내용이다.

정리 10.13

$4n+1$ 형태의 소수는 무한히 많다.

증명 $4n+1$ 형태인 소수가 단지 유한개만 존재한다고 가정하고 그러한 소수를 $q_1, q_2, \cdots, q_s$라고 하자. 또한 새로운 정수

$$N = 4(q_1 q_2 \cdots q_s)^2 + 1$$

을 생각해 보자. 그러면 $N \neq q_i (i = 1, \cdots, s)$이므로 N은 홀수인 합성수이다. 따라서 홀수인 소인수 p가 존재하여 $p \mid N$이며,

$$N = 4(q_1 q_2 \cdots q_s)^2 + 1 \equiv 0 \pmod p$$

이다. 즉

$$(2 q_1 q_2 \cdots q_s)^2 \equiv -1 \pmod p$$

이므로 이차합동식 $x^2 \equiv -1 \pmod p$의 근이 존재한다. 따라서 $\left(\dfrac{-1}{p}\right) = 1$이므로 정

리 10.11에 의해 $p \equiv 1 \pmod 4$이다. p는 $4n+1$ 형태인 소수이므로 $q_1, q_2, \cdots, q_s$ 중 하나와 일치하게 되어 모순이다. 따라서 $4n+1$꼴의 소수는 무한히 많다. ■

참고 이 정리는 'gcd$(a, b) = 1$이면 $an+b$ 형태의 소수는 무한히 많다.'라는 디리클레(Dirichlet) 정리로 일반화되었다. gcd$(4, 1) = 1$이므로 디리클레 정리에 의해 정리 10.13이 설명될 수 있다. 그뿐만 아니라, gcd$(4, 3) = 1$이므로 $4n+3$ 형태의 소수도 무수히 많음을 알 수 있다.

주어진 정수 a가 법 p에 대한 이차 잉여류가 되는지를 결정하는 또 다른 필요충분조건을 알아보자. 가우스 보조정리로 알려진 이 정리는 이차상반법칙을 간단하게 증명하는데 주요한 역할을 한다.

정리 10.14 가우스 보조정리

$p > 2$인 소수이며 gcd$(a, p) = 1$이라 하자. $S = \left\{a, 2a, 3a, \cdots, \frac{p-1}{2}a\right\}$의 원소 중에서 법 p에 관한 최소의 양수 잉여 가운데 $\frac{p-1}{2}$보다 큰 원소의 개수를 n이라 하면 $\left(\frac{a}{p}\right) = (-1)^n$이다.

예제 10.20

$p = 17$, $a = 5$라고 할 때, 정리 10.14를 확인하여라.

풀이 $\frac{p-1}{2} = 8$이다. 집합 $S = \left\{a, 2a, 3a, \cdots, \frac{p-1}{2}a\right\}$는

$$
\begin{aligned}
S &= \{5 \cdot 1,\ 5 \cdot 2,\ 5 \cdot 3,\ 5 \cdot 4,\ 5 \cdot 5,\ 5 \cdot 6,\ 5 \cdot 7,\ 5 \cdot 8\} \\
&= \{5,\ 10,\ 15,\ 20,\ 25,\ 30,\ 35,\ 40\}
\end{aligned}
$$

이다. S의 원소들의 법 $p = 17$에 관한 잉여는 각각 $5, 10, 15, 3, 8, 13, 1, 6$이다. 여기서 $\frac{p-1}{2} = 8$보다 큰 것이 3개 존재하므로 $\left(\frac{5}{17}\right) = (-1)^3 = -1$이다.

가우스 보조정리 10.14를 사용하여 르장드르 기호 $\left(\frac{a}{p}\right)$을 구하는 것은 오일러 판정법을 이용해 구하는 것보다 훨씬 복잡하다. 그러나 가우스 보조정리를 사용해 여러 가지 흥미로운 사실을 유도할 수 있다.

다음의 정리를 통해 2를 이차 잉여로 하는 소수의 형태를 알 수 있다.

정리 10.15

$p>2$인 소수일 때,

(1) $p \equiv \pm 1 \pmod 8$이면 $\left(\dfrac{2}{p}\right)=1$이다.

(2) $p \equiv \pm 3 \pmod 8$이면 $\left(\dfrac{2}{p}\right)=-1$이다.

증명 $S=\left\{2,\ 2\cdot 2,\ 3\cdot 2,\ \cdots,\ \dfrac{p-1}{2}\cdot 2\right\}$에서 p로 나누었을 때 나머지가 $\dfrac{p}{2}$보다 큰 정수의 개수를 n이라고 하자. 그러면 가우스 보조정리에 의해 $\left(\dfrac{2}{p}\right)=(-1)^n$이다. 그런데 S에 속하는 모든 정수는 p보다 작으므로 S의 원소 중에서 $\dfrac{p}{2}$보다 큰 정수의 개수만 구하면 충분하다. $1 \le k \le \dfrac{p-1}{2}$인 k에 대하여

$$2k \le \frac{p}{2},\quad \text{즉}\quad k \le \frac{p}{4}$$

이므로 S에 속하는 정수 중에서 $\dfrac{p}{2}$보다 큰 정수의 개수는 $\left[\dfrac{p}{4}\right]$이다. 여기서 $[x]$는 x보다 크지 않은 최대정수를 의미한다(즉, 여기서 $[x]=\lfloor x \rfloor$ floor이다). 그러므로 S에 속하는 정수 중에서 $\dfrac{p}{2}$보다 큰 정수의 개수는

$$n=\frac{p-1}{2}-\left[\frac{p}{4}\right]$$

이다. 홀수인 소수 p는 $8k\pm1$, $8k\pm3$의 형태이므로 네 경우로 나누어 생각하자.

$$p=8k+1\text{일 때}\quad n=4k-\left[2k+\frac{1}{4}\right]=4k-2k=2k$$

$$p=8k-1\text{일 때}\quad n=4k-\left[2k-\frac{1}{4}\right]=(4k+1)-(2k-1)=2k$$

$$p=8k+3\text{일 때}\quad n=(4k+1)-\left[2k+\frac{3}{4}\right]=(4k+1)-2k=2k+1$$

$$p=8k-3\text{일 때}\quad n=(4k-2)-\left[2k-\frac{3}{4}\right]=(4k-2)-(2k-1)=2k-1$$

따라서 p가 $8k\pm1$꼴일 때 n은 짝수가 되어 $\left(\dfrac{2}{p}\right)=1$이고, p가 $8k\pm3$일 때 n은 홀

수가 되어 $\left(\frac{2}{p}\right) = -1$이다. ■

정리 10.16

$8n-1$ 형태의 소수는 무한히 많다.

증명 $8n-1$ 형태의 소수가 유한개 존재한다고 가정하고 그러한 소수를 $q_1, q_2, \cdots, q_s$라고 하자. 또한 새로운 정수

$$N = (4q_1 q_2 \cdots q_s)^2 - 2$$

을 생각하자. p를 N의 홀수 소인수라고 하면,

$$(4q_1q_2 \cdots q_s)^2 - 2 \equiv 0 \pmod p$$

이므로 이차합동식 $x^2 \equiv 2 \pmod p$는 해를 가진다. 따라서 $\left(\frac{2}{p}\right) = 1$가 되어, 정리 10.15에 의해 $p \equiv \pm 1 \pmod 8$이다. 즉, N의 홀수인 소인수는 $8n+1$ 또는 $8n-1$의 꼴이다. 한편

$$N = 2 \cdot (8(q_1 q_2 \cdots q_s)^2 - 1)$$

이므로 N의 홀수인 소인수가 모두 $8n+1$의 꼴이면 $N \equiv 2 \cdot 1 \equiv 2 \pmod 8$이다. 그러나 분명히 $N \equiv -2 \pmod 8$이므로 N의 소수 중에는 $8n-1$의 꼴인 소인수가 적어도 하나 존재한다. 이러한 소인수를 q라고 하면 q는 $q_1, q_2, \cdots, q_s$ 중에 어느 하나와 일치하므로

$$q \mid N, \quad 즉\ q \mid (4q_1q_2 \cdots q_s)^2$$

이고 $q \mid 2$가 되어 모순이다. 따라서 $8n-1$꼴인 소수가 무한히 많다. ■

정리 10.17 가우스 정리

$p > 2$인 소수일 때, $\left(\frac{2}{p}\right) = (-1)^{\frac{p^2-1}{8}}$이 성립한다.

증명 홀수인 소수 p는 $8k \pm 1$이거나 $8k \pm 3$의 형태이다. 만일 $p = 8k \pm 1$의 형태라면

$$\frac{p^2-1}{8} = \frac{(8k \pm 1)^2 - 1}{8} = \frac{64k^2 \pm 16k}{8} = 8k^2 \pm 2k$$

이므로 $(-1)^{\frac{p^2-1}{8}} = 1$이다. 또한 이 경우는 정리 10.15에 의해 $\left(\frac{2}{p}\right) = 1$이므로 $\left(\frac{2}{p}\right) = (-1)^{\frac{p^2-1}{8}}$이 된다.

만일 $p = 8k \pm 3$의 형태라면

$$\frac{p^2-1}{8} = \frac{(8k \pm 3)^2 - 1}{8} = \frac{64k^2 \pm 48k + 8}{8} = 8k^2 \pm 6k + 1$$

이므로 $(-1)^{\frac{p^2-1}{8}} = -1$이다. 또한 이 경우는 $\left(\frac{2}{p}\right) = -1$이므로 $\left(\frac{2}{p}\right) = (-1)^{\frac{p^2-1}{8}}$이 성립한다. 따라서 모든 홀수인 소수 p에 대하여 $\left(\frac{2}{p}\right) = (-1)^{\frac{p^2-1}{8}}$이 성립한다. ■

지금까지의 르장드르 기호 $\left(\frac{a}{p}\right)$는 법 p를 법 4와 법 8로 나타내었을 때에 $a = -1$과 $a = 2$인 경우에 정리를 통해 이차 잉여와 이차 비잉여를 계산을 간단하게 할 수 있었다.

연습문제

1. 다음의 르장드르 기호를 계산하여라.

(a) $\left(\frac{-1}{47}\right)$　　(b) $\left(\frac{17}{31}\right)$

(c) $\left(\frac{-23}{59}\right)$　　(d) $\left(\frac{18}{43}\right)$

2. 다음 방정식의 근을 찾아라.

(a) $x^2 \equiv 860 \pmod{11021}$　(힌트 : $11021 = 103 \cdot 107$)

(b) $x^2 + 2x + 1 \equiv 0 \pmod{35}$

(c) $x^2 + 2x + 36 = 0 \pmod{875}$

3. 법 17의 원시근을 이용하여 17의 모든 이차 잉여를 구하여라.

[4~5] 다음을 증명하여라.

4. $p \equiv 3 \pmod 4$이고 a가 법 p의 비잉여일 때, $b \equiv a^{\frac{p+1}{4}} \pmod p$이면 $b^2 \equiv -a \pmod p$ 이다.

5. 홀수인 소수 p의 이차 잉여 a에 대하여 다음이 성립함을 보여라.

(a) a는 p의 원시근이 아니다.

(b) $p \equiv 1 \pmod 4$이면 $p-a$는 p의 이차 잉여이다.

(c) $p \equiv 1 \pmod 4$이면 $p-a$는 p의 이차 잉여이다.

6. 다음 방정식의 근이 있는지 확인하고, 있으면 근을 찾아라.

(a) $x^2 \equiv 6 \pmod{11}$

(b) $x^2 \equiv 6 \pmod{13}$

(c) $x^2 \equiv 6 \pmod{19}$

10.4 이차 잉여의 상반법칙(Quadratic reciprocity)

$\left(\frac{977}{1951}\right)$의 값은 어떻게 구할 수 있을까. 977과 1951은 소수이므로 오일러 판정법에 의해

$$\left(\frac{977}{1951}\right) = (977)^{\frac{1951-1}{2}} = 977^{975}$$

의 값을 구해야하므로 계산과정이 너무 복잡하다. 그러나 $\left(\frac{977}{1951}\right)$의 값을 구하기 위해 역수처럼 보이는 값인 $\left(\frac{1951}{977}\right)$과의 관계를 알 수 있으면 계산 과정은 훨씬 간단해질 것이다.

$$\left(\frac{1951}{977}\right) = \left(\frac{-3}{977}\right) = \left(\frac{-1}{977}\right)\left(\frac{3}{977}\right) = \left(\frac{3}{977}\right) \equiv 3^{\frac{977-1}{2}} \equiv 3^{488} \pmod{977}$$

(여기서 $977 \equiv 1 \pmod 4$이므로 $\left(\frac{-1}{977}\right) = 1$이다.)

이제 $\left(\frac{q}{p}\right)$와 $\left(\frac{p}{q}\right)$사이에 어떠한 관계가 있는지 알아보기 위해 p, q가 $p, q \le 37$인 홀수인 소수에 대하여 르장드르 $\left(\frac{q}{p}\right)$의 값을 조사해보자.

▶ 표 $\left(\frac{q}{p}\right)$에 대한 르장드르 기호값

$\left(\frac{q}{p}\right)$	3	5	7	11	13	17	19	23	29	31	37
3	·	−1	1	−1	1	−1	1	−1	−1	1	1
5	−1	·	−1	1	−1	−1	1	−1	1	1	−1
7	−1	−1	·	1	−1	−1	−1	1	1	−1	1
11	1	1	−1	·	−1	−1	−1	1	−1	1	1
13	1	−1	−1	−1	·	1	−1	1	1	−1	−1
17	−1	−1	−1	−1	1	·	1	−1	−1	−1	−1
19	−1	1	1	1	−1	1	·	1	−1	−1	−1
23	1	−1	−1	−1	1	−1	−1	·	1	1	−1
29	−1	1	1	−1	1	−1	−1	1	·	−1	−1
31	−1	1	1	−1	−1	−1	1	−1	−1	·	−1
37	1	−1	1	1	−1	−1	−1	−1	−1	−1	·

위의 표에서 어떠한 규칙성이 있는지 찾아보자.

$p-5$에 대한 르장드르 값과 $q=5$에 대한 르장느르 값을 비교해보자.

q	3	5	7	11	13	17	19	23	29	31	37
$\left(\frac{q}{5}\right)$	−1		−1	1	−1	−1	1	−1	1	1	−1

q	3	5	7	11	13	17	19	23	29	31	37
$\left(\frac{5}{p}\right)$	−1		−1	1	−1	−1	1	−1	1	1	−1

두 르장드르 기호 $\left(\frac{q}{5}\right)$와 $\left(\frac{5}{p}\right)$의 값이 일치한다는 것을 알 수 있다. 더욱 흥미로운 것은 르장드르 기호의 값이 다음과 같은 규칙을 따른다는 것이다.

$$\left(\frac{q}{5}\right) = \begin{cases} 1 & q \equiv 1 \text{ 또는 } 4 \pmod{5} \\ -1 & q \equiv 2 \text{ 또는 } 3 \pmod{5} \end{cases}$$

이 사실을 통해 $x^2 \equiv 5 \pmod{3593}$과 $x^2 \equiv 5 \pmod{3889}$의 근이 존재하는지를 다음과

같이 쉽게 구할 수 있다. (우선 3593과 3889가 소수임을 확인해야 한다.)

$$\left(\frac{5}{3593}\right)=\left(\frac{3593}{5}\right)=\left(\frac{3}{5}\right)=-1$$
$$\left(\frac{5}{3889}\right)=\left(\frac{3889}{5}\right)=\left(\frac{4}{5}\right)=1$$

이다. 따라서 $\left(\frac{5}{3593}\right)$는 이차 비잉여이므로 $x^2 \equiv 5 \pmod{3593}$는 근이 존재하지 않고, $\left(\frac{5}{3889}\right)$는 이차 잉여이므로 $x^2 \equiv 5 \pmod{3889}$의 근이 존재한다.

여기서 모든 홀수인 소수 p와 q에 대하여 $\left(\frac{q}{p}\right)=\left(\frac{p}{q}\right)$이기를 기대할지도 모른다. 그러나 $\left(\frac{q}{p}\right)=\left(\frac{p}{q}\right)$이 항상 성립하는 것은 아니다. 예를 들어 표에서 $\left(\frac{11}{7}\right)=1$인 반면에 $\left(\frac{7}{11}\right)=-1$이고, $\left(\frac{3}{7}\right)=-1$이지만, $\left(\frac{7}{3}\right)=1$이다. 즉, 이 경우에는 $\left(\frac{q}{p}\right)=-\left(\frac{p}{q}\right)$이다.

그러면 언제

$$\left(\frac{q}{p}\right)=\left(\frac{p}{q}\right) \text{ 또는 } \left(\frac{q}{p}\right)=-\left(\frac{p}{q}\right)$$

인지 다음의 표를 통해 규칙성을 살펴보자. 규칙성을 조사하기 위해 $\left(\frac{q}{p}\right)=\left(\frac{p}{q}\right)$일 때는 ☆로 $\left(\frac{q}{p}\right)=-\left(\frac{p}{q}\right)$일 때는 ♠로 표시했다.

$\left(\frac{q}{p}\right)$	3	5	7	11	13	17	19	23	29	31	37
3		☆	♠	♠	☆	☆	♠	♠	☆	♠	☆
5	☆		☆	☆	☆	☆	☆	☆	☆	☆	☆
7	♠	☆		♠	☆	☆	♠	♠	☆	♠	☆
11	♠	☆	♠		☆	☆	♠	♠	☆	♠	☆
13	☆	☆	☆	☆		☆	☆	☆	☆	☆	☆
17	☆	☆	☆	☆	☆		☆	☆	☆	☆	☆
19	♠	☆	♠	♠	☆	☆		♠	☆	♠	☆
23	♠	☆	♠	♠	☆	☆	♠		☆	♠	☆
29	☆	☆	☆	☆	☆	☆	☆	☆		☆	☆
31	♠	☆	♠	♠	☆	☆	♠	♠	☆		☆
37	☆	☆	☆	☆	☆	☆	☆	☆	☆	☆	

위의 표를 보면 $p=5, 13, 17, 29, 37$ 일 때 행과 열이 ☆로만 이루어진 것을 찾을 수 있을 것이다. 또한 $p=3, 7, 11, 19, 23, 31$일 때 행과 열에 ♠이 포함되어 있음을 알 수 있다.

위 관찰을 통해 두 가지 추측을 할 수 있다.

① $p \equiv 1 \pmod 4$ or $q \equiv 1 \pmod 4$이면 $\left(\frac{q}{p}\right)=\left(\frac{p}{q}\right)$가 성립한다.

② $p \equiv 3 \pmod 4$ and $q \equiv 3 \pmod 4$이면 $\left(\frac{q}{p}\right)=-\left(\frac{p}{q}\right)$가 성립한다.

이 추측과 관련된 내용은 이미 1783년에 오일러가 처음 제기한 이후 르장드르가 오늘날 이차 잉여의 상반법칙으로 알려진 정리로 재구성하여 증명하였다. 이차 잉여의 상반법칙은 정수론에서 가장 아름다운 정리 가운데 하나이다.

정리 10.18 가우스 이차 상반법칙(Gauss's quadratic reciprocity, 1795년)

소수 $p \neq q > 2$에 대해,

$$\left(\frac{p}{q}\right)\left(\frac{q}{p}\right)=(-1)^{\frac{p-1}{2}\cdot\frac{q-1}{2}}$$

즉

$$\left(\frac{q}{p}\right)=(-1)^{\frac{p-1}{2}\frac{q-1}{2}}\left(\frac{p}{q}\right)$$

여기서 증명은 생략한다. 증명이 필요한 경우 참고문헌을 사용하도록 하자.

참고 이러한 기본 관계는 1783년 **오일러**가 이미 실험적으로 가설을 세웠었다. 2년 후인 1785년에 **르장드르**는 불완전하게나마 이것을 증명했다. 그는 다른 방법으로 다시 증명을 하여 1798년에 출판했지만, 이것도 어느 정도의 논리비약이 있었다. 르장드르는 이 형태에 대해 거의 확실한 아이디어를 가지고 있었지만, 결국 가우스가 증명했다. 1795년 18살의 **가우스**는 오일러나 르장드르의 연구 결과에 대해 거의 모르고 있었던 것 같다. 그는 스스로 이차 상반법칙을 재발견하여, 몇 년간의 노력 끝에 첫 번째 증명을 완성했다.

> "It tortured me," says Gauss, "for the whole year and eluded my most strenuous efforts before, finally I got the proof ……."

1798년에 증명을 완성하여 1801년에 발표했고, 이 정리의 발견자로서 가우스의 이름이 정해졌다. 무척 화가 난 르장드르는 불평을 토로했다.

> "This excessive impudence is unbelievable in a man who has sufficient personal merit not to have the need of appropriating the discoveries of others." ▌

가우스는 그 후에 다섯 가지 다른 방법으로 이것을 증명하였고, 스스로 "the gem of higher arithmetic"라고 불렀다. 다른 증명 역시 복잡하기는 하지만, 그 내재된 아이디어는 충분히 간단하다.

예제 10.21

이차합동식 $x^2 \equiv 13 \pmod{19}$의 해의 존재성을 판단하여라.

풀이

$$\left(\frac{13}{19}\right) = (-1)^{\frac{13-1}{2}\frac{19-1}{2}}\left(\frac{19}{13}\right) = \left(\frac{19}{13}\right) = \left(\frac{6}{13}\right)$$
$$= \left(\frac{2}{13}\right)\left(\frac{3}{13}\right) = (-1)^{\frac{13^2-1}{8}}(1) = -1$$

이므로 이차합동식 $x^2 \equiv 13 \pmod{19}$는 해를 갖지 않는다.

다음과 같이 계산할 수 있다.

$$\left(\frac{13}{19}\right) = \left(\frac{-6}{19}\right) = \left(\frac{-1}{19}\right)\left(\frac{2}{19}\right)\left(\frac{3}{19}\right)$$

이다. 그런데 $19 \equiv -1 \pmod 4$이며 $19 \equiv 3 \pmod 8$이므로 $\left(\frac{-1}{19}\right) = -1$이고 $\left(\frac{2}{19}\right) = -1$이다. 따라서 $\left(\frac{13}{19}\right) = \left(\frac{3}{19}\right) = -\left(\frac{19}{3}\right) = -\left(\frac{1}{3}\right) = -1$이다.

참고 $\left(\frac{3}{13}\right) \equiv 3^{\frac{13-1}{2}} \equiv 1 \pmod{13}$이다(또는 $13 \equiv 1 \pmod 4$이므로 당연하다). ∎

정리 10.19

소수 $p > 2$에 대해 다음이 성립한다.

(1) $\left(\frac{2}{p}\right) = 1 \quad \Leftrightarrow p \equiv 1 \pmod 8$ 또는 $p \equiv -1 \pmod 8$

(2) $\left(\frac{2}{p}\right) = -1 \Leftrightarrow p \equiv 3 \pmod 8$ 또는 $p \equiv -3 \pmod 8$

증명 홀수인 소수 p는 적당한 양의 정수 k에 대하여

$$p = 8k+1, \quad p = 8k-1, \quad p = 8k+3, \quad p = 8k-3$$

와 같은 꼴로 나타내어진다. 그런데,

$$p = 8k \pm 1 \text{이면 } \frac{p^2-1}{8} = 2(4k^2 \pm k)$$

$$p = 8k \pm 3 \text{이면 } \frac{p^2-1}{8} = 2(k^2 \pm 3k) + 1$$

이다. 그러므로 가우스 정리 10.17에 의해 위의 정리가 성립한다. ■

정리 10.20

p와 q가 서로 다른 홀수인 소수일 때 다음이 성립한다.

(1) $\left(\frac{q}{p}\right) = \left(\frac{p}{q}\right) \Leftrightarrow p \equiv 1 \pmod 4$ 또는 $q \equiv 1 \pmod 4$이 된다.

(2) $\left(\frac{q}{p}\right) = -\left(\frac{p}{q}\right) \Leftrightarrow p \equiv 3 \pmod 4$이고 $q \equiv 3 \pmod 4$이 된다.

증명 정리 10.19에서 p 또는 q가 $4n+1$의 꼴이면 $\frac{p-1}{2}\frac{q-1}{2}$은 짝수이고, 또 p와 q가 모두 $4n+3$의 꼴이면 $\frac{p-1}{2}\frac{q-1}{2}$은 홀수이다. 따라서 정리가 성립한다. ■

예제 10.22

이차합동식 $x^2 \equiv -42 \pmod{61}$의 근이 존재하는지 확인하여라. 만일 근이 있으면 찾아라.

풀이

$$\left(\frac{-42}{61}\right) = \left(\frac{-1}{61}\right)\left(\frac{2}{61}\right)\left(\frac{3}{61}\right)\left(\frac{7}{61}\right)$$

인데,

$$\left(\frac{-1}{61}\right) = (-1)^{\frac{60}{2}} = 1, \quad \left(\frac{2}{61}\right) = (-1)^{\frac{61^2-1}{8}} = -1 (\text{이유: } 61 \equiv 5 \pmod 8 \text{이므로})$$

$$\left(\frac{3}{61}\right) = (-1)^{\frac{60}{2}\cdot\frac{2}{2}}\left(\frac{61}{3}\right) = \left(\frac{61}{3}\right) = \left(\frac{1}{3}\right) = 1$$

$$\left(\frac{7}{61}\right) = (-1)^{\frac{60}{2}\cdot\frac{6}{2}}\left(\frac{61}{7}\right) = \left(\frac{5}{7}\right) = (-1)^{\frac{6}{2}\cdot\frac{4}{2}}\left(\frac{7}{5}\right) = \left(\frac{2}{5}\right) = (-1)^{\frac{24}{8}} = -1$$

이므로

$$\left(\frac{-42}{61}\right) = \left(\frac{-1}{61}\right)\left(\frac{2}{61}\right)\left(\frac{3}{61}\right)\left(\frac{7}{61}\right) = (1)(-1)(1)(-1) = 1$$

이다. 따라서 근을 갖는다. 그런데

$$x^2 \equiv -42 \equiv 19 \equiv 80 \equiv 141 \equiv 202 \equiv 263 \equiv 324 = 18^2 \pmod{61}$$

이므로 $x^2 \equiv -42 \pmod{61}$은 근 18과 $-18 \equiv 43 \pmod{61}$을 갖는다.

참고 $\left(\frac{-42}{61}\right)=\left(\frac{19}{61}\right)=(-1)^{\frac{60}{2}\cdot\frac{18}{2}}\left(\frac{61}{19}\right)=\left(\frac{4}{19}\right)=1$처럼 계산할 수 있다. 따라서 이차합동식 $x^2 \equiv -42 \pmod{61}$는 두 개의 근를 가진다.

예제 10.23

$p=13,\ q=17$일 때 $\left(\frac{13}{17}\right)$의 값을 구하여라.

풀이 $p \equiv q \equiv 1 \pmod 4$이므로 $\left(\frac{13}{17}\right)=\left(\frac{17}{13}\right)$이다. 한편 $17 = 4 \pmod{13}$이므로 $\left(\frac{13}{17}\right)=\left(\frac{4}{13}\right)=\left(\frac{2^2}{13}\right)=1$이 된다.

르장드르 기호와 가우스의 상반법칙에 관련하여 몇 가지 성질을 알아보자.

정리 10.21

(1) $(p/q)(q/p)=\begin{cases} 1 & (\text{만일 } p \equiv 1 \pmod 4 \text{ 또는 } q \equiv 1 \pmod 4) \\ -1 & (\text{만일 } p \equiv q \equiv 3 \pmod 4) \end{cases}$

(2) $(p/q)=\begin{cases} (q/p) & (\text{만일 } p \equiv 1 \pmod 4 \text{ 또는 } q \equiv 1 \pmod 4) \\ -(q/p) & (\text{만일 } p \equiv q \equiv 3 \pmod 4) \end{cases}$

(3) $p \neq 3$일 때, $(3/p)=\begin{cases} 1 & (\text{만일 } p \equiv \pm 1 \pmod{12}) \\ -1 & (\text{만일 } p \equiv \pm 5 \pmod{12}) \end{cases}$ 이다.

증명 (1)만 증명하자.

$$\frac{p-1}{2}\frac{q-1}{2} : \text{짝수} \Leftrightarrow \frac{p-1}{2}\text{이 짝수이거나 } \frac{q-1}{2}\text{이 짝수}$$

$$\Leftrightarrow p=4k+1\text{이거나 } q=4t+1\text{이다.}$$

$$\frac{p-1}{2}\frac{q-1}{2}: \text{홀수} \iff \frac{p-1}{2}\text{과 } \frac{q-1}{2}\text{이 모두 홀수}$$
$$\iff p = 4k+3\text{이며 } q = 4t+3\text{이다.}$$ ■

예제 10.24

$x^2 \equiv 29 \pmod{53}$의 근은 존재하는가?

풀이 $$(29/53)(53/29) = (-1)^{\frac{29-1}{2}\cdot\frac{53-1}{2}} = (-1)^{14\cdot\frac{53-1}{2}} = 1$$

이므로,

$$(29/53) = (53/29) = (24/29) = (2^3/29)(3/29) = (2/29)(3/29) = -1 \cdot -1 = 1$$

이다. 따라서 근을 갖는다.

그러므로 $x^2 \equiv 29 \pmod{53}$의 근을 찾자.

$$29 \equiv 82 \equiv 135 \equiv 188 \equiv 241 \equiv 294 \equiv 347 \equiv 400 = 20^2$$

이므로 근 $\pm 20 \pmod{53}$을 갖는다.

그러면 $x^2 \equiv a \pmod{n}$이며 n이 소수가 아닌 경우에는 어떻게 할 수 있는가?

예제 10.25

$x^2 \equiv 196 \pmod{1357}$

풀이 우선 $196 = 14^2$이므로 방정식 $x^2 \equiv 196$의 근이 ± 14라고 생각하기 쉽다. 그러나 법 1357이 소수가 아니라면, 이것은 잘못 생각한 것이다. 1357이 소수인지 합성수인지 판정하자. $36 < \sqrt{1357} < 37$이므로 페르마의 인수분해 방법에 의해

$$37^2 - 1357 = 12$$
$$38^2 - 1357 = 87$$
$$39^2 - 1357 = 164$$
$$40^2 - 1357 = 243$$
$$41^2 - 1357 = 324 - 18^2$$

따라서 $1357 = (41+18)(41-18) = 59 \cdot 23$이다. 그러므로

$$x^2 \equiv 196 \pmod{1357} \quad \Leftrightarrow \quad \begin{cases} x^2 \equiv 196 \pmod{23} \\ x^2 \equiv 196 \pmod{59} \end{cases}$$

인 연립방정식으로 생각할 수 있다. 각각의 방정식에 대해 르장드르 기호를 계산하면

$$\begin{aligned}(196/23) &= (12/23) = (4/23)(3/23) = (3/23) = -(23/3) = -(2/3) \\ &= -2^{\frac{3-1}{2}} \pmod 3 = 1\end{aligned}$$

$$\begin{aligned}(196/59) &= (19/59) = -(59/19) = -(2/19) \\ &= -2^{\frac{19-1}{2}} \pmod{19} = -2^9 = -18 = 1\end{aligned}$$

이므로 두 방정식 $x^2 \equiv 196 \pmod{23}$과 $x^2 \equiv 196 \pmod{59}$는 모두 근을 갖는다.

$$\begin{cases} x^2 \equiv 196 \pmod{23} \\ x^2 \equiv 196 \pmod{59} \end{cases} \Rightarrow \begin{cases} x^2 \equiv 12 \pmod{23} \\ x^2 \equiv 19 \pmod{59} \end{cases} \Rightarrow \begin{cases} x = \ \ 9,\ 14 \pmod{23} \\ x = 14,\ 45 \pmod{59} \end{cases}$$

가 된다. (여기서 $\begin{cases} x \equiv 12 \equiv 35 \equiv 58 \equiv 81 = (9)^2 \pmod{23} \\ x \equiv 19 \equiv 78 \equiv 137 \equiv 196 \equiv (14)^2 \pmod{59} \end{cases}$로 계산할 수 있다.)

이제 4가지 형태의 근을 갖는다.

$$\begin{cases} x \equiv \ \ 9 \pmod{23} \\ x \equiv 14 \pmod{59} \end{cases} \qquad \begin{cases} x \equiv \ \ 9 \pmod{23} \\ x \equiv 45 \pmod{59} \end{cases}$$

$$\begin{cases} x \equiv 14 \pmod{23} \\ x \equiv 14 \pmod{59} \end{cases} \qquad \begin{cases} x \equiv 14 \pmod{23} \\ x \equiv 45 \pmod{59} \end{cases}$$

중국인의 나머지 정리를 적용하여 4개의 근을 찾자.

첫 번째 연립방정식계 :

$$\begin{aligned} x &\equiv (9(59)59^{-1} \bmod 23 + 14(23)23^{-1} \pmod{59}) \pmod{1357} \\ &\equiv (9(59)16 + 14(23)18 = 8496 + 5796 \equiv 14292 \equiv 10 \cdot 1357 + 722 \pmod{1357} \end{aligned}$$

계산 : $59 = 2(23) + 13$

$23 = 1(13) + 10$

$13 = 1(10) + 3$

$10 = 3(3) + 1$

따라서 $1 = 10 - 3(3) = 10 - 3(13 - 10) = 4(10) - 3(13) = 4(23) - 7(13)$

$= 4(23) - 7(59 - 2(23)) = 18(23) - 7(59)$

그러므로 $59(-1) \equiv 1 \pmod{23}$; $59(16) \equiv 1$이다.

두 번째 연립방정식계: $x \equiv (9(59)59^{-1} \bmod 23 + 45(23)23^{-1} (\bmod 59))(\bmod 1357)$

$$\equiv (9(59)16 + 45(23)18 = 27126 = 19 \cdot 1357 + 1343$$

세 번째 연립방정식계: $x = (14(59)59^{-1} \bmod 23 + 14(23)23^{-1} (\bmod 59))(\bmod 1357)$

$$= (14(59)16 + 14(23)18 = 19012 = 14 \cdot 1357 + 14$$

네 번째 연립방정식계: $x = (14(59)59^{-1} \bmod 23 + 45(23)23^{-1} (\bmod 59))(\bmod 1357)$

$$= (14(59)16 + 45(23)18 = 31846 = 23 \cdot 1357 + 635$$

그러므로 722, 1343, 14, 635가 근이 된다.
(☞ 여기서 $1343 + 14 = 1357$, $722 + 635 = 1357$)

연습문제

1. 다음의 값을 구하여라.

(a) $\left(\frac{8}{11}\right)$ (b) $\left(\frac{11}{17}\right)$

(c) $\left(\frac{7}{13}\right)$ (d) $\left(\frac{5}{19}\right)$

2. 다음의 값을 구하여라.

(a) $\left(\frac{12}{23}\right)$ (b) $\left(\frac{6}{31}\right)$ (c) $\left(\frac{-42}{61}\right)$

3. 다음의 값을 만족하는 모든 소수 p를 구하여라.

(a) $\left(\frac{5}{p}\right) = -1$ (b) $\left(\frac{10}{p}\right) = 1$

(c) -2가 이차 잉여가 되는 소수 p

4. 다음의 방정식의 근이 존재하는지를 판정하여라.

(a) $x^2 \equiv 15 \pmod{31}$

(b) $x^2 \equiv 17 \pmod{31}$

(c) $x^2 \equiv 23 \pmod{59}$

5. 다음의 방정식의 근이 존재하는지를 판정하여라.

(a) $x^2 \equiv 219 \pmod{419}$

(b) $x^2 \equiv 5 \pmod{229}$

(c) $x^2 \equiv -7 \pmod{1009}$

6. $p > 3$가 소수일 때, $\left(\frac{3}{p}\right) = 1$일 필요충분조건은 $p = \pm 1 \pmod{12}$임을 증명하여라.

Chapter 11 이차합동방정식 II

오일러를 거쳐 르장드르, 그리고 가우스를 통해 이차합동방정식 풀이에 관한 많은 발전이 있었지만, 그 이후에도 수많은 수학자들은 이차합동방정식 풀이 연구를 계속했다.

11.1 야코비 기호(Jacobi Symbol)

르장드르 기호 (a/p)의 확장으로서 야코비 기호 (a/n)를 생각할 수 있다. 르장드르에서는 p가 $\gcd(a,p)=1$인 소수이었지만, 야코비에서 n은 $\gcd(a,n)=1$인 임의의 홀수이다. 르장드르 기호와 야코비 기호의 모양이 동일하기는 하지만, 이들을 반드시 구분해야 한다.

참고 L. Euler(1707~1783) ⇒ A. M. Legendre(1752~1833) ⇒ C. F. Gauss(1777~1855) ⇒ C. G. Jacobi(1804~1851) ⇒ L. Kronecker(1823~1891) ∎

야코비(Jacobi, C.G., 1804~1851)는 베를린 대학에서 공부하여 1825년에 박사학위를 취득하였다. 쾨니히스베르크에서 수학교수로 일하다가 1842년에 베를린으로 갔는데, 불행히도 1851년에 일찍 세상을 떠나고 말았다. 뛰어난 수학 연구자이며 뛰어난 수학 교사는 그리 많지 않은 것 같다. 그러나 야코비는 예외적이었고, 유능한 학생을 많이 배출해 낸 위대한 수학 교수 중 하나였다. 그의 연구 업적 중 가장 유명한 것은 타원 함수에 관한 것들이다. 그와 아벨(Abel, N. H., 1802~1829)은 거의 같은 시기에 독립적으로 이 함수의 이론을 확립하였고, 야코비는 그것들에 대해서 오늘날 표기에 필수적인 것을 소개하였다. 야코비는 코시(Cauchy, A. L., 1789~1857) 다음으로 행렬식 이론에 가장 많이 기여를 한 사람일 것이다. '행렬식'이란 말을 궁극적으로 받아들인 사람이 바로 야코비이다. 후에 실베스터(Sylvester, J., 1814~1897)가 야코비안(Jacobian)이라 일컫는 함수행렬식을 사용했는데, 함수론에서 많이 사용된다.

대부분의 학생들은 연구를 하기 전에 이미 완성되어 있는 것을 우선 숙달해야만 한다고 느낀다. 학생들이 이러한 생각에 너무 얽매이지 않고 독립적인 연구에 처음부터 흥미를 느끼도록 격려하기 위하여 야코비는 다음과 같은 비유를 해주곤 했다. “만일 너의 아버지가 한 사람과 결혼하기 전에 이 세상의 모든 여자들을 알아야 한다고 고집했다면 결코 결혼을 하지 못했을 것이고 너 또한 태어날 수도 없었다.” 또한 응용분야 연구에 반(反)하여 순수 수학 연구를 지지하려고 다음과 같이 말했다. “과학의 실제적 목표는 인류지성의 명예이다.” 야코비는 “신은 늘 기하학을 연구한다.”라고 말한 플라톤의 말을 모방하여 “신은 늘 산술을 연구한다.”고 말했다.

정의 11.1

$\gcd(a, n) = 1$인 홀수 $n = p_1 p_2 \cdots p_r$의 소인수 분해라고 하자. **야코비 기호**(Jacobi symbol) $\left(\frac{a}{n}\right)$은 다음과 같이 정의한다.

$$\left(\frac{a}{n}\right) = \left(\frac{a}{p_1}\right)\left(\frac{a}{p_2}\right)\cdots\left(\frac{a}{p_r}\right)$$

여기서 $\left(\frac{a}{p_i}\right)$는 르장드르 기호이다.

다시 말하면 홀수 n의 소인수분해가 $n = p_1^{e_1} p_2^{e_2} \ldots p_r^{e_r}$일 때 $\gcd(a, n) = 1$인 정수 a에 대하여

$$\left(\frac{a}{n}\right) = \left(\frac{a}{p_1}\right)^{e_1}\left(\frac{a}{p_2}\right)^{e_2}\cdots\left(\frac{a}{p_r}\right)^{e_r}$$

이다.

정리 11.1

$\gcd(a, n) = 1$인 홀수 $n = p_1 p_2 \cdots p_r$의 소인수분해라고 하자. ($p_1, \cdots, p_r$은 중복가능)

(1) $\left(\frac{a}{n}\right) = \pm 1$이다.

(2) $n = p$ 소수이면, 야코비 기호는 르장드르 기호와 동일하다.

증명 (1) 각 $(a/p_i) = \pm 1$이므로, $(a/n) = \pm 1$이다. ■

정리 11.2

홀수 $n = p_1 p_2 \cdots p_m > 1$ ($p_1, \cdots, p_m$은 중복 가능한 소수)이라고 하자.

(1) a가 법 n에 관한 이차 잉여일 동치조건은 $\left(\frac{a}{p_1}\right) = \left(\frac{a}{p_2}\right) = \cdots = \left(\frac{a}{p_m}\right) = 1$이다.

(2) a가 법 n에 관한 이차 잉여이면, $\left(\frac{a}{n}\right) = 1$이다. 따라서 $\left(\frac{a}{n}\right) = -1$이면, a는 n에 관한 이차 비잉여이다.

정리 11.3

n은 홀수이며 $n = p_1 \cdots p_m$는 소인수분해라고 하자.

(1) a는 n에 관한 이차 잉여 $\Leftrightarrow$ $(a/p_i) = 1$ (모든 $i = 1, \cdots, m$에 대해)

(2) a는 n에 관한 이차 잉여 $\Rightarrow$ $(a/n) = 1$

(3) $(a/n) = -1$ $\Rightarrow$ a는 n에 관한 이차 비잉여이다.

증명 (1) 르장드르 기호에 의하면, 소수 $p > 2$와 $(a, p) = 1$인 정수 a에 대하여 a가 법 p에 관한 이차 잉여일 필요충분조건, 즉 이차합동식 $x^2 \equiv a \pmod{p}$가 근을 가질 필요충분조건은 $\left(\frac{a}{p}\right) = 1$인 것이다.

이차합동식 $x^2 = a \pmod{n}$는 다음 연립합동식과 동치이다.

$$\begin{cases} x^2 \equiv a \pmod{p_1} \\ x^2 \equiv a \pmod{p_2} \\ \vdots \\ x^2 \equiv a \pmod{p_m} \end{cases}$$

따라서 각각의 이차합동식이 해를 가지면

$$\left(\frac{a}{p_1}\right) = \left(\frac{a}{p_2}\right) = \cdots = \left(\frac{a}{p_m}\right) = 1$$

일 때, 이 경우에만 합동식 $x^2 \equiv a \pmod{n}$는 해를 가지므로 정리가 성립한다.

(2) (1)에 의해 당연하다. ■

그러나 n이 소수가 아닐 때 민약 야코비 기호 $\left(\frac{a}{n}\right)$의 값이 1이더라도 이차합동식 $x^2 \equiv a \pmod{n}$의 근이 존재하지 않을 수 있다.

예제 11.1

이차합동식 $x^2 \equiv 105 \pmod{317}$은 두 개의 해를 가짐을 보여라.

풀이 홀수인 소수 317과 홀수 105에 대하여

$$\left(\frac{105}{317}\right) = \left(\frac{3}{317}\right)\left(\frac{5}{317}\right)\left(\frac{7}{317}\right) = 1$$

이므로 이차합동식 $x^2 \equiv 105 \pmod{317}$은 두 개의 근을 갖는다.

$$\begin{aligned} x^2 &\equiv 105 \equiv 422 \equiv 739 \equiv 1056 \equiv 1373 \equiv 1690 \equiv 2007 \equiv 2324 \equiv 2641 \\ &\equiv 2958 \equiv 3275 \equiv 3592 \equiv 3909 \equiv 4226 \equiv 4543 \equiv 4860 \equiv 5177 \equiv 5494 \\ &\equiv 5811 \equiv 6128 \equiv 6445 \equiv 6762 \equiv 7079 \equiv 7396 = 86^2 \end{aligned}$$

가 되어 $\pm 86 \pmod{317}$이 근이다.

예제 11.2

다음의 방정식들은 근이 있는지 없는지 판정하여라.

(1) $x^2 \equiv 7 \pmod{15}$ (2) $x^2 \equiv 21 \pmod{221}$ (3) $x^2 \equiv 215 \pmod{253}$

풀이 (1) $(7/15) = (7/3)(7/5) = (1/3)(2/5) = (2/5) = 2^{\frac{5-1}{2}} \pmod 5 = -1$

(2) $(21/221) = (21/13)(21/17) = (8/13)(4/17) = (2/13)$

$$\equiv 2^{\frac{13-1}{2}} \pmod{13} \equiv 12 = -1$$

(3) $(215/253) = (215/11)(215/23) = (6/11)(8/23) = (2/11)(3/11)(2/13)(4/23)$

$$= (2/11)(-(11/3))(2/23) = -(2/11)(2/3)(2/23) = -1$$

(여기서 $2^{11} = 2^5 2^5 2 = (-9)(-9)2 = 162 = 7(23) + 1$이다.)

예제 11.3

야코비 기호 $\left(\frac{-1}{45}\right)$와 $\left(\frac{2}{15}\right)$를 계산하여라.

풀이 정의에 의하여 다음이 성립한다.

$$\left(\frac{-1}{45}\right)=\left(\frac{-1}{3}\right)\left(\frac{-1}{3}\right)\left(\frac{-1}{5}\right)=\left(\frac{-1}{5}\right)=(-1)^{\frac{5-1}{2}}=1$$

$$\left(\frac{2}{15}\right)=\left(\frac{2}{3}\right)\left(\frac{2}{5}\right)=(-1)^{\frac{3^2-1}{8}}(-1)^{\frac{5^2-1}{8}}=1$$

예제 11.4

$\left(\frac{2}{15}\right)=1$ 이지만 $x^2 \equiv 2 \pmod{15}$는 해를 갖지 않음을 설명하여라.

풀이 $\left(\frac{2}{15}\right)=\left(\frac{2}{3}\right)\left(\frac{2}{5}\right)=(-1)(-1)^3=1$ 이다. 그러나 $\left(\frac{2}{3}\right)=-1$, $\left(\frac{2}{5}\right)=(-1)^3=-1$ (이유: $3 \equiv 5 \pmod 8$)이므로 두 이차합동식 $x^2 \equiv 2 \pmod 3$와 $x^2 \equiv 2 \pmod 5$는 모두 근을 가지지 않는다. 따라서 이차합동식 $x^2 \equiv 2 \pmod{15}$는 근은 없다.

정리 11.4

홀수 $n(n \geq 3)$와 $\gcd(a, n)=\gcd(b, n)=1$인 정수 a, b에 대하여 다음이 성립한다.

(1) $a \equiv b \pmod n$이면 $\left(\frac{a}{n}\right)=\left(\frac{b}{n}\right)$이 성립한다.

(2) $\left(\frac{ab}{n}\right)=\left(\frac{a}{n}\right)\left(\frac{b}{n}\right)$

(3) $\left(\frac{1}{n}\right)=1$, $\left(\frac{a^2}{n}\right)=1$, $\left(\frac{a^2b}{n}\right)=\left(\frac{b}{n}\right)$

정리 11.4은 야코비 기호와 르장드르 기호가 거의 동일한 성질을 만족하는 것을 보여준다.

정리 11.5

홀수인 $n\ (n \geq 3)$에 대하여 $\left(-\frac{1}{n}\right)=(-1)^{\frac{n-1}{2}}$ 이다.

증명 홀수 n의 소인수분해 $n=p_1p_2\cdots p_k$ ($p_1, p_2, \cdots, p_k$는 소수로서 중복 가능)일 때, 정

의에 의하여 $\left(\frac{a}{n}\right)=\left(\frac{a}{p_1}\right)\left(\frac{a}{p_2}\right)\cdots\left(\frac{a}{p_k}\right)$이므로 다음이 성립한다.

$$\begin{aligned}\left(-\frac{1}{n}\right)&=\left(\frac{-1}{p_1}\right)\left(\frac{-1}{p_2}\right)\cdots\left(\frac{-1}{p_k}\right)\\&=(-1)^{\frac{p_1-1}{2}+\frac{p_2-1}{2}+\cdots+\frac{p_k-1}{2}}\\&=(-1)^{\frac{p_1p_2\cdots p_k-1}{2}}=(-1)^{\frac{n-1}{2}}\end{aligned}$$ ■

이차 잉여의 상반법칙은 야코비 기호에서도 성립한다.

정리 11.6

두 홀수 $n, m \geq 3$에 대하여 $\gcd(n, m)=1$일 때, 다음이 성립한다.

$$\left(\frac{m}{n}\right)=(-1)^{\frac{n-1}{2}\cdot\frac{m-1}{2}}\left(\frac{n}{m}\right)$$

즉 $\left(\frac{m}{n}\right)\left(\frac{n}{m}\right)=(-1)^{\frac{n-1}{2}\cdot\frac{m-1}{2}}$이다.

증명 $n=p_1p_2\cdots p_k$과 $m=q_1q_2\cdots q_t$를 소인수 분해라고 하자. 여기서 $p_1, \cdots, p_k$와 q_1, $\cdots, q_t$는 소수들로서 중복될 수 있다. 가정에 의하여 $\gcd(n, m)=1$이므로 각 i, j에 대하여 $\gcd(p_i, q_j)=1(1\leq i\leq k, 1\leq j\leq t)$이고 따라서 다음이 성립한다.

$$\begin{aligned}\left(\frac{m}{n}\right)&=\left(\frac{m}{p_1}\right)\left(\frac{m}{p_2}\right)\cdots\left(\frac{m}{p_k}\right)\\&=\left(\frac{q_1}{p_1}\right)\cdots\left(\frac{q_t}{p_1}\right)\cdot\cdots\left(\frac{q_1}{p_2}\right)\cdots\left(\frac{q_t}{p_2}\right)\cdot\cdots\cdot\left(\frac{q_1}{p_k}\right)\cdots\left(\frac{q_t}{p_k}\right)\\&=(-1)^{\sum_{i=1}^{k}\sum_{j=1}^{t}\frac{p_i-1}{2}\frac{q_j-1}{2}}\left(\frac{p_1}{q_1}\right)\cdots\left(\frac{p_1}{q_t}\right)\left(\frac{p_2}{q_1}\right)\cdots\left(\frac{p_2}{q_t}\right)\cdots\left(\frac{p_k}{q_1}\right)\cdots\left(\frac{p_k}{q_t}\right)\\&=(-1)^{\sum_{i=1}^{k}\frac{p_i-1}{2}\sum_{j=1}^{t}\frac{q_j-1}{2}}\left(\frac{p_1}{q_1}\right)\cdots\left(\frac{p_k}{q_1}\right)\left(\frac{p_1}{q_2}\right)\cdots\left(\frac{p_k}{q_2}\right)\cdots\left(\frac{p_1}{q_t}\right)\cdots\left(\frac{p_k}{q_t}\right)\\&=(-1)^{\frac{p_1p_2\cdots p_k-1}{2}\frac{q_1q_2\cdots q_k-1}{2}}\left(\frac{n}{q_1}\right)\left(\frac{n}{q_2}\right)\cdots\left(\frac{n}{q_t}\right)\end{aligned}$$

$$= (-1)^{\frac{n-1}{2}\frac{m-1}{2}}\left(\frac{n}{m}\right)$$ ■

야코비 기호에 대한 대부분의 성질은 르장드르 기호의 것과 거의 유사하다.

정리 11.7

(1) $a \equiv b \pmod{n} \quad \Rightarrow \quad \left(\frac{a}{n}\right) = \left(\frac{b}{n}\right)$

(2) $\left(\frac{ab}{n}\right) = \left(\frac{a}{n}\right)\left(\frac{b}{n}\right), \quad \left(\frac{a}{mn}\right) = \left(\frac{a}{m}\right)\left(\frac{a}{n}\right)$

(3) $\left(\frac{a^2}{n}\right) = \left(\frac{a}{n^2}\right) = 1$

(4) $\left(\frac{m}{n}\right) = (-1)^{\frac{m-1}{2}\cdot\frac{n-1}{2}}\left(\frac{n}{m}\right) = \begin{cases} \left(\frac{n}{m}\right) & \text{만일 } n \equiv 1 \pmod{4} \text{ 또는 } m \equiv 1 \pmod{4} \\ -\left(\frac{n}{m}\right) & \text{만일 } n \equiv m \equiv 3 \pmod{4} \end{cases}$

(5) $\left(\frac{-1}{n}\right) = (-1)^{\frac{n-1}{2}} = \begin{cases} 1 & \text{만일 } n \equiv 1 \pmod{4} \\ -1 & \text{만일 } n \equiv 3 \pmod{4} \end{cases}$

(6) $\left(\frac{2}{n}\right) = (-1)^{\frac{n^2-1}{8}} = \begin{cases} 1 & \text{만일 } n \equiv 1, 7 \pmod{8} \\ -1 & \text{만일 } n \equiv 3, 5 \pmod{8} \end{cases}$

11.2 크로네커 기호(Kronecker Symbol)

크로네커(Kronecker, L., 1823~1891)는 독일의 수학자이며 논리학자이다. 특별한 복소수에 관한 《대수체의 단위원에 관한 연구》로 1845년 베를린대학교에서 박사학위를 받았다. 그는 30세가 될 때까지 가업인 상업과 부동산사업을 경영하면서 취미로 수학을 즐기다가, 1883년 쿠머(Kummer, E.E., 1810~1893)의 뒤를 이어 베를린대학교 교수가 되었다. 주요연구로 타원함수, 이데알론, 2차 형식론 등이 있는데, 이들 연구는 정수론과 관련되어 있다. 그는 "정수는 신이 만든 것이며, 그 밖의 모든 수는 인간이 만들었다."라는 말을 남겼을 정도로 정수론을 통한 수의 산술화에 절대적인 믿음을 갖고 있었다. 이 때문에 동시대에 오늘날의 수론의 기초를 만든 바이어슈트라스(Wierstrass, K.T.W., 1815 ~1897)와 자주 논쟁하였다. 또한 잘 알려진대로 실수와 무한의 개념을 둘러싸고 칸토어(Cantor, G., 1845~1918)와도 수학적으로 대립하였다.

크로네커 기호는 야코비 기호를 모든 정수에 대해 일반화 한 것이다.

정의 11.2

정수 n의 소인수분해를 $n = u \cdot p_1^{e_1} \cdots p_k^{e_k}$ 라고 하자. 여기서 u는 단위원이고 p_i는 소수이다. 임의의 정수 $a \geq 0$에 대해 크로네커 기호 $\left(\frac{a}{n}\right)$은 다음과 같이 정의된다.

$$\left(\frac{a}{n}\right) = \left(\frac{a}{u}\right) \prod_{i=1}^{k} \left(\frac{a}{p_i}\right)^{e_i}$$

p_i가 홀수인 소수이면 $\left(\frac{a}{p_i}\right)$는 르장드르 기호의 계산을 따른다.

$p_i = 2$인 경우에 다음과 같이 정의한다.

$$\left(\frac{a}{2}\right) = \begin{cases} 0 & (a\text{가 짝수인 경우}) \\ 1 & (a\text{가 홀수이면서 } a \equiv \pm 1 \pmod 8) \\ -1 & (a\text{가 홀수이면서 } a \equiv \pm 3 \pmod 8) \end{cases}$$

크로네커 기호는 야코비 기호 $\left(\frac{a}{u}\right)$를 확장하여 $u = \pm 1$일 때, 다음과 같이 정의했다.

$$\left(\frac{a}{-1}\right) = \begin{cases} -1 & (a < 0) \\ 1 & (a > 0) \end{cases}$$

이러한 일반화는 크로네커 기호의 모든 정수값 n에 대하여 충분하다.

이제 이차합동식 $x^2 \equiv a \pmod n$에 대하여 알아보자.

우선 p와 q는 서로 다른 홀수인 소수로서 $n = pq$이고 $\gcd(a, pq) = 1$일 때 방정식

$$x^2 \equiv a \pmod{pq}$$

는 연립합동식

$$\begin{cases} x^2 \equiv a \pmod p \\ x^2 \equiv a \pmod q \end{cases}$$

와 동치이다. $x^2 \equiv a \pmod p$과 $x^2 \equiv a \pmod q$이 각각 두 개의 근

$$x \equiv \pm b \pmod p, \quad x \equiv \pm c \pmod q$$

를 가진다고 하자. 그러면 이차합동식 $x^2 \equiv a \pmod{pq}$의 근은 다음과 같은 4개의 연립일차합동식의 근이다.

$$\begin{cases} x \equiv b \pmod p \\ x \equiv c \pmod q \end{cases}, \quad \begin{cases} x \equiv b \pmod p \\ x \equiv -c \pmod q \end{cases}, \quad \begin{cases} x \equiv -b \pmod p \\ x \equiv c \pmod q \end{cases}, \quad \begin{cases} x \equiv -b \pmod p \\ x \equiv -c \pmod q \end{cases}$$

위의 네 개의 연립일차합동식을 풀기 위하여 중국인의 나머지 정리를 이용하자. $M_1, M_2, N_1, N_2, x_0, y_0$ 을 다음과 같이 정하자.

$$M_1 = \frac{pq}{p} = q, \qquad M_2 = \frac{pq}{q} = p$$

$$qN_1 \equiv 1 \pmod p, \qquad pN_2 \equiv 1 \pmod q$$

$$x_1 = bqN_1 + cpN_2, \qquad x_2 = -bqN_1 + cpN_2,$$

그러면 이차합동식 $x^2 \equiv a \pmod{pq}$의 근은 다음과 같다.

$$x \equiv x_1 \pmod{pq}, \qquad x \equiv -x_2 \pmod{pq}$$

$$x \equiv x_2 \pmod{pq}, \qquad x \equiv -x_1 \pmod{pq}$$

한편,

$$x_1 + x_2 = 2cpN_2, \quad x_1 - x_2 = 2bqN_1,$$

$$\gcd(c, q) = \gcd(N_2, q) = 1, \qquad \gcd(b, p) = \gcd(N_1, p) = 1$$

이므로

$$\gcd(x_1 + x_2, pq) = p, \quad \gcd(x_1 - x_2, pq) = q$$

이다.

합성수를 법으로 하는 이차합동식을 소수를 법으로 하는 연립일차합동식으로 바꾸어 풀면 네 개의 연립일차합동식의 근이 나오게 된다. 이 네 개의 근은 원래 구하고자 하는 이차합동식의 해가 아니라 소수를 법으로 변형한 연립일차합동식의 근이다. 따라서 원래의 합성수를 법으로 하는 이차합동식의 근을 찾기 위해 다음 정리가 필요하다.

정리 11.8

$n = pq$ ($p \neq q$ 는 홀수인 소수)이며, a는 $\gcd(a, n) = 1$인 정수라고 하자.

(1) 합동식 $x^2 \equiv a \pmod{n}$ 의 해가 존재할 필요충분조건은 두 합동식 $x^2 \equiv a \pmod{p}$와 $x^2 \equiv a \pmod{q}$ 의 해가 존재하는 것이다. 다시 말하면 다음과 같이 표현된다.

$$a\text{가 법 } n\text{에 관한 이차 잉여이다.} \Leftrightarrow \left(\frac{a}{p}\right) = \left(\frac{a}{q}\right) = 1 \text{ 이다.}$$

(2) $p \equiv q \equiv 3 \pmod{4}$일 때, 이차합동식 $x^2 \equiv a \pmod{n}$의 근이 존재하면 이차합동식의 네 개의 근 중에는 법 n에 관하여 이차 잉여인 근 $x \equiv x_0 \pmod{n}$ 즉 $\left(\frac{x_0}{p}\right) = \left(\frac{x_0}{q}\right) = 1$인 근이 존재하고 이러한 근은 단 하나뿐이다.

증명 (1)은 정리 11.7에 의해 성립한다.

(2) $p \equiv q \equiv 3 \pmod{4}$이라고 하자. 이때, $\left(\frac{-1}{p}\right) = \left(\frac{-1}{q}\right) = -1$이고 또 x_1과 x_2는 각각 연립일차합동식

$$\begin{cases} x \equiv b \pmod{p} \\ x \equiv c \pmod{q} \end{cases} \qquad \begin{cases} x \equiv -b \pmod{p} \\ x \equiv c \pmod{q} \end{cases}$$

을 만족시키므로 다음이 성립한다.

$$x_1 \equiv b \pmod{p}, \qquad x_2 \equiv -b \pmod{p}$$
$$x_1 \equiv c \pmod{q}, \qquad x_2 \equiv c \pmod{q}$$

따라서 정리에 의하여

$$\left(\frac{x_1}{p}\right) = \left(\frac{-x_2}{p}\right) = \left(\frac{b}{p}\right), \qquad \left(\frac{-x_1}{p}\right) = \left(\frac{x_2}{p}\right) = -\left(\frac{b}{p}\right),$$

$$\left(\frac{x_1}{q}\right) = \left(\frac{-x_2}{q}\right) = \left(\frac{c}{q}\right), \qquad \left(\frac{-x_1}{q}\right) = \left(\frac{-x_2}{q}\right) = -\left(\frac{c}{q}\right)$$

이므로 네 개의 순서쌍

$$\left(\left(\frac{x_1}{p}\right), \left(\frac{x_1}{q}\right)\right), \quad \left(\left(\frac{-x_1}{p}\right), \left(\frac{-x_1}{q}\right)\right), \quad \left(\left(\frac{x_2}{p}\right), \left(\frac{x_2}{q}\right)\right), \quad \left(\left(\frac{-x_2}{p}\right), \left(\frac{-x_2}{q}\right)\right)$$

는 각각

$$\left(\left(\frac{b}{p}\right), \left(\frac{c}{q}\right)\right),\ \left(-\left(\frac{b}{p}\right), -\left(\frac{c}{q}\right)\right),\ \left(-\left(\frac{b}{p}\right), \left(\frac{c}{q}\right)\right),\ \left(\left(\frac{b}{p}\right), -\left(\frac{c}{q}\right)\right)$$

과 같다. 그러므로 이들 순서쌍은

$$(1,\ 1),\ (1,\ -1),\ (-1,\ 1),\ (-1,\ -1)$$

중의 어느 하나와 일치한다. 따라서 위의 네 순서쌍 중에는 순서쌍 $(1,\ 1)$과 일치하는 것이 단 하나 존재한다. 이차합동식 $x^2 \equiv a \pmod{n}$의 네 개의 근 중에서

$$\left(\frac{x_0}{p}\right) = \left(\frac{x_0}{q}\right) = 1$$

인 근 $x \equiv x_0 \pmod{n}$가 단 하나 존재한다. 이 사실은 x_0가 법 n에 관하여 이차잉여임을 뜻한다. ■

예제 11.5

이차합동식 $x^2 \equiv 1 \pmod{341}$의 근을 구하여라.

풀이

주어진 합동식은 다음 연립방정식과 동치이다.

$$\begin{cases} x^2 \equiv 1 \pmod{11} \\ x^2 \equiv 1 \pmod{31} \end{cases}$$

그런데 위의 두 합동식의 근은 각각 다음과 같다.

$$x \equiv \pm 1 \pmod{11}, \quad x \equiv \pm 1 \pmod{31}$$

따라서 구하는 근은 다음 네 연립합동식의 근이다.

$$\begin{cases} x \equiv +1 \pmod{11} \\ x \equiv +1 \pmod{31} \end{cases} \qquad \begin{cases} x \equiv +1 \pmod{11} \\ x \equiv -1 \pmod{31} \end{cases}$$

$$\begin{cases} x \equiv -1 \pmod{11} \\ x \equiv +1 \pmod{31} \end{cases} \qquad \begin{cases} x \equiv -1 \pmod{11} \\ x \equiv -1 \pmod{31} \end{cases}$$

유클리드 알고리즘을 이용하여 $31 \cdot N_1 + 11 \cdot N_2 = 1$인 정수 N_1, N_2을 구하면

$$N_1 = 5,\ N_2 = -14 \equiv 17 \pmod{31}$$

이다. 따라서

$$x_1 = 1 \cdot 31 \cdot 5 + 1 \cdot 11 \cdot 17 = 342,$$

$$x_2 = (-1) \cdot 31 \cdot 5 + 1 \cdot 11 \cdot 17 = 32$$

으로 놓으면 근은 각각 다음과 같다.

$$x \equiv x_1 \equiv 342 \equiv 1 \pmod{341}, \quad x \equiv -x_2 \equiv -32 \pmod{341}$$

$$x \equiv x_2 \equiv 32 \pmod{341}, \quad x \equiv -x_1 \equiv -342 \equiv -1 \pmod{341}$$

이것이 $x^2 \equiv 1 \pmod{341}$의 4개의 근이고, 또한 다음이 성립한다.

$$x_1 + x_2 = 342 + 32 = 374, \qquad (x_1 + x_2,\ 341) = 11$$

$$x_1 - x_2 = 342 - 32 = 310, \qquad (x_1 - x_2,\ 341) = 31$$

한편, $11 \equiv 3 \pmod 8$, $31 \equiv -1 \pmod 8$이고 $11 \equiv 3 \pmod 4$, $31 \equiv 3 \pmod 4$이다.

$$\left(\frac{1}{11}\right) = 1, \quad \left(\frac{-1}{11}\right) = -1, \quad \left(\frac{1}{31}\right) = 1, \quad \left(\frac{-1}{31}\right) = -1$$

따라서 이차합동식 $x^2 \equiv 1 \pmod{342}$의 근중에서 법 342에 관하여 이차잉여인 근 $x \equiv x_0$ $(\bmod 432)$은 다음 연립방정식의 근이다.

$$\begin{cases} x \equiv +1 \pmod{11} \\ x \equiv +1 \pmod{31} \end{cases}$$

그러므로 앞의 결과에 의하여 $x \equiv x_0 \equiv x_1 \equiv 1 \pmod{342}$이다.

연습문제

1. 다음의 값을 구하여라.

(a) $\left(\frac{2}{141}\right)$ (b) $\left(\frac{51}{71}\right)$ (c) $\left(\frac{-35}{97}\right)$

(d) $\left(\frac{27}{101}\right)$ (e) $\left(\frac{1326}{385}\right)$

2. 다음의 방정식의 근이 존재하는지를 판정하여라.

(a) $x^2 \equiv 10 \pmod{127}$ (b) $x^2 \equiv 73 \pmod{173}$ (c) $x^2 \equiv 11 \pmod{61}$

(d) $x^2 \equiv 31 \pmod{103}$ (e) $x^2 \equiv 663 \pmod{385}$ (f) $x^2 \equiv -172 \pmod{707}$

3. 103은 법 1223에 의해 제곱수임을 증명하여라.(단 1223은 소수이다.)

4. $x^2 - 5y^2 = 3$의 정수근은 모두 몇 개인가.

5. $f: x^2 - 7y^2 = -1$는 정수근 $x, y \in \mathbb{Z}$를 갖는가?

6. $g: x^2 - 5y^2 = -1$는 정수근 $x, y \in \mathbb{Z}$를 갖는가?

7. 방정식 $x^2 + 26x + 33 \equiv 0 \pmod{60}$의 근의 개수를 예측하여라.

8. 방정식 $x^2 + 26x + 33 \equiv 0 \pmod{60}$의 근을 모두 구하여라.

9. 다음을 만족하는 양의 정수 n을 구하여라.

(a) $\left(\frac{15}{n}\right) = 1$, $\gcd(15, n) = 1$ (b) $\left(\frac{30}{n}\right) = 1$, $\gcd(30, n) = 1$

11.3 소수 거듭제곱에 대한 이차합동방정식

홀수 소수 법에 관한 이차합동식을 배워왔는데, 이제 다른 경우를 생각해보자. 소수 거듭제곱을 법으로 하는 이차합동방정식은 어떻게 풀 수 있을까?

정리 11.9

소수 $p > 2$와 정수 a가 $\gcd(a, p) = 1$라고 하자. 그러면 $x^2 \equiv a \pmod{p^n}$가 근을 가질 동치조건은 $(a/p) = 1$이다.

증명 $(\Rightarrow)$은 증명하기 쉬우나, $(\Leftarrow)$은 어렵다. 우선 예제를 통해 생각해 보자. ■

예제 11.6

$x^2 \equiv 23 \pmod{49}$는 근을 갖는가?

풀이 $x^2 \equiv 23 \pmod{49}$에 대해, 정리 11.8에 의하면 $(23/7) = (2/7) = 1$이므로 근이 있음을 알 수 있다.

그러나 실제로 근이 무엇인지를 찾는 것은 쉽지 않다. 일반적인 풀이 방법으로 8.3절을 다시 보자.

예제 11.7

$f(x) \equiv 0 \pmod{p^{a+1}}$의 근을 찾아보자.

풀이

$$f(x) \equiv 0 (\mathrm{mod}\, p),\ f(x) \equiv 0 (\mathrm{mod}\, p^2),\ \cdots,\ f(x) \equiv 0 (\mathrm{mod}\, p^a),\ f(x) \equiv 0 (\mathrm{mod}\, p^{a+1})$$

의 방정식을 순차적으로 푼다.

각 방정식들의 근의 집합을 $S_{1,}\ S_2,\ \cdots,\ S_{a,}\ S_{a+1}$이라 하면, 그것들 사이에

$$S_1 \supset S_2 \supset \cdots \supset S_a \supset S_{a+1}$$

의 포함관계가 있다. 그러므로 $f(x) \equiv 0 \pmod{p^{a+1}}$의 근은 $f(x) \equiv 0 \pmod{p^a}$의 근 들 중에서 찾으면 된다.

이제 $f(x) \equiv 0 \pmod{p^a}$의 모든 근들 $S = \{b_1, b_2, \cdots, b_r \pmod{p^a}\}$를 찾았다고 가정하다.

그리고 $f(x) \equiv 0 \pmod{p^{a+1}}$의 하나의 근 $\beta \in S_{a+1}$를 찾아보자.

① $\beta \in S_{a+1} \subseteq S_a$이므로, 적당한 $b_i \in S_a$에 대해 $\beta \equiv b_i (\mathrm{mod} p^a) = b_i + kp^a (k \in \mathbb{Z})$이다.

② $b_i \in S_a$이므로 $f(b_i) \equiv 0 (\mathrm{mod} p^a)$, 즉 $f(b_i) = tp^a \ (t \in \mathbb{Z})$이다.

③ 또한 $\beta \in S_{a+1}$이므로 $f(\beta) \equiv 0 (\mathrm{mod} p^{a+1})$ 이다. 그런데, Taylor 급수전개식에 의해

$$f(\beta) = f(b_i + kp^a) = f(b_i) + f'(b_i)(kp^a) + \frac{f''(b_i)}{2!}(kp^a)^2 + \frac{f'''(b_i)}{3!}(kp^a)^3 + \cdots$$

가 된다.

④ 따라서

$$0 \equiv f(\beta) (\mathrm{mod}\, p^{a+1})$$

$$\equiv f(b_i)+f'(b_i)(kp^a)+\frac{f''(b_i)}{2!}(kp^a)^2+\frac{f'''(b_i)}{3!}(kp^a)^3+\cdots \pmod{p^{a+1}}$$
$$\equiv f(b_i)+f'(b_i)(kp^a) \pmod{p^{a+1}}$$
$$\equiv tp^a+f'(b_i)(kp^a) \pmod{p^{a+1}}$$
$$\equiv p^a(t+f'(b_i)k) \pmod{p^{a+1}}$$

이다. 즉,

β는 $f(x)\equiv 0 \pmod{p^{a+1}}$의 근이다.
$\Leftrightarrow\ 0\equiv p^a(t+f'(b_i)k) \pmod{p^{a+1}}$
$\Leftrightarrow\ 0\equiv t+f'(b_i)k \pmod{p}$

이다. 그러므로 다음과 같은 단계로 근을 구하게 된다.

식 ② $f(b_i)=tp^a$를 만족하는 t를 먼저 찾은 후, 식 ④ $0\equiv t+f'(b_i)k \pmod{p}$에 t를 대입하면 k를 구할 수 있다. 그 후 식 ① $\beta=b_i+kp^a$에 k를 대입하여 β를 구할 수 있다.

예제 11.8

$x^2\equiv 23 \pmod{7^3}$의 근을 찾아라.

풀이 $f(x)=x^2-23$이라 놓고,

$$f(x)\equiv 0 \pmod 7,\ f(x)\equiv 0 \pmod{7^2},\ f(x)\equiv 0 \pmod{7^3}$$

의 세 단계로 나누어 근을 찾는다.

[1단계] $f(x)=x^2-23\equiv 0 \pmod 7$는 $x^2-2\equiv 0 \pmod 7$이다. 르장드르 기호 $(2/7)=1$이므로 근이 존재하며, 실제로 3과 4가 $f(x)\equiv 0 \pmod 7$근이다.
따라서 $S_1=\{3,4\} \pmod 7$이다.

[2단계] $f(x)=x^2-23\equiv 0 \pmod{7^2}$의 한 근을 $\alpha\in S_2$라고 하자. 그러면 $\alpha\in S_2\subset S_1$이므로 다음의 두 경우를 생각할 수 있다.

$\alpha \equiv 3 \pmod 7$:	$\alpha \equiv 4 \pmod 7$:
① $\alpha \equiv 3+7k$ $(k \in \mathbb{Z})$로 표현된다. ② $f(3) \equiv 0 \pmod 7$이므로 $7t = f(3) = 3^2 - 23 = 7(-2)$ 즉 $t = -2$이다. ③ $f(x) = x^2 - 23$의 도함수 $f'(x) = 2x$이므로 $f'(3) = 6$이다. 관계식 $t + f'(3)k \equiv 0 \pmod 7$로에 $f'(3) = 6$과 $t = -2$를 대입하면 $6k \equiv 2 \pmod 7$, 즉 $k \equiv 5 \pmod 7$이다. 그러므로 $\alpha = 3 + 7(5) \equiv 38 \pmod{7^2}$이 $f(x) \equiv 0 \pmod{7^2}$의 근이다.	마찬가지로 풀어보자.

(확인: $38^2 - 23 = 1421 = 7^2(29) \equiv 0 \pmod{7^2}$)

또 다른 근은 $7^2 - 38 = 11$인데, 이것은 $\alpha \equiv 4 \pmod 7$로 놓고 위와 동일한 방법으로 풀어 구할 수 있다. 따라서 $\alpha \equiv 38,\ 11 \pmod{7^2}$이다.

따라서 $S_2 = \{38, 11\} \mod 7^2$이다.

[3단계] $f(x) = x^2 - 23 \equiv 0 \pmod{7^3}$의 한 근을 $\beta \in S_3$라고 하자. 그러면 $\beta \in S_3 \subset S_2$이므로 다음의 두 경우를 생각할 수 있다.

$\beta \equiv 11 \pmod{7^2}$:	$\beta \equiv 38 \pmod{7^2}$
① $\beta \equiv 11 + 7^2 k$ $(k \in \mathbb{Z})$로 표현된다. ② 또한 $f(11) \equiv 0 \pmod{7^2}$이므로 $7^2 t = f(11) = 11^2 - 23 = 98 = 7^2(2)$, 즉 $t = 2$이다. ③ 따라서 $t + f'(\beta)k \equiv 0 \pmod 7$에 $f'(11) = 22$과 $t = 2$를 대입하면 $22k \equiv -2 \pmod 7$, 즉 $k \equiv -2 \equiv 5 \pmod 7$이다. 그러므로 $\beta = 11 + 7^2(5) \equiv 256 \pmod{7^3}$ 이 $f(x) \equiv 0 \pmod{7^3}$의 근이다.	마찬가지로 풀어보자.

그러면

(확인: $256^2 - 23 = 65513 = 7^3(191) \equiv 0 \pmod{7^3}$)

또 다른 근은 $7^3 - 256 = 87$인데, 이것은 $\beta \equiv 38 \pmod{7^2}$로 놓고 위와 동일한 방

법으로 풀어 구할 수 있다.

따라서 $x^2 \equiv 23 \pmod{7^3}$의 근은 87, $256 \pmod{7^3}$이다.

풀이단계를 아래 표로 정리할 수 있다.

$x^2 \equiv 23 \pmod{49}$의 근을 찾기 위해, 우선 $x^2 \equiv 23 \pmod 7$의 근을 조사한다.	$x^2 \equiv 23 \pmod{7^3}$의 근을 찾기 위해, 우선 $x^2 \equiv 23 \pmod{7^2}$의 근을 조사한다.
즉 $x^2 \equiv 23 \equiv 2 \pmod 7$은 $(2/7) = 1$이므로 근이 존재하며, $x_0 = 3$이 $x^2 \equiv 2 \pmod 7$의 근이다.	전 단계에서 $x_0 = 38$이 식 $x^2 \equiv 23 \pmod{7^2}$의 근임을 알았다.
$3^2 = 9 \equiv 2 \pmod 7$이며, $3^2 = 9 = 23 + (-2)7$이다.	즉, $38^2 = 23 + 29 \cdot 7^2$이다.
이제 식 $2x_0 y \equiv -(-2) \pmod 7$ (이때 $x_0 = 3$이므로, $6y \equiv 2 \pmod 7$ $76y \equiv -29 \pmod 7$)를 만족하는 근 y_0를 찾으면, $y_0 \equiv 5$이다.	이제 식 $2x_0 y \equiv -(29) \pmod{7^2}$(이때 $x_0 = 38$이므로)를 만족하는 근 y_0를 찾으면, $y_0 \equiv 1$이다.
따라서 원식 $x^2 \equiv 23 \pmod{49}$의 근은 $x_o + 7y_0 = 3 + 7 \cdot 5 = 38$이다.	따라서 원식 $x^2 \equiv 23 \pmod{7^3}$의 근은 $x_0 + 7^2 y_0 = 38 + 7^2 \cdot 1 = 87$
확인: $38^2 = 1444 = 29 \cdot 49 + 23 \equiv 23 \pmod{7^2}$	확인: $87^2 = 7569 = 22 \cdot 7^3 + 23$이다.

참고 법이 짝수인 소수 (즉 $p = 2$) 이거나 2의 배수인 경우는 어떻게 하는가? ∎

정리 11.10

a는 홀수 정수라고 하자. 그러면

(1) $x^2 \equiv a \pmod 2$는 항상 근을 갖는다.

(2) $x^2 \equiv a \pmod 4$는 근을 갖는다. $\Leftrightarrow$ $a \equiv 1 \pmod 4$

(3) $x^2 \equiv a \pmod{2^n}$ $(n \geq 3)$는 근을 갖는다. $\Leftrightarrow$ $a \equiv 1 \pmod 8$

증명 (1)은 당연하다.

(2) 홀수 정수의 제곱은 법 4에 의해 항상 1과 합동이다. 그러므로 $x^2 \equiv a \pmod 4$은 단지 a가 $4k+1$의 형태일 때 풀린다. 이런 경우에 법 4에 관한 2개의 근이 있어서, $x = 1$과 $x = 3$이다.

(3)은 어려우므로 여기서는 생략한다. ■

예제 11.9

$(2/33)=1$ 이지만 방정식 $x^2 \equiv 2 \pmod{33}$는 근이 없음을 보여라.

풀이 $(2/33)=(2/3)(2/11)=(-1)(-1)=1$ 이다. 그런데 방정식 $x^2 \equiv 2 \pmod{33}$이 근을 가지려면 중국인의 나머지 정리에 의해

$$x^2 \equiv 2 \pmod 3 \text{과} \quad x^2 \equiv 2 \pmod{11}$$

이 동시에 근을 가져야 한다. 그러나 위에서 계산한 것처럼 $(2/3)=-1=(2/11)$이므로 이 두 방정식은 근을 갖지 않으며, 따라서 $x^2 \equiv 2 \pmod{33}$는 근은 존재하지 않는다.

예제 11.10

다음을 계산하여라.

(1) $(105/317)$ (2) $x^2 \equiv 219 \pmod{383}$ (3) $x^2 \equiv 219 \pmod{399}$

풀이 (3)만 계산해 보자.

$$\begin{aligned}(221/399) &= (399/221) = (178/221) = (2/221)(89/221) \\ &= (2/13)(2/17)(221/89) = 2^6 \pmod{13} \cdot 2^8 \pmod{13} \cdot (43/89) \\ &= (-1)(1)(89/43) = -(3/43) = (43/3) = (1/3) = 1\end{aligned}$$

---

p, q는 서로 다른 홀수 소수로서 $\gcd(a, pq)=1$라고 하자. 그러면

$$x^2 \equiv a \pmod{pq}\text{는 근을 갖는다.} \Leftrightarrow \begin{cases} x^2 \equiv a \pmod p \\ x^2 \equiv a \pmod q \end{cases}\text{는 근을 갖는다.}$$

그런데 $x^2 \equiv a \pmod p$와 $x^2 \equiv a \pmod q$가 각각 2개씩 근을 가지므로 $x^2 \equiv a \pmod{pq}$는 모두 4개의 근을 갖는다.

예제 11.11

$x^2 \equiv 1 \pmod{341}$의 근을 구하여라.

풀이 $341 = 11 \cdot 31$이므로, 방정식 $x^2 \equiv 1 \pmod{341}$을 연립방정식

$$\begin{cases} x^2 \equiv 1 \pmod{11} \\ x^2 \equiv 1 \pmod{31} \end{cases}$$

으로 나타낼 수 있다. 그러면 $\pm 1 \pmod{11}$과 $\pm 1 \pmod{31}$이 각각 근이므로, 원식의 근은

$$\begin{cases} x \equiv 1 \pmod{11} \\ x \equiv 1 \pmod{31} \end{cases}, \quad \begin{cases} x \equiv 1 \pmod{11} \\ x \equiv -1 \pmod{31} \end{cases}, \quad \begin{cases} x \equiv -1 \pmod{11} \\ x \equiv 1 \pmod{31} \end{cases}, \quad \begin{cases} x \equiv -1 \pmod{11} \\ x \equiv -1 \pmod{31} \end{cases}$$

이 된다. 이제 중국인의 나머지 정리를 사용하여 각 연립방정식을 풀면, 근들은

$$\pm 342,\ \pm 32 \pmod{341} \ \text{즉,}\ \pm 1,\ \pm 32 \pmod{341}$$

이 된다.

연습문제

1. 합동방정식 $x^3 + x + 4 \equiv 0 \pmod{7^3}$의 근을 찾아라.

2. 합동방정식 $x^2 + 1 \pmod{5^4}$의 근을 찾아라.

3. 방정식 $3x^2 + 9x + 7 \equiv 0 \pmod{13}$을 풀어라

4. 방정식 $x^5 \equiv 9 \pmod{37}$을 풀어라.

5. $x^{17} \equiv 18 \pmod{37}$을 풀어라.

6. $x^{10} \equiv 35 \pmod{43}$을 풀어라.

7. $x^2 = y^3 - 5$는 정수근이 없음을 증명하여라.

연분수

실수 $a_1, a_2, a_3, \cdots$와 $b_1, b_2, b_3, \cdots$에 대하여 다음과 같이 연속되는 형태로 표현된 분수를 **연분수**(continued fraction)라 한다.

$$a_1+\cfrac{b_1}{a_2+\cfrac{b_2}{a_3+\cfrac{b_3}{\cdots}}}$$

과거 2000년 동안의 수학의 여러 분야에서 연분수의 예를 많이 찾아 볼 수 있지만 연분수의 정확한 기원은 찾기 힘들다. 연분수 개념은 유클리드 알고리즘이 발생하였을 시기에 만들어졌을 것으로 추정한다. 유클리드 알고리즘은 두 수 a, b의 최대공약수를 찾는 방법일 뿐만 아니라 유리수 $\frac{a}{b}\,(b \neq 0)$에 대한 유한단순연분수를 유도하는 도구가 되기 때문이다. 그러나 유클리드가 연분수 방법으로 이 알고리즘을 사용했는지는 알 수 없다. 연분수의 논리적인 기초는 1600년대 후반과 1700년대 초반이 되어서야 확립되었다.

피보나치(Fibonacci, 1180~1250)는 분수를 단위분수로 나타내는 방법으로서

$$\frac{1+\cfrac{1+\frac{1}{5}}{4}}{3}=\frac{1}{3}+\frac{1}{3\times 4}+\frac{1}{3\times 4\times 5}$$

로 표현하였으며, 봄벨리(Bombelli, 1526~1573)는 제곱근을 반복 연분수

$$\sqrt{13}=3+\cfrac{4}{6+\cfrac{4}{6+\cfrac{4}{\cdots}}}$$

로 표현했다.

월리스(Wallis, 1616~1703)는 **연분수**라는 용어를 처음 사용하면서 수학의 한 분야로 독립시켰는데

$$\frac{4}{\pi}=\frac{3\times3\times5\times5\times7\times7\times9\cdots}{2\times4\times4\times6\times6\times8\times9\cdots}$$

를 표현했고, 브렁커(Brouncker, 1620~1684)는

$$\frac{4}{\pi} = 1+\cfrac{1^2}{2+\cfrac{3^2}{2+\cfrac{5^2}{2+\cfrac{7^2}{\cdots}}}}$$

로 발전시켰다. 오일러(Euler, 1707~1783)는 연분수에 관한 현대적인 이론의 대부분을 확립하면서 e와 e^2을 연분수로 표현하여 무리수임을 증명했으며, 람베르트(Lambert, 1728~1777)는 x가 유리수일 때 e^x와 $\tan(x)$가 무리수임을 보이기 위해 오일러가 했던 e에 대한 연구를 일반화하여

$$\tanh(x)=\cfrac{x}{1+\cfrac{x^2}{3+\cfrac{x^2}{5+\cdots}}}$$

를 표현했다. 갈루아(Galois, 1811~1832)는

$$\sqrt{2}=1.414\cdots = 1+\cfrac{1}{2+\cfrac{1}{2+\cfrac{1}{2+\cdots}}}$$

를 표현했다.

연분수는 크게 유한단순연분수와 무한단순연분수로 나누어 생각할 수 있다.

12.1 유한단순연분수(Finite simple continued fraction)

정의 12.1

유한연분수는 다음과 같이 유한 번 반복되는 연분수를 의미한다.

$$a_0 + \cfrac{1}{a_1 + \cfrac{1}{a_2 + \cfrac{1}{\ddots \cfrac{1}{a_{n-1} + \cfrac{1}{a_n}}}}}$$

($a_0, a_1, \cdots, a_n$은 실수이며, $a_1, \cdots, a_n \geq 1$). 유한연분수에서 모든 $a_i (0 \leq i \leq n)$가 정수일 때 **유한단순**(finite simple)**연분수**라고 하며, 간단히 $\langle a_0 ; a_1, a_2, \ldots, a_n \rangle$로 표현한다.

정리 12.1

모든 유한단순연분수는 유리수로 표현된다.

다시 말해서 유한단순연분수 $\alpha = \langle a_0 ; a_1, a_2, \ldots, a_n \rangle$에 대해, $\langle a_0 \rangle = a_0$이며

$$\alpha = \langle a_0 ; a_1, a_2, \ldots, a_n \rangle = a_0 + \frac{1}{\langle a_1 ; a_2, \ldots, a_n \rangle} \quad (n \geq 1)$$

이다. 여기서 α의 최대 정수 $[\alpha]$는 a_0이며 $0 \leq \dfrac{1}{\langle a_1 ; a_2, \ldots, a_n \rangle} < 1$이다.

증명 $n = 0$일 때 $\langle a_0 \rangle = a_0$이다.

$n \geq 1$일 때, $\alpha = \langle a_0 ; a_1, a_2, \ldots, a_n \rangle$라고 하면

$$\alpha = \langle a_0 ; a_1, a_2, \cdots, a_n \rangle = a_0 + \frac{1}{\langle a_1 ; a_2, \ldots, a_n \rangle}$$

이다. $a_0, a_1, \ldots, a_n$은 실수이며 모든 $a_i \geq 1$이므로 $0 < \dfrac{1}{\langle a_1 ; a_2, \cdots, a_n \rangle} < 1$이다. ■

이제 유한단순연분수가 유리수이므로, 다음과 같이 분수로 표현할 수 있다.

$$\langle a_0\,;a_1,\,a_2\,,\,\ldots,\,a_n\rangle=\frac{m_n}{d_n}\text{이며 }\gcd(m_i,\,d_i)=1\ \ (0\le i\le n)$$

그러면

$$\frac{m_0}{d_0}=\langle a_0\rangle\text{이므로 } m_0=a_0\text{이며 } d_0=1\text{이다.}$$

$$\frac{m_1}{d_1}=\langle a_0;a_1\rangle=a_0+\frac{1}{a_1}=\frac{a_0a_1+1}{a_1}\text{이므로 } m_1=a_0a_1+1\text{이며 } d_1=a_1\text{이다.}$$

$$\frac{m_2}{d_2}=\langle a_0,\,a_1,\,a_2\rangle=a_0+\cfrac{1}{a_1+\cfrac{1}{a_2}}=\frac{a_0a_1a_2+a_0+a_2}{a_1a_2+1}\text{이므로}$$

$$\begin{cases}m_2=a_0a_1a_2+a_0+a_2=a_2(a_0a_1+1)+a_0=a_2m_1+m_0\\ d_2=a_2a_1+1=a_2d_1+d_0\end{cases}$$

이다. 따라서 임의의 $0\le i\le n$에 대해

$$m_i=a_im_{i-1}+m_{i-2},\quad d_i=a_id_{i-1}+d_{i-2}$$

로서 $\langle a_0\,;a_1,\,a_2\,,\,\ldots,\,a_n\rangle=\dfrac{m_n}{d_n}$가 표현됨을 증명할 수 있다.

정리 12.2

다음은 서로 동치이다.

(1) $\langle a_0\,;a_1,\,a_2\,,\,\cdots,\,a_n\rangle=\dfrac{m_n}{d_n},\quad \gcd(m_i,\,d_i)=1\ \ (0\le i\le n)$

(2) $\begin{cases}m_n=a_nm_{n-1}+m_{n-2}\\ d_n=a_nd_{n-1}+d_{n-2}\end{cases}$

(3) $\begin{bmatrix}a_0&1\\1&0\end{bmatrix}\begin{bmatrix}a_1&1\\1&0\end{bmatrix}\cdots\begin{bmatrix}a_n&1\\1&0\end{bmatrix}=\begin{bmatrix}m_n&m_{n-1}\\d_n&d_{n-1}\end{bmatrix}$

증명 (1) ⇔ (2)은 위에서 보였으므로 (2) ⇔ (3)을 증명하자.

$m_0=a_0,\ d_0=1$로부터

① $\dfrac{m_1}{d_1}=\langle a_0,\,a_1\rangle\ \Leftrightarrow\ m_1=a_0a_1+1,\ \ d_1=a_1$

$$\Leftrightarrow\ \begin{bmatrix}a_0&1\\1&0\end{bmatrix}\begin{bmatrix}a_1&1\\1&0\end{bmatrix}=\begin{bmatrix}a_0a_1+1&a_0\\a_1&1\end{bmatrix}=\begin{bmatrix}m_1&m_0\\d_1&d_0\end{bmatrix}$$

② $\dfrac{m_2}{d_2} = \langle a_0, a_1, a_2 \rangle$

$$\Leftrightarrow \begin{cases} m_2 = a_0a_1a_2 + a_0 + a_2 = a_2(a_0a_1 + 1) + a_0 = a_2m_1 + m_0 \\ d_2 = a_2a_1 + 1 = a_2d_1 + d_0 \end{cases}$$

$$\Leftrightarrow \begin{bmatrix} a_0 & 1 \\ 1 & 0 \end{bmatrix}\begin{bmatrix} a_1 & 1 \\ 1 & 0 \end{bmatrix}\begin{bmatrix} a_2 & 1 \\ 1 & 0 \end{bmatrix} = \begin{bmatrix} a_0a_1a_2 + a_2 + a_0 & a_0a_1 + 1 \\ a_1a_2 + 1 & a_1 \end{bmatrix} = \begin{bmatrix} m_2 & m_1 \\ d_2 & d_1 \end{bmatrix}$$

이다. 그러므로 다음이 성립한다.

③ $\dfrac{m_n}{d_n} = \langle a_0\,;\, a_1, a_2, \cdots, a_n \rangle \Leftrightarrow \begin{cases} m_n = a_m m_{n-1} + m_{n-2} \\ d_n = a_n d_{n-1} + d_{n-2} \end{cases}$

$$\Leftrightarrow \begin{bmatrix} a_0 & 1 \\ 1 & 0 \end{bmatrix}\begin{bmatrix} a_1 & 1 \\ 1 & 0 \end{bmatrix}\cdots\begin{bmatrix} a_n & 1 \\ 1 & 0 \end{bmatrix} = \begin{bmatrix} m_n & m_{n-1} \\ d_n & d_{n-1} \end{bmatrix}$$ ■

그러므로 만일 $\langle a_0\,;\, a_1, a_2, \ldots, a_n \rangle = \dfrac{m_n}{d_n}$ 인 유리수 값을 알았다면,

$$\langle a_0\,;\, a_1, a_2, \ldots, a_n, a_{n+1} \rangle = \frac{a_{n+1}m_n + m_{n-1}}{a_{n+1}d_n + d_{n-1}}$$

으로 연분수 계산을 쉽게 할 수 있다.

예제 12.1

$\langle 3\,;\,4 \rangle = 3 + \dfrac{1}{4} = \dfrac{13}{4}$ 이며 $\langle 3\,;\,4, 5 \rangle = 3 + \dfrac{1}{4 + \dfrac{1}{5}} = \dfrac{68}{21}$ 로부터

$$\langle 3\,;\,4, 5, 6 \rangle = \frac{6 \cdot 68 + 13}{6 \cdot 21 + 4} = \frac{421}{130}$$

이다.

정리 12.3

모든 $2 \le i \le n$에 대해 $m_i d_{i-1} - m_{i-1} d_i = (-1)^{i+1}$이며

$$\frac{m_i}{d_i} - \frac{m_{i-1}}{d_{i-1}} = \frac{(-1)^{i+1}}{d_i d_{i-1}}$$

증명 $\begin{bmatrix} m_i & m_{i-1} \\ d_i & d_{i-1} \end{bmatrix} = \begin{bmatrix} a_0 & 1 \\ 1 & 0 \end{bmatrix} \begin{bmatrix} a_1 & 1 \\ 1 & 0 \end{bmatrix} \cdots \begin{bmatrix} a_i & 1 \\ 1 & 0 \end{bmatrix}$으로부터 양변의 행렬식을 계산하면

$$m_i d_{i-1} - m_{i-1} d_i = (-1)^{i+1}$$

이다. 그러므로

$$\frac{m_i}{d_i} - \frac{m_{i-1}}{d_{i-1}} = \frac{m_i d_{i-1} - m_{i-1} d_i}{d_i d_{i-1}} = \frac{(-1)^{i+1}}{d_i d_{i-1}}$$

이다. ■

그러므로 $\gcd(m_i, d_i) = 1$일 뿐만 아니라, $\gcd(m_i, m_{i-1}) = \gcd(d_i, d_{i-1}) = 1$이다.

모든 유한단순연분수가 유리수로 표현되는 것처럼, 모든 유리수는 유한단순연분수로 표현된다.

정리 12.4

임의의 유리수는 유한단순연분수로 나타낼 수 있다.

증명 임의의 유리수를 $\frac{a}{b}$ $(b > 0)$라 하자. 유클리드 알고리즘을 적용해 보자.

$$\begin{aligned} a - ba_0 + r_1, &\qquad 0 < r_1 < b \\ b = r_1 a_1 + r_2, &\qquad 0 < r_2 < r_1 \\ r_1 = r_2 a_2 + r_3, &\qquad 0 < r_3 < r_2 \\ \vdots \\ r_{n-2} = r_{n-1} a_{n-1} + r_n, \\ r_{n-1} = r_n a_n + 0 \end{aligned}$$

각 r_k는 양의 정수이고, $a_k \ge 1$일 때 다음과 같이 표현할 수 있다.

$$\begin{aligned} \frac{a}{b} &= a_0 + \frac{r_1}{b} = a_0 + \frac{1}{b/r_1} \\ \frac{b}{r_1} &= a_1 + \frac{r_2}{r_1} = a_1 + \frac{1}{r_1/r_2} \\ \frac{r_1}{r_2} &= a_2 + \frac{r_3}{r_2} = a_2 + \frac{1}{r_2/r_3} \\ &\vdots \\ \frac{r_{n-1}}{r_n} &= a_n \end{aligned}$$

첫 번째 방정식으로부터 $\dfrac{b}{r_1}$ 대신 두 번째 방정식을 대입하면

$$\frac{a}{b} = a_0 + \frac{r_1}{b} = a_0 + \cfrac{1}{\cfrac{b}{r_1}} = a_0 + \cfrac{1}{a_1 + \cfrac{1}{\cfrac{r_1}{r_2}}}$$

이다. 다시 세 번째 방정식을 $\dfrac{r_1}{r_2}$ 대신 대입하면

$$\frac{a}{b} = a_0 + \cfrac{1}{a_1 + \cfrac{1}{\cfrac{r_1}{r_2}}} = a_0 + \cfrac{1}{a_1 + \cfrac{1}{a_2 + \cfrac{1}{\cfrac{r_2}{r_3}}}}$$

이다. 이러한 방법을 반복하면 다음과 같은 결과를 얻을 수 있다.

$$\frac{a}{b} = a_0 + \frac{r_1}{b} = a_0 + \cfrac{1}{a_1 + \cfrac{1}{a_2 + \cfrac{1}{\ddots \; \cfrac{1}{a_{n-1} + \cfrac{1}{a_n}}}}}$$
$$= \langle a_0; a_1, a_2, ..., a_n \rangle$$

그러므로 유리수는 유한단순연분수로 표현된다. ■

floor $\lfloor \ \rfloor$의 개념을 사용하여 간단히 증명할 수 있다. 임의의 유리수 w로부터

$$q_0 = \lfloor w \rfloor, \qquad r_0 = w - q_0$$
$$q_1 = \left\lfloor \frac{1}{r_0} \right\rfloor, \qquad r_1 = \frac{1}{r_0} - q_1$$
$$\vdots$$
$$q_i = \left\lfloor \frac{1}{r_{i-1}} \right\rfloor, \qquad r_i = \frac{1}{r_{i-1}} - q_i \quad (\text{모든 } 1 \le i \le m)$$

라고 하자. $r_m = 0$이므로 $w = \langle q_0 ; q_1, \cdots, q_m \rangle$는 유한단순연분수가 된다.

예제 12.2

다음의 유한단순연분수를 간단히 표현하여라.

(1) $3+\cfrac{1}{2+\cfrac{1}{3+\cfrac{1}{5+\cfrac{1}{7}}}}=\langle 3; 2, 3, 5, 7\rangle$

(2) $0+\cfrac{1}{2+\cfrac{1}{4+\cfrac{1}{8}}}=\cfrac{1}{2+\cfrac{1}{4+\cfrac{1}{8}}}=\langle 0; 2, 4, 8\rangle$

예제 12.3

위의 유한단순연분수를 유리수로 표현하여라.

풀이 (2) $0+\cfrac{1}{2+\cfrac{1}{4+\cfrac{1}{8}}}=\cfrac{1}{2+\cfrac{1}{4+\cfrac{1}{8}}}$ 의 분모 중 가장 밑에 있는 분모부터 번분수를 이용하면 다음과 같이 유리수로 표현된다.

$$0+\cfrac{1}{2+\cfrac{1}{4+\cfrac{1}{8}}}=\cfrac{1}{2+\cfrac{1}{\frac{33}{8}}}=\cfrac{1}{2+\frac{8}{33}}=\cfrac{1}{\frac{74}{33}}=\frac{33}{74}$$

예제 12.4

정리 12.2를 사용하여 $\langle 3; 2, 3, 5, 7\rangle$를 유리수로 표현하여라.

풀이 $\langle 3\rangle=\frac{3}{1}$, $\langle 3; 2\rangle=3+\frac{1}{2}=\frac{7}{2}$. 그러므로 정리 12.2에 의해

$$\langle 3; 2, 3\rangle=\frac{3\cdot 7+3}{3\cdot 2+1}=\frac{24}{7},$$

$$\langle 3; 2, 3, 5\rangle=\frac{5\cdot 24+7}{5\cdot 7+2}=\frac{127}{37},$$

$$\langle 3; 2, 3, 5, 7\rangle=\frac{7\cdot 127+24}{7\cdot 37+7}=\frac{913}{266}$$

이다.

모든 유리수가 유한단순연분수로 표현되기는 하지만 그 표현방법이 유일하지는 않다. 즉, 앞에서 사용한 기호 $\langle a_0; a_1, a_2, \cdots, a_n \rangle$ 외에도 다른 표현을 얻을 수 있다.

정리 12.5

유한단순연분수 $\langle a_0; a_1, \cdots, a_{n-1}, a_n \rangle$는 $\langle a_0; a_1, \cdots, a_{n-1}, a_n - 1, 1 \rangle$로 표현된다. 즉, 유한단순연분수는 마지막 분모가 항상 1로 끝나도록 만들 수 있다.

증명 $n=0$이면 $\alpha = \langle a_0 \rangle = a_0 = a_0 - 1 + \dfrac{1}{1} = \langle a_0 - 1; 1 \rangle$이다. $n \geq 1$이라고 하자.

$\alpha = \langle a_0; a_1, a_2, \cdots, a_n \rangle$에서 만일 $a_n > 1$이면 $a_n = (a_n - 1) + \dfrac{1}{1}$이다.

그런데 $a_n - 1 > 0$이므로

$$\alpha = \langle a_0; a_1, \cdots, a_{n-1}, a_n - 1, 1 \rangle$$

로 표현된다. 한편 $a_n = 1$이면 $a_{n-1} + \dfrac{1}{a_n} = a_{n-1} + 1$이므로

$$\alpha = \langle a_0; a_1, \cdots, a_{n-2}, a_{n-1} + 1 \rangle$$

이 된다. ■

예제 12.5

유리수를 유한단순연분수로 나타내어라.

(1) $\dfrac{75}{52}$ (2) $\dfrac{20}{41}$

풀이 유클리드 알고리즘을 이용하면

r_{n-1}	=	$a_n \times$	r_n	+	r_{n+1}
75	=	1×	52	+	23
52	=	2×	23	+	6
23	=	3×	6	+	5
6	=	1×	5	+	1
5	=	5×	1	+	0

r_{n-1}	=	$a_n \times$	r_n	+	r_{n+1}
20	=	0×	41	+	20
41	=	2×	20	+	1
20	=	20×	1	+	0

따라서

$$\frac{75}{52} = \langle 1;\ 2,\ 3,\ 1,\ 5 \rangle = \langle 1;\ 2,\ 3,\ 1,\ 4,\ 1 \rangle,\quad \frac{20}{41} = \langle 0;\ 2,\ 20 \rangle = \langle 0;\ 2,\ 19,\ 1 \rangle$$

이다.

이러한 표현방법은 디오판토스 방정식 즉, 일차부정방정식의 해를 구하는데 응용할 수 있는데, 이를 위해 연분수의 근사분수개념이 필요하다.

정의 12.2

$\alpha = \langle a_0;\ a_1,\ a_2,\ \cdots,\ a_n \rangle$에서 각 $0 \le k \le n$에 대해 $C_k = \langle a_0;\ a_1,\ a_2,\ \cdots,\ a_k \rangle$를 α의 **제 k 근사분수**(convergent)라 한다.

예제 12.6

$\frac{75}{52} = \langle 1;\ 2,\ 3,\ 1,\ 5 \rangle$를 제 0 근사분수부터 제 4 근사분수까지 찾아라.

풀이 $C_0 = \langle 1 \rangle = 1$

$$C_1 = \langle 1;2 \rangle = 1 + \frac{1}{2} = \frac{3}{2}$$

$$C_2 = \langle 1;\ 2,\ 3 \rangle = 1 + \cfrac{1}{2 + \cfrac{1}{3}} = \frac{10}{7}$$

$$C_3 = \langle 1;\ 2,\ 3,\ 1 \rangle = 1 + \cfrac{1}{2 + \cfrac{1}{3 + \cfrac{1}{1}}} = \frac{13}{9}$$

$$C_4 = \langle 1;\ 2,\ 3,\ 1,\ 5 \rangle = 1 + \cfrac{1}{2 + \cfrac{1}{3 + \cfrac{1}{1 + \cfrac{1}{5}}}} = \frac{75}{52}$$

가 된다. (실제로 $C_4 = \frac{5 \cdot 13 + 10}{5 \cdot 9 + 7} = \frac{75}{52}$로 쉽게 계산할 수 있다.)

위의 근사분수의 크기를 구하면 제4 근사분수 C_4를 중심으로 짝수 번째 근사분수는 C_4

보다 작은 쪽에 있으며 홀수 번째 근사분수는 C_4보다 큰 쪽에 있다. 즉,

$$C_0 < C_2 < C_4 < C_3 < C_1$$

의 관계를 갖는다. 이와 같이 근사분수들이 갖는 부등호 관계는 모든 유한단순연분수에서도 성립함을 알 수 있다.

유한단순연분수 $\langle a_0; a_1, a_2, \cdots, a_n \rangle$의 제$k$ 근사분수 $C_k = \dfrac{p_k}{q_k}(k=0, 1, \cdots, n)$라 하자. 그러면 다음의 관계가 성립한다.

$$\begin{aligned} &p_0 = a_0, && q_0 = 1 \\ &p_1 = a_1 a_0 + 1 = a_1 p_0 + 1, && q_1 = a_1 = a_1 q_0 \\ &p_2 = a_2 p_1 + p_0, && q_2 = a_1 q_1 + q_0 \\ &\quad \vdots && \quad \vdots \\ &p_k = a_k p_{k-1} + p_{k-2}, && q_k = a_k q_{k-1} + q_{k-2} \end{aligned}$$

이것을 이용하여 처음 몇 개의 근사분수를 계산할 수 있다.

$$\begin{aligned} C_0 &= a_0 = \frac{a_0}{1} = \frac{p_0}{q_0} \\ C_1 &= a_0 + \frac{1}{a_1} = \frac{a_1 a_0 + 1}{a_1} = \frac{p_1}{q_1} \\ C_2 &= a_0 + \cfrac{1}{a_1 + \cfrac{1}{a_2}} = \frac{a_2(a_1 a_0 + 1) + a_0}{a_2 a_1 + 1} = \frac{p_2}{q_2} \end{aligned}$$

정리 12.6

유한단순연분수 $\langle a_0; a_1, a_2, \cdots, a_n \rangle$의 제$k$ $(0 \le k \le n)$ 근사분수는 $C_k = \dfrac{p_k}{q_k}$이다.
여기서 $p_k = a_k p_{k-1} + p_{k-2}$, $q_k = a_k q_{k-1} + q_{k-2}$이다.

증명 위에서 $k = 0, 1, 2$일 때 정리가 성립함을 보였다. 제m 근사분수를

$$C_m = \frac{p_m}{q_m} = \frac{a_m p_{m-1} + p_{m-2}}{a_m q_{m-1} + q_{m-2}}$$

라고 가정하자. 정수 p_{m-1}, q_{m-1}, p_{m-2}, q_{m-2}은 유한단순연분수의 $m-1$개 항인 $a_1, a_2, \ldots, a_{m-1}$로 이루어졌으므로 C_m에서 a_m 대신에 $a_m + \dfrac{1}{a_{m+1}}$을 대입하면

$$\langle a_0;\, a_1,\, a_2,\, \cdots,\, a_m \rangle = \frac{\left(a_m + \dfrac{1}{a_{m+1}}\right)p_{m-1} + p_{m-2}}{\left(a_m + \dfrac{1}{a_{m+1}}\right)q_{m-1} + q_{m-2}}$$

이다. 그러므로

$$\begin{aligned} C_{m+1} &= \frac{\left(a_m + \dfrac{1}{a_{m+1}}\right)p_{m-1} + p_{m-2}}{\left(a_m + \dfrac{1}{a_{m+1}}\right)q_{m-1} + q_{m-2}} \\ &= \frac{a_{m+1}(a_m p_{m-1} + p_{m-2}) + p_{m-1}}{a_{m+1}(a_m q_{m-1} + q_{m-2}) + q_{m-1}} \\ &= \frac{a_{m+1}p_m + p_{m-1}}{a_{m+1}q_m + q_{m-1}} = \frac{p_{m+1}}{q_{m+1}} \end{aligned}$$

이다. ■

위의 정리를 쉽게 계산하기 위하여 다음과 같이 정의할 수 있다.

정수 $a_0, a_1, a_2, \ldots, a_n$ 에서 모든 $a_i \ge 1$일 때 유한단순연분수$\langle a_0;\, a_1,\, a_2,\, \cdots,\, a_n \rangle$의 근사분수를 $\dfrac{p_k}{q_k}$ $(0 \le k \le n)$라 하자. 그러면 분자 수열 p_n과 분모 수열 q_n을 각각 귀납적으로 정의할 수 있다.

$$p_{-2} = 0,\ p_{-1} = 1,\quad p_n = a_n p_{n-1} + p_{n-2}\ (n \ge 0)$$

$$q_{-2} = 1,\ q_{-1} = 0,\quad q_n = a_n q_{n-1} + q_{n-2}\ (n \ge 0)$$

수열 p_n과 q_n에 대하여 다음과 같은 표를 만들 수 있다.

a_n			a_0	a_1	a_2	$\cdots$	a_n	$\cdots$
p_n	0	1	p_0	p_1	p_2	$\cdots$	p_n	$\cdots$
q_n	1	0	q_0	q_1	q_2	$\cdots$	q_n	$\cdots$

이 표를 이용하면 근사분수의 관계를 쉽게 알 수 있다.

예제 12.7

유한단순연분수 $\langle 9;\, 1,\, 4,\, 3 \rangle$의 각각의 근사분수를 구하여라.

풀이 $0 \le i \le 3$일 때,

$$p_{-2} = 0,\ p_{-1} = 1,\ a_0 = 9,\ a_1 = 1,\ a_2 = 4,\ a_3 = 3$$

이므로 p_n과 q_n은 다음과 같다.

p_n	$a_n p_{n-1} + p_{n-2}$	
p_0	$9 \times 1 + 0$	$= 9$
p_1	$1 \times 9 + 1$	$= 10$
p_2	$4 \times 10 + 9$	$= 49$
p_3	$3 \times 49 + 10$	$= 157$

q_n	$a_n q_{n-1} + q_{n-2}$	
q_0	$9 \times 0 + 1$	$= 1$
q_1	$1 \times 1 + 0$	$= 1$
q_2	$4 \times 1 + 1$	$= 5$
q_3	$3 \times 5 + 1$	$= 16$

p_n과 q_n의 값을 수열표로 표현하면 다음과 같다.

a_n			9	1	4	3
p_n	0	1	9	10	49	157
q_n	1	0	1	1	5	16

표에 의하여 $\langle 9;\ 1,\ 4,\ 3 \rangle = \dfrac{157}{16}$이고 $\gcd(157, 16) = 1$이다. $\langle 9;\ 1,\ 4,\ 3 \rangle$의 제1 근사분수와 제2 근사분수는 다음과 같다.

$$\langle 9;\ 1 \rangle = \frac{p_1}{q_1} = \frac{10}{1},\ \langle 9;\ 1,\ 4 \rangle = \frac{p_2}{q_2} = \frac{49}{5}$$

정리 12.7

유한단순연분수 $\langle a_0;\ a_1,\ a_2,\ \cdots,\ a_n \rangle$의 제$k$ 근사분수 $C_k = \dfrac{p_k}{q_k}$는 다음을 만족한다.

$$p_k q_{k-1} - q_k p_{k-1} = (-1)^{k-1} \quad (0 \le k \le n)$$

증명 k에 대한 귀납법을 사용하자. $k = 1$일 때

$$p_1 q_0 - q_1 p_0 = (a_1 a_0 + 1) \cdot 1 - a_1 a_0 = 1 = (-1)^{1-1}$$

이 되어 정리를 만족한다.

$k = m\ (1 \le m < n)$일 때, $p_m q_{m-1} - q_m p_{m-1} = (-1)^{m-1}$이라고 하자. 그러면

$$
\begin{aligned}
p_{m+1}q_n - q_{m+1}p_n &= (a_{m+1}p_m + p_{m-1})q_m - (a_{m+1}q_m + q_{m-1})p_m \\
&= -(p_m q_{m-1} - q_m p_{m-1}) \\
&= -(-1)^{m-1} = (-1)^m
\end{aligned}
$$

이다. 따라서 $1 \le k \le n$인 모든 k에 대하여 성립한다. ■

참고 정리 12.3에서 행렬식을 사용하여 얻은 결과와 동일하다.

주목할 점은 C_k의 분자와 분모는 서로소의 관계라는 것이다.

정리 12.8

제k 근사분수의 분자 p_k와 분모 q_k $(1 \le k \le n)$는 서로소이다.

증명 $d = \gcd(p_k, q_k)$이면 $d \mid (-1)^{k-1}$이 된다. 그런데 $d > 0$이므로 $d = 1$이다. ■

참고 한편 $p_k q_{k-1} - q_k p_{k-1} = (-1)^{k-1}$ 이므로, 정리 1.9에 의해 p_k와 q_k가 서로소임은 당연하다.

정리 12.9

$q_k (1 \le k \le n)$가 유한단순연분수 $\langle a_0;\, a_1, \cdots, a_n \rangle$에서 제$k$ 근사분수의 분모이면 $q_{k-1} \le q_k$이다.

증명 $k=1$일 때 $q_0 = 1 \le a_1 \le q_1$이 되어 성립한다. $k = m$ $(1 \le m < n)$일 때 성립하면

$$q_{m+1} = a_{m+1}q_m + q_{m-1} > a_{m+1}q_m \ge 1 \cdot q_m = q_m$$

이므로, $k = m+1$일 때도 성립한다. ■

정리 12.10

근사분수는 다음과 같은 성질을 만족한다.

(1) k가 짝수이면 제k 근사분수는 단조증가수열이 된다. 즉, $C_0 < C_2 < C_4 < \cdots$

(2) k가 홀수이면 제k 근사분수는 단조감소수열이 된다. 즉, $C_1 > C_3 > C_5 > \cdots$

(3) 모든 제k(짝수) 근사분수는 모든 제k(홀수) 근사분수보다 작다. 즉,

$$C_0 < C_2 < \cdots < C_{2k} < C_{2k+1} < \cdots < C_3 < C_1$$

증명

$$\begin{aligned} C_{k+2}-C_k &= (C_{k+2}-C_{k+1})+(C_{k+1}-C_k) \\ &= \left(\frac{p_{k+2}}{q_{k+2}}-\frac{p_{k+1}}{q_{k+1}}\right)+\left(\frac{p_{k+1}}{q_{k+1}}-\frac{p_k}{q_k}\right) \\ &= \frac{(-1)^{k+1}}{q_{k+2}q_{k+1}}+\frac{(-1)^k}{q_{k+1}q_k}=\frac{(-1)^k(q_{k+2}-q_k)}{q_kq_{k+1}q_{k+2}} \end{aligned}$$

모든 $i \geq 0$에 대하여 $q_i > 0$이고 $q_{k+2}-q_k > 0$을 생각해 보자. 분명히 $C_{k+2}-C_k$는 $(-1)^k$의 부호를 갖는다. 그러므로

k가 짝수 $k=2j$이면 $C_{2j+2} > C_{2j}$가 되어 (1)이 성립한다.

k가 홀수 $k=2j-1$이면 $C_{2j+1} < C_{2j-1}$가 되어 (2)가 성립한다.

(3) 임의의 홀수째 근사분수 C_{2r-1}가 짝수째 근사분수 C_{2s}보다 크다는 것을 보이자.

$$p_kq_{k-1}-q_kp_{k-1}=(-1)^{k-1}$$

이므로 위의 식을 q_kq_{k-1}으로 나누면

$$C_{k+2}-C_k=\frac{p_k}{d_k}-\frac{p_{k-1}}{d_{k-1}}=\frac{(-1)^{k-1}}{q_kq_{k-1}}$$

이 되어 $C_{2j} < C_{2j-1}$이다. 이런 과정을 반복하면

$$C_{2s} < C_{2s+2r} < C_{2s+2r-1} < C_{2r-1}$$

이 된다. ■

연습문제

1. 유리수를 단순연분수로 표시하여라.

(a) $\frac{17}{3}$ (b) $\frac{5}{18}$ (c) $\frac{87}{19}$

(d) $\frac{77}{30}$ (e) $\frac{14}{36}$ (f) $\frac{6}{5}$

2. 연분수를 유리수로 표시하여라.

(a) $\langle 2; 1, 3 \rangle$　(b) $\langle -3; 2, 12 \rangle$　(c) $\langle 0; 1, 100 \rangle$

(d) $\langle 0; 5, 1, 6 \rangle$　(e) $\langle -2; 2, 4, 6 \rangle$　(f) $\langle -3; 2, 12 \rangle$

12.2 무한단순연분수(Infinite simple continued fraction)

정의 12.3

무한단순연분수는 다음과 같이 무한히 반복되는 형태의 분수를 의미한다.

$$a_0 + \cfrac{1}{a_1 + \cfrac{1}{a_2 + \ddots + \cfrac{1}{a_n + \cdots}}}$$

즉, 정수로 이루어진 무한수열 $a_0, a_1, a_2, \cdots, a_n, \cdots$에서 모든 $a_i \geq 1$ $(i = 1, 2, \cdots)$일 때, 각 $n \geq 0$에 대하여 $\alpha_n = \langle a_0; a_1, a_2, \cdots, a_n \rangle$라고 하면, 극한값

$$\beta = \lim_{n \to \infty} \alpha_n = \lim_{n \to \infty} \langle a_0; a_1, \cdots, a_n \rangle$$

이 존재하며, 이 극한값이 무한단순연분수 $\langle a_0; a_1, a_2, \cdots, a_n, \cdots \rangle$의 값이다.

$$\alpha_0 \quad \alpha_2 \quad \alpha_4 \quad \cdots \rightarrow \qquad \text{극한값 } \alpha_n \qquad \leftarrow \cdots \qquad \alpha_5 \quad \alpha_3 \quad \alpha_1$$

무한단순연분수의 값은 무리수가 됨을 보일 수 있다. 예제를 통하여 알아보자.

예제 12.8

무한단순연분수 $\alpha = \langle 1; 1, 1, 1, \cdots \rangle$의 값을 구하여라.

풀이 $\alpha = \langle 1; 1, 1, 1, \cdots \rangle = 1 + \dfrac{1}{\langle 1; 1, 1, 1, \cdots \rangle} = 1 + \dfrac{1}{\alpha}$

에서 $\alpha = 1 + \frac{1}{\alpha}$, 즉 $\alpha^2 - \alpha - 1 = 0$이다. 따라서 $\alpha = \frac{1+\sqrt{5}}{2}$ $(\alpha > 0)$인 무리수이다.

참고 무한단순연분수 $\alpha = \langle 1;\, 1, 1, 1, \cdots \rangle$은 황금비(Golden ratio)와 피보나치수열과 밀접한 관련이 있다 (13장 참조).

예제 12.9

은비(silver ratio)라고 부르는 $\beta = \langle 2;\, 2, 2, 2, \cdots \rangle$를 계산하여라. 또한 동비(bronze ratio)라고 부르는 $\gamma = \langle 3;\, 3, 3, 3, \cdots \rangle$를 계산하여라.

풀이

정리 12.11

모든 무한단순연분수는 무리수로 표현된다.

증명 α를 무한단순연분수 $\alpha = \langle a_0;\, a_1, a_2, \cdots, a_n, \cdots \rangle$의 값이라 하자. 그러면 α는 근사분수에 대한 수열의 극한값이다. 제n 근사분수를

$$C_n = \langle a_0;\, a_1, a_2, \cdots, a_n \rangle = \frac{p_n}{q_n}$$

라고 하면, α는 연속되는 두 근사분수 C_n과 C_{n+1}사이에 있으므로,

$$0 < |\alpha - C_n| < |C_{n+1} - C_n| = \frac{1}{q_{n+1}q_n} < \frac{1}{q_n^2} \quad (n \geq 1)$$

이다 (이유: 정리 12.9에 의해 $q_n < q_{n+1}$이다).

만일 $\alpha = \langle a_0;\, a_1, a_2, \cdots, a_n, \cdots \rangle = \frac{p}{q}$ $(p,\, q$: 정수, $q > 0)$인 유리수라고 가정하자.

위의 부등식에 $\alpha = \dfrac{p}{q}$와 $C_n = \dfrac{p_n}{q_n}$을 대입하면

$$0 < |q_n p - p_n q| < \frac{q}{q_n}\ (n \geq 1)$$

이 된다. 여기서 n을 충분히 크게 택하여 $q < q_n$이 되도록 하면 이러한 n의 값에 대하여 $0 < |q_n p - p_n q| < 1$이 되고, 이는 $q_n p - p_n q$가 정수이므로 모순을 만든다. 따라서 α는 무리수이다. ■

무한단순연분수 $\langle a_0;\, a_1,\, a_2,\, \cdots,\, a_n,\, \cdots \rangle$는 극한의 성질을 이용하여 나타낼 수 있다.

$$\begin{aligned}
\langle a_0;\, a_1,\, \cdots,\, a_n,\, \cdots \rangle &= \lim_{n\to\infty} \langle a_0;\, a_1,\, \cdots,\, a_n \rangle \\
&= \lim_{n\to\infty} \left(a_0 + \frac{1}{\langle a_1;\, a_2,\, \cdots,\, a_n \rangle} \right) \\
&= a_0 + \frac{1}{\displaystyle\lim_{n\to\infty} \langle a_1;\, a_2,\, \cdots,\, a_n \rangle} \\
&= a_0 + \frac{1}{\langle a_1;\, a_2,\, \cdots,\, a_n,\, \cdots \rangle}
\end{aligned}$$

정리 12.12

무한단순연분수 $\langle a_0;\, a_1,\, \cdots,\, a_n,\, \cdots \rangle$와 $\langle b_0;\, b_1,\, \cdots,\, b_n,\, \cdots \rangle$의 값이 같으면, 모든 $n \geq 0$에 대해 $a_n = b_n$이 성립한다.

증명 $\alpha = \langle a_0;\, a_1,\, a_2,\, \cdots,\, a_n,\, \cdots \rangle$이면 $C_0 < \alpha < C_1$, 즉 $a_0 < \alpha < a_0 + \dfrac{1}{a_1}$이다. 그런데 정수 $a_1 \geq 1$이므로 $\dfrac{1}{a_1} \leq 1$가 되어

$$a_0 < \alpha < a_0 + \frac{1}{a_1} \leq a_0 + 1$$

이다 따라서 α의 정수부분은 $[\alpha] = a_0$이다.

$\langle a_0;\, a_1,\, \cdots,\, a_n,\, \cdots \rangle = \alpha = \langle b_0;\, b_1,\, \cdots,\, b_n,\, \cdots \rangle$라 가정하자. 그러면

$$a_0 + \frac{1}{\langle a_1;\, a_2,\, \cdots,\, a_n,\, \cdots \rangle} = \alpha = b_0 + \frac{1}{\langle b_1;\, b_2,\, \cdots,\, b_n,\, \cdots \rangle}$$

여기서 $a_0 = [\alpha] = b_0$이므로

$$\langle a_1;\, a_2, \cdots, a_n, \cdots \rangle = \langle b_1;\, b_2, \cdots, b_n, \cdots \rangle$$

이다. 위 과정을 반복하면 $a_1 = b_1$이고

$$\langle a_2;\, a_3, \cdots, a_n, \cdots \rangle = \langle b_2;\, b_3, \cdots, b_n, \cdots \rangle$$

을 얻는다. 연속적으로 되풀이하면 모든 $n \geq 0$일 때 $a_n = b_n$이 성립한다. ■

참고 두 개의 유한단순연분수 $\alpha = \langle a_0; a_1, \cdots, a_n \rangle$와 $\beta = \langle b_0; b_1, \cdots, b_k \rangle$에서 만일 $\alpha = \beta$라 해도 $n = k$ 또는 $a_i = b_i$가 성립하지는 않는다. (정리 12.5)

무한단순연분수 $\langle 2;\, 4,\, 5,\, 7,\, 4,\, 5,\, 7,\, \cdots \rangle$의 항을 보면 4,5,7이 순서대로 반복하고 있음을 알 수 있다. 이와 같이 특정한 항 $b_1, b_2, \cdots, b_n$이 동일하게 반복될 때 그 분수를 '**순환한다**'고 한다.

정의 12.4

순환(periodic)단순연분수는 $\langle a_0;\, a_1, a_2, \cdots, a_m, b_1, b_2, \cdots, b_n, b_1, b_2, \cdots, b_n, \cdots \rangle$로 표시되는데, 간단히 $\langle a_0;\, a_1, a_2, \cdots, a_m, \overline{b_1, b_2, \cdots, b_n} \rangle$로 쓰며 **주기**가 n이다.

$\overline{b_1, b_2, \cdots, b_n}$은 이 정수 수열이 순서대로 되풀이되는 경우의 한 구간을 말한다. 만약 $b_1, b_2, \cdots, b_n$이 끊임없이 반복될 때 이것은 반복되는 정수의 구간 중 가장 작은 구간이 되므로 **순환마디**라고 부른다. 무한단순연분수에는 순환연분수와 비순환연분수가 있다. 무한단순연분수라고 해서 항상 순환하지는 않는데, π와 e가 그 대표적인 예이다. (3절의 연분수 응용 참조). 한편 이차무리수 $\dfrac{b+\sqrt{c}}{a}$ (a,b,c는 실수)로 표현되는 수만이 순환하는 무한단순연분수임을 보일 수 있다.

예제 12.10

순환단순연분수 $\langle 2;\, 4,\, 5,\, 7,\, 4,\, 5,\, 7,\, \cdots \rangle$를 표현하여라. 주기는 얼마인가?

풀이 $\langle 2;\, 4,\, 5,\, 7,\, 4,\, 5,\, 7,\, \cdots \rangle = \langle 2;\, \overline{4,\, 5,\, 7} \rangle$이며 연분수의 주기는 3이다.

위 정리의 역에 관한 명제로서, 임의의 무리수는 무한단순연분수로 표현된다.

정리 12.13

임의의 무리수 α는 무한단순연분수로 나타낼 수 있다.

증명 무리수 α로부터 $a_0, a_1, a_2, \cdots, a_n, \cdots$을 다음과 같이 정의하자.

$$\begin{aligned}
X_0 &= \alpha, & a_0 &= [X_0] \\
X_1 &= \frac{1}{X_0 - a_0}, & a_1 &= [X_1] \\
X_2 &= \frac{1}{X_1 - a_1}, & a_2 &= [X_2] \\
&\vdots \\
X_{n+1} &= \frac{1}{X_n - a_n}, & a_{n+1} &= [X_{n+1}] \quad (n \geq 0)
\end{aligned}$$

X_n이 무리수이면 X_{n+1}은 반드시 무리수이다. 그런데 $\alpha = X_0$를 무리수라 했기 때문에 모든 X_n은 무리수이다. 그러므로

$$0 < X_n - a_n = X_n - [X_n] < 1 \quad (n \geq 0)$$

이고

$$X_{n+1} = \frac{1}{X_n - a_n} > 1$$

가 된다. 그러므로 정수 $a_{n+1} = [X_{n+1}] \geq 1$이고, 무한수열 $a_{0,} a_1, \cdots, a_n, \cdots$은 a_0를 제외하고 모두 양수이다. 위의 관계식을 $X_n = a_n + \dfrac{1}{X_{n+1}}$ $(n \geq 0)$에 적용하면

$$\begin{aligned}
\alpha = X_0 = a_0 + (X_0 - a_0) &= a_0 + \frac{1}{X_1} \\
&= a_0 + \frac{1}{a_1 + (X_1 - a_1)} = a_0 + \cfrac{1}{a_1 + \cfrac{1}{X_2}} = a_0 + \cfrac{1}{a_1 + \cfrac{1}{a_2 + \cfrac{1}{X_3}}} \\
&\vdots \\
&= \langle a_0; a_1, a_2, \cdots, a_n, X_{n+1} \rangle \\
&= \lim_{n \to \infty} \langle a_0; a_1, a_2, \ldots, a_n \rangle
\end{aligned}$$

이 되어, 무리수 α는 무한단순연분수로 표현된다. ■

예제 12.11

다음의 무리수를 무한단순연분수로 나타내어라.

(1) $\sqrt{5}$　　　　(2) $\sqrt{3}$

풀이 (1) $X_0 = \sqrt{5}$, $\quad a_0 = [X_0] = 2$

$$X_1 = \frac{1}{X_0 - 2} = \frac{\sqrt{5}+2}{5-4} = \frac{\sqrt{5}+2}{1}, \quad a_1 = [X_1] = 4$$

$$X_2 = \frac{1}{X_1 - 4} = \frac{1}{\sqrt{5}-2} = \frac{\sqrt{5}+2}{1}, \quad a_2 = [X_2] = [X_1] = a_1 = 4$$

$\vdots$

따라서 $\sqrt{5}$ 의 연분수 전개는 $\sqrt{5} = \langle 2; 4, 4, 4, 4 \cdots \rangle = \langle 2; \overline{4} \rangle$ 이다.

(2) $X_0 = \sqrt{3}$, $\quad a_0 = [X_0] = 1$

$$X_1 = \frac{1}{X_0 - 1} = \frac{\sqrt{3}+1}{2}, \quad a_1 = [X_1] = 1$$

$$X_2 = \frac{1}{X_1 - 1} = \frac{2}{\sqrt{3}-1} = \sqrt{3}+1, \quad a_2 = [X_2] = 2$$

$$X_3 = \frac{1}{X_2 - 2} = \frac{1}{\sqrt{3}-1} = \frac{\sqrt{3}+1}{2} = X_1$$

이므로 두 번째마다 순환되어서 $\sqrt{3} = \langle 1; 1, 2, 1, 2, 1, 2, \cdots \rangle = \langle 1; \overline{1, 2} \rangle$ 이다.

예제 12.12

$\langle 2; \overline{4} \rangle$를 무리수로 표현하여라.

풀이 $\alpha = \langle 2; \overline{4} \rangle = \langle 2; 4, 4, 4, 4, \cdots \rangle = 2 + \cfrac{1}{4 + \cfrac{1}{4 + \cfrac{1}{4 + \cfrac{1}{\cdots}}}} = 2 + \frac{1}{\beta}$ 이며 이 때

$\beta = 4 + \cfrac{1}{4 + \cfrac{1}{4 + \cfrac{1}{\cdots}}}$ 라고 하자. 그러면 $\beta = 4 + \cfrac{1}{4 + \cfrac{1}{4 + \cfrac{1}{\cdots}}} = 4 + \dfrac{1}{\beta}$ 가 되어,

$\beta^2 - 4\beta - 1 = 0$ 이다. 따라서 $\beta = 2 + \sqrt{5}$ 이다. 그러므로

$$\alpha = 2 + \frac{1}{\beta} = 2 + \frac{1}{2+\sqrt{5}} = \frac{5+2\sqrt{5}}{2+\sqrt{5}} = \sqrt{5}$$

이다. (위의 예제와 비교해 보자.)

정리 12.14

이차무리수 α는 순환단순연분수로 나타낼 수 있다. 그 역도 성립한다.

증명 이차무리수 α는 다음과 같은 꼴로 나타낼 수 있다.

$$\alpha = \frac{p_0 + \sqrt{r}}{q_0}$$

여기서 $r\ (r > 2)$는 완전제곱수가 아닌 정수이고 또 p_0, $q_0\,(q_0 \neq 0)$는 정수로서 $q_0 \mid (r - p_0^2)$이다. 그리고 이 경우에

$$\begin{aligned} X_0 &= \alpha, & a_0 &= [X_0] \\ p_{n+1} &= a_n q_n - p_n, & q_{n+1} &= \frac{r - p_{n+1}^2}{q_n} \quad (n \geq 0) \\ X_{n+1} &= \frac{p_n + \sqrt{r}}{q_{n+1}}, & a_{n+1} &= [X_{n+1}] \quad (n \geq 0) \end{aligned}$$

이라고 놓으면, $\alpha = \langle a_0; a_1, a_2, \cdots, a_n, \cdots \rangle$이고 이것은 순환단순연분수이다. 역이 성립하는 것의 증명은 생략한다. (참고문헌을 참조하자). ■

▶ **완전제곱수가 아닌 정수 $n\,(2 \le n \le 48)$에 대한 $\sqrt{n}$의 연분수 전개**

n	$\sqrt{n}$	n	$\sqrt{n}$
2	$\langle 1; \overline{2} \rangle$	22	$\langle 4; \overline{1, 2, 4, 2, 1, 8} \rangle$
3	$\langle 1; \overline{1, 2} \rangle$	23	$\langle 4; \overline{1, 3, 1, 8} \rangle$
5	$\langle 2; \overline{4} \rangle$	24	$\langle 4; \overline{1, 8} \rangle$
6	$\langle 2; \overline{2, 4} \rangle$	26	$\langle 5; \overline{10} \rangle$
7	$\langle 2; \overline{1, 1, 1, 4} \rangle$	27	$\langle 5; \overline{5, 10} \rangle$
8	$\langle 2; \overline{1, 4} \rangle$	28	$\langle 5; \overline{3, 2, 3, 10} \rangle$
10	$\langle 3; \overline{6} \rangle$	29	$\langle 5; \overline{2, 1, 1, 2, 10} \rangle$
11	$\langle 3; \overline{3, 6} \rangle$	30	$\langle 5; \overline{2, 10} \rangle$
12	$\langle 3; \overline{2, 6} \rangle$	31	$\langle 5; \overline{1, 1, 3, 5, 3, 1, 1, 10} \rangle$
13	$\langle 3; \overline{1, 1, 1, 1, 6} \rangle$	32	$\langle 5; \overline{1, 1, 1, 10} \rangle$
14	$\langle 3; \overline{1, 2, 1, 6} \rangle$	33	$\langle 5; \overline{1, 2, 1, 10} \rangle$
15	$\langle 3; \overline{1, 6} \rangle$	34	$\langle 5; \overline{1, 4, 1, 10} \rangle$
17	$\langle 4; \overline{8} \rangle$	35	$\langle 5; \overline{1, 10} \rangle$
18	$\langle 4; \overline{4, 8} \rangle$	37	$\langle 6; \overline{12} \rangle$
19	$\langle 4; \overline{2, 1, 3, 1, 2, 8} \rangle$	38	$\langle 6; \overline{6, 12} \rangle$
20	$\langle 4; \overline{2, 8} \rangle$	39	$\langle 6; \overline{4, 12} \rangle$
21	$\langle 4; \overline{1, 1, 2, 1, 1, 8} \rangle$	40	$\langle 6; \overline{3, 12} \rangle$

예제 12.13

이차무리수 $\alpha = \dfrac{2+\sqrt{5}}{2}$를 연분수로 나타내어라.

풀이 $\alpha = \dfrac{p_0 + \sqrt{r}}{q_0}$라 하면, 모든 $n \ge 0$에 대해 $q_{n+1} = \dfrac{r - p_{n+1}^2}{q_n}$, 즉 $q_n \mid (r - p_n^2)$이어야 한다(정리 12.14). 그러므로

$$\alpha = \frac{p_0 + \sqrt{r}}{q_0} = \frac{2+\sqrt{5}}{2} = \frac{4+\sqrt{20}}{4}$$

에서

$$4 \mid (20 - 16), \text{ 즉 } q_0 \mid (r - p_0^2)$$

가 성립하므로,

$$p_0 = 4, \quad q_0 = 4, \quad r = 20$$

로 하자. 그러면

$$\alpha_0 = \alpha, \quad a_0 = [\alpha_0] = 2$$

가 되어 다음의 표를 만들 수 있다.

n	$a_{n-1}q_{n-1} - p_{n-1}$	$= p_n$	$(r - p_n^2)/q_{n-1}$	$= q_n$	$\alpha_n = (p_n + \sqrt{r})/q_n$	$a_n = [\alpha_n]$
0		4		4	$(4+\sqrt{20})/4$	2
1	$2 \cdot 4 - 4$	$=4$	$(20-4^2)/4$	$=1$	$(4+\sqrt{20})/1$	8
2	$8 \cdot 1 - 4$	$=4$	$(20-4^2)/1$	$=4$	$(4+\sqrt{20})/4$	2
3	$2 \cdot 4 - 4$	$=4$	$(20-4^2)/4$	$=1$	$(4+\sqrt{20})/1$	8
4	$8 \cdot 1 - 4$	$=4$	$(20-4^2)/1$	$=4$	$(4+\sqrt{20})/4$	2
…	…	…	…	…	…	…

따라서 $\frac{2+\sqrt{5}}{2}$의 연분수 전개는 $\frac{2+\sqrt{5}}{2} = \langle 2;8,2,8,2,8,\cdots \rangle = \langle \overline{2;8} \rangle$이다.

예제 12.14

위 예제에서의 이차무리수 $\alpha = \frac{2+\sqrt{5}}{2}$를 정리 12.13을 사용하여 연분수로 나타내어라.

풀이 $X_0 = \alpha = \frac{2+\sqrt{5}}{2}$, $a_0 = \lfloor X_0 \rfloor = 2$.

다음 예제에서는 무리수 π와 e를 무한연분수로 표현하자. π와 e는 **초월수**라고 불리는 특별한 무리수이다.

예제 12.15

$\pi = 3.14\cdots$ 의 무한연분수 표현은

$$\pi = \langle 3\,;\,7,\,15,\,1,\,292,\,1,\,1,\,1,\,2,\,1,\,3,\,1,\,14,\,2,\,1,\,\cdots \rangle$$

임을 보여라.

풀이 $\pi = 3.1415\cdots$ 로 부터

$$X_0 = \pi, \qquad a_0 = [X_0] = 3$$

$$X_1 = \frac{1}{X_0 - a_0} = \frac{1}{3.1415\cdots - 3} = \frac{1}{0.1415\cdots} = 7.06\cdots, \quad a_1 = [X_1] = 7$$

$$X_2 = \frac{1}{X_1 - a_1} = \frac{1}{7.06\cdots - 7} = \frac{1}{0.06\cdots} = 15.\cdots, \qquad a_2 = [X_2] = 15$$

$$X_3 = \frac{1}{X_2 - a_2} = \cdots = 1.0\cdots, \qquad a_3 = [X_3] = 1$$

$$\vdots$$

따라서 $\pi = \langle 3\,;\,7,\,15,\,1,\,\cdots \rangle$ 이다.

예제 12.16

자연로그 $e = 2.718281828\cdots$ 의 무한연분수 표현은

$$e = \langle 2\,;\,1,\,2,\,1,\,1,\,4,\,1,\,1,\,6,\,1,\,1,\,8,\,1,\,1,\,10,\,1,\,\cdots \rangle$$

임을 보여라. π 의 경우와는 달리, 자연로그는 어느 정도 규칙적으로 전개됨을 알 수 있다.

풀이 $X_0 = e$, $a_0 = 2$

$$X_1 = \frac{1}{e-2}, \quad a_1 = \left\lfloor \frac{1}{e-2} \right\rfloor = \cdots$$

무리수를 무한연분수로 나타냈던 것처럼, 이번에는 무한연분수로 주어진 값을 무리수로 표현해보자.

예제 12.17

무한연분수 $\langle 3, 4, 1, 2, 1, 2, \cdots \rangle$를 무리수로 표현하여라.

풀이 $x = \langle 3, 4, 1, 2, 1, 2, \cdots \rangle = 3 + \cfrac{1}{4 + \cfrac{1}{1 + \cfrac{1}{2 + \cfrac{1}{1 + \cfrac{1}{2 + \cfrac{1}{1 + \cfrac{1}{\cdots}}}}}}}$ 이므로

$\alpha = 1 + \cfrac{1}{2 + \cfrac{1}{1 + \cfrac{1}{2 + \cfrac{1}{1 + \cfrac{1}{\cdots}}}}}$ 라고 하자. 그러면 $\alpha = 1 + \cfrac{1}{2 + \cfrac{1}{\alpha}}$ 로 표현되어,

$$\alpha = 1 + \frac{\alpha}{2\alpha + 1} = \frac{3\alpha + 1}{2\alpha + 1}$$

이다. 따라서 $2\alpha^2 - 2\alpha - 1 = 0$, 즉 $\alpha = \dfrac{1 + \sqrt{3}}{2}$ 이다. 그러므로 $x = 3 + \cfrac{1}{4 + \cfrac{1}{\alpha}}$ 로부터

$$\langle 3\,; 4, 1, 2, 1, 2, \cdots \rangle = 3 + \cfrac{1}{4 + \cfrac{1}{\cfrac{1 + \sqrt{3}}{2}}} = 3 + \cfrac{1}{4 + \cfrac{2}{1 + \sqrt{3}}}$$

$$= 3 + \frac{1}{2} - \frac{\sqrt{3}}{6} = \frac{7}{2} - \frac{\sqrt{3}}{6}$$

인 무리수이다.

예제 12.18

무한연분수 $\langle \overline{2, 3} \rangle$를 무리수로 표현하여라.

풀이 $\langle \overline{2, 3} \rangle = \langle 2, 3, 2, 3, 2, 3, \cdots \rangle = x$ 라고 하면

$$x = 2 + \cfrac{1}{3 + \cfrac{1}{x}} = 2 + \frac{x}{3x+1} = \frac{7x+2}{3x+1}$$

이다. 따라서

$$3x^2 + x = 7x + 2, \text{ 즉 } 3x^2 - 6x - 2 = 0$$

이 되어, $x = \frac{3+\sqrt{15}}{3}$ 인 무리수이다.

예제 12.19

앞서 예제에서 무한연분수 $\alpha = \langle 1\,;1,\,1,\,1,\,\cdots \rangle$이 방정식 $x^2 - x - 1 = 0$의 근인 $\frac{1+\sqrt{5}}{2}$ 인 것처럼, 무한연분수 $\langle 2\,;2,\,2,\,2,\,\cdots \rangle$, $\langle 3\,;3,\,3,\,3\cdots \rangle$그리고 임의의 $m > 0$에 대해 $\langle m,\,m,\,m,\,\cdots \rangle$를 무리수로 표현하여라.

풀이

연습문제

1. 무리수를 무한단순연분수로 표시하여라.

(a) $\frac{1+\sqrt{13}}{2}$ (b) $3-\sqrt{3}$ (c) $\frac{5-\sqrt{7}}{4}$

(d) $\frac{1+\sqrt{5}}{2}$ (e) $\frac{1}{\sqrt{3}}$ (f) $\sqrt{7}$

2. 무한단순연분수를 무리수로 표시하여라.

(a) $\langle 1\,;\, 2,\, \overline{2, 3} \rangle$ (b) $\langle 0\,;\, \overline{1, 2, 3} \rangle$

(c) $\langle 1\,;\, \overline{2, 3} \rangle$ (d) $\langle 0\,;\, \overline{2, 3} \rangle$

3. 순환연분수에 대응하는 값을 구하여라.

(a) $\langle 3\,;\, \bar{2} \rangle$ (b) $\langle \overline{3\,;\, 2} \rangle$ (c) $\langle \overline{9\,;\, 9, 18} \rangle$

(d) $\langle 3\,;\, \overline{4, 5} \rangle$ (f) $\langle \overline{3\,;\, 4, 5} \rangle$

4. 유리수 $r(>1)$의 연분수 표현이 $r = \langle a_0\,;\, a_1, \cdots, a_n \rangle$이면, 유리수 $\dfrac{1}{r}$의 연분수표현이 $\dfrac{1}{r} = \langle 0\,;\, a_0, a_1, \cdots, a_n \rangle$ 임을 보여라.

5. a는 정수, $b, c, d > 0$ 정수, 또한 $c > d$이면 다음의 부등호가 성립함을 보여라.

(a) $\langle a\,;\, c \rangle < \langle a\,;\, d \rangle$ (b) $\langle a\,;\, b, c \rangle > \langle a\,;\, b, d \rangle$

6. n $(41 \le n \le 51)$에 대한 $\sqrt{n}$의 연분수 전개를 말하여라.

12.3 연분수의 응용(Application of continued fraction)

1) 일차부정방정식의 근 구하기

디오판토스 방정식 $ax + by = c$이 근을 가질 필요충분조건은 $\gcd(a, b) = d \mid c$이다. 또한 (x_0, y_0)가 방정식의 하나의 해라면, 나머지 정수해 x, y는

$$x = x_0 + \frac{b}{d}k, \quad y = y_0 - \frac{a}{d}k \quad (k \in \mathbb{Z})$$

의 형태이다(4장 참조). 유한단순연분수를 이용해 일차부정방정식의 정수근을 구할 수 있다.

예제 12.20

일차부정방정식 $12x + 7y = 1$의 정수근을 구하여라.

풀이 $\gcd(12, 7) = 1$이며

$$12 = 1 \times 7 + 5$$
$$7 = 1 \times 5 + 2$$
$$5 = 2 \times 2 + 1$$
$$2 = 2 \times 1 + 0$$

이므로 연분수 전개 $\dfrac{12}{7} = \langle 1;\ 1,\ 2,\ 2 \rangle$가 되며, 수열 관계표로 다음과 같이 된다.

a_n			1	1	2	2
p_n	0	1	1	2	5	12
q_n	1	0	1	1	3	7

따라서 $12 \times (3) + 7 \times (-5) = 1$이며 $\begin{cases} x = 3 + 7k \\ y = -5 - 12k \end{cases}$ $(k \in \mathbb{Z})$이다.

참고 디오판토스 방정식의 일반적인 풀이 방법으로 구한 답과 비교해 보라.

2) 피보나치 수(Fibonacci Number)

피보나치수열(Fibonacci sequence)

$$1,\ 1,\ 2,\ 3,\ 5,\ 8,\ 13,\ 21,\ 34,\ 55,\ 89,\ 144,\ 233,\ 377,\ \cdots$$

은 귀납적으로

$$f_0 = 0,\quad f_1 = 1,\quad f_2 = 1,\quad f_{n+2} = f_{n+1} + f_n\ (n \geq 1)$$

로 정의되며, 이 때 f_n을 **피보나치 수**라고 한다.

무한 단순 연분수 $\langle 1;\ 1,\ 1,\ 1,\ 1,\ \cdots \rangle$에서 피보나치 수에 대한 귀납적 관계를 발견할 수 있다. p_n과 q_n의 수열 표를 만들어 보면 다음과 같다.

a_n			1	1	1	1	1	1	1	1	1	1	$\cdots$
p_n	0	1	1	2	3	5	8	13	21	34	55	89	$\cdots$
q_n	1	0	1	1	2	3	5	8	13	21	34	55	$\cdots$

여기서 $\beta_n = \langle 1;\ 1,\ 1,\ 1,\ \cdots \rangle = \dfrac{p_n}{q_n}\ (n \ge 0)$이라 놓고 제9 근사분수까지 구하면

$$C_0 = \frac{1}{1},\quad C_1 = \frac{2}{1},\quad C_2 = \frac{3}{2},\quad C_3 = \frac{5}{3},\quad C_4 = \frac{8}{5},$$
$$C_5 = \frac{13}{8},\quad C_6 = \frac{21}{13},\quad C_7 = \frac{34}{21},\quad C_8 = \frac{55}{34},\quad C_9 = \frac{89}{55}$$

가 되어, 각각의 분자와 분모는 피보나치 수열이 됨을 알 수 있다. 따라서 p_n과 q_n은 피보나치 수 f_n과 다음의 관계를 만든다.

$$f_1 = f_2 = 1,\quad f_{n+2} = f_{n+1} + f_n\ \ (n \ge 1)$$
$$f_{n+2} = p_n,\quad f_{n+1} = q_n\ \ (n \ge 0)$$

그러므로 무한단순연분수 표현으로부터

$$\lim_{n\to\infty} \frac{f_{n+1}}{f_n} = \lim_{n\to\infty} \frac{p_n}{q_n} = \langle 1;\ 1,\ 1,\ 1,\ \cdots \rangle = \beta_n$$

이 된다.

피보나치수열의 연분수 표현은 다음과 같이 만들 수 있다.

정리 12.15

인접한 두 피보나치 수의 비율은 연분수 $\langle 1\,;\ 1,\ 1,\ 1,\ \cdots \rangle$와 같다.

증명 $f_{n+1} = f_n + f_{n-1}$이므로

$$\frac{f_{n+1}}{f_n} = 1 + \frac{f_{n-1}}{f_n} = 1 + \cfrac{1}{\cfrac{f_n}{f_{n-1}}}$$

이다. 마찬가지로 $f_n = f_{n-1} + f_{n-2}$ 로부터

$$\frac{f_n}{f_{n-1}} = 1 + \frac{f_{n-2}}{f_{n-1}} = 1 + \cfrac{1}{\cfrac{f_{n-1}}{f_{n-2}}}$$

가 된다. 따라서

$$\frac{f_{n+1}}{f_n}=1+\cfrac{1}{\cfrac{f_n}{f_{n-1}}}=1+\cfrac{1}{1+\cfrac{1}{\cfrac{f_{n-1}}{f_{n-2}}}}$$

인데, 이런 과정을 반복하면

$$\frac{f_{n+1}}{f_n}=1+\cfrac{1}{\cfrac{f_n}{f_{n-1}}}=1+\cfrac{1}{1+\cfrac{1}{\cfrac{f_{n-1}}{f_{n-2}}}}$$

$$=1+\cfrac{1}{1+\cfrac{1}{1+\cfrac{1}{\cfrac{f_{n-2}}{f_{n-3}}}}}=1+\cfrac{1}{1+\cfrac{1}{1+\cfrac{1}{\cfrac{1}{1+\cfrac{f_{n-3}}{f_{n-4}}}}}}=\cdots$$

$$=\langle 1\,;1,\,1,\,1,\,\cdots\rangle$$

이 된다. ■

한편, 식 $\frac{f_{n+1}}{f_n}=1+\cfrac{1}{\cfrac{f_n}{f_{n-1}}}$ 에 극한 $\lim_{n\to\infty}$ 을 적용하면

$$\lim_{n\to\infty}\frac{f_{n+1}}{f_n}=1+\cfrac{1}{\lim_{n\to\infty}\cfrac{f_n}{f_{n-1}}}$$

이다. 만일 $\alpha=\lim_{n\to\infty}\frac{f_{n+1}}{f_n}$ 라 하면 $\alpha=1+\frac{1}{\alpha}$ 가 되어, $\alpha^2-\alpha-1=0$이 된다. 따라서 α는 이차방정식 $x^2-x-1=0$의 근이다. 따라서 $\alpha=\frac{1+\sqrt{5}}{2}$ 임을 알 수 있다.

정리 12.16

피보나치수열의 n번째 일반항 f_n은 $\frac{1}{\sqrt{5}}\left(\left(\frac{1+\sqrt{5}}{2}\right)^n-\left(\frac{1-\sqrt{5}}{2}\right)^n\right)$이다.

증명

$$\alpha = \frac{1+\sqrt{5}}{2}, \quad \beta = \frac{1-\sqrt{5}}{2}$$

라고 하고, $f_n = \frac{1}{\sqrt{5}}(\alpha^n - \beta^n)$이 됨을 n에 대한 귀납법으로 증명하자.

$n=0$일 때, $\frac{1}{\sqrt{5}}(\alpha^0 - \beta^0) = 0 = f_0$ 가 성립한다.

$n=1$일 때, $\frac{1}{\sqrt{5}}(\alpha^1 - \beta^1) = \frac{1}{\sqrt{5}}\left(\frac{1+\sqrt{5}}{2} - \frac{1-\sqrt{5}}{2}\right) = \frac{1}{\sqrt{5}} \cdot \frac{2\sqrt{5}}{2} = 1 = f_1$ 이다.

만일 $f_{n-1} = \frac{1}{\sqrt{5}}(\alpha^{n-1} - \beta^{n-1})$이라고 가정하자. 그러면

$$\begin{aligned} f_n &= f_{n-1} + f_{n-2} \\ &= \frac{1}{\sqrt{5}}\left[(\alpha^{n-1} + \alpha^{n-2}) - (\beta^{n-1} + \beta^{n-2})\right] \\ &= \frac{1}{\sqrt{5}}\left[\alpha^{n-2}(\alpha+1) - \beta^{n-2}(\beta+1)\right] \end{aligned}$$

이다. 그런데 $\alpha = \frac{1+\sqrt{5}}{2}$와 $\beta = \frac{1-\sqrt{5}}{2}$는 방정식 $x^2 - x - 1 = 0$의 근이므로 $\alpha^2 = \alpha + 1$ 또한 $\beta^2 = \beta + 1$이다. 그러므로

$$\begin{aligned} f_n &= \frac{1}{\sqrt{5}}\left[\alpha^{n-2}(\alpha+1) - \beta^{n-2}(\beta+1)\right] \\ &= \frac{1}{\sqrt{5}}\left[\alpha^{n-2}(\alpha^2) - \beta^{n-2}(\beta^2)\right] \\ &= \frac{1}{\sqrt{5}}(\alpha^n - \beta^n) \end{aligned}$$

이다. ■

참고 이 형태는 비네(Binet, J., 1786~1856)의 공식이라고 불린다.

피보나치수열의 일반항은 비네 공식을 사용하는 방법 이외에 아래 정리와 같이 행렬이론을 사용하여 찾을 수 있다.

정리 12.17

피보나치수열의 n번째 항 f_n은 $\frac{1}{\sqrt{5}}\left(\left(\frac{1+\sqrt{5}}{2}\right)^n - \left(\frac{1-\sqrt{5}}{2}\right)^n\right)$ 이다.

증명 $f_0 = f_1 = 1$이라 하자. 관계식 $f_{n+1} = f_n + f_{n-1}\,(n \geq 1)$으로 연립방정식

$$\begin{cases} f_{n+1} = f_n + f_{n-1} \\ f_n \quad\ \ = f_n \end{cases}$$

을 만들자. 이것을 행렬방정식으로 표현하면

$$\begin{bmatrix} f_{n+1} \\ f_n \end{bmatrix} = \begin{bmatrix} 1 & 1 \\ 1 & 0 \end{bmatrix} \begin{bmatrix} f_n \\ f_{n-1} \end{bmatrix}$$

이 된다. 여기서 $\begin{bmatrix} f_{n+1} \\ f_n \end{bmatrix} = W_n\ (n \geq 0)$이며 $\begin{bmatrix} 1 & 1 \\ 1 & 0 \end{bmatrix} = A$라 하면

$$W_n = A\,W_{n-1}$$

이다. 그런데

$$W_0 = \begin{bmatrix} f_1 \\ f_0 \end{bmatrix} = \begin{bmatrix} 1 \\ 1 \end{bmatrix},\ W_1 = \begin{bmatrix} f_2 \\ f_1 \end{bmatrix} = \begin{bmatrix} 2 \\ 1 \end{bmatrix},\ \cdots,\ W_{n-1} = \begin{bmatrix} f_n \\ f_{n-1} \end{bmatrix},\ W_n = \begin{bmatrix} f_{n+1} \\ f_n \end{bmatrix}$$

이므로,

$$\begin{aligned} W_1 &= A\,W_0 \\ W_2 &= A\,W_1 = A(A\,W_0) = A^2\,W_0 \\ W_3 &= A\,W_2 = A(A^2\,W_0) = A^3\,W_0 \\ &\ \vdots \end{aligned}$$

이다. 따라서

$$W_n = A^n\,W_0,\ \text{즉}\ \begin{bmatrix} f_{n+1} \\ f_n \end{bmatrix} = A^n \begin{bmatrix} 1 & 1 \\ 1 & 0 \end{bmatrix}$$

이다. 그러므로 A^n을 계산하면 된다. 어떤 행렬 A의 n거듭제곱은 A를 대각행렬로 만들어 계산할 수 있으므로 A를 대각화하자. 행렬 A의 특성방정식은

$$\begin{vmatrix} \lambda - 1 & -1 \\ -1 & \lambda \end{vmatrix} = \lambda^2 - \lambda - 1 = 0$$

이므로 $\dfrac{1 \pm \sqrt{5}}{2}$이 근이다. 따라서 A의 고유치는 $\lambda_1 = \dfrac{1+\sqrt{5}}{2}$, $\lambda_2 = \dfrac{1-\sqrt{5}}{2}$이다. 서로 다른 고유치를 갖는 행렬 A는 대각화 가능하며

$$A \sim D = \begin{bmatrix} \dfrac{1+\sqrt{5}}{2} & 0 \\ 0 & \dfrac{1-\sqrt{5}}{2} \end{bmatrix}$$

이다. 각 고유치에 대한 고유벡터는 $X_1 = \begin{bmatrix} (1+\sqrt{5})/2 \\ 1 \end{bmatrix}$, $X_2 = \begin{bmatrix} (1-\sqrt{5})/2 \\ 1 \end{bmatrix}$이다. 그러므로

$$P = \begin{bmatrix} \dfrac{1+\sqrt{5}}{2} & \dfrac{1-\sqrt{5}}{2} \\ 1 & 1 \end{bmatrix}$$

이고, P의 역행렬은

$$P^{-1} = \begin{bmatrix} \dfrac{1}{\sqrt{5}} & -\dfrac{1-\sqrt{5}}{2\sqrt{5}} \\ -\dfrac{1}{\sqrt{5}} & \dfrac{1+\sqrt{5}}{2\sqrt{5}} \end{bmatrix}$$

이다. 따라서 행렬 A는

$$A = PDP^{-1}$$

로 대각화된다. 양변을 n거듭제곱하면 $A^n = PD^nP^{-1}$이다. 그러므로

$$W_n = AW_{n-1} = A^nW_0 = PD^nP^{-1}W_0$$

$$= \begin{bmatrix} \dfrac{1+\sqrt{5}}{2} & \dfrac{1-\sqrt{5}}{2} \\ 1 & 1 \end{bmatrix} \begin{bmatrix} \left(\dfrac{1+\sqrt{5}}{2}\right)^n & 0 \\ 0 & \left(\dfrac{1-\sqrt{5}}{2}\right)^n \end{bmatrix} \begin{bmatrix} \dfrac{1}{\sqrt{5}} & -\dfrac{1-\sqrt{5}}{2\sqrt{5}} \\ -\dfrac{1}{\sqrt{5}} & \dfrac{1+\sqrt{5}}{2\sqrt{5}} \end{bmatrix} \begin{bmatrix} 1 \\ 1 \end{bmatrix}$$

따라서 이 방정식으로부터 피보나치수열의 일반항

$$f_n = \frac{1}{\sqrt{5}}\left[\left(\frac{1+\sqrt{5}}{2}\right)^{n+1} - \left(\frac{1-\sqrt{5}}{2}\right)^{n+1}\right]$$

을 구할 수 있다. ■

3) 황금비(Golden Ratio)

어떤 선분이 **황금분할**(golden section)된다는 것은 분할된 두 선분 중에서 긴 선분이 짧은 선분과 원래 선분의 비례중앙이 되는 것이다. 이 때, 짧은 선분과 긴 선분의 비를 **황금**

비(golden ratio)라고 한다.

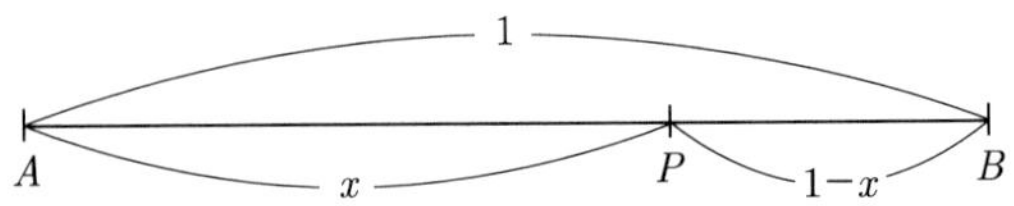

이 때 $\overline{AB}=1$, $\overline{AP}=x$라 하면 $\overline{PB}=1-x$이고 다음과 같은 비를 형성한다.

$$\overline{AB}:\overline{AP}=\overline{AP}:\overline{PB} \text{ 즉, } \frac{\overline{AB}}{\overline{AP}}=\frac{\overline{AP}}{\overline{PB}}$$

이 값이 바로 '황금비'이다. 실제로

$$1:x=x:1-x$$

이므로 $x^2=1-x$가 되어 $x^2+x-1=0$이 된다. 그러므로

$$\begin{cases} \overline{AP}=x=\dfrac{-1\pm\sqrt{5}}{2} \\ \overline{PB}=1-x=1-\dfrac{-1\pm\sqrt{5}}{2}=\dfrac{3-\sqrt{5}}{2} \end{cases} \quad (x>0,\ 1-x>0)$$

이므로 황금비는

$$\frac{x}{1-x}=\left(\frac{-1+\sqrt{5}}{2}\right)\Big/\left(\frac{3-\sqrt{5}}{2}\right)=\frac{1+\sqrt{5}}{2}$$

이다. 황금비 $\dfrac{1+\sqrt{5}}{2}$는 실생활에서는 대략 $\overline{AB}:\overline{AP}=8:5$로 이용된다.

황금비를 보통 ϕ(파이)로 나타내며, 관계식 $\dfrac{1}{\phi}=\phi-1$로부터 ϕ를 연분수로 나타낼 수 있다.

$$\begin{aligned}\frac{1}{\phi}=\phi-1 \ &\Leftrightarrow\ \phi=1+\frac{1}{\phi} \\ &\Leftrightarrow\ \phi=1+\frac{1}{\phi}=1+\cfrac{1}{1+\cfrac{1}{\phi}}=1+\cfrac{1}{1+\cfrac{1}{1+\cfrac{1}{\phi}}}=\cdots \\ &=1+\cfrac{1}{1+\cfrac{1}{1+\cdots}}\end{aligned}$$

따라서 황금비 ϕ는 무한단순연분수 $\langle 1;\ 1,\ 1,\ 1,\ 1,\ \cdots\rangle$로 표현된다.

만일

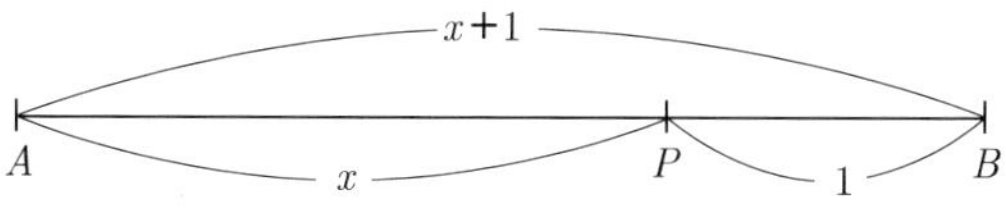

를 생각하면, $x+1:x=x:1$, 즉 $x^2=x+1$이 되어 $x=\dfrac{1+\sqrt{5}}{2}$가 된다.

예제 12.21

$\langle 2\,;2,\,2,\,2,\,\cdots\rangle$와 $\langle 3\,;3,\,3,\,3,\,\cdots\rangle$의 무리수 값의 기하적 의미를 조사하여라.

풀이

4) 원주율 π의 유리근사값 구하기

π는 무리수로서 비순환무한소수이며 다음과 같이 표현된다.

$$\pi = 3.1415929\cdots = \langle 3\,;4,\,15,\,1,\,292,\,1,\,1,\,1,\,2,\,1,\,3,\,1,\,14,\,2,\,1,\,\cdots\rangle$$

이에 대한 근사분수를 구하기 위해 p_n과 q_n의 수열 표를 만들자.

a_n			3	7	15	1	292	1	1	1	$\cdots$
p_n	0	1	3	22	333	355	103993	104348	208341	312689	$\cdots$
q_n	1	0	1	7	106	113	33102	33215	66317	99532	$\cdots$

위의 표에 의하여 π의 처음 제5 근사분수까지 얻을 수 있다.

$C_0=\dfrac{3}{1}=3$	$C_1=\dfrac{22}{7}=3.142857\cdots$	$C_2=\dfrac{333}{106}=3.141509\cdots$
$C_3=\dfrac{355}{113}=3.1415929\cdots$	$C_4=\dfrac{103993}{33102}=3.1415926\cdots$	$C_5=\dfrac{104348}{33215}=3.141592\cdots$

유리수 $\frac{22}{7}$는 그 분모가 7이하인 어떠한 유리수보다도 π에 더 가까운 근삿값이고, $\frac{333}{106}$은 그 분모가 106이하인 어떠한 유리수보다도 π에 더 가까운 근삿값이다. 그러므로 π가 무리수임을 알 수 있다. 부록에서 π에 관련한 자세한 내용을 볼 수 있다.

5) 자연 대수 e의 유리근사값 구하기

자연대수 e의 무한단순연분수 전개는 다음과 같다.

$$e = 2.718281828\cdots = \langle 2;\ 1,\ 2,\ 1,\ 1,\ 4,\ 1,\ 1,\ 6,\ 1,\ 1,\ 8,\ 1,\ 1,\ 10,\ 1,\ 1,\ 12,\ \cdots\rangle$$

실제로 $e = 2.718281828\cdots$로부터

$$\alpha_0 = e, \qquad a_0 = [\alpha_0] = 2$$

$$\alpha_1 = \frac{1}{\alpha_0 - a_0} = \frac{1}{e-2}, \qquad a_1 = [\alpha_1] = \left[\frac{1}{e-2}\right] = 1$$

$$\alpha_2 = \frac{1}{\alpha_1 - a_1} = \frac{e-2}{3-e}, \qquad a_2 = [\alpha_2] = \left[\frac{e-2}{3-e}\right] = 2$$

$$\alpha_3 = \frac{1}{\alpha_2 - a_2} = \frac{3-e}{3e-8}, \qquad a_3 = [\alpha_3] = \left[\frac{3-e}{3e-8}\right] = 1$$

$$\alpha_4 = \frac{1}{\alpha_3 - a_3} = \frac{3e-8}{11-4e}, \qquad a_4 = [\alpha_4] = \left[\frac{3e-8}{11-4e}\right] = 1$$

$$\cdots$$

그러므로 $e = \langle 2;\ 1,\ 2,\ 1,\ 1,\ 4,\ 1,\ 1,\ 6,\ 1,\ 1,\ 8,\ 1,\ 1,\ 10,\ 1,\ 1,\ 12,\ \cdots\rangle$이다.

수열 표를 이용하여 다음과 같이 나타낼 수 있다.

a_n			2	1	2	1	1	4	1	1	6	1	$\cdots$
p_n	0	1	2	3	8	11	19	87	106	193	1264	1457	$\cdots$
q_n	1	0	1	1	3	4	7	32	39	71	465	536	$\cdots$

위의 표에 의하여 e의 처음 제6 근사분수까지 구하면 다음과 같다.

$$C_0 = \frac{2}{1},\quad C_1 = \frac{3}{1},\quad C_2 = \frac{8}{3},\quad C_3 = \frac{11}{4},\quad C_4 = \frac{19}{7},\quad C_5 = \frac{87}{32},\quad C_6 = \frac{106}{39}$$

C_6가 e에 가장 가까운 유리근삿값이며, 자연대수 e는 무리수임을 알 수 있다. 부록에서 e에 관련한 자세한 내용을 볼 수 있다.

6) 직소우 퍼즐(Jigsaw Puzzle)

유리수 $\frac{P}{Q}$가 있을 때, P를 가로, Q를 세로로 하는 $P \times Q$ 직사각형을 생각하자.

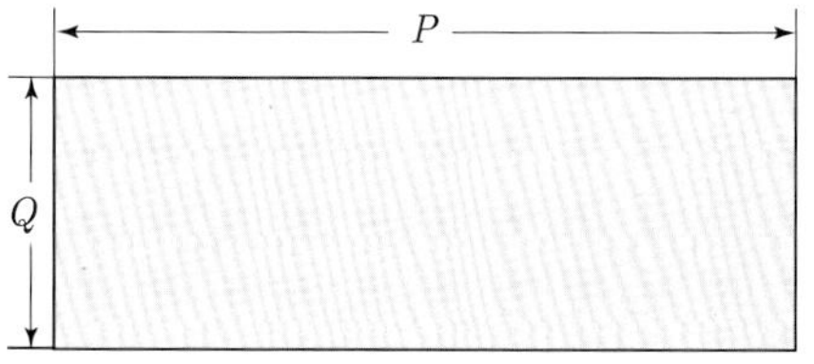

짧은 길이인 Q를 한 변으로 하는 $Q \times Q$정사각형은 주어진 직사각형에 들어가는 가장 큰 정사각형이다. $P \times Q$을 $Q \times Q$로 분해하자.

예를 들어 유리수 $\frac{37}{14}$에서, 14×14정사각형으로 37×14직사각형을 분해하면 14×14 정사각형 2개를 만들 수 있으며, 9×14직사각형이 남는다.

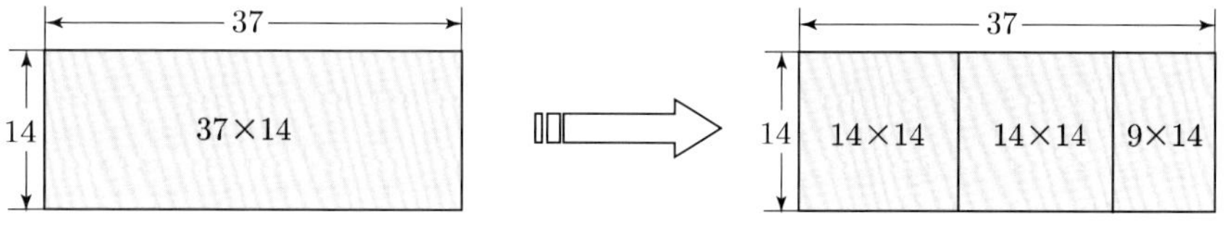

이것을 다시 분수로 나타내면

$$\frac{37}{14} = \frac{14+14+9}{14} = 2 + \frac{9}{14} = 2 + \cfrac{1}{\cfrac{14}{9}}$$

가 된다. 위의 과정을 $\frac{14}{9}$에 반복하면, 14×9직사각형은 9×9정사각형과 5×9직사각형으로 나누어진다.

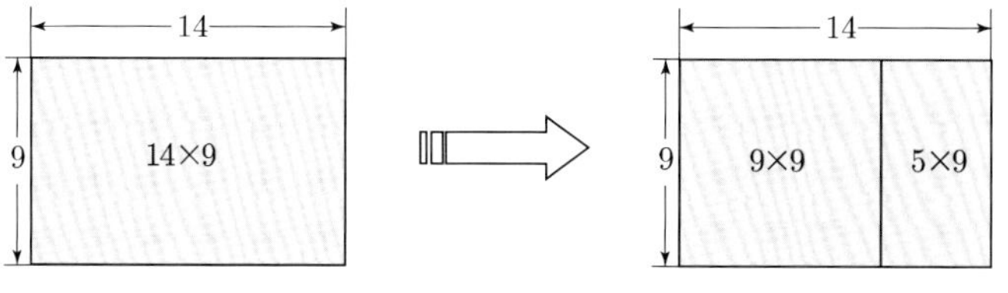

분해된 정사각형을 분수 $\frac{14}{9} = \frac{9+5}{9} = 1 + \frac{5}{9}$로 나타내면

$$\frac{37}{14}=2+\frac{9}{14}=2+\cfrac{1}{\frac{14}{9}}=2+\cfrac{1}{1+\frac{5}{9}}=2+\cfrac{1}{1+\cfrac{1}{\frac{9}{5}}}$$

가 된다. 또한 9×5 직사각형은 5×5 정사각형과 4×5 직사각형으로 분리되어

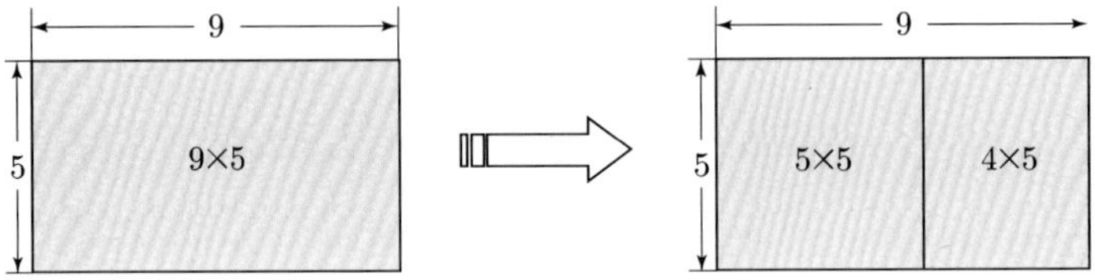

$$\frac{9}{5}=\frac{5+4}{5}=1+\frac{4}{5}=1+\cfrac{1}{\frac{5}{4}}$$

가 되므로

$$\frac{37}{14}=2+\cfrac{1}{\frac{14}{9}}=2+\cfrac{1}{1+\frac{5}{9}}=2+\cfrac{1}{1+\cfrac{1}{\frac{9}{5}}}=2+\cfrac{1}{1+\cfrac{1}{1+\cfrac{1}{\frac{5}{4}}}}$$

이다. 5×4 직사각형은 4×4 정사각형과 1×4 직사각형으로 분리되어

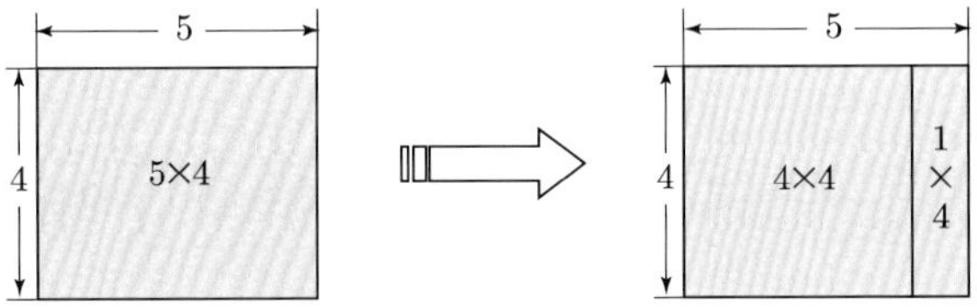

$$\frac{5}{4}=\frac{4+1}{4}=1+\frac{1}{4}=1+\cfrac{1}{\frac{4}{1}}$$

이 되어

$$\frac{37}{14}=2+\cfrac{1}{1+\frac{5}{9}}=2+\cfrac{1}{1+\cfrac{1}{\frac{9}{5}}}=2+\cfrac{1}{1+\cfrac{1}{1+\cfrac{1}{\frac{5}{4}}}}=2+\cfrac{1}{1+\cfrac{1}{1+\cfrac{1}{1+\cfrac{1}{\frac{4}{1}}}}}$$

이다. 4×1직사각형은 네 개의 1×1정사각형으로 나누어지므로

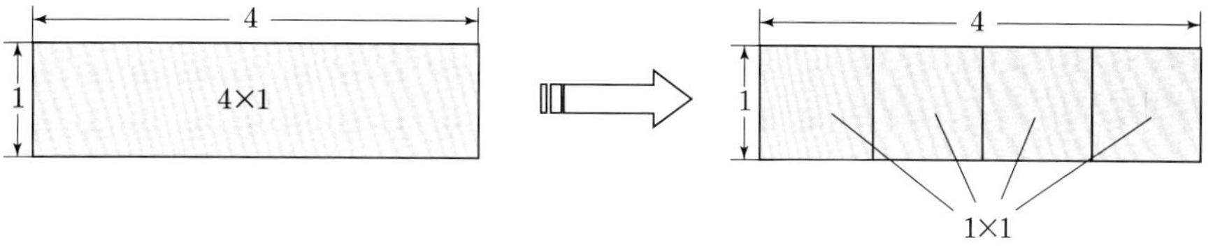

최종적인 정사각형들로 분해할 수 있다.

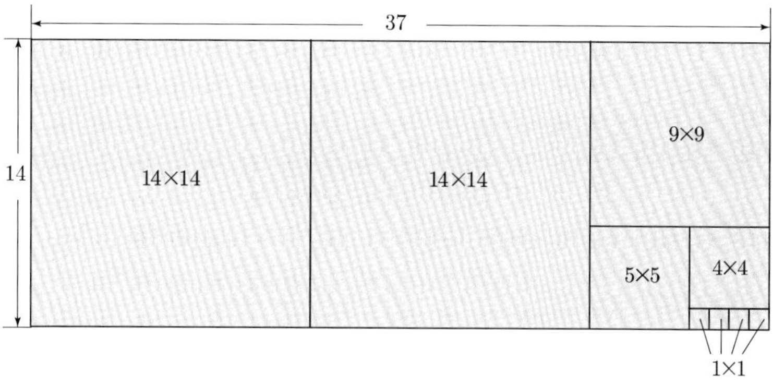

이와 같은 방법을 직소우 퍼즐(Jigsaw puzzle)이라고 부르며, 연분수를 생성하는 방법이다.

예제 12.22

57×4로 만들어진 직사각형을 직소우 퍼즐로 설명하여라.

풀이

연습문제

1. 황금비를 연분수로 표시하여라.

2. $\alpha = \dfrac{5+\sqrt{29}}{2}$ 는 $x^2 - 5x - 1 = 0$ 의 근 임을 보여라.

3. 다음의 이차 방정식을 연분수를 이용하여 풀어라.

   (a) $x^2 - 5x - 1 = 0 \quad (x > 0)$

   (b) $x^2 - 3x - 1 = 0$

   (c) $4x^2 - 8x - 1 = 0$

4. 다음의 유리수를 Jigsaw Puzzle을 사용하여 연분수로 나타내어라.

   (a) $\dfrac{9}{5}$　　(b) $\dfrac{7}{20}$

Chapter 13

Fibonacci Sequence, Pythagorean Triple and Pell Number

피보나치수열, 피타고라스 세 쌍, 펠 수열

이탈리아의 상인이며 수학자인 피보나치(Fibonacci, Leonardo, 1175?~1250?)는 중세 유럽의 대수학자이다. 1175년경 피사의 상업 중심지에서 태어났으며, Leonardo of Pisa라 불리었다. 알려진 'Fibonacci'는 'Bonacci의 아들'이란 뜻의 'filius Bonacci'를 줄인 말이라고 한다. 당시 이탈리아의 큰 상인들은 지중해 연안 여러 곳에 상점을 두고 있었는데 그는 아버지를 따라 이집트, 시칠리아, 그리스, 시리아 등을 여행하면서 동부와 아라비아의 수학을 접하였다. 인도-아라비아의 계산술의 실용적 우수성에 확신을 갖고 고향으로 돌아와 1202년에 유명한 저서 《산반서(Liber abaci)》를 출간하였다. 이 저작은 산술과 초등대수에 관하여 쓴 것으로 독립적인 연구이긴 하지만 알-콰리즈미(al-Khwarizmi)와 아부-카밀(Abu-Kamil)의 대수로부터 많은 영향을 받았다. 인도-아라비아 숫자를 유럽으로 소개하는 데 큰 역할을 하였고 새로운 숫자를 읽고 쓰는 법, 정수와 분수의 계산법, 제곱근과 세제곱근을 구하는 법, 대수적 과정 그리고 이차방정식의 해법 등을 설명하고 있다. 이 책에는 많은 문제가 실려 있어서 그 이후의 저술가들에게 수학문제의 보물과도 같은 책이 되었다. 이 책의 영향으로 인도-아라비아의 수 체계가 급속히 보급되었다.

13.1 피보나치수열(Fibonacci sequence)

1202년 피보나치가 연구한 원래 문제는 토끼가 이상적인 환경에서 어떻게 번식하는가에 대한 것이었다. '들판에 갓 태어난 암수 한 쌍의 토끼가 있다. 토끼들은 한 달이 지나면 성숙하여 두 달의 끝 부분에서 암컷이 암수 한 쌍의 토끼를 낳는다. 토끼들은 절대로 죽지 않고, 암컷은 암수 한 쌍의 새끼를 둘째 달부터 계속해서 낳는다고 하면, 1년 후에는 얼마나 많은 토끼가 들판에 있을까'를 생각한 것이 피보나치수열의 시초이다.

① 한 달 후에 짝을 짓지만 여전히 한 쌍만 있다.

② 두 달 후에 암컷은 한 쌍의 새끼를 낳아, 모두 두 쌍의 토끼가 된다.

③ 세 달 후에 원래 암컷은 두 번째 한 쌍의 새끼를 낳으므로 모두 합쳐서 세 쌍이 된다.

④ 넉 달 후에 원래 암컷은 또 다른 한 쌍의 새끼를 낳았으며 두 달 전에 태어난 암컷이 역시 첫 번째 새끼를 낳으므로 5쌍이 된다.

그러면 매달 토끼 쌍의 수는 1, 1, 2, 3, 5, 8, 13, 21, 34, 55, … 이 된다. 그러나 이 문제는 비현실적인 상황을 말하고 있다. 토끼는 절대로 죽지 않는다는 것과 각 세대가 정확히 암수 한 마리씩 두 마리라는 것, 또한 남매의 짝짓기가 만드는 유전학적 문제가 그것이다. 현실적으로는 불가능하지만 이것은 수학적 단순화작업이다.

아래는 토끼가 다달이 어떻게 번식하는지 더 세분해서 나타낸 월별 토끼 집단의 가계도와 월별 토끼 집단의 수에 대한 표이다. 여기에서 나열된 수들, 즉, 1, 1, 2, 3, 5, 8, 13, 21, 34, 55, … 이 피보나치 수들이다.

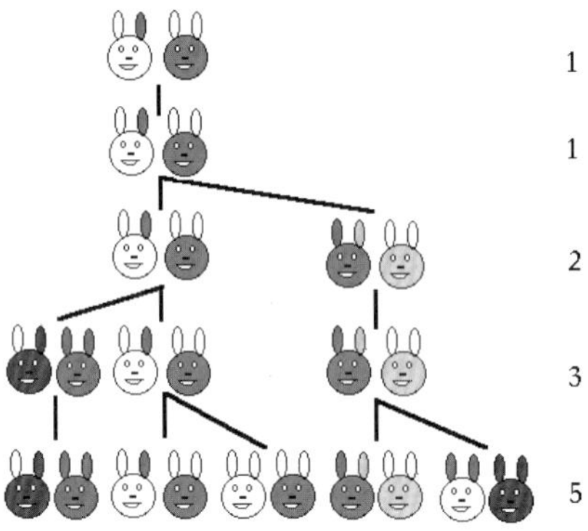

달	성인토끼(쌍)	어린토끼(쌍)	전체 쌍의 수	달	성인토끼(쌍)	어린토끼(쌍)	전체 쌍의 수
1월		1	1	7월	8	5	13
2월	1		1	8월	13	8	21
3월	1	1	2	9월	21	13	34
4월	2	1	3	10월	34	21	55
5월	3	2	5	11월	55	34	89
6월	5	3	8	12월	89	55	144

피보나치수열의 성질

수열을 살펴보면 여러 가지 재미있는 특징들이 숨어있다.

(1) 연속한 두 수의 합은 그 다음 수가 된다. 즉 $3+5=8$, $13+21=34$, $55+89=144$ 가 된다.

(2) n번째 값을 $(n-2)$번째로 나누면 몫은 2가 되고, 나머지는 $(n-1)$번째가 된다. 즉 21을 8로 나누면 몫은 2이며 나머지는 5가 되는데, 5는 8의 앞 값이다. 또한 144를 55로 나누어도 나머지는 34인데 이는 55바로 전 값이다.

(3) 피보나치 수를 다른 피보나치 수로 나눈 값을 피보나치 비율(ratio)이라고 하는데 보통은 인접한 두 수 중 작은 수를 큰 수로 나눈 값을 일컫는다. 즉, $\frac{2}{3}$, $\frac{3}{5}$, $\frac{21}{34}$와 같은 값인데, 이를 계산해보면 점점 $\frac{\sqrt{5}-1}{2}$(약 0.618)에 가까워진다는 것을 알 수 있고 이것이 바로 **황금비**(golden ratio)이다.

(4) 반대로 바로 앞의 값으로 나누면 1.618에 접근한다.

$$\frac{3}{2}=1.50,\ \frac{21}{12}=1.614,\ \frac{55}{34}=1.6176,\ \frac{144}{89}=1.61797,\ \frac{987}{610}=1.618032.$$

정리 13.1

$\frac{F_n}{F_{n-1}}$은 n의 값이 커지면 1.618로 접근한다. 즉 $\lim_{n\to\infty}\frac{F_n}{F_{n-1}}=1.618$이다.

증명 피보나치수열의 점화식 $F_n=F_{n-1}+F_{n-2}$ 로부터 양변을 F_{n-1}로 나누면

$$\frac{F_n}{F_{n-1}}=1+\frac{1}{\frac{F_{n-1}}{F_{n-2}}}$$

이다. $\alpha=\lim_{n\to\infty}\frac{F_n}{F_{n-1}}$라고 하면 $\alpha=1+\frac{1}{\alpha}$가 된다. 따라서 α는 $x^2-x-1=0$의 양의 근이므로, $\alpha=\frac{1+\sqrt{5}}{2}\approx 1.618$이다. (연분수 12장을 참고하자.) ■

(5) 한 단계 떨어져 있는 숫자로 나누면 2.618에 접근한다. 예를 들어

$$\frac{5}{2}=2.50,\ \frac{21}{8}=2.625,\ \frac{144}{55}=2.61818$$

등이 된다.

(6) 1.618의 역수는 0.618이며, 2.618의 역수는 0.382가 된다. 수열의 이웃하는 두 수의 차이들도 같은 규칙의 수열을 이룬다.

(7) 이 외에도 두 숫자의 비율을 나타내는 1.618, 0.618 그리고, 2.618, 0.382의 관계에서 다음과 같은 사실들을 살펴볼 수 있다.

$1.618 \times 0.618 \approx 1$ $\qquad 2.618 \times 0.382 \approx 1$

$2.618 - 1.618 = 1$ $\qquad 1.618 - 0.618 = 1$ $\qquad 1 - 0.618 = 0.382$

$0.618 \times 0.618 \approx 0.382$ $\qquad 1.618 \times 1.618 \approx 2.618$ $\qquad 2.618 \times 0.618 \approx 1.618$

피보나치수열의 응용

피보나치가 연구한 토끼 기르기 문제는 현실성을 넘어 적당히 고안된 것이지만, 거기에서 파생된 피보나치수열은 솔방울, 해바라기, 앵무조개 등의 자연현상과, 컴퓨터 검색, 주식시장 등의 실생활에서 자연스럽게 나타나고 있다. 자연에서 피보나치수열이 드러나는 가장 확실한 것들 중에는 식물들의 성장 패턴에 있다. 식물들은 주기적으로, 성장에 필요한 요소들(유용한 습기, 햇빛, 공기 등)을 받아들이기 위하여 나선형으로 성장하는 경향을 가지고 있다. 즉, 가지의 끝이 그 요소들에 도달하기 위하여 원형으로 움직임과 동시에 올라가기 때문에 가지의 끝은 공간 속으로 나선형으로 움직이며 성장한다.

1) 잎의 배열과 식물의 가지

식물의 줄기에 돋아난 잎의 배열에서도 피보나치수열을 볼 수 있다. 식물은 위의 잎이 아래 잎을 가리지 않도록 배열되어 있다. 이는 모든 잎이 햇빛을 똑같이 잘 받고 잎이 필요로 하는 요소들을 서로의 방해하지 않고 고루 얻을 수 있는 배치이다.

어떤 식물은 생장점의 수에서 피보나치수가 나타난다. 새로운 가지를 뻗을 때, 그 가지는 두 달을 자라야 분지(分枝)를 지탱할 만큼 충분히 강해진다고 가정하자. 그 후로는 매달 생장점에서 가지를 뻗는다고 하면, 아래와 같은 그림을 얻게 된다. 처음에 한 가지가 두 개로 나누어진다. 이들 두 가지 중 새로 뻗은 가지가 다시 두 개로 나누어지는 동안 다른 것은 나누어지지 않고 있다. 한 가지가 두 개로 나눠는 동안 다른 가지가 쉬는 현상은 각 가지가 생길 때마다 반복된다. 이 때 수평 방향에 있는 가지의 수는 피보나치 수를 이

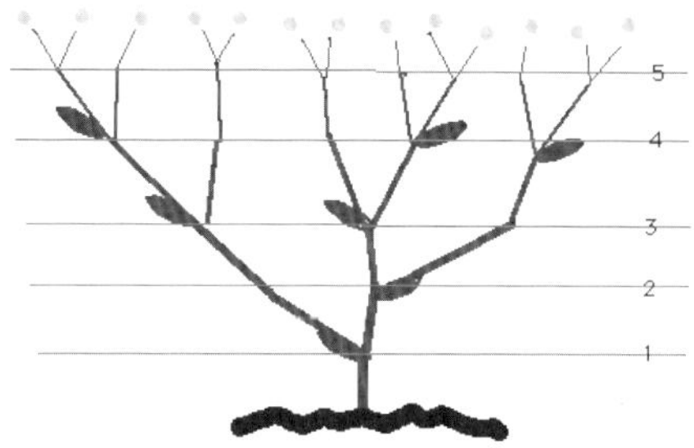

룬다. 그러나 이러한 과정은 주어진 환경적인 영향을 받기 때문에 완벽한 실례를 찾기는 힘들지만, 물속 말류들이나 뿌리 구조 속에서 이러한 패턴이 나타나기도 한다.

2) 꽃잎의 수와 꽃씨의 배열

꽃잎의 수에 있어서도 피보나치수가 드러난다. 솔잎은 종류에 따라 2개, 3개, 또는 5개의 솔잎으로 된 송이로 자라는 경향이 있으며, 백합과 아이리스, 붓꽃은 3장을, 미나리아재비는 5장의 꽃잎을 갖는다. 또 코스모스는 8장, 금잔화는 13장, 과꽃은 21장을 가지며, 데이지 꽃은 34, 55 또는 89장의 꽃잎을 가지기도 한다. 꽃잎의 수를 세어 평균을 계산하면 피보나치수가 나타난다. 꽃술의 씨의 배열에서도 피보나치수열을 찾을 수 있다. 우리 주변에서 흔히 볼 수 있는 해바라기 꽃과 데이지 꽃은 그림에서 보이는 것처럼 씨의 배열 형태가 거의 같다.

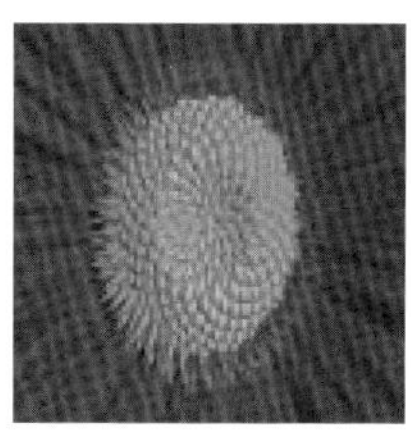
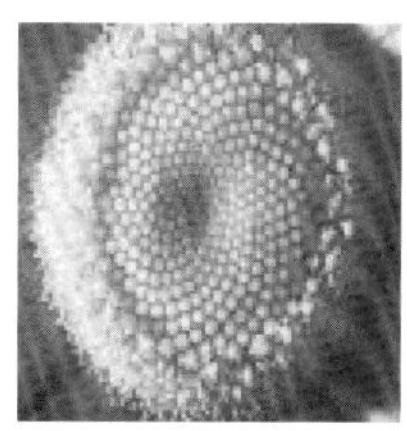

식물뿐만 아니라 동물의 예에서도 찾을 수 있는데, 다음에서 살펴보려는 '꿀벌의 가계'가 바로 그것이다. 피보나치 수를 꿀벌의 가계에서도 찾을 수 있다.

3) 꿀벌의 가계

① 꿀벌 모두가 양쪽 부모를 갖는 것은 아니다.
② 벌떼 중에는 여왕이라 불리는 특별한 암컷이 있다.
③ 여왕벌이 아닌 많은 암컷 일벌들이 있다. 그들은 알을 낳지 못한다.
④ 일하지 않는 수벌들은 수정되지 않는 알에서 태어나므로 어미만 있고 아비는 없다.
⑤ 암벌은 여왕이 수벌과 짝지어 태어난다. 모든 암벌은 양 부모를 가지며 대부분 일벌이 되지만, 그 중 몇몇은 여왕벌로 자라 새 보금자리에서 새로운 벌떼를 이룬다. 그러므로 암벌은 어미, 아비 양 부모를 갖지만, 수벌은 단지 어미만을 갖는다.

일하지 않는 수벌의 가계도를 살펴보자.
① 어미만을 갖는다.
② 2명의 조부모를 갖는데, 어미는 2명의 부모, 암벌과 수벌 부모를 갖기 때문이다.
③ 3명의 증조부모를 갖는다. 그의 조모가 2명의 부모를 갖고, 그의 조부는 어미만을 갖기 때문이다.

위의 가계도를 참고로 하여 꿀벌의 조상의 수에 대한 표는 다음과 같으며, 피보나치수열의 형태임을 알 수 있다.

구분	부모	조부모	증조부모	고조부모	5대조부모	6대조부모	7대조부모
수벌	1	2	3	5	8	13	21
암벌	2	3	5	8	13	21	34

4) 예술속의 피보나치수열

황금분할 피보나치수열의 성질에서 살펴본 바와 같이 연속하는 두 피보나치의 수 중 큰 수에 대한 작은 수의 비율, 즉

$$\frac{2}{3},\ \frac{3}{5},\frac{13}{21},\ \frac{55}{89},\cdots$$

는 점점 $\dfrac{\sqrt{5}-1}{2}(\approx 0.618)$에 가까워지고, 작은 수에 대한 큰 수의 비율, 즉

$$\frac{3}{2},\ \frac{5}{3},\ \frac{21}{13},\ \frac{89}{55},\ \cdots$$

는 $\frac{\sqrt{5}+1}{2}$ (≈ 1.618)에 가까워지는데, 0.618 또는 1.618이 **황금비**(golden ratio)이다.

참고 황금분할은 연분수 내용을 참고한다. ▌

황금분할(golden section)은 한 선분을 두 부분으로 나눌 때에 전체에 대한 긴 부분의 비와 긴 부분에 대한 짧은 부분의 비가 같게 되는 것이다. 황금분할된 선분에서

$$(\text{긴 길이}) : (\text{짧은 길이}) = 1 : 0.618, \ (\text{짧은 길이}) : (\text{긴 길이}) = 1 : 1.618$$

이 된다. 그러므로 황금분할은 전체 속에서 두 개의 크기가 다른 부분 사이의 특별한 상호관계이며 황금분할이란 용어는 이 비율관계의 절묘함에서 나온 말이다.

인간의 시각에서 볼 때 황금비를 응용하여 만든 물건이나 건축물 등은 다른 비율을 사용해 만든 것에 비해 가장 안정적으로 느껴진다. 심지어 가장 아름다운 몸매를 가진 팔등신의 여인들도 그들의 몸 전체에서 배꼽의 위치가 발바닥에서부터 몸 전체의 61.8%에 해당된다. 황금비가 인간에게 호감과 조화감을 준다는 사실은 고대부터 인정된 사실이다. 인간들의 황금분할에 대한 선호는 우리 생활 주변의 여러 상품들에 널리 사용되는 결과를 보여주고 있다. 액자, 창문, 책, 십자가, 신용카드 등의 가로, 세로 비율 등에 황금비가 적용된다. 예를 들면 신용카드의 가로, 세로의 비율은 각각 8.6 cm와 5.35 cm로 이 둘의 비율은 1.607로 황금비에 의해 카드가 제작되었다는 사실을 보여주고 있다.

5) 황금사각형의 넓이 구하기

황금분할 된 황금사각형의 모든 정사각형과 직사각형은 피보나치 수를 길이로 갖는다. 각 직사각형의 넓이를 그것의 성분이 되는 정사각형의 넓이의 합으로 나타내면 다음과 같다.

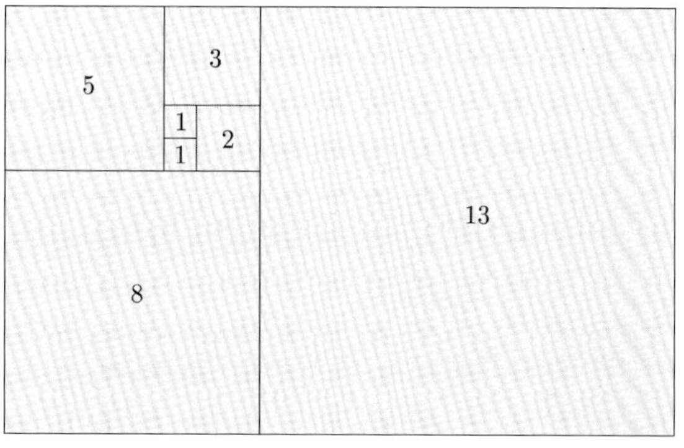

$$1^2+1^2=1\times 2$$
$$1^2+1^2+2^2=2\times 3$$
$$1^2+1^2+2^2+3^2=3\times 5$$
$$1^2+1^2+2^2+3^2+5^2=5\times 8$$
$$1^2+1^2+2^2+3^2+5^2+8^2=8\times 13$$
$$1^2+1^2+2^2+3^2+5^2+8^2+13^2=13\times 21$$

따라서 황금분할 된 황금사각형의 넓이는 정사각형에서 사용된 가장 큰 피보나치 수와 그 다음 피보나치 수의 곱이 됨을 알 수 있다.

6) 파스칼의 삼각형에서 피보나치수열 찾기

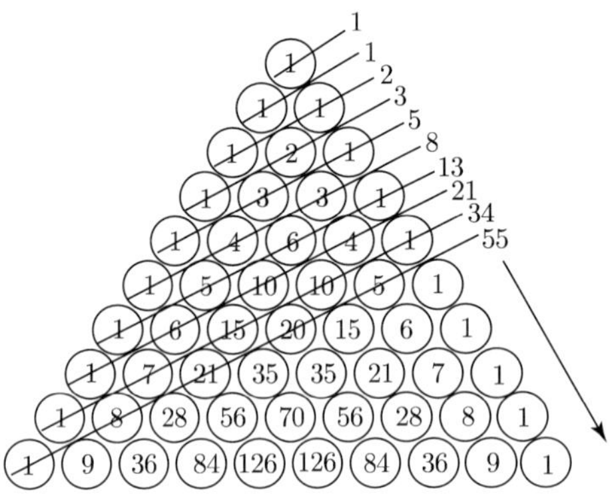

파스칼의 삼각형은 자연수를 삼각형 모양으로 배열한 것을 말한다. 이미 오래전부터 아랍과 중국 등지에서 알려져 있었지만, 이 삼각형을 체계적으로 연구한 프랑스의 철학자이자 수학자인 파스칼(Pascal, B., 1623~1662)의 이름을 따서 **파스칼의 삼각형**이라 부른다. 파스칼의 삼각형은 어떤 수이든 위의 두 수의 합으로 되어 있는데, 이 삼각형에 쓰여 있는 숫자들을 조합하면 재미있는 사실들을 발견할 수 있다. 삼각수와 사각수를 찾을 수 있으며, 각 행의 합은 2의 거듭제곱이며, 경우의 수를 의미한다. 특별히 증가하는 대각선 위의 성분들의 합은 1, 1, 2, 3, 5, 8, 13, 21, $\cdots$ 인 피보나치수열을 생성한다.

- 각 행의 성분들의 합은 2^n의 형태이다.
- 각 대각선의 성분들의 합은 피보나치 수 F_n의 형태이다.
- 삼각형에서 세 번째 대각선의 성분들인 1, 3, 6, 10, 15, 21, $\cdots$ 들은 삼각수들이다.

예제 13.1

삼각수(triangular number)를 조사하여라.

풀이

연습문제

[1~5] $F_1 = 1,\ F_2 = 1,\ F_n = F_{n-1} + F_{n-2}\,(n \geq 3)$인 피보나치 수라고 하자.

1. 다음의 값을 구하여라.

(a) $\gcd(F_9,\ F_{12})$ (b) $\gcd(F_{15},\ F_{20})$ (c) $\gcd(F_{24},\ F_{36})$

2. 다음을 확인하여라.

(a) $2 \mid F_n \Leftrightarrow 3 \mid n$ (b) $3 \mid F_n \Leftrightarrow 4 \mid n$

(c) $4 \mid F_n \Leftrightarrow 6 \mid n$ (d) $5 \mid F_n \Leftrightarrow 5 \mid n$

3. 모든 $n,\ m \geq 1$에 대해 다음을 증명하여라.

(a) $\gcd(F_n, F_{n-1}) = 1$이다.

(b) F_m은 F_{mn}을 나눈다.

(c) 만약 $m = qn + r$이면 $\gcd(F_m,\ F_n) = \gcd(F_r,\ F_n)$이다.

(d) $\gcd(F_m, F_n) = F_{\gcd(m,n)}$이다.

4. 다음을 증명하여라.

(a) $\lim_{n\to\infty} \frac{F_{n+1}}{F_n} = \frac{1+\sqrt{5}}{2}$ (b) $\begin{pmatrix} F_{n+1} & F_n \\ F_n & F_{n-1} \end{pmatrix} = \begin{pmatrix} 1 & 1 \\ 1 & 0 \end{pmatrix}$

5. 다음을 증명하여라.

(a) $F_{m+n} = F_{m-1}F_n + F_m F_{n+1}$

(b) $F_{2n-1} = F_n^2 + F_{n-1}^2 \ (n \geq 2)$

(c) $F_{2n} = F_{n+1}^2 + F_{n-1}^2 \ (n \geq 2)$

(d) $F_{n+1}^2 + F_{n-2}^2 = 2F_{2n-1}$

(e) $F_{n+2}^2 + F_{n-1}^2 = 2(F_n^2 + F_{n+1}^2)$

13.2 피타고라스 세 쌍(Pythagorean triple)

4장에서 배운 디오판토스 방정식이란 정수 계수인 일차방정식 $ax + by = c$ 으로서 정수근을 찾는 문제이다. 그러면 이차 이상인 차수를 갖는 디오판토스 방정식에는 어떤 것이 있을까? 그 중에서 가장 유명한 것이 피타고라스 방정식이며 또한 페르마의 마지막 정리도 이와 관련된 문제이다.

피타고라스 세 쌍

이차 디오판토스 방정식에 관한 문제 중의 하나는 정수값을 변의 길이로 하는 직각삼각형을 결정하는 문제이다. 즉 방정식

$$x^2 + y^2 = z^2$$

의 정수근을 구하는 문제이다. 이것은 바빌로니아 시대에서도 엿볼 수 있다. '플림프톤 322 (Plimpton 322)'라는 수학판으로 부터 바빌로니아 사람들이 직각삼각형의 변의 크기가 될 수 있는 $(3, 4, 5)$와 같은 세 개의 양의 정수의 집합을 이미 알고 있었음을 알 수 있다. 이것은 후에 피타고라스의 세 쌍과 일맥상통한다.

정의 13.1

이차방정식 $x^2 + y^2 = z^2$의 정수해 (x, y, z)를 **피타고라스 세 쌍**(pythagorean triple)이라고 한다. 특별히 $\gcd(x, y, z) = 1$일 때 **원시 피타고라스 세 쌍**(primitive pythagorean triple)이라고 부른다.

예를 들어 (3, 4, 5), (5, 12, 13), (12, 35, 37) 등은 원시 피타고라스 세 쌍이고 (6, 8, 10)은 피타고라스 세 쌍이지만 원시 피타고라스 세 쌍은 아니다.

(x_0, y_0, z_0)가 $x^2+y^2=z^2$의 근이면 임의의 정수 t에 대해 (tx_0, ty_0, tz_0)도 $x^2+y^2=z^2$의 근이 됨은 당연하다. 따라서 $x^2+y^2=z^2$의 근을 모두 구한다는 것은 $x, y, z>0$인 모든 원시 피타고라스 세 쌍을 구하는 것이다.

정리 13.2

피타고라스 방정식 $x^2+y^2=z^2$에 대해, 다음이 성립한다.
(1) (x, y, z)가 원시 피타고라스 세 쌍이면 x와 y 중에서 하나는 짝수이고 하나는 홀수이다.
(2) (x, y, z)가 원시 피타고라스 세 쌍이면 $\gcd(x, y)=\gcd(y, z)=\gcd(x, z)=1$이다.

증명 (1) (x, y, z)가 원시 피타고라스 세 쌍이므로 $\gcd(x, y, z)=1$이다. 만약 x와 y가 모두 짝수라면

$$2 \mid (x^2+y^2) \text{이고} \quad 2 \mid z^2$$

이므로 $2 \mid z$이다. 이것은 $\gcd(x, y, z) \geq 2$가 되어 모순이 된다. 만약 x와 y가 모두 홀수라면 $x^2 \equiv y^2 \equiv 1 \pmod 4$이어서

$$z^2 = x^2+y^2 \equiv 2 \pmod 4$$

가 된다. 그러나 임의의 정수의 제곱은 법 4에 의해 0이거나 1이 되어야 하므로 모순이다. 따라서 x와 y 중에서 하나는 짝수이고 하나는 홀수가 된다. (2)의 증명은 (1)로부터 쉽게 볼 수 있으므로 생략한다. ■

예제 13.2

임의의 정수의 제곱은 법 4에 의해 0이거나 1이 됨을 보여라.

풀이 만일 정수 n이 짝수이면 $n=2\alpha$ $(\alpha \in \mathbb{Z})$가 되어 $n^2=4\alpha^2 \equiv 0 \pmod 4$이다. 만일 n이 홀수이면 $n=2\alpha+1$이므로 $n^2=4\alpha^2+4\alpha+1 \equiv 1 \pmod 4$이다.

정리 13.3

만약 $\gcd(a,\ b)=1$이며 $ab=c^n$이면 a와 b는 어떤 정수의 n거듭제곱이다. 즉, 적당한 양수 a_1, b_1이 존재하여 $a=a_1^n$이며 $b=b_1^n$이다.

증명 a,b,c의 소인수분해를 각각

$$a=p_1^{k_1}p_2^{k_2}\cdots p_r^{k_r},\ \ b=q_1^{j_1}q_2^{j_2}\cdots q_s^{j_s},\ \ c=u_1^{l_1}u_2^{l_2}\cdots u_t^{l_t}$$

라고 하자. $\gcd(a,b)=1$이므로 모든 p_i와 모든 q_j는 서로 다르다. 따라서

$$ab=p_1^{k_1}p_2^{k_2}\cdots p_r^{k_r}\cdot q_1^{j_1}q_2^{j_2}\cdots q_s^{j_s}$$

인데, 관계식 $ab=c^n$가 비교해 볼 때,

$$ab\ =\ p_1^{k_1}p_2^{k_2}\cdots p_r^{k_r}\cdot q_1^{j_1}q_2^{j_2}\cdots q_s^{j_s}\ =\ u_1^{nl_1}u_2^{nl_2}\cdots u_t^{nl_t}=c_n$$

이다. 그러므로 소수들 $u_1,\cdots,u_t$는 순서에는 상관없이

$$\{u_1,\ \cdots,\ u_t\}=\{p_1,\ \cdots,\ p_r,\ q_1,\ \cdots,\ q_s\}$$

이며 $nl_1,\cdots,nl_t$는 $k_1,\cdots,k_r,\ j_1,\cdots,j_s$와 일치한다. 즉

$$nl_i=k_m\ \ (1\le m\le r)\ \text{또는}\ nl_i=j_m\ \ (1\le m\le s)$$

이다. 그러므로 모든 m에 대해

$$n\mid k_m\ \text{이며}\ n\mid j_m$$

이다. 따라서

$$a_1=p_1^{k_1/n}p_2^{k_2/n}\cdots p_1^{k_r/n},\qquad b_1=q_1^{j_1/n}q_2^{j_2/n}\cdots q_s^{j_s/n}$$

라고 하면, $a=a_1^n$이며 $b=b_1^n$이다. ■

정리 13.4

(1) 방정식 $x^2+y^2=z^2$의 양의 근 x, y, z으로서 $\gcd(x, y, z)=1$이며 x가 짝수인 값들은

$$x=2st,\ y=s^2-t^2,\ z=s^2+t^2$$

의 형태이다. 여기서 $s>t>0$이며 $\gcd(s,t)=1$이고 $s\not\equiv t \pmod 2$이다.

(2) 반대로, $x=2st,\ y=s^2-t^2,\ z=s^2+t^2$ ($s>t>0$, $\gcd(s,t)=1$이고 s와 t 중 하나는 짝수이고 나머지 하나는 홀수)이면 (x,y,z)는 원시 피타고라스 세 쌍이다.

증명 (1) x, y, z를 양의 원시 피타고라스 세 쌍이라고 하자. 정리 13.2에 의해 x는 짝수이고 y와 z는 모두 홀수라고 가정할 수 있다. 그러므로 $z\pm y$는 짝수가 되어서,

$$z-y=2u,\ z+y=2v \text{ (적당한 } u, v\in\mathbb{Z})$$

이다. 원래 방정식 $x^2+y^2=z^2$로부터

$$x^2=z^2-y^2=(z-y)(z+y),$$

즉

$$\left(\frac{x}{2}\right)^2=\left(\frac{z-y}{2}\right)\left(\frac{z+y}{2}\right)=uv$$

이다. 여기서 u와 v는 서로소임을 확인하자. 만약 $\gcd(u, v)=d>1$이라면 $d\mid u-v$이며 또한 $d\mid u+v$이다. 즉, $d\mid y$이고 $d\mid z$가 되어, $\gcd(y, z)=1$에 모순이다. 그런데 $uv=\left(\frac{x}{2}\right)^2$이며 또한 $\frac{x}{2}$는 정수(x가 짝수이므로)이므로 정리 13.3에 의해 u와 v는 각각 완전제곱수가 되어

$$u=t^2,\quad v=s^2\ (s, t>0)$$

이다. 그러므로 관계식 $z-y=2u,\ z+y=2v$과 $u=t^2,\ v=s^2$로부터

$$\begin{cases} z=u+v=s^2+t^2 \\ y=v-u=s^2-t^2 \\ x^2=4uv=4s^2t^2=(2st)^2,\ (x=2st) \end{cases}$$

이 된다.

또한 s와 t의 공약수가 y와 z를 나누므로, $\gcd(y, z)=1$로부터 $\gcd(s, t)=1$이다. 만약 s와 t가 둘 다 짝수이거나 둘 다 홀수라면 y와 z는 둘 다 짝수가 되어서 $\gcd(y, z)=1$에 모순이다. 따라서 s와 t 중에서 하나는 짝수이고 하나는 홀수이다.

(2) $x=2st$, $y=s^2-t^2$, $z=s^2+t^2$는

$$x^2+y^2=(2st)^2+(s^2-t^2)^2=(s^2+t^2)^2=z^2$$

을 만족하는 피타고라스 세 쌍이다. 이제 (x, y, z)가 원시임을 보이기 위해 $\gcd(x, y, z)=d>1$이라고 하자. $p \mid d$인 소수를 생각하자.

s와 t 중의 하나는 홀수이고 나머지 것은 짝수이므로 $s^2+t^2=z$는 홀수이어야 한다. 그러므로 $p \mid d$인 p는 홀수 소수(즉 $p \neq 2$)이다. $p \mid y$이고 $p \mid z$로부터

$$p \mid z+y \text{ 이고 } p \mid z-y$$

다시 말해

$$p \mid 2s^2 \text{이고 } p \mid 2t^2$$

이다. 그런데 $p \neq 2$이므로 $p \mid s$이고 $p \mid t$가 되어 $\gcd(s, t)=1$에 모순이다. 따라서 $\gcd(x, y, z)=d=1$, 즉 원시 피타고라스 세 쌍이다. ■

예제 13.3

다음은 피타고라스의 세 쌍이다.

a	b	x	y	z
		a^2-b^2	$2ab$	a^2+b^2
2	1	3	4	5
3	2	5	12	13
4	1	15	8	17
4	3	7	24	25
5	2	21	20	29
5	4	9	40	41
6	1	35	12	37
6	5	11	60	61
7	2	45	28	53
7	4	33	56	65
7	6	13	84	85

정리 13.5 피타고라스의 정리

직각삼각형의 빗변의 제곱은 다른 두 변의 제곱의 합과 같다.

$$a^2 + b^2 = c^2 \ (c\text{는 빗변, } a, b, c\text{는 정수})$$

피타고라스 방정식은 여러 종류의 이차방정식 중 아주 특별한 형태를 지닌 것이다. 보다 일반적인 이차방정식에 풀이 방법을 알기 위해서는 법(modulo)에 관한 간단한 기초지식을 필요로 한다. 여기서는 생략한다.

13.3 피타고라스 세 쌍과 피보나치수열

피타고라스 세 쌍이 무수히 많이 있기는 하지만, 그 값을 기억하는 것은 쉽지 않다. 이 때 피보나치수열을 활용하면 피타고라스 세 쌍을 쉽게 생성할 수 있다.

다음의 단계대로 따라해 보자.

(1) 피보나치수열에서 연속한 피보나치 수 4개를 임의로 선택한다.

(2) 4개의 피보나치 수를 모두 곱해 X 라고 하자.

(3) 4개의 수들 중에서, 양 끝의 두 수를 곱한 값을 A 라고 하자.

(4) 4개의 수들 중에서, 가운데 두 수를 곱해 두 배로 한 값을 B 라고 하자.

(5) A의 제곱과 B의 제곱을 더한 값의 제곱근을 구해 C 라고 하자.

예제 13.4

어떤 값이 나오는지 확인하여라. 위에서 선택한 것과는 다른 연속된 피보나치 수 4개를 임의로 택하여, 위의 단계를 반복하여라. X와 A, B, C 사이의 관계를 설명하여라.

풀이

피보나치 수	A	B	A^2+B^2	C	추측	추측
1, 1, 2, 3	3	4	25	5	$5=2+3$	1^2+2^2
1, 2, 3, 5	5	12	169	13	$13=2\cdot5+3$	2^2+3^2
2, 3, 5, 8	16	30	1156	34	$34=3\cdot8+5$ 인가 그러면 $34=$	
3, 5, 8, 13	39	80	7921	89	$89=$	
다른 피보나치 수 5,8,13,21로 해보자.						

예제 13.5

A의 제곱과 B의 제곱을 더한 값의 제곱근 C는 항상 정수인지 설명하여라.

풀이

예제 13.6

4개의 연속된 피보나치 수를 $x,\ y,\ x+y,\ x+2y$ 라고 하자. 다음에 답하여라.

(1) $A=x(x+2y),\ B=2y(x+y)$ 일 때, A^2+B^2은 완전 제곱수인지 말하여라.

(2) $x,\ y,\ x+y,\ x+2y$를 각각 $F_n,\ F_{n+1},\ F_{n+2},\ F_{n+3}$라고 할 때,

$(F_nF_{n+3})^2+(2F_{n+1}F_{n+2})^2$는 완전제곱수인가?

$(F_nF_{n+3})^2+(2F_{n+1}F_{n+2})^2$를 피보나치 수로 표현하자.

풀이

정리 13.6

임의의 연속된 4개의 피보나치 수 F_n, F_{n+1}, F_{n+2}, F_{n+3}이 있을 때, $a = F_n F_{n+3}$, $b = 2F_{n+1}F_{n+2}$, $c = F_{n+1}^2 + F_{n+2}^2$ 라고 하자. 그러면 (a, b, c)는 피타고라스 세 쌍이다.

증명 $a^2 + b^2 = c^2$임을 보이자. 다시 말해서 $c^2 - b^2 = a^2$임을 보이면 된다.

$$\begin{aligned} c^2 - b^2 &= (c+b)(c-b) \\ &= (F_{n+1}^2 + F_{n+2}^2 + 2F_{n+1}F_{n+2})(F_{n+1}^2 + F_{n+2}^2 - 2F_{n+1}F_{n+2}) \\ &= (F_{n+2} + F_{n+1})^2 (F_{n+2} - F_{n+1})^2 \\ &= F_{n+3}^2 \, F_n^2 = a^2 \end{aligned}$$

이다. ■

위의 성질을 사용하면, 주어진 자연수를 한 변의 길이로 하는 피타고라스 직각삼각형을 쉽게 만들 수 있다. 예를 들어 $n = 101$을 한 변으로 하는 피타고라스 세 쌍을 만들어보자. 피보나치 점화식을 만족하는 4개의 수를 1부터 시작해보자.

$$1,\ x,\ 1+x,\ 101$$

이 되도록 만들면, $101 = 2x + 1$이어야 하므로 $x = 50$이다. 따라서

$$1,\ 50,\ 51,\ 101$$

인 피보나치 형태의 수로부터

$$a = 101,\ b = 2 \cdot 50 \cdot 51,\ c = 50^2 + 51^2$$

피타고라스 세 쌍 $(101, 5100, 5101)$이 된다. 또 101을 포함하는 다른 피타고라스 세 쌍을 만들 수 있는지 생각해보자.

연습문제

1. $z \leq 40$인 원시 피타고라스 세 쌍 x, y, z를 모두 구하여라.

2. 한 변의 길이를 100으로 하는 피타고라스 세 쌍을 만들어라. (힌트) 2부터 시작하는 피보나치 형태의 수를 생각해보자. 100의 소인수분해를 생각해보자.

3. 한 변의 길이를 51으로 하는 피타고라스 세 쌍을 만들어라.

13.4 펠 수와 펠 수열(Pell number and Sequence)

펠 수는 기원전부터 알려져 있던 수들로서, 피보나치 수와 마찬가지로 반복적인 형태(recurrence relation)로 정의된다. 피보나치 수들이 황금율을 이루는 것과 유사하게 펠 수들은 은율(silver ratio)인 $1+\sqrt{2}$의 거듭제곱의 형태로 표현된다. 펠 수는 삼각수(triangular)를 찾는데 사용되며, 직각이등변삼각형을 만드는데 사용된다.

펠 수열은 0과 1로 시작하며 다음과 같은 점화식으로 정의된다.

$$P_0 = 0,\ P_1 = 1,\ P_n = 2P_{n-1} + P_{n-2}\ (n \geq 2)$$

처음 몇 개의 수는 0, 1, 2, 5, 12, 29, 70, 169, 408, 985, 2378, $\cdots$ 이다.

정리 13.7

$n \in \mathbb{Z}$에 대해 P_n은 펠 수열이라고 하자.

(1) 수열의 일반항은 $P_n = \dfrac{(1+\sqrt{2})^n - (1-\sqrt{2})^n}{2\sqrt{2}}$ 이다.

(2) 이항계수를 사용하여 $P_n = \displaystyle\sum_{k=0}^{\left\lfloor \frac{n-2}{2} \right\rfloor} \binom{n}{2k+1} 2^k$로 표현된다.

(3) n이 커지면 $(1+\sqrt{2})^n$으로 수렴한다. 그러므로 비율은 $1+\sqrt{2}$인 은율(silver ratio)이다.

(4) 행렬로 표현하면 $\begin{bmatrix} P_{n+1} & P_n \\ P_n & P_{n-1} \end{bmatrix} = \begin{bmatrix} 2 & 1 \\ 1 & 0 \end{bmatrix}$이 된다.

(5) $P_{n+1}P_{n-1} - P_n^2 = (-1)^n$ (카시니(Cassini) 항등식과 비교)

증명 펠 수열에 관련한 증명은 피보나치수열의 증명 방법과 거의 동일하게 할 수 있다. 점화식 $P_n = 2P_{n-1} + P_{n-2}$으로부터 양 변을 P_{n-1}로 나누면

$$\frac{P_n}{P_{n-1}} = 2 + \frac{1}{\dfrac{P_{n-1}}{P_{n-2}}}$$

이다. 양변에 극한을 취하면 $\alpha = \lim_{n\to\infty} \frac{P_n}{P_{n-1}}$은 $\alpha = 2 + \frac{1}{\alpha}$이다. 따라서 α는 방정식 $x^2 - 2x - 1 = 0$의 근, 즉 $\alpha = 1 + \sqrt{2}$이다.

또한 방정식 $x^2 - 2x - 1 = 0$의 두 근을 $\alpha = 1 + \sqrt{2}$, $\beta = 1 - \sqrt{2}$라고 하자. 그러면 $P_n = \frac{1}{2\sqrt{2}}(\alpha^n - \beta^n)$를 보이자. $n = 1$이면 $\alpha - \beta = 2\sqrt{2}$이므로 $\frac{1}{2\sqrt{2}}(\alpha - \beta) = 1 = P_1$ 이다. $P_n = \frac{1}{2\sqrt{2}}(\alpha^n - \beta^n)$이 성립한다고 가정하자. 그러면 $\alpha^2 = 2\alpha + 1$이며 $\beta^2 - 2\beta + 1$로부터

$$\begin{aligned} P_{n+1} = 2P_n + P_{n-1} &= \frac{1}{2\sqrt{2}}[2(\alpha^n - \beta^n) + (\alpha^{n-1} - \beta^{n-1})] \\ &= \frac{1}{2\sqrt{2}}[\alpha^{n-1}(2\alpha + 1) - \beta^{n-1}(\beta + 1)] \\ &= \frac{1}{2\sqrt{2}}[\alpha^{n-1}\alpha^2 - \beta^{n-1}\beta^2] = \frac{1}{2\sqrt{2}}(\alpha^{n+1} - \beta^{n+1}) \end{aligned}$$

이다. 나머지 증명은 피보나치수열의 경우와 유사하다. ■

참고 펠 수의 성질들을 피보나치 수의 성질들과 비교해 보자.

펠 수열과 유사하게 펠-루커스(Pell-Lucas) 수열도 있다.

$$Q_0 = 2, \; Q_1 = 2, \; Q_n = 2Q_{n-1} + Q_{n-2} \quad (n \geq 2)$$

그러므로 처음 몇 개의 수는 2, 2, 6, 14, 34, 82, 198, 478, ⋯ 이다. 펠-루카스라는 이름

은 루카스 (Lucas, E.)의 이름을 따서 만들었다.

정리 13.8

$n \in \mathbb{Z}$에 대해 Q_n은 펠-루카스 수라고 하자.

(1) 수열의 일반항은 $Q_n = (1+\sqrt{2})^n - (1-\sqrt{2})^n$이다.

(2) 이항계수를 사용하여 $Q_n = 2\sum_{k=0}^{\lfloor \frac{n}{2} \rfloor} \binom{n}{2k} 2^k$로 표현된다.

정리 13.9

펠 수 P_n과 펠-루카스 수 Q_n 사이의 관계이다.

(1) $P_{m+n} = P_m P_{n+1} + P_{m-1} P_n$, $P_{m+n} = 2P_m Q_n - (-1)^n P_{m-n}$

(2) $P_{2^t m} = P_m (2Q_m)(2Q_{2m})(2Q_{4m}) \cdots (2Q_{2^{t-1}m})$

(3) $Q_m^2 = 2P_m^2 + (-1)^m$, $Q_{2m} = 2Q_m^2 - 2(-1)^m$

펠의 방정식(Pell's Equation)

펠 수는 $\sqrt{2}$의 유리수 근삿값으로 이미 잘 알려져 있다. 방정식 $x^2 - 2y^2 = \pm 1$를 만족하는 정수 x, y의 값이 클 때 비율 $\frac{x}{y}$는 $\sqrt{2}$로 근접한다. 이러한 형태의 근사 수열은

$$1, \frac{3}{2}, \frac{7}{5}, \frac{17}{12}, \frac{41}{29}, \frac{99}{70}, \cdots$$

이다. 이 분수들의 분모들이 펠 수이다. 또한 분자들은 하나의 펠 수와 그 앞의 값의 합이다. 다시 말해서 방정식의 근은 $\frac{P_{n-1}+P_n}{P_n}$이다.

펠의 방정식은 $x^2 - 2y^2 = \pm 1$의 일반화로서, 임의의 $n \ge 1$에 대해 디오판토스 방정식

$$x^2 - ny^2 = 1$$

을 말한다. 펠의 방정식을 푼다는 것은 $x^2 - ny^2 = 1$ 형태의 부정방정식을 풀어 정수 근을 구하는 문제이다. 여기서 n은 제곱수가 아니라고 가정하는데, 만약 n이 제곱수라면 제곱이 되는 인수와 y를 하나로 묶어 생각할 수 있기 때문이다.

이 방정식의 일반근을 최초로 구한 이는 영국의 브렁커(Brouncker, L.W. 1620~1684)였다. 그런데 이 방정식에 펠(John Pell)의 이름이 붙은 것은 오일러(Euler)가 브렁커를 Pell로 잘못 인용한데서 비롯되었다. 한편 라그랑주(Lagrange, J.L., 1736~1813)는 펠 방정식이 자명한 근 이외에 무한히 많은 정수근을 갖는다는 것을 증명하였다.

$n=2$인 펠 방정식 $x^2-2y^2=1$은 기원전부터 인도와 그리스에서 연구되었다. 주로 무리수의 근삿값을 구하기 위한 것이었는데, 펠 방정식 $x^2-2y^2=1$을 이용하면 $\sqrt{2}$의 근사 유리수 값을 구할 수 있다. 실제로 근삿값 $\sqrt{2}\sim\dfrac{577}{408}$은 기원전 3~4세기 경 인도 수학자가 알아냈다. 기원전 5 세기경에 그리스 수학자도 알고 있었는데, 플라톤은 이것을 rational diameter 이라고 불렀다. 이 근사치는 $\sqrt{2}$의 연분수표현으로부터 얻어낼 수 있다.

$$\sqrt{2}=1+\cfrac{1}{2+\cfrac{1}{2+\cfrac{1}{2+\cfrac{1}{2+\ddots}}}}$$

이것을 임의의 수로 자르면 하나의 펠수를 얻을 수 있다.

$$\frac{577}{408}=1+\cfrac{1}{2+\cfrac{1}{2+\cfrac{1}{2+\cfrac{1}{2+\cfrac{1}{2+\cfrac{1}{2+\cfrac{1}{2}}}}}}}$$

피타고라스 세 쌍

Martin(1875)은 펠 수로부터 피타고라스 세 쌍을 만들었다. 실제로

$$(2P_nP_{n+1},\ P_{n+1}^2-P_n^2,\ P_{n+1}^2+P_n^2=P_{2n+1})$$

인 형태로서, $(4, 3, 5)$, $(20, 21, 29)$, $(120, 119, 169)$, $(696, 697, 985)$, $\cdots$ 등이 있다.

연습문제

1. 디오판토스 방정식 $x^2+y^2=z^4$의 모든 근을 구하여라.

2. p가 소수일 때 $x^2+py^2=z^2$ 의 모든 근을 구하여라.

3. 다음의 식을 만족하는 양의 정수근 x, y, z $(xyz \neq 0)$를 구하여라.
   (a) $x^2+4y^2=z^2$
   (b) $x^2+y^2=2z^2$
   (c) $x^2+2y^2=3z^2$

Chapter 14 암호론 I

국가 형성 이전에는 비밀리에 보관해야 할 정보가 많지 않아 암호의 사용이 거의 없었으나, 국가가 형성되면서 국가 간의 이권을 위한 정보의 보전이 필요했다. 더욱이 사회가 발전하고 상업이 발달함에 따라 국가 사이의 문제뿐만 아니라 개인의 사유재산에 따른 비밀을 보전해야 할 필요성이 대두되었다. 암호이론은 전신의 발명과 제1차 세계대전의 영향으로 20세기 초부터 급속히 발전하였고, 제2차 세계대전을 거치면서 암호기술이 크게 발전하여 암호장비 개발이 활발해졌다. 최근에는 컴퓨터와 정보통신 기술이 결합되어 정보시스템을 통한 정보의 처리, 전달이 널리 확산되면서 정보시스템 내에서의 정보 보호와 통신 상태의 정보 및 사용자 합법성 확인을 위한 방법으로 암호론이 크게 주목 받고 있다. 이러한 암호론은 정수론에 기반을 두고 있다.

14.1 암호의 역사(History of cryptography)

고대와 근대암호

초기의 암호는 내용을 숨기기 위해서가 아니라 위엄과 권위를 부여하기 위해서 사용되었는데 주로 평문의 문자를 다른 문자로 바꾸는 '환자식'과 문자의 순서를 바꾸어 의미를 알 수 없게 만드는 '전치식' 암호방식이 쓰였다.

1) 전치식 암호

기원전 450년 경 고대 그리스 스파르타의 장군은 펠로폰네소스 전쟁에서 두 개의 둥근 막대를 부하와 나누어 가진 후 양피지를 나선형으로 감아 교신 내용을 적었다. 말려있는 양피지를 풀면 내용을 알 수 없는 글자의 나열이 되지만 원래 막대와 동일한 굵기의 막대에 감으면 비로소 읽을 수 있게 되므로 막대가 암호를 푸는 열쇠인 것이다. 이 암호방식이 전치식이다. 이 때 사용한 막대의 이름이 스키데일이어서, 오늘날 스키데일 암호라고 부른다.

2) 시저암호(Caesar Cipher)

로마의 황제였던 시저(Julius Caesar)가 사용한 암호로서, 평문의 각 문자를 우측으로 3문자씩 이동시켜 그 위치에 대응하는 다른 문자를 치환함으로써 평문을 암호문으로 변환하는 방식으로 환자식 암호이다.

위의 암호들은 큰 어려움 없이 암호화된 문자의 내용을 알아낼 수 있다. 17세기 근대 수학의 발전과 더불어 고급 암호가 개발되기 시작하였다.

현대 암호

컴퓨터의 발달로 인해 암호해독의 안정성을 컴퓨터 계산으로 확인하게 되었다. 현대 암호알고리즘은 처리 단위가 문자에서 수치로 바뀌고 그 수치가 비트로 바뀐다는 특징을 갖는다. 암호에서는 비밀을 유지하는 기능 외에도 상대를 확인하는 인증기능이 크게 부각되었다. 암호 알고리즘은 크게 두 가지로 분류된다. 하나는 **공개키방식**으로서 암호화할 때 사용하는 **공개키**와 암호문을 원래의 메시지로 복원할 때 사용하는 **비밀키**가 따로 있는 경우로서, RSA암호가 대표적인 예이다. 또한 **비밀키방식**이 있는데 암호화 과정과 복호화 과정에서 하나의 비밀키를 사용하는 시스템으로 DES가 대표적인 예이다.

1) DES(Data Encryption Standard)

1977년에 미국 상무성 표준국(NBS: National Bureau of Standard)은 전자계산기 데이터 보호를 위한 암호 알고리즘을 공개 모집하여 IBM사가 제안한 관용 암호방식을 데이터 암호규격으로 채택했다. DES는 블록암호 중에서 암호화와 복호화에 동일한 키가 사용되는 대칭형 블록암호이다. 이 암호를 설계할 때는 블록의 길이와 키의 길이가 가장 먼저 고려되어야 한다. 키의 길이가 너무 길면 실용성이 떨어지고 너무 짧게 잡으면 암호공격에 노출되기 때문이다. 또한 블록의 길이는 암호구현의 복잡성을 의미하기 때문에 블록의 길이를 너무 크게 정하면 구현상의 효율성이 떨어지고 너무 작게 설정해도 암호공격으로부터 안전할 수 없다.

2) RSA(Riverst, Shamir, Adleman)

1976년에 스탠포드 대학의 디피(Diffie)와 헬만(Hellman)에 의하여 공개키 암호시스템이라는 새로운 개념의 암호시스템이 제안되었다. 1978년에는 MIT대학의 세 명의 수학자 Riverst, Shamir 그리고 Adleman이 한 쌍의 키에 의해서 작동되는 암호화 함수와 복호화 함수를 설계하여 Diffie와 Hellman에 의해서 제안된 공개키 암호시스템의 개념을 구현하였다. 작은 합성수의 소인수분해는 간단하지만 큰 합성수의 소인수분해에는 상당한 시간이 소요된다. RSA암호는 소인수분해의 어려움에 기반을 두고 있어서 페르마의 작은 정리가 이용되며, 오늘날까지도 가장 많이 사용되고 있는 암호이다. 이 암호체계는 암호화 함수가 주어졌을 때 암호화 함수의 역함수인 복호함수가 쉽게 얻어지지 않는 비대칭 암호이며, 암호화 함수와 암호문이 노출되어도 평문을 얻기가 쉽지 않으므로 안전성이 보장된다.

간단한 정수론적 암호이론

알파벳 A, B, ⋯, Z에 숫자를 10부터 차례로 대응시킨다. 빈칸은 99로 하자.

$$A=10,\ B=11,\ \cdots,\ Z=35 \text{ 그리고 빈 칸}=99$$

예를 들어 CAB는 121011이 된다. 이 값에 5를 더해서 암호를 만들어(암호화), 121016를 전송했다고 하자. 암호를 만들기 위해 사용한 값 5를 알고 있다면, 받은 값으로부터 원래 값 121011을 쉽게 다시(복호화) 얻을 수 있다.

1970년대까지, 만약 전문(암호문)을 가로채고 또한 암호화값을 알고 있다면 그 전문을 복호화하여 평문(원래 메시지)를 알아 낼 수 있었다. 1970년 이후에 새로운 암호체계가 개발되기 시작하여 1979년에 RSA 암호시스템이 만들어졌다.

14.2 RSA 암호체계(RSA cryptography)

은행이나 학교처럼 여러 사람과 정보를 주고받아야 하는 기관에서는 고객들이 이용할 수 있도록 자신의 암호시스템을 구축하게 된다. A은행 관계자는 암호시스템을 만들기 위해 다음과 같은 일을 한다.

(1) 두 개의 큰 소수 p, q를 택하여 $n=pq$를 만든다.

(2) $e \ge 5$로서 $\gcd(e, (p-1)(q-1))=1$을 만족하는 값 e를 임의로 택한다.

(3) 법 $(p-1)(q-1)$에 대한 e의 역원 d를 구한다. (즉, $ed \equiv 1 \bmod (p-1)(q-1)$)

(4) A은행에서는 n과 e를 공개하고, 대신 p, q 그리고 d를 비밀로 보관한다.

금고(비밀)	게시판(공개)
$p,\ q,\ d$	$n,\ e$

(5) A은행으로 메시지를 보내기 원하는 사람은 다음과 같은 순서에 따르도록 한다.

> 메시지를 그대로 전송하면 노출될 위험이 있으므로 다음의 순서를 따르시오.
>
> ① 메시지의 전문을 숫자로 바꾼다.: $A=10,\ B=11,\ \cdots,\ Z=35,$ 빈칸 $=99$
>
> ② 숫자를 각 50자릿수의 작은 블록들 $m_1, \cdots, m_k$로 만든다. 만약 50자리 이하인 블록이 있다면 빈자리를 99로 채운다.
>
> ③ 공개키 e를 사용하여 $m_1^e, \cdots, m_k^e$ 을 만든다.
>
> ④ 공개키 n을 사용하여, 각 $i\ (1 \le i \le k)$에 대해 $m_i^e \pmod n \equiv r_i$를 계산한다.
>
> ⑤ 이제 $r_1, \cdots, r_k$를 메시지로 전송한다.

(6) A은행은 전송되어 온 메시지 $r_1, \cdots, r_k$를 받았다.

그러면 $r_1, \cdots, r_k$로부터 원래의 메시지가 무엇이었는지를 복원해내야 한다.

① A은행은 자신의 비밀키 d를 사용하여 $r_i^d \pmod n$를 계산한다. 그런데

$$\begin{aligned} r_1^d &= (m_1^e)^d = m_1^{ed} \\ &= m_1^{(p-1)(q-1)t+1} \\ &\equiv (m_1^{\phi(pq)})^t m_1 = m_1 \end{aligned}$$

이며, 또한 $r_i^d = m_i$ (모든 $1 \le i \le k$)이므로, A은행은 $m_1, \cdots, m_k$를 얻게 된다.

② $m_1, \cdots, m_k$에 있는 모든 숫자의 값을 A, B, C $\cdots$로 되돌려 놓음으로서 원래 메시지를 완전히 복원할 수 있다.

RSA 시스템의 장단점 및 문제점

암호를 통신할 때는 항상 제3자가 그 통신문을 가로챌 수 있으므로 자신의 메시지를 다른 사람으로부터 보호해야 한다.

1단계 두 개의 소수 p, q는 크기가 상당히 큰 수로서 대략 100자리 이상으로 선택해야 한다. 100자리 이상의 수가 소수인지 아닌지를 어떻게 알 수 있는가?

2단계 p, q의 크기와는 상관없이 곱셈 $n = pq$는 쉽게 계산할 수 있다. 그러나 반대로 n의 값을 알더라도 그것의 소인수인 p, q를 찾는 것은 무척 어렵다.

3단계 $p-1$과 $q-1$이 모두 짝수이므로, $e \ge 5$ 인 e의 가능성은 무척 많다. 어떠한 선택을 하는 것이 좋을까?

4단계 $ed \equiv 1 \pmod{n}$인 d는 e의 역원이다. 여기서 d는 가장 비밀이 되는 키이다. 그러면 역원은 항상 존재하는가? 몇 개나 있는가? 어떻게 찾을 수 있는가?

실제로 d를 찾는 알고리즘의 난이도는 소인수인 p, q를 찾는 난이도와 동일하다. 만약 고성능의 컴퓨터를 가지고 있다면 상당한 반복 연산에 의해 p, q를 찾아낼 수 있을 수도 있다. 그러면 더 큰 소수 p, q를 택하여야 한다. 이제 부딪치는 문제는 다음과 같다.

① 소수인지 어떻게 판정하는가?

② 무척 큰 소수일 때, 3단계나 4단계의 연산 속도는 상당히 느릴 수밖에 없다.

그 외의 문제점들도 있다.

③ 메시지를 보내는 사람이 $r_1, \cdots, r_k$를 전송한다면 A은행은 $r_1, \cdots, r_k$를 받게 된다. 정말 그런가? 실제로는 많은 경우에 보낸 메시지는 송신 과정에서 에러가 발생될 가능성이 무척 많다. 여기에 **부호이론**(Coding theory)이 필요하게 된다.

④ A은행이 'B씨'라는 이름으로 보내진 메시지를 받았다고 하자. A은행은 이 메시지가 'B씨'로부터 온 메시지라는 것을 어떻게 확신할 수 있을까? 혹시 제3자가 이름을 도용한 것은 아닐까? **인증작업의 필요성**이 생긴다.

RSA 시스템의 안전성

RSA 암호체계의 안전성은 소수 p, q에 달려있다. 공개 암호화키 e와 n을 가지고 간단하게 비밀 복호화키 d를 찾을 수 있다면 RSA 암호는 쉽게 해독된다. 또한 n으로부터 p와 q를 찾을 수 있다면 즉, n의 소인수분해가 가능하면 오일러 함수$\phi(n)$로부터 유클리드 호제법을 사용하여 공개 암호화키 e로부터 비밀 복호화키 d를 찾아낼 수 있다. n의 소인수분해를 모르고 오일러 $\phi(n)$을 찾아내는 방법은 현재까지 알려져 있지 않다.

RSA 암호방식의 안전성을 보장받기 위한 소수 p와 q의 선택 조건과 공개 암호화키 e와 비밀 복호화키 d의 조건들이 부가적으로 필요하다. 소수 p, q가 다음 조건을 만족할 때 RSA 암호가 안전하다.

① p와 q는 서로 다르며 크기가 거의 같을수록 좋다.
② $p-1$과 $q-1$은 커다란 소인수를 각각 가질수록 좋다.
③ $p-1$과 $q-1$의 최대 공약수는 작은 수 일수록 좋다.
④ $\max\{p, q\}+1 < d < n-1$이 되도록 d를 선택한다.

여기서 ①, ②, ③은 인수분해의 어려움에 관한 조건이다. ④는 d가 적당히 큰 수여야 함을 의미한다. 실제로 RSA에서 일반적으로 이용하는 p와 q는 대개 100자리 이상의 소수로 거의 같은 크기의 자릿수를 가지는 수로 선택한다.

위와 같은 조건은 $n=pq$의 소인수분해를 어렵게 만들므로 이를 이용한 RSA 암호체계의 공격을 어렵게 만든다. p와 q가 100자리이고 n이 200자리인 합성수라면 현재의 소인수 분해 알고리즘과 기술로는 이러한 n을 소인수분해하는 것은 거의 불가능한 것으로 알려져 있다.

1) 소인수분해의 문제

1983년에 69자릿수를, 1989년에 106자릿수를, 그리고 1994년에 RSA-129로 알려진 129자릿수를 인수분해했으며, 1996년에 130자릿수인 RSA-130을 인수분해할 수 있었다.

현재 가장 효율적인 200자릿수의 소인수분해 방법은 1.2×10^{23} 단계의 컴퓨터 연산이 요구되며, 실제로 이 수를 소인수분해하는 것은 계산적으로 거의 불가능하다. 1989년에 Sun-3 workstation을 이용하여 80자리의 수를 인수분해 하는데 CPU 시간이 1200시간이 걸렸다고 한다. $(1200\ \text{hr}/24 = 50\ \text{days})$

2) 인증에 관한 문제

A은행과 고객 B씨가 서로 메시지를 주고받는 과정에서는, A은행은 B씨가 보냈을 것이라고 추정되는 메시지를 받았다. 실제 그 메시지가 B씨로 부터 온 것일 수도 있지만, B씨를 가장한 제3자로부터 온 것인지도 모른다.

(1) A은행과 B씨는 각각 RSA 시스템을 만든다.

① A은행은 RSA 시스템 - 공개키 n_A, e_A ; 비밀키 p_A, q_A, d_A - 을 만든다.

② B씨도 RSA 시스템- 공개키 n_B, e_B; 비밀키 p_B, q_B, d_B - 을 만든다.

(2) B씨가 메시지 50자릿수인 m을 A은행에 보내고자 한다.

① B씨는 $m^{d_B} \pmod{n_B} \equiv r$ 을 계산한다.

② A은행의 공개키 n_A, e_A로 $r^{e_A} \pmod{n_A} \equiv t$를 만들어서 A은행에 보낸다.

(3) A은행은 t를 받았다.

① A은행의 비밀키 d_A를 사용하여 $t^{d_A} \pmod{n_A}$를 계산하여 r을 만든다. 그 후 B씨의 공개키 n_B, e_B를 사용하여 $r^{e_B} \pmod{n_B}$를 만든다. 이 값은 m이다. 이제 A은행은 원래의 메시지를 복원하게 되었다.

② 또한 이 메시지는 d_B의 값을 아는 사람, 즉 B로부터 온 것이다.

참고 A은행과 B씨가 서로 통신한다. A은행은 B씨가 보낸 것처럼 보이는 메시지를 받았다. A은행은 받은 전문의 원래 메시지를 알아야 할 뿐만 아니라, 이 메시지가 B씨로부터 온 것임을 확인해야만 한다. 어떻게 할 수 있는가?

A은행의 비밀키	공개 게시판	B씨의 비밀키
p_A, q_A, d_A	$n_A,\ e_A,\ n_B,\ e_B$	p_B, q_B, d_B

B씨는 50자릿수의 전문을 A은행으로 보낸다.

B씨: $m^{d_B}(\bmod n_B)$를 계산하여 r라고 한다. 이 작업은 B씨만이 할 수 있다.

$r^{e_A}(\bmod n_A)$를 계산하여 t라고 한다. 그리고 t 값을 전송한다.

A은행: t를 받아서 $t^{d_A}(\bmod n_A)$를 계산한다. 이 작업은 A은행만이 할 수 있다. 그러면

$$t^{d_A}(\bmod n_A) = r(\bmod n_A)$$

이다. 또한 $r^{e_B}(\bmod n_B)$를 계산하면,

$$r^{e_B}(\bmod n_B) \equiv m(\bmod n_B)$$

를 복원하게 된다. 동시에, 이 메시지는 d_B를 알고 있는 사람이 보냈으므로 B씨가 보낸 것임을 확신하게 된다. ∎

예제 14.1

다음과 같이 암호 시스템을 구축한다.

(1) $p = 11$, $q = 3$ 로 선택하여 비밀로 간직한다.

(2) 33을 공개하고 $\phi(33) = (11-1)(3-1) = 20$과 서로소인 정수 중에서 임의로 $e = 3$을 선택하여 공개한다.

(3) $3 \cdot 7 \equiv 1 \ (\bmod 20)$이므로 $d = 7$ 이다(여기서는 쉽게 7을 구할 수 있지만 실제로 이렇게 간단하지는 않으며, 이것은 두 소수를 알고 있는 사람만이 할 수 있다). 비밀키는 $p = 11$, $q = 3$, $d = 7$이며, 공개키는 $n = 33$과 $e = 3$이다.

어떤 가입자가 공개키 $n = 33$과 $e = 3$을 마치 전화번호부를 찾듯이 찾아내어 평문 $M = 5$를 암호화한다면 암호문은 $C = 5^3 = 125 \equiv 26 \ (\bmod 33)$이다.

이러한 암호문 $C = 26$을 받았다면 자신의 비밀키 $d = 7$을 이용하여 26^7을 법 33에서 계산하여 평문 $M = 5$를 얻게 된다.

예제 14.2

A는 다음과 같이 암호시스템을 구축한다.

(1) $p = 41$, $q = 53$을 택하자.

(2) $n=pq=2173$을 계산한다.

(3) $\gcd(e,(p-1)(q-1))=1$인 e를 택한다. 여기서 $(p-1)(q-1)=2080$이므로, $\gcd(e,2080)=1$인 값으로서 $e=623$을 택하자. (참고. $623=7\cdot 89$)

(4) 법 2080에 관한 623^{-1}을 계산하자. 유클리드 알고리즘에 의해

$$\begin{aligned}2080&=3\cdot 623+211\\623&=2\cdot 211+201\\211&=1\cdot 201+10\\201&=20\cdot 10+1\end{aligned}$$

이므로,

$$\begin{aligned}1&=201-201\cdot 10=201-20(211-201)=201(21)+211(-20)\\&=(623-2\cdot 211)(21)+211(-20)=623(21)+211(-62)\\&=623(21)+(2080-3\cdot 623)(-62)=623(207)+2080(-62)\end{aligned}$$

따라서 $623\cdot 207\equiv 1(\text{mod}\,2080)$, 즉 $d=207$로 택한다.

(5) 공개: $n=2173$, $e=623$; 비밀: $p=41$, $q=53$, $d=207$

B는 공개된 키를 보면서, 자신의 메시지 'See you there'을 암호화한다.

(1) See you there. 28141499342430992917142714

a	b	c	d	e	f	g	h	i	j	k	l	m	n	o	p	q	r	s	t	u	v	w	x	y	z	
10	11	12	13	14	15	16	17	18	19	20	21	22	23	24	25	26	27	28	29	30	31	32	33	34	35	99

(2) 위 숫자를 세 자리수의 블록으로 나눈다.

$$m_1=281,\ m_2=414,\ m_3=993,\ m_4=424,\ m_5=309,$$
$$m_6=929,\ m_7=171,\ m_8=427,\ m_9=149$$

(3) $m_1^e=281^{623}$, $\cdots$, $m_9^e=149^{623}$

(4) $r_1\equiv m_1^e=281^{623}(\text{mod}\,2173)$, $\cdots$, $r_9\equiv m_9^e=149^{623}\,(\text{mod}\,2173)$

공개키 $e=623$을 사용하여 m_i^e을 계산하고 다시 $r_i\equiv m_i^e\,(\text{mod}\,n)$를 생성한다.

$r_1\equiv m_1^e=281^{623}(\text{mod}\,2173)\equiv 1282$, $r_2\equiv m_2^e=414^{623}(\text{mod}\,2173)=1786$,

$r_3\equiv m_3^e=993^{623}(\text{mod}\,2173)=1836$, 이며 이와 같이 계산하면

$r_4=1643$, $r_5=1160$, $r_6=407$, $r_7=190$, $r_8=1237$, $r_9=2104$가 된다.

참고 $b^n(\text{mod}\, m)$의 효과적인 계산법이 요구된다.

(5) 통신망을 통해 암호문

1282 1786 1836 1643 1160 0407 0190 1237 2104

를 A에게 송신한다.

〈복호화〉

A씨는 수신한 암호문 1282 1786 1836 1643 1160 0407 0190 1237 2104를 복호하기 위해, 비밀키 $d = 207$을 사용하여 $r_i^d(\text{mod}\, n)$, 즉 $1282^{207}(\text{mod}\, 2173)$, …를 계산한다.

$$1282^{207}(\text{mod}\, 2173) = 281,\ 1786^{207}(\text{mod}\, 2173) = 414,\ \cdots,$$
$$1237^{207}(\text{mod}\, 2173) = 427,\ 2104^{207}(\text{mod}\, 2173) = 149$$

가 되어 원래 메시지 코드 281 414 993 424 309 929 171 427 149를 복원하게 된다.

14.3 빠른 지수법(Fast exponentiation)

메이플을 활용할 때, b^k은 >b^k으로 입력한다. 또한 $b^k(\text{mod}\, n)$은 >b^k mod n으로 입력하거나 >b &^ k mod n으로 입력한다. 전자의 경우, 메이플은 b^k를 먼저 계산한 후 mod n으로 줄이는데, 이 경우 종종 용량이 초과되어 메이플 계산이 멈춘다. 후자의 경우, b^k를 계산하는 것이 아니라, n보다 값이 커지면 반복적으로 mod n을 계산하므로 항상 n보다 작은 값만 다루게 된다.

예제 14.3

$17^{644}(\text{mod}\, 37)$를 빠른 지수법을 사용하여 계산하라.

풀이 (1) 우선 주어진 수를 2진법으로 바꾼다.

$$644 = (1010000100)_2 = 2^9 + 2^7 + 2^2$$

(2) $17^{644} = 17^{2^9} \cdot 17^{2^7} \cdot 17^{2^2}$

(3) 다음의 계산을 순차적으로 한다.

$17^2 \pmod{37}$

$17^{2^2} \pmod{37} = (17^2 \pmod{37})^2$ (성질: $a \equiv b \pmod m \Rightarrow a^2 \equiv b^2 \pmod m$이다.)

$17^{2^3} \pmod{37} = (17^{2^2} \pmod{37})^2$

$17^{2^4} \pmod{37}) = (17^{2^3} \pmod{37})^2 \quad \cdots$

$17^{2^9} \pmod{37}) = (17^{2^8} \pmod{37})^2$

다시 말해서 앞의 계산의 결과를 사용하여 계속 반복한다.

(4) 위의 표를 사용하면 $17^{644} \equiv 33 \cdot 7 \cdot 12 \equiv 34 \pmod{37}$가 된다.

이 방법은 어느 정도로 빠른가?

$b^k \pmod n$를 계산하기위해, '$k = 2^s +$낮은 차수'로 표시한다. 빠른지수법은 s를 먼저 택하고, s를 제곱하고, s를 법 n으로 줄인다. 이 경우 k가 아주 크더라도 s는 작다. 가령 $k = 1000$이어도 $s = 10$정도로 줄어든다. $2^{s+1} > k \geq 2^s$이므로 s는 k과 비교하여 상대적으로 작은 수이다.

더욱이 페르마(또는 오일러) 정리를 빠른 지수법과 함께 사용하면 더욱 효과적이다.

$$17^{644} = 17^{36 \cdot 17 + 32} = (17^{36})^{17} \cdot 17^{32} \equiv 17^{32} = 17^{2^5} = 34 \pmod{37}$$

예제 'See you there' 281 414 993 424 309 929 171 427 14 로 돌아가자.

$$r_1 \equiv m_1^e = 281^{623} \pmod{2173},\ r_2 \equiv m_2^e = 414^{623} \pmod{2173},$$

$$r_3 \equiv m_3^e = 993^{623} \pmod{2173},\ \cdots,\ r_9 \equiv m_9^e = 149^{623} \pmod{2173}$$

(가) 송신자 B는 p, q 나 $\phi(n)$은 몰라도 된다. 실제로 공개키 e, n 만을 사용하여 비밀키 p, q 나 $\phi(n)$를 알아내기는 거의 불가능하다. 그러나 역으로 p, q를 알면 비밀키 d를 쉽게 알 수 있다. 그러므로 만약 개인이 각자 비밀키를 계산하기 어려워서 키 센터에 의뢰하여 만들었다면 즉시 $\phi(n)$과 p, q를 삭제해야 한다.

(나) 공개키 e는 $M^e \pmod n$을 계산하기 편리하도록 선택할 수 있다. 예를 들어 페르마 수 $F_4 = 2^{2^4} + 1 = 65{,}537$를 e로 선택해 보자. 이 수는 이진법 1 000 000 000 0001로 간단히 표현되므로 지수제곱을 하기에도 편리하다. 물론 각 사용자들이 같은 e를 사용하더라도 서로 다른 n을 사용하므로 d 도 각자 달라지고 비밀은 보장된다.

(다) d 와 e의 계산은 어렵지 않다. e를 선택할 때 위와 같이 페르마 수를 선택할 수도

있지만, 임의의 수를 먼저 정한 다음 e를 택할 수도 있다. e를 선택하여 $\gcd(e, \phi(n))$ 계산한 다음, 이 최대공약수로 다시 e를 나누면 $\phi(n)$과 서로소가 되므로 그 수를 e라고 하면 된다. 비밀키 d는 유클리드 알고리즘으로 구한다. 물론 $\phi(n)$은 p, q로부터 알 수 있다.

예제 14.4

작은 크기의 수를 이용하여 RSA 암호시스템의 과정을 실행해 보자.

풀이 (1) $p=7$, $q=17$

(2) $n=pq=119$

(3) $(p-1)(q-1)=96$

(4) 96보다는 작고 96과의 서로소인 수 e를 구하여, $e=5$라고 하자.

(5) $de(\text{mod}96)=d \cdot 5(\text{mod}96)=1$이며 96보다는 작은 수 d를 구하면, $d=77$이다.

따라서 위의 과정에 의해서 생성된 비밀키와 공개키는 다음과 같다.

$$\text{비밀키 } (7, 17, 77); \quad \text{공개키 } (5, 119)$$

생성된 비밀키는 자신이 소유하고 공개키는 안전한 공개키 목록에 등록한다. 공개된 n,d를 알고 있는 상태에서 p값을 구하기가 힘들다는 것이 RSA암호의 핵심이다.

암호 이야기

암호에서 큰 소수가 필요한데 140자리 이상인 소수를 구하는 문제는 수학적으로 매우 어렵다. 큰 소수를 발견했다는 신문기사가 가끔 나온다. RSA암호에서는 100에서 200자리 정도의 소수를 사용하는데 개인마다 두 개씩의 소수가 필요하므로 상당히 많은 소수를 찾아내야 한다.

이 점이 RSA시스템을 사용하기 어렵게 한다. 그러나 진짜 소수 대신 유사소수(pseudo prime)를 사용하면 이 어려움을 어느 정도 극복할 수 있다. 유사소수는 진짜 소수는 아니지만 여러 가지 소수 판정법들을 통과하여 마치 소수처럼 보이는 수이다.

14.4 배낭암호(Knapsack cryptography)

1978년에 스탠포드 대학의 R. Merkle과 M. Hellman이 조합론에서 유명한 문제인 **배낭문제**(knapsack problem)에 기초한 공개키 암호시스템을 개발했다. Merkle-Hellman 배낭암호방식은 미리 정해진 가중치의 합이 되도록 객체를 선택하는 문제이다. 일반적으로 풀기 어려운 문제로 인식되지만, 어떤 특별한 경우들은 비교적 쉽게 풀리며, 그러한 특별한 경우가 시스템의 장치로서 사용된다.

1978년에 소개된 단일반복 배낭암호방식은 Shamir에 의해 깨졌다. 그 후 Merkle은 다중반복 배낭문제를 발표했고 이것은 Brickell에 의해 다시 깨졌다. Chor-Rivest 배낭암호방식은 1984년에 발표되었는데, 모듈라 승산을 사용하지 않은 배낭과 유사한 암호 방식이다. Schnoor과 Horner는 Chor-Rivest 암호방식을 공격하는 방법을 개발했다.

부피가 S인 배낭을 채울 다양한 부피 $a_1, a_2, \cdots, a_n$을 갖는 n개의 물건이 있다. 양의 정수들 $a_1, a_2, \cdots, a_n$은 가중치(weight)라고 부르며, 다음과 같은 디오판토스 방정식을 푸는 문제가 된다.

$$S = a_1x_1 + a_2x_2 + \cdots + a_nx_n \qquad (x_i = 0 \text{ 또는 } 1) \qquad (*)$$

참고 여기서 S는 두 벡터$(a_1, \cdots, a_n)$와 $(x_1, \cdots, x_n)$의 내적으로 생각할 수 있다. ∎

디오판토스 방정식 풀이에 관한 배낭문제는 해가 없거나, 하나이거나 그 이상일 수도 있다.

예제 14.5

배낭문제의 해가 있는지 알아보자.

(1) $3x_1 + 5x_2 + 8x_3 + 19x_4 + 37x_5 = 45$

(2) $3x_1 + 5x_2 + 8x_3 + 13x_4 + 21x_5 = 34$

(3) $5x_1 + 14x_2 + 15x_3 + 27x_4 + 11x_5 = 23$

풀이 (1) 한 개의 해 (1, 1, 0, 0, 1)를 갖는다. (2)는 두 개의 해 (0, 0, 0, 1, 1)과 (0, 1, 1, 0, 1)를 갖는다. (3)은 해를 갖지 않는다.

배낭문제를 풀어내는 것은 일반적으로 상당히 어려운 문제이다. 그러나 분명한 사실은 $x_i = 0$ 또는 1이므로 근 $(x_1, \cdots, x_n)$을 얻기 위해 해가 나타날 수 있는 모든 경우의 수인 2^n번 연산을 취해볼 수는 있다. 그러나 이 방법은 확실히 비효율적이다. 심지어 최고 성능의 컴퓨터를 사용한다 하더라도 $2^{\frac{2}{n}}$번의 연산을 위해 $n = 100$인 정도만 되더라고 컴퓨터 실행 연산이 거의 불가능해진다.

그럼에도 불구하고 방정식(*)의 문제는 가중치 a_i들이 몇 가지 특별한 성질을 만족하면 비교적 쉽게 해결될 수 있다. 예를 들어

① $a_i = 2^{i-1}$이면 $S = x_1 + 2x_2 + 2^2x_3 + \cdots + 2^{n-1}x_n$은 해 $(x_1, \cdots, x_n)$를 갖는다.
왜냐하면 여기서 $(x_n, x_{n-1}, \cdots, x_1)$은 십진법 S의 이진법 표현이기 때문이다.

② $\sum_{i=1}^{k-1} a_i < a_k$이면 풀기 쉽다. 이런 성질을 갖는 수열을 **초증가수열**이라고 부른다.

정의 14.1

수열 $a_1, a_2, \cdots, a_n$이 $\sum_{i=1}^{k-1} a_i < a_k \ (1 \le k \le n)$을 만족할 때 **초증가수열**(superincreasing sequence)이라고 부른다.

예제 14.6

(1) 수열 3, 5, 9, 19, 37 는 초증가수열인가?

(2) 배낭문제 $3x_1 + 5x_2 + 9x_3 + 19x_4 + 35x_5 = 45$을 풀어라.

풀이 (1) $3 < 5$, $3 + 5 < 9$, $3 + 5 + 9 < 19$, $3 + 5 + 9 + 19 < 35$이므로 초증가수열이다.

(2) $3 + 5 + 9 + 19 < 37 < 45$이므로 $x_5 = 1$, 즉

$$3x_1 + 5x_2 + 9x_3 + 19x_4 = 8$$

이다. 또한 $3 + 5 + 19 < 19$, $19 > 8$ 그리고 $9 > 8$이므로 $x_4 = x_3 = 0$이다.
한편 $3x_1 + 5x_2 = 8$에서 $x_1 = x_2 = 1$가 되어, 근

$$(x_1, x_2, x_3, x_4, x_5) = (1, 1, 0, 0, 1)$$

을 갖는다.

초증가수열을 가중치로 하는 배낭문제 알고리즘

해가 존재한다면 초증가수열 가중치를 사용하여 해를 찾는 방법을 알아보자. 정수 x_n을 다음과 같이 정의하자.

$$x_n = \begin{cases} 1 & (\text{만약 } S \geq a_n) \\ 0 & (\text{만약 } S < a_n) \end{cases}$$

x_n이 결정되면 나머지 성분들 $x_{n-1}, x_{n-2}, \cdots, x_1$ 은 다음의 식으로 계산할 수 있다.

$$x_k = \begin{cases} 1 & (\text{만약 } S - \sum_{i=k+1}^{n} a_i x_i \geq a_k) \quad (\text{여기서 } k = n-1,\ n-2,\ \cdots \text{이다.}) \\ 0 & (\text{그렇지 않으면}) \end{cases}$$

예제 14.6에서 본 것처럼 가장 오른쪽의 미지수 x_n을 먼저 구한 후 점점 왼쪽으로 해를 구해나간다. 이러한 식이 성립하는 이유는 무엇일까?

$S \geq a_n$ 일 때 만일 $x_n = 0$ 이면

$$S = \sum_{1}^{n} a_i x_i \leq \sum_{i}^{n-1} a_i < a_n$$

이므로 모순이다. 따라서 $x_n = 1$이다. 반대로 $S < a_n$이면 $x_n = 0$임을 쉽게 볼 수 있다.

이제 $1 \leq k \leq n-1$라고 하사. $S - \sum_{i=k+1}^{n} a_i x_i \geq a_k$ 일 때 $x_k = 0$라고 가정하면

$$S - \sum_{i=k+1}^{n} a_i x_i = \sum_{1}^{k} a_i x_i = \sum_{1}^{k-1} a_i x_i = \sum_{1}^{k-1} a_i < a_k$$

이 되어 모순이다.

예제 14.7

배낭문제 $2x_1 + 3x_2 + 7x_3 + 13x_4 + 27x_5 = 45$을 풀어라.

풀이 우선 가중치의 수열이 초증가수열인지 확인해야 한다.

① $S = 45,\ (a_1, a_2, a_3, a_4, a_5) = (2, 3, 7, 13, 27)$이고 $S \geq a_5 = 27$이므로 $x_5 = 1$이다.

② $2x_1 + 3x_2 + 7x_3 + 13x_4 = 12 < 18$이므로 $x_4 = 1$이며

③ $2x_1 + 3x_2 + 7x_3 = 7 < 5$이므로 $x_3 = 0$이며

④ $2x_1 + 3x_2 = 5$로부터 $x_2 = 1,\ x_1 = 1$을 얻는다.

따라서 (1, 1, 0, 1, 1)이 근이고, 실제로 $2+3+0+13+27=45$이다.

배낭문제를 기반으로 한 암호알고리즘

초증가수열의 가중치 $a_1, a_2, \cdots, a_n$을 사용하여 배낭문제에 기초한 둔 공개키시스템을 만들 수 있다.

〈암호화〉

① 초증가수열 $a_1, a_2, \cdots, a_n$을 선택한다.

② $m > 2a_n$인 m을 택하고, $\gcd(w, m)=1$인 양의 정수 w를 선택한다.

③ 모든 i에 대해 $b_i \equiv wa_i \pmod{m}$를 계산한다. 이러한 $b_1, b_2, \cdots, b_n$을 **암호화 수열**(enciphering sequence)이라고 부른다.

참고 암호화 수열 $b_1, b_2, \cdots, b_n$은 초증가수열이 될 필요는 없다. ▌

④ 배낭암호시스템의 사용자들은 암호화 수열 $b_1, b_2, \cdots, b_n$을 공개하고 나머지 값들 $a_1, a_2, \cdots, a_n$, 암호화 모듈 m과 정수 w는 비밀로 유지한다.

비밀키: $a_1, a_2, \cdots, a_n, m, w$	공개키: $b_1, b_2, \cdots, b_n$

⑤ 각 문자들을 5자리 이진법으로 변환시킨다.

문자	숫자	이진법숫자	문자	숫자	이진법숫자
A	0	00000	N	13	01101
B	1	00001	O	14	01110
C	2	00010	P	15	01111
D	3	00011	Q	16	10000
E	4	00100	R	17	10001
F	5	00101	S	18	10010
G	6	00110	T	19	10011
H	7	00111	U	20	10100
I	8	01000	V	21	10101
J	9	01001	W	22	10110
K	10	01010	X	23	10111
L	11	01011	Y	24	11000
M	12	01100	Z	25	11001

⑥ 숫자열을 길이 n(n은 암호화 수열의 원소들의 개수이다)인 블록으로 분할한다. 끝 블록의 자릿수가 n보다 작으면 1로 채워서, 블록의 크기를 n으로 만든다.

⑦ 각의 수의 평문 블록 $x_1x_2\cdots x_n$을 아래와 같이 합의 형태로 변환시킨다.

$$S=b_1x_1+b_2x_2+\cdots+b_nx_n \qquad (**)$$

이 합은 결과적으로 암호문 메시지의 형태로 일반화된다.

〈복호화〉

배낭암호에 대한 복호화는 쉽게 할 수 있다.

$\gcd(m,\ w)=1$이므로 $w^{-1}(\mathrm{mod}\,m)$이 존재하게 되고, 이 값을 방정식 (**)에 곱한다.

$$w^{-1}S\equiv\sum_i^n w^{-1}b_ix_i\equiv\sum_i^n(w^{-1}b_i)x_i\equiv\sum_i^n a_ix_i\ (\mathrm{mod}\,m)$$

그런데 $m>2a_n$ 이므로 $2a_n>\sum_1^n a_ix_i$이고 $m>\sum_1^n a_ix_i$이다.

이제 $S'\equiv w^{-1}S(\mathrm{mod}\,m)$이라고 하면 $S'=\sum_i^n a_ix_i$가 된다.

예제 14.8

초증가수열 6, 8, 15, 31를 택하고, 법 $m=65$와 정수 $w=12$를 택해 메시지 'ON SALE'을 배낭암호로 암호화하여라.

풀이

① 6, 8, 15, 31은 초증가수열이며 $n=4$이다. $m=65>62=2a_4$이며 $\gcd(m,w)=1$이다.

② 암호화 모듈 65로 수열의 각 항에 $w=12$를 곱하자.

$$b_1=6\cdot 12=72\equiv 7(\mathrm{mod}\,65),\quad b_2=8\cdot 12=96\equiv 31(\mathrm{mod}\,65)$$

$$b_3=15\cdot 12=180\equiv 50(\mathrm{mod}\,65),\quad b_4=31\cdot 12=372\equiv 47(\mathrm{mod}\,65)$$

이로서 암호화 수열 7, 31, 50, 47을 얻었고, 이 사실을 공개한다.

③ 메시지 'ON SALE'을 이진법으로 바꾸고, 각 블록의 길이가 4가 되도록 한다. 필요하면 마지막 블록을 1로 채운다.

<table>
<tr><th>O</th><th>N</th><th>S</th><th>A</th><th>L</th><th>E</th></tr>
<tr><td>01110</td><td>01101</td><td>10010</td><td>00000</td><td>01011</td><td>00100</td></tr>
<tr><td>0111</td><td>0011</td><td>0110</td><td>0100</td><td>0000</td><td>0101</td><td>1001</td><td>0011</td></tr>
</table>

④ 이제 암호화 메시지를 구하기 위해, 암호화 수열의 각 항 7, 31, 50, 47 (공개키)에 주어진 자릿수들의 곱의 합으로 각 블록을 변환시킨다.

$$
\begin{aligned}
0111 &:= 0 \cdot 7 + 1 \cdot 31 + 1 \cdot 50 + 1 \cdot 47 = 128 \\
0011 &:= 0 \cdot 7 + 0 \cdot 31 + 1 \cdot 50 + 1 \cdot 47 = 97 \\
0110 &:= 0 \cdot 7 + 1 \cdot 31 + 1 \cdot 50 + 0 \cdot 47 = 81 \\
0100 &:= 0 \cdot 7 + 1 \cdot 31 + 0 \cdot 50 + 0 \cdot 47 = 31 \\
0000 &:= 0 \cdot 7 + 0 \cdot 31 + 0 \cdot 50 + 0 \cdot 47 = 0 \\
0101 &:= 0 \cdot 7 + 1 \cdot 31 + 0 \cdot 50 + 1 \cdot 47 = 78 \\
1001 &:= 1 \cdot 7 + 0 \cdot 31 + 0 \cdot 50 + 1 \cdot 47 = 54 \\
0011 &:= 0 \cdot 7 + 0 \cdot 31 + 1 \cdot 50 + 1 \cdot 47 = 97
\end{aligned}
$$

그러면 128 97 81 31 0 78 54 97이 암호화 메시지가 된다.

예제 14.9

법 $m = 65$와 정수 $w = 12$, 그리고 암호화 수열이 7, 31, 50, 47일 때, 암호문 128 97 81 31 0 78 54 97을 받았다. 암호를 해독하여 메시지 전문을 복원하여라.

풀이

① $\gcd(w, m) = \gcd(12, 65) = 1$이므로 $w^{-1} \equiv 38 \pmod{65}$가 된다.

② 각 암호화된 블록의 수를 풀기 위한 배낭문제를 작성하고 그것을 풀어낸다.

$$
\begin{aligned}
S &= b_1x_1 + b_2x_2 + b_3x_3 + b_4x_4 \\
128 &= 7x_1 + 31x_2 + 50x_3 + 47x_4
\end{aligned}
$$

양변에 $w^{-1} \equiv 38 \pmod{65}$를 곱하면

$$
38 \cdot 128 = 38 \cdot 7x_1 + 38 \cdot 31x_2 + 38 \cdot 50x_3 + 38 \cdot 47x_4
$$

$$
6x_1 + 8x_2 + 15x_3 + 31x_4 \equiv 54 \pmod{65}
$$

이제 해를 구하면, $31 < 54$이므로 $x_4 = 1$이다. 또한

$$
6x_1 + 8x_2 + 15x_3 = 23 \text{이고 } 15 < 23
$$

이므로 $x_3 = 1$이다. 한편 $6x_1 + 8x_2 = 8$이므로 $x_2 = 1$, $x_1 = 0$이다.

따라서 $x_1x_2x_3x_4 = 0111$이다.

같은 방법으로

$$97 = 7x_1 + 31x_2 + 50x_3 + 47x_4$$

을 풀면 $x_1x_2x_3x_4 = 0011$이 된다. 또한 나머지 모든 블록들의 값은

$$0110 \quad 0100 \quad 0000 \quad 0101 \quad 1001 \quad 0011$$

이 된다.

③ 4자릿수의 형태로 얻어진 값들

$$0111 \quad 0011 \quad 0110 \quad 0100 \quad 0000 \quad 0101 \quad 1001 \quad 0011$$

을 다시 5자릿수로 바꾸게 되면

$$0111 \quad 0|011 \quad 01|10 \quad 010|0 \quad 0000|0101 \quad 1|001 \quad 00|11$$

이고 문자를 각 블록에 대입하면

O N S A L E

이 되어서, 이제 원래의 메시지 전문을 복원하였다.

배낭암호의 취약점

Merkle-Hellman의 배낭암호시스템은 Diffie-Hellman의 공개키 시스템처럼 $E(D(M)) = M$을 만족하지 않는다. Merkle-Hellman 시스템이 고안되었을 때, 암호화와 복호화 알고리즘이 다른 방법들 보다 쉽고 빨랐기 때문에 많은 관심을 불러 일으켰다. 또한 조합이론의 어려운 문제에 기초를 두었기 때문에 암호 분야의 중요한 돌파구가 될 것으로 보였다. 1982년 4월에 A. Shamir는 $b_i \equiv wa_i \pmod m$인 암호화수열 $b_1, b_2, \cdots, b_n$ 과 초증가수열 $a_1, a_2, \cdots, a_n$ 을 포함하는 배낭문제의 해결에 유용한 알고리즘을 발견했다. 이전의 단일반복 배낭암호화 시스템을 깨고 다중반복 시스템으로 발전시킨 것이다. 그러나 w에 의해 a_i가 곱해지는 과정에서 결점이 드러났고 법 m으로 축소하는 것만으로 a_i를 숨기기에 충분하지 못했다.

1982년 이후, 배낭암호의 변형이 수차례 제안되고 깨어졌다. R.L. Graham과 A. Shamir에 의해 제안된 알고리즘은 1983년 L.M. Adelman에 의해 깨어졌고, 그 후 B. Chor과 R.L. Rivest에 의해 현대 대수학에서의 유한체 이론에 기초한 새로운 배낭암호가 제안되 $\{0,1\}$의 선택을 더욱 복잡하게 만들기 위해 유한체 이론이 사용된 것이다.

유한체에서 배낭암호체계(Chor, Riverst 1980)

모든 유한체는 표수(characteristic) $p>0$ (소수)를 갖는다. 적당한 $k \geq 1$에 대해 $q=p^k$라고 하여 유한체 F_q를 구성하자. 또한 $\deg(f)=m \geq 2$인 기약다항식 $f \in F_q[X]$를 만들어 F_q의 확대체

$$K=F_{q^m}=F_q[X]/\langle f \rangle$$

를 만들자. (현대대수학을 배우지 않았으면 다음 부분으로 넘어가자.)

$\alpha \in K$를 원시근이라 하자. 그리고 $\beta_1, \beta_2, \cdots, \beta_s \in F_q$ $(s<q)$라고 하여 다항식

$$X-\beta_i \in F_q[X]$$

를 생각하자. 그러면 $\deg(X-\beta_i)=1< \deg(f)$이며

$$X-\beta_i \in F_{q^m}= F_q[X]/\langle f \rangle = K$$

이다. 각각의 i에 대해 $X-\beta_i = \alpha^{a_i}$ 가 되는 $a_i \in \{0,1, \cdots, q^m-2\}$가 존재한다.

집합 $\{a_1, \cdots, a_s\}$에서 정의되는 치환(permutation)을 π라 하자. 그리고

$$b_1 = a_{\pi(1)},\ b_2 = a_{\pi(2)}, \cdots, b_s = a_{\pi(s)}$$

를 만들자. $b_1, \cdots, b_s$가 암호화 수열이 된다. 이제 공개키와 비밀키를 정한다.

공개키: 암호화 수열 $b_1, \cdots, b_s$와 m

비밀키: 기약다항식 f와 원시근 α, 또한 $a_1, a_2, \cdots, a_s$; $\beta_1, \beta_2, \cdots, \beta_s$ 그리고 π

〈암호화〉

메시지 M을 다음과 같이 암호화하여 전송한다.

① 적당한 정수 s를 택하여 공개키 m에 대해

$$s \leq m_1+m_2+\cdots+m_s < m$$

을 만족하는 s개의 숫자들 $m_1, m_2, \cdots, m_s$을 택한다.

② 공개키 $b_1, \cdots, b_s$를 사용하여 암호화 문장 C를 다음과 같이 만든다.

$$C=E(m_1, m_2, \cdots, m_s) = m_1b_1+m_2b_2+ \cdots +m_sb_s$$

③ C를 전송한다.

〈복호화〉

① 암호화된 송신문 $C = m_1 b_1 + \cdots + m_s b_s$를 받았다.

② 그러면 비밀키인 다항식 f와 원시근 α, 또한 $a_1, a_2, \cdots, a_s$; $\beta_1, \beta_2, \cdots, \beta_s$ 그리고 π를 사용하여 다음을 계산한다.

$$\begin{aligned}
\alpha^C &\equiv \alpha^{m_1 b_1} \alpha^{m_2 b_2} \cdots \alpha^{m_s b_s} \pmod f \\
&\equiv \alpha^{m_1 a_{\pi(1)}} \alpha^{m_2 a_{\pi(2)}} \cdots \alpha^{m_s a_{\pi(s)}} \pmod f \\
&\equiv (\alpha^{a_{\pi(1)}})^{m_1} (\alpha^{a_{\pi(2)}})^{m_2} \cdots (\alpha^{a_{\pi(s)}})^{m_s} \pmod f \\
&\equiv (X - \beta_{\pi(1)})^{m_1} (X - \beta_{\pi(2)})^{m_2} \cdots (X - \beta_{\pi(s)})^{m_s} \pmod f \\
&= (X - \beta_{\pi(1)})^{m_1} (X - \beta_{\pi(2)})^{m_2} \cdots (X - \beta_{\pi(s)})^{m_s}
\end{aligned}$$

이제 원문 M을 복원할 수 있다.

Chapter 15

Cryptography II

암호론 II

다양한 수학의 이론들이 암호를 구성하는데 사용될 수 있다. 이 절에서 배우는 암호는 쉬운 수학이론을 사용하여 간단히 만들 수 있지만, 그런 만큼 안전성이 보장되지는 않는다. 그러나 암호화-복호화라는 단계를 유지한다.

15.1 행렬을 이용한 암호

행렬 B가 행렬 A의 역행렬일 때, A를 이용하여 암호문을 만들고 B를 이용하여 그것을 복호하는 것으로, 두 행렬 A, B를 모르면 암호문을 해독할 수 없으므로 숫자화하는 표가 알려지더라도 누설될 염려가 없다. 따라서 두 행렬 A, B만 알려지지 않도록 주의하면 비밀이 보장된다. 또한 A, B를 주기적으로 바꾸어 주면 통신 내용의 보안이 효과적으로 유지될 수 있다.

두 행렬 A, B를

$$A=\begin{pmatrix}3&1\\2&1\end{pmatrix},\quad B=\begin{pmatrix}1&-1\\-2&3\end{pmatrix}$$

이라 하고, 알파벳과 기호 $*$(단어를 띄우는 기호로 사용)를 다음처럼 숫자화 한다.

A	B	C	D	E	F	G	H	I	J	K	L	M	N
1	2	3	4	5	6	7	8	9	10	11	12	13	14
O	P	Q	R	S	T	U	V	W	X	Y	Z	*	
15	16	17	18	19	20	21	22	23	24	25	26	27	

〈암호화〉

행렬 A, B를 사용하여 'I LOVE YOU'를 암호화하자. 이것을 숫자화하고

I	*	L	O	V	E	*	Y	O	U
9	27	12	15	22	5	27	25	15	21

행렬(또는 치환)을 만든다.

$$M = \begin{pmatrix} 9 & 27 & 12 & 15 & 22 \\ 5 & 27 & 25 & 15 & 21 \end{pmatrix}$$

암호화하기 위해 M의 왼쪽에 A를 곱하여 N을 만든다.

$$N = AM = \begin{pmatrix} 3 & 1 \\ 2 & 1 \end{pmatrix}\begin{pmatrix} 9 & 27 & 12 & 15 & 22 \\ 5 & 27 & 25 & 15 & 21 \end{pmatrix} = \begin{pmatrix} 32 & 108 & 61 & 60 & 87 \\ 23 & 81 & 49 & 45 & 65 \end{pmatrix}$$

이다. 이때 숫자의 개수가 홀수이면 행렬의 곱셈 AM이 정의되도록 M의 마지막에 $*$에 해당되는 숫자 27을 첨가한다.

N으로부터 숫자화된 암호문

$$32,\ 108,\ 61,\ 60,\ 87,\ 23,\ 81,\ 49,\ 45,\ 65$$

을 전송한다. 이것을 받은 수신자는 N으로부터 원문 M을 복호하게 된다.

〈복호화〉

상대방과 미리 약속을 하여 A가 무엇인지 알고 있다면, 수신자는 A의 역행렬 B ($AB = BA = I$ 단위행렬)를 이용하여 복호할 수 있다.

$$BN = B(AM) = M$$

$$BN = \begin{pmatrix} 1 & -1 \\ -2 & 3 \end{pmatrix}\begin{pmatrix} 32 & 108 & 61 & 60 & 87 \\ 23 & 81 & 49 & 45 & 65 \end{pmatrix} = \begin{pmatrix} 9 & 27 & 12 & 15 & 22 \\ 5 & 27 & 25 & 15 & 21 \end{pmatrix}$$

이므로 다음 문장을 얻는다.

9	27	12	15	22	5	27	25	15	21
I	*	L	O	V	E	*	Y	O	U

행렬을 이용한 한글 암호

암호를 만들 때 항상 영어문자를 사용해야 하는 것은 아니다. 우리의 한글을 사용하여 훌륭한 암호를 만들 수 있다.

우선 한글의 자음과 모음, 기호를 숫자로 대응시킨다.

ㄱ	ㄴ	ㄷ	ㄹ	ㅁ	ㅂ	ㅅ	ㅇ	ㅈ	ㅊ	ㅋ	ㅌ	ㅍ	ㅎ	ㅏ
1	2	3	4	5	6	7	8	9	10	11	12	13	14	15
ㅑ	ㅓ	ㅕ	ㅗ	ㅛ	ㅜ	ㅠ	ㅡ	ㅣ	ㅐ	ㅒ	ㅔ	ㅖ	*	?
16	17	18	19	20	21	22	23	24	25	26	27	28	29	30

두 행렬 A, B를 다음과 같이 택하면, 서로 역행렬이 됨을 쉽게 확인할 수 있다.

$$A = \begin{pmatrix} 2 & 1 & 1 \\ 3 & 0 & 2 \\ 4 & 1 & 2 \end{pmatrix}, \quad B = \begin{pmatrix} -2 & -1 & 2 \\ 2 & 0 & -1 \\ 3 & 2 & -3 \end{pmatrix}$$

〈암호화〉

문장 '도서관에서 보자'를 암호화해 보자. 문장을 숫자화한다.

ㄷ	ㅗ	ㅅ	ㅓ	ㄱ	ㅗ	ㅏ	ㄴ	ㅇ	ㅔ	ㅅ	ㅓ	*	ㅂ	ㅗ	ㅈ	ㅏ
3	19	7	17	1	19	15	2	8	27	7	17	29	6	19	9	15

A가 3×3행렬이므로 이것을 다음과 같은 3개의 행을 갖는 행렬 M으로 만든다. 숫자의 개수가 3의 배수가 아니면 마지막에 $*$에 해당하는 29를 계속 첨가한다.

$$M = \begin{pmatrix} 3 & 19 & 7 & 17 & 1 & 19 & 15 \\ 2 & 8 & 27 & 7 & 17 & 29 & 6 \\ 19 & 9 & 15 & 29 & 29 & 29 & 29 \end{pmatrix}$$

행렬암호의 경우와 마찬가지로, 다음과 같이 숫자화된 암호문을 만들 수 있다.

$$N = AM = \begin{pmatrix} 2 & 1 & 1 \\ 3 & 0 & 2 \\ 4 & 1 & 2 \end{pmatrix}\begin{pmatrix} 3 & 19 & 7 & 17 & 1 & 19 & 15 \\ 2 & 8 & 27 & 7 & 17 & 29 & 6 \\ 19 & 9 & 15 & 29 & 29 & 29 & 29 \end{pmatrix}$$

$$= \begin{pmatrix} 27 & 55 & 56 & 70 & 48 & 96 & 65 \\ 47 & 75 & 51 & 109 & 61 & 115 & 103 \\ 52 & 102 & 85 & 133 & 79 & 163 & 124 \end{pmatrix}$$

이므로 숫자화된 암호문

$$27, 55, 56, 70, 48, 96, 65, 47, 75, 51, 109, 61, 115, 103, 52, 102, 85, 133, 79, 163, 124$$

을 전송한다. 수신자는 이 암호문을 원래의 문장으로 복호해야 한다.

〈복호화〉

$B=A^{-1}$ 를 이용하여 암호문을 해독하자. 즉 $B=A^{-1}$ 이므로

$$BN=B(AM)=M$$

이다. 암호문을 3개 행을 갖는 행렬로 만들고, 좌측에 B 를 곱하면 해독된다.

$$\begin{aligned} BN &= \begin{pmatrix} -2 & -1 & 2 \\ 2 & 0 & -1 \\ 3 & 2 & -3 \end{pmatrix} \begin{pmatrix} 27 & 55 & 56 & 70 & 48 & 96 & 65 \\ 47 & 75 & 51 & 109 & 61 & 115 & 103 \\ 52 & 102 & 85 & 133 & 79 & 163 & 124 \end{pmatrix} \\ &= \begin{pmatrix} 3 & 19 & 7 & 17 & 1 & 19 & 15 \\ 2 & 8 & 27 & 7 & 17 & 29 & 6 \\ 19 & 9 & 15 & 29 & 29 & 29 & 29 \end{pmatrix} \end{aligned}$$

이므로, 원래의 메시지를 복원할 수 있다.

15.2 함수를 이용한 암호

함수 f와 역함수 f^{-1}를 이용하여 암호문을 만들고 해독하는 방법을 알아보자. 영어자판과 한글을 대응시키는 함수를 f라고 하자.

$$f(a)=\text{ㅁ},\ f(b)=\text{ㅠ},\ \cdots$$

이 되는데, 알파벳 o 에는 한글 ㅐ와 ㅒ가, p에는 ㅔ와 ㅖ가 동시에 대응하므로 여기에 조건만 주면 함수가 될 수 있다. 따라서 암호화와 복호화가 가능하다.

〈암호화와 복호화〉

홍길동을 암호화하려면 f(홍길동)을 찾으면 된다. f의 대응에 의해 $ghdrlfehd$으로 암호화된다. 반대로 복호화하려면 $f^{-1}(ghdrlfehd)$을 구하면 되고 함수 f의 역대응에 의해서 $ghdrlfehd$을 홍길동으로 해독할 수 있다.

15.3 힐 암호(Hill cryptosystem)

암호는 고대 로마시대에서부터 존재해 왔지만 가장 먼저 일반화 시킨 사람이 바로 힐(Hill, L.S., 1891~1961)이다. 힐은 행렬을 이용해서 가역행렬로 평문을 암호문으로 암호화하였으며, 블록암호를 발견하는데 큰 기여를 했다.

예제 15.1

메시지 "MEET AT SEVEN"을 암호화하여라.

풀이 ① 문장을 암호화하기 위해 먼저 실수 $\mathbb{R}$에 속하는 군을 생각한다. 알파벳 A~Z가 26자이므로 $\mathbb{Z}_{26} = \{A, B, C, \cdots, Z\}$이며 각 문자에 숫자 $A=0, B=1, C=2, \cdots$ $Z=25$를 대응시킨다. 그리고 실수 행렬 $A = \begin{bmatrix} a & b \\ c & d \end{bmatrix}$를

$$ad - bc \neq 0 \text{이며 } \gcd(|A|, 26) = 1$$

가 되도록 만든다. 예를 들어 실수 행렬 $A = \begin{bmatrix} 2 & 5 \\ 1 & 4 \end{bmatrix}$는 $\gcd(|A|, 26) = \gcd(3, 26) = 1$

② 이제 위의 문장 'MEET AT SEVEN'을 숫자화한다.

M	E	E	T	A	T	S	E	V	E	N
12	4	4	19	0	19	18	4	21	4	13
p_1		p_2		p_3		p_4		p_5		p_6

③ 여기서 두 개씩 짝을 지어서 $p_1, p_2, p_3, p_4, p_5, p_6$이라고 하면 마지막 p_6에서 하나가 부족한데 임의의 한 숫자를 택해서 빈자리를 채운다.

$$p_1 = [12, 4],\ p_2 = [4, 19],\ p_3 = [0, 19],\ p_4 = [18, 4],\ p_5 = [21, 4],\ p_6 = [13, 25]$$

마지막 알파벳을 25로 했기 때문에 Z가 된다.

④ 행렬 A를 곱한다.

$$p_1 A = [12, 4]\begin{bmatrix} 2 & 5 \\ 1 & 4 \end{bmatrix} = [28, 76] = [2, 24]$$

$$p_2 A = [4, 19]\begin{bmatrix} 2 & 5 \\ 1 & 4 \end{bmatrix} = [27, 96] = [1, 18]$$

이러한 방법을 계속하면

$$p_3A = [19, 24],\ p_4A = [14, 2],\ p_5A = [20, 17],\ p_6A = [25, 9]$$

를 얻는다.

⑤ 그러면 행렬 A로부터 만든 암호문을 볼 수 있다.

2	24	1	18	19	24	14	2	20	17	25	9
C	Y	B	X	T	Y	O	C	U	R	Z	J

즉 행렬 A로부터 평문 'MEETATSEVEN'의 암호문 'CYBSTYOCURZJ'을 얻었다.

예제 15.2

위의 암호문 'CYBSTYOCURZJ'을 해독하여 원래 메시지를 복원하여라.

풀이 ① 암호문을 해독하기 위해 행렬 $A = \begin{bmatrix} 2 & 5 \\ 1 & 4 \end{bmatrix}$의 역행렬을 계산한다.

$$A^{-1} = \frac{1}{3}\begin{bmatrix} 4 & -5 \\ -1 & 2 \end{bmatrix} = 9\begin{bmatrix} 4 & 21 \\ 25 & 2 \end{bmatrix} = \begin{bmatrix} 36 & 189 \\ 225 & 18 \end{bmatrix} = \begin{bmatrix} 10 & 7 \\ 17 & 18 \end{bmatrix}$$

② 암호문 'CYBSTYOCURZJ'와 그 숫자를 두 개씩 짝을 지어 c_n이라 하자.

2	24	1	18	19	24	14	2	20	17	25	9
C	Y	B	X	T	Y	O	C	U	R	Z	J
c_1		c_2		c_3		c_4		c_5		c_6	

$$c_1 = [2, 24],\ c_2 = [1, 18],\ c_3 = [19, 24],$$
$$c_4 = [14, 2],\ c_5 = [20, 17],\ c_6 = [25, 9]$$

③ $A = \begin{bmatrix} a & b \\ c & d \end{bmatrix}$일 때 $[21, 4]\begin{bmatrix} a & b \\ c & d \end{bmatrix} = [20, 17]$이고 $[13, 25]\begin{bmatrix} a & b \\ c & d \end{bmatrix} = [25, 9]$이다. 그러므로 $\begin{bmatrix} 21 & 4 \\ 13 & 25 \end{bmatrix}\begin{bmatrix} a & b \\ c & d \end{bmatrix} = \begin{bmatrix} 20 & 17 \\ 25 & 9 \end{bmatrix}$가 되어 $\begin{bmatrix} a & b \\ c & d \end{bmatrix} = \begin{bmatrix} 2 & 5 \\ 1 & 4 \end{bmatrix}$이다.

참고 $5^{-1} \equiv 21 \pmod{26}$, $3^{-1} \equiv 23 \pmod{26}$

④
$$c_1A^{-1} = [2, 24]\begin{bmatrix} 10 & 7 \\ 17 & 18 \end{bmatrix} = [428, 446] = [12, 4]$$

이다. 마찬가지로 나머지들을 계산하여 값을 얻는다.

$$c_2A^{-1}=[4,\ 19],\ c_3A^{-1}=[0,\ 19],\ c_4A^{-1}=[18,\ 4],$$
$$c_5A^{-1}=[21,\ 4],\ c_6A^{-1}=[13,\ 25]$$

⑤ 따라서 다음과 같은 표를 만듦으로서 원래 메시지를 복원할 수 있다.

12	4	4	19	0	19	18	4	21	4	13	25
M	E	E	T	A	T	S	E	V	E	N	Y

'MEET AT SEVEN'

참고 Hill 암호

$n=2$일 때 Hill 암호화 과정을 살펴보자.

① 길이 2가 되도록 블록을 나눈 다음, 한 블록에 문자 2개씩 넣는다.

② 블록 안의 문자를 숫자로 바꿔준다. 아스키코드를 사용하거나 $A=00$, $B=01$, $\cdots$, $Z=25$ 를 사용한다.

A	B	C	D	E	F	G	H	I	J	K	L	M	N	O	P	Q	R	S	T	U	V	W	X	Y	Z
65	66	67	68	69	70	71	72	73	74	75	76	77	78	79	80	81	82	83	84	85	86	87	88	89	90
00	01	02	03	04	05	06	07	08	09	10	11	12	13	14	15	16	17	18	19	20	21	22	23	24	25

③ 평문블록: P_1, P_2, 암호블록: C_1, C_2라고 하자. $\gcd(ad-bc,\ 26)=1$일 때,

$$C_1 \equiv aP_1+bP_2 \pmod{26}$$
$$C_2 \equiv cP_1+dP_2 \pmod{26}$$

P_1, P_2를 대입하여 C_1, C_2를 구하면, 평문블록을 암호블록으로 바꿀 수 있다.

④ 구한 숫자들을 문자로 바꿔준다. ∎

예제 15.3

2×2 선형 시스템

$$C_1 \equiv 5P_1+13P_2 \pmod{26}$$
$$C_2 \equiv 3P_1+18P_2 \pmod{26} \qquad (*)$$

을 사용하여, 메시지 'SLOW AND STEADY WINS THE RACE'를 암호화하여라.

풀이

① 길이 2인 블록 안에 평문을 넣어준다.

SL OW AN DS TE AD YW IN ST HE RA CE

② 블록의 각 문자들을 숫자로 바꾸어 $A=00$, $B=01$, $\cdots$, $Z=25$로 한다.

18 11 14 22 00 13 03 18 19 04 00 03
24 22 08 13 18 19 07 04 17 00 02 04

③ $P_1 = 18$, $P_2 = 11$일 때 (*)을 사용하여 각 평문블록을 암호블록으로 변환시킨다.

$$C_1 \equiv 5 \cdot 18 + 13 \cdot 11 \equiv 25 \pmod{26}$$
$$C_2 \equiv 3 \cdot 18 + 18 \cdot 11 \equiv 18 \pmod{26}$$

그러면 18 11 블록은 25 18으로 변환된다. 마찬가지로 다른 평문블록들도 암호블록으로 변환시키면 다음과 같다.

25 18 18 22 09 00 15 21 17 25 13 02
16 00 01 24 25 06 09 15 07 25 10 00

④ 위의 수들을 문자로 변환시킬 때, $A=00$, $B=01$, $\cdots$, $Z=25$의 순서로 바꾼다.

ZS SW JA PV RZ NC QA BY ZG JP HZ KA.

여기서 연립방정식 (*)은 행렬형태로 나타낸 수 있다.

$$\begin{bmatrix} C_1 \\ C_2 \end{bmatrix} \equiv \begin{bmatrix} 5 & 13 \\ 3 & 18 \end{bmatrix} \begin{bmatrix} P_1 \\ P_2 \end{bmatrix} \pmod{26} \qquad (**)$$

참고 Hill 암호

$\Delta = \begin{vmatrix} 5 & 13 \\ 3 & 18 \end{vmatrix} = 51$이고 $\gcd(51, 26) = 1$이므로 $\begin{bmatrix} 5 & 13 \\ 3 & 18 \end{bmatrix}$은 법 26에 역행렬을 갖는다. 즉 $\begin{bmatrix} 5 & 13 \\ 3 & 18 \end{bmatrix}^{-1} = \begin{bmatrix} 8 & 13 \\ 3 & 21 \end{bmatrix} \pmod{26}$이다. 그러면 $\begin{bmatrix} P_1 \\ P_2 \end{bmatrix} \equiv \begin{bmatrix} 8 & 13 \\ 3 & 21 \end{bmatrix} \begin{bmatrix} C_1 \\ C_2 \end{bmatrix} \pmod{26}$을 사용하여 쉽게 복호화할 수 있다. ∎

예제 15.4

식(*) 을 사용하여 다음 암호문을 복호화하여라.

ZS SW JA PV RZ NC QA BY ZG JP HZ KA.

풀이 ① 암호문을 순서대로 $A=00$, $B=01$, $\cdots$, $Z=25$로 바꾼다.

25 18 18 22 09 00 15 21 17 25 13 02

16 00 01 24 25 06 09 15 07 25 10 00

② $C_1=25$, $C_2=18$을 식(**)에 대입하여 P_1과 P_2를 구한다.

$$\begin{bmatrix} P_1 \\ P_2 \end{bmatrix} \equiv \begin{bmatrix} 8 & 13 \\ 3 & 21 \end{bmatrix} \begin{bmatrix} 25 \\ 18 \end{bmatrix} \equiv \begin{bmatrix} 18 \\ 11 \end{bmatrix} \pmod{26}$$

그러면 $P_1=18$, $P_2=11$이 된다. 다른 암호블록도 유사한 방법으로 평문암호블록으로 구하면 평문블록의 배열은 다음과 같다.

18 11 14 22 00 13 03 18 19 04 00 03

24 22 08 13 18 19 07 04 17 00 02 04

이 숫자를 평문으로 순서대로 $A=00$, $B=01$, $\cdots$, $Z=25$로 바꾸면,

SL OW AN DS TE AD YW IN ST HE RA CE

즉, SLOW AND STEADY WINS RACE이다.

위의 예제들을 통해서 한 블록의 크기는 $n \ge 2$이어야 하고, 행렬 $n \times n \pmod{26}$을 이용하여 쉽게 문자를 암호화 할 수 있고, 다시 역행렬을 이용하여 복호화 할 수 있음을 알 수 있다. (단, $\gcd(|A|, 26)=1$일 때만 성립한다.)

$P_1, P_2, \cdots, P_n$: 평문블록의 숫자, $C_1, C_2, \cdots, C_n$: 암호블록의 숫자

$$P=\begin{bmatrix} P_1 \\ P_2 \\ \vdots \\ P_n \end{bmatrix} \text{이며} \quad C=\begin{bmatrix} C_1 \\ C_2 \\ \vdots \\ C_n \end{bmatrix}$$

즉, $C \equiv AP \pmod{26}$가 된다.

위의 식을 사용하여 $n=3$에 대한 암호화 과정을 살펴보도록 하자.

3×3 행렬을 이용한 암호화 복호화과정의 예제

예제 15.5

행렬 $A=\begin{bmatrix}3&2&6\\5&7&11\\13&4&1\end{bmatrix}$를 사용하여

'A PROVERB IS THE CHILD OF EXPERIENCE'를 암호화하여라.

풀이

$$|A|=\begin{bmatrix}3&2&6\\5&7&11\\13&4&1\end{bmatrix}=-261\equiv25 \pmod{26}$$

이므로 $\gcd(|A|, 26)=1$이다. 또한 A가 행렬 3×3이므로 $n=3$이며, 따라서 각 블록의 길이는 3으로 나눈다.

APR OVE RBI STH ECH ILD OFE XPE RIE NCE

각 평문을 순서대로 $A=00$, $B=01$, $\cdots$, $Z=25$ 숫자로 바꾼다.

00 15 17 14 21 04 17 01 08 18 19 07 04 02 07
08 11 03 14 05 04 23 15 04 17 08 04 13 02 04

먼저 $P_1=00$, $P_2=15$, $P_3=17$을 $C\equiv AP \pmod{26}$에 대입하여 풀면,

$$\begin{bmatrix}C_1\\C_2\\C_3\end{bmatrix}\equiv\begin{bmatrix}3&2&6\\5&7&11\\13&4&1\end{bmatrix}\begin{bmatrix}00\\15\\17\end{bmatrix}\equiv\begin{bmatrix}2\\6\\25\end{bmatrix} \pmod{26}$$

$C_1=02$, $C_2=06$, $C_3=25$이 된다. 같은 방법으로 다른 암호블록을 구하면

02 06 25 04 01 10 23 24 25 04 14 05 06 07 15
12 20 21 24 19 24 19 04 25 07 21 11 15 19 25

이다. 각 숫자를 알파벳 문자로 바꾸면,

CGZ EBK XYZ EOF GHP MUV YRY TEZ HVL PTZ

를 얻는다.

예제 15.6

위의 행렬 A를 사용하여

'CGZ EBK XYZ EOF GHP MUV YTY TEZ HVL PTZ'를 복호화하여라.

풀이 암호화된 메시지를 복호화하려면, $P \equiv A^{-1}C \pmod{26}$를 이용하면 된다. $\gcd(|A|, 26) = 1$이면, A^{-1}이 존재하며 실제로

$$A^{-1} \equiv \begin{bmatrix} 11 & 4 & -6 \\ -8 & -3 & 3 \\ -7 & 12 & -11 \end{bmatrix} \pmod{26}$$

이 된다(수반행렬이나 가우스 소거방법을 사용한다). 각 암호블록의 평문을 숫자로 바꾼다.

02 06 25 04 01 10 23 24 25 04 14 05 06 07 15
12 20 21 24 19 24 19 04 25 07 21 11 15 19 25

각 블록을 복호화하기 위해, 관계식 $P \equiv A^{-1}C \pmod{26}$을 이용하여

$$\begin{bmatrix} P_1 \\ P_2 \\ P_3 \end{bmatrix} \equiv \begin{bmatrix} 11 & 4 & -6 \\ -8 & -3 & 3 \\ -7 & 12 & -11 \end{bmatrix} \begin{bmatrix} 02 \\ 06 \\ 25 \end{bmatrix} \equiv \begin{bmatrix} 00 \\ 15 \\ 17 \end{bmatrix} \pmod{26}$$

$P_1 = 00$, $P_2 = 15$, $P_3 = 17$가 된다. 같은 방법으로 다른 평문블록을 구하면

00 15 17 14 21 04 17 01 08 18 19 07 04 02 07
08 11 03 14 05 04 23 15 04 17 08 04 13 02 04

이 된다. 숫자를 평문으로 바꾸면

APR OVE RBI STH ECH ILD OFE XPE RIE NCE

즉, A PROVERB IS THE CHILD OF EXPERIENCE를 얻을 수 있다.

Hill 암호는 블록을 사용하기 때문에 암호를 풀기 어렵다. 그러나 아핀암호(Affine Cipher)의 경우와 같이 암호를 깨기 위해 n길이의 단어와 관계있는 횟수로 분배한 알려진 자료를 이용할 수 있다. 예를 들면, $n = 2$일 때 길이 2인 단어는 $26 \cdot 26 = 676$ 로 가능하다. 암호문의 두 문자로 된 단어를 가지는 임의의 평문의 횟수를 사용하면, 암호 행렬 A와 역행렬 A^{-1}을 추측할 수 있다. 분명한 것은 n이 더 큰 수이면 이 일을 수행하기 어렵다.

15.4 암호이론의 실생활에서의 응용(Application of cryptography)

현대 사회는 컴퓨터 통신의 대중화와 더불어 자연스럽게 암호도 우리 생활에 많이 사용되고 있다. 몇 가지 예를 들어봄으로써 수학이 얼마나 실생활에 영향을 주고 있으며 또한 암호가 얼마나 중요한지를 알 수 있다.

1) 전자상거래

컴퓨터 통신이나 인터넷을 통하여 물건을 사고파는 전자상거래에서 상품을 보내고 대금을 결재할 때 거래의 기밀성과 무결성을 보장하기 위한 가장 직접적인 방식으로 암호가 이용된다. 거래 당사자 간의 상호인증이 필요한데, 인터넷상에서의 단순 패스워드를 사용한 상호신분 확인은 패스워드 도청으로 인한 보안상의 약점이 있다. 그러므로 상호간에 사전 약속되거나 신뢰할 수 있는 중개인을 통해 분배된 비밀키로 실제 인증 관련 변수를 암호화하여 주고받음으로써 신분확인이 가능하게 되고 안전한 거래가 이루어질 수 있다.

2) 전자화폐

전자화폐는 화폐를 디지털화한 것으로 전자상거래의 지불시스템을 의미한다. 전자현금, 전자수표, 신용카드 등으로 구분되며 암호를 이용하여 설계, 운용되고 있다. 전자현금이 일반 화폐 대용으로 사용되기 위해서는 몇 가지의 보안관련 제약이 요구된다. ① 일반사용자들에 의해서 위조가 불가능해야 하므로 전자현금의 발행은 발행기관의 개인키를 이용한 디지털 서명을 통해서 이루어져야 한다. ② 누구나 쉽게 복제하여 이중 사용될 수 있는 문제점이 있으므로 이를 사전에 방지하거나 사후에 검출할 수 있도록 설계되어야 한다. ③ 고액의 전자현금을 소액으로 분할할 수 있는 기능이 있어야 하며, ④ 구매자로부터 판매자로의 양도뿐만 아니라 일반 사용자간에도 양도되는 기능이 있어야 한다.

3) 신용카드

인터넷상에서의 상거래가 보편화됨에 따라 신용카드번호의 노출을 막기 위한 암호 소프트웨어가 구매자와 판매자 시스템에 설치되어, 암호화된 신용카드번호를 이용한 지불방식이 운용되고 있다.

4) 전자투표

직접 비밀 투표를 인터넷에서 하는 것이다. 합법적인 유권자만이 투표를 할 수 있어야하고 유권자는 한 표만 행사하여야 하며 투표는 비밀이 보장되어야 한다. 유권자 본인이 투표 결과를 확인할 수 있는 시스템이 되어야 하는데 이 과정에서 암호가 이용된다.

5) 무선이동통신 시스템

가입자의 이동성과 무선접속이라는 특성 때문에 도청 및 불법 접속, 가입자의 현재 위치의 노출 등의 문제점이 있다. 도청을 방지하기 위해서는 송수신되는 메시지의 암호가 요구된다. 또 가입자의 위치를 추적하는 것은 이동통신서비스를 가입자에게 제공하기 위한 필수기능이지만, 가입자의 행적을 추적하는데 이용될 수 있기 때문에 이것이 외부로 노출되어 가입자의 사생활을 침해하는 일이 없도록 하는 보안서비스가 선택적으로 필요하다.

예제 15.7

행렬 $A=\begin{bmatrix}3&1\\2&1\end{bmatrix}$를 이용하여 다음의 메시지를 암호화 하여라.

DREAM COMES TRUE.

풀이 메시지를 위의 표에 맞추어 숫자화 하면

D	E	E	A	M		C	O	M	E	S		T	R	U	E
4	18	5	1	13	27	3	15	13	5	19	27	20	18	21	5

이며, 이는 다음과 같은 행렬로 나타낼 수 있다.

$$M=\begin{bmatrix}4&18&5&1&13&27&3&15\\13&5&19&27&20&18&21&5\end{bmatrix}$$

여기서 A가 2×2행렬이므로 행렬 M도 2개의 행을 갖도록 구성하였다. 만일 전체 숫자가 2의 배수가 아니면 빈칸에 해당하는 숫자 27을 필요한 만큼 채워 넣으면 된다.
이제 암호화하기위하여 M의 왼쪽에 A를 곱하여 C를 만든다.

$$\begin{aligned}C=AM&=\begin{bmatrix}3&1\\2&1\end{bmatrix}\begin{bmatrix}4&18&5&1&13&27&3&15\\13&5&19&27&20&18&21&5\end{bmatrix}\\&=\begin{bmatrix}25&59&34&30&59&99&30&50\\21&41&29&29&46&72&27&35\end{bmatrix}\end{aligned}$$

이다. C로부터 숫자화 된 암호문

$$25,\ 59,\ 34,\ 30,\ 59,\ 99,\ 30,\ 50,\ 21,\ 41,\ 29,\ 29,\ 46,\ 72,\ 27,\ 35$$

이 나온다.

예제 15.8

행렬 $A = \begin{bmatrix} 3 & 1 \\ 2 & 1 \end{bmatrix}$를 이용하여 다음의 암호문을 복원하여라.

$$25,\ 59,\ 34,\ 30,\ 59,\ 99,\ 30,\ 50,\ 21,\ 41,\ 29,\ 29,\ 46,\ 72,\ 27,\ 35$$

풀이 암호화키 A로부터 복호화키 $B = A^{-1} = \begin{bmatrix} 1 & -1 \\ -2 & 3 \end{bmatrix}$를 만든다. 그러면

$$BC = B(AM) = A^{-1}(AM) = M$$

이다. 실제로 암호문을 두 행으로 이루어진 행렬로 만들어, B를 곱하면

$$\begin{aligned} BC &= \begin{bmatrix} 1 & -1 \\ -2 & 3 \end{bmatrix} \begin{bmatrix} 25 & 59 & 34 & 30 & 59 & 99 & 30 & 50 \\ 21 & 41 & 29 & 29 & 46 & 72 & 27 & 35 \end{bmatrix} \\ &= \begin{bmatrix} 4 & 18 & 5 & 1 & 13 & 27 & 3 & 15 \\ 13 & 5 & 19 & 27 & 20 & 18 & 21 & 5 \end{bmatrix} = M \end{aligned}$$

이 된다. 그러므로 원래의 메시지를 복원하였다.

이 암호에서 비밀키 A를 사용하였는데, A의 역행렬을 쉽게 계산할 수 있으므로 A를 습득한 모든 사람은 암호를 복호할 수 있어서, 비밀키를 안전하게 보관해야 한다.

연습문제

1. 다음과 같이 한글을 숫자로 대응시키자.

ㄱ	ㄴ	ㄷ	ㄹ	ㅁ	ㅂ	ㅅ	ㅇ	ㅈ	ㅊ	ㅋ	ㅌ	ㅍ	ㅎ
1	2	3	4	5	6	7	8	9	10	11	12	13	14
ㅏ	ㅑ	ㅓ	ㅕ	ㅗ	ㅛ	ㅜ	ㅠ	ㅡ	ㅣ				
15	16	17	18	19	20	21	22	23	24				

한글 글자를 $\begin{pmatrix} x \\ y \end{pmatrix}$로 나타내자. 암호화 키 $\begin{pmatrix} a & b \\ c & d \end{pmatrix} = \begin{pmatrix} 3 & 4 \\ 1 & 5 \end{pmatrix}$라고 할 때 $\begin{pmatrix} a & b \\ c & d \end{pmatrix}\begin{pmatrix} x \\ y \end{pmatrix}$를 계산하여 평문 '토요일에 만나자' 를 암호화하여라.

2. 다음과 같이 한글을 숫자로 대응하는 암호를 생각하자.

ㄱ	ㄴ	ㄷ	ㄹ	ㅁ	ㅂ	ㅅ	ㅇ	ㅈ	ㅊ	ㅋ	ㅌ	ㅍ	ㅎ
1	2	3	4	5	6	7	8	9	10	11	12	13	14
ㅏ	ㅑ	ㅓ	ㅕ	ㅗ	ㅛ	ㅜ	ㅠ	ㅡ	ㅣ				
1	2	3	4	5	6	7	8	9	10				

예를 들어 '다'는 (3,1)이고 '요'는 (8,6) 이다.

(1) 암호 규칙을 $(x,y) \to (x+y,\ x-y)$라고 할 때, $(5,3)$의 평문을 말하여라.

(2) 암호의 규칙을 $(x,y) \to (x-y,\ x^2-y^2)$이라고 할 때, $(2,10)$의 평문을 찾아라.

(3) 암호의 규칙을 $(x,y) \to (x^2-3xy+2y^2,\ x^2+y^2)$이라고 할 때, $(0,20)$의 평문을 찾아라.

(4) 위와 같은 방법으로 평문 '갑'을 암호화하려면 어떤 변화를 주어야 하는지 논의하여라. 또한 '삶'과 '활'을 암호화 하려면 어떻게 해야 하는지 논의하여라.

3. 4개의 알파벳으로 된 메시지 $P_1P_2P_3P_4$ 를 코드표에 의해 숫자 $m_1m_2m_3m_4$로 만든다.

A	B	C	D	E	F	G	H	I	J	K	L	M	N	O	P	Q	R	S	T	U	V	W	X	Y	Z
0	1	2	3	4	5	6	7	8	9	10	11	12	13	14	15	16	17	18	19	20	21	22	23	24	24

평문의 숫자를 2×2인 행렬 $M = \begin{pmatrix} m_1 & m_3 \\ m_2 & m_4 \end{pmatrix}$로 한다. 암호화 행렬 K를 사용하여 행렬 곱

$KM = \begin{pmatrix} n_1 & n_3 \\ n_2 & n_4 \end{pmatrix}$을 하여 나온 값 $(n_1,\ n_2,\ n_3,\ n_4)$를 암호문이라고 하자.

(1) GAME 이라는 메시지에 암호화 행렬 K를 사용하면, 암호문 $(12,6,44,24)$가 된다고 하자. 이 때 사용된 암호화 행렬 K를 구하여라.

(2) 위의 암호화 행렬 K를 사용하여 평문 LOVE를 암호화하여라.

흥미로운 수 I

고대 그리스 사람들은 알지 못하는 신비로운 것에 대한 믿음으로 인해 어떤 정수가 자신의 진 약수(proper divisor)들의 합으로 표현되는 경우에 관심을 갖게 되었다. 이는 부분으로부터 완전한 전체를 만들 수 있을까를 궁금해 했었던 것과 일맥상통하는 질문으로 보인다.

16.1 완전수(Perfect number)

기원전 6세기경의 피타고라스학파는 '6'을 건강과 아름다움의 합체라고 보았다. 또한 어떤 학자는 '6'은 완전하다고 생각는데, 이는 6일 만에 창조된 하나님의 업적이 완전하기 때문이라고 했다. 그와는 반대로 성 아우구스티누스(Augustin, 354~430)은 '6'이 완전하기 때문에 하나님의 역사가 완전하다고 했다. 왜 6은 그토록 신비스런 숫자였을까?

완전수(perfect number)라는 용어를 처음 사용한 사람들은 피타고라스학파이다. 피타고라스는 어떤 양의 정수가 자신을 제외한 모든 약수들의 합으로 나타내어질 때 그 정수가 완전하다고 하였다. 예를 들어, '6'의 약수는 $1, 2, 3, 6$ 인데 이 중 6을 제외한 약수들의 합 $1+2+3$이 6이 되므로 6은 완전수이다. 6 다음으로 이러한 성질을 갖는 수는 28이다. 28은 약수들의 합 $1+2+4+7+14$ (자신은 제외)가 된다.

정의 16.1

양의 정수 n이 자기 자신을 제외한 모든 양의 약수들의 합으로 표현될 때 n을 **완전수**라고 부른다.

정리 16.1

n이 완전수가 될 필요충분조건은 정수론적 함수 $\sigma(n)$이 $\sigma(n) = 2n$이다.

증명 n이 완전수라는 것은 n이 n자신을 제외한 모든 약수들의 합이 되는 것으로서 $n = \sum_{\substack{d \mid n \\ d \neq n}} d$ 이다. 그러면 정수론적 함수 $\sigma(n) = \sum_{d \mid n} d$ (6장 참조)에 의해,

$$n\text{은 완전수} \Leftrightarrow n = \sum_{\substack{d \mid n \\ d \neq n}} d \Leftrightarrow 2n = \sum_{d \mid n} d \Leftrightarrow 2n = \sigma(n)$$

이 된다. ■

피타고라스 이후, 기원 후 약 100년이 될 때까지 단지 4개의 완전수가 알려졌다.

$$p_1 = 6, \qquad p_2 = 28, \qquad p_3 = 496, \qquad p_4 = 8128$$

예를 들어 496의 약수는 1, 2, 4, 8, 16, 31, 62, 124, 248, 496 인데, 이 약수들의 합이

$$\begin{aligned}\sigma(496) &= 1+2+4+8+16+31+62+124+248+496 \\ &= 2 \times 496\end{aligned}$$

이며, 8128의 약수는 1, 2, 4, 8, 16, 32, 64, 127, 254, 508, 1016, 2032, 4064, 8128 로서

$$\begin{aligned}\sigma(8128) &= 1+2+4+8+16+32+64+127+254+508+1016+2032+4064+8128 \\ &= 2 \times 8128\end{aligned}$$

이다.

참고 6장의 $\sigma(n)$의 계산법에 의해 $\sigma(496)$은 다음과 같이 계산할 수 있다. $496 = 2^4 \cdot 31$이므로

$$\sigma(496) = \sigma(2^4)\,\sigma(31) = \frac{1-2^5}{1-2} \cdot (1+31) = 992 = 2 \cdot 496.$$

예제 16.1

$\sigma(8128)$을 계산하여라.

풀이

위에서 보았듯이 완전수의 확인은 정수의 소인수분해 즉, 주어진 정수의 모든 약수를 찾

아내는 일을 통해 가능하다. 그러나 소인수분해를 자유롭게 할 수 없었던 시절에는 완전수를 발견하는 것은 거의 불가능한 일처럼 보였다.

《산술입문 (Introduction Arithmetica)》을 저술하고, 세제곱수는 연속되는 홀수의 합으로 나타낼 수 있다는 법칙을 발견한 니코마코스(Nicomachus, 그리스, 60~120년 경)[3]는 위에서 언급한 4개의 완전수들로부터 다음과 같은 두 개의 가설을 세웠다.

첫째, 완전수는 각 자리수마다 1개씩 있다. 즉 n번째 완전수 p_n은 n자리수이다.

둘째, 완전수의 일의 자리수는 6과 8이 반복되어 나타난다.

그러나 5번째 완전수

$$p_5 = 33{,}550{,}336$$

가 15세기에 발견되었는데, 이는 5자리수가 아니라 8자리 수이므로 첫 번째 주장은 잘못된 것으로 판정되었다. 또한 연분수 기호로 유명한 카탈디(Cataldi, P., 1552~1626)가 6번째 완전수

$$p_6 = 8{,}589{,}869{,}056$$

를 1603년에 발견하였는데, 5번째와 6번째 완전수의 일의 자리가 모두 6으로 끝남으로서 두 번째 주장 역시 거짓임이 판명되었다. 그러나 완전수가 짝수인 경우에는 끝 자리수가 6 또는 8이 됨은 훗날 증명되었다(정리 16.7 참조).

피타고라스학파는 완전수를 연속되는 자연수의 합으로 항상 표현할 수 있음을 발견하였다. 그 뿐만 아니라 완전수는 숫자 '2'와 깊은 관련이 있음을 발견하였다. 즉, 4, 8, 16은 2의 거듭제곱으로 표현할 수 있다. 하지만 이들은 완전수가 될 수 없는데, 왜냐하면 이들의 각각 수의 약수들의 합이 항상 자신보다 1이 작기 때문이다.

---

3) 니코마코스(Nicomachus)정리란 세제곱의 합과 합의 두 제곱에 관한 것으로서, 등식 $1^3+2^3+3^3+\dots+n^3=(1+2+3+\dots+n)^2$ 을 말한다. 수학적 귀납법으로 증명할 수 있으며 또한 도형으로도 확인할 수 있다.

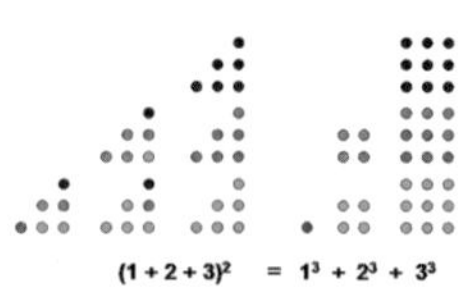

한편 $1^3+2^3+3^3+4^3+\cdots = 1+8+27+64+\cdots$ 인데,

$8=3+5, 27=7+9+11,\ 64=13+15+17+19,\ 125=21+23+25+27+29,\ \cdots$ 이므로

$$\begin{aligned} &1^3+2^3+3^3+4^3+\cdots \\ &\quad = 1+8+27+64+125+\cdots \\ &\quad = (1)+(3+5)+(7+9+11)+(13+15+17+19)+(21+23+25+27+29)+\cdots \\ &\quad = 1+3+5+7+9+11+13+15+17+19+21+23+25+27+29+\cdots \end{aligned}$$

이다. 따라서 1부터 연속된 홀수들의 합은 1부터 어느 정도 수까지의 세 제곱수의 합으로 표시된다.

$2^2 = 4$에서 자신을 제외한 약수의 합은 $1+2=3$이다.

$2^3 = 8$에서 자신을 제외한 약수의 합은 $1+2+4=7$이다.

$2^4 = 16$에서 자신을 제외한 약수의 합은 $1+2+4+8=15$이다.

2세기가 지난 뒤 유클리드는 피타고라스의 발견을 한층 더 구체화 시켰다. 알려진 몇 개의 완전수로부터 다음과 같은 공통점을 발견할 있다.

완전수	표현방법		
6	$2 \cdot 3$	$=2(1+2)$	$=2(2^2-1)$
28	$4 \cdot 7$	$=4(1+2+2^2)$	$=2^2(2^3-1)$
496	$16 \cdot 31$	$=16(1+2+2^2+2^3+2^4)$	$=2^4(2^5-1)$

예제 16.2

$p_4 = 8128$의 표현방법을 위의 표와 같이 만들어라.

풀이

즉, 완전수를 두 자연수의 곱으로 표현하였는데, 그 형식이 바로 $2^m(2^{m+1}-1)$인 것이다. 유클리드는 저서 《원론 IX》에서 $1+2+2^2+\cdots+2^{n-1}=p$가 소수이면 $2^{n-1}p$는 완전수가 된다는 것을 부분적으로 이미 증명하였다.

정리 16.2

$1+2+2^2+2^3+\cdots+2^{n-1}=p$ 가 소수이면 $2^{n-1}p \quad (n>1)$은 완전수가 된다. 다시 말해서 2^n-1 이 소수이면, $2^{n-1}(2^n-1)$은 완전수이다.

증명 가정에 의해

$$p = 1 + 2 + 2^2 + 2^3 + \cdots + 2^{n-1} = \frac{1-2^n}{1-2} = 2^n - 1$$

는 소수이다. $2^{n-1}p$ 가 완전수임을 보이기 위해,

$$\sigma(2^{n-1}p) = 2(2^{n-1}p)$$

를 보이자. 가정에서 $p = 2^n - 1$이 소수이므로 $\gcd(2^{n-1}, p) = 1$이다. 그러므로

$$\begin{aligned} \sigma(2^{n-1}p) &= \sigma(2^{n-1}(2^n - 1)) = \sigma(2^{n-1})\sigma(2^n - 1) \\ &= \frac{2^n - 1}{2 - 1}(2^n - 1 + 1) = 2^n(2^n - 1) = 2 \cdot 2^{n-1}(2^n - 1) = 2(2^{n-1}p) \end{aligned}$$

가 된다. 따라서 $2^{n-1}p$ 는 완전수이다. ■

예를 들면, $1 + 2 + 4 = 7$이 소수이므로 $4 \cdot 7 = 28$은 완전수이다.

다시 유클리드 이후 약 2000년 가량 지나, 오일러는 모든 짝수 완전수는 위와 같은 형태로 나타난다는 것을 증명하였고, 그 역도 성립함을 보였다.

정리 16.3 오일러

양의 정수 n이 짝수인 완전수일 필요충분조건은 적당한 정수 $m \geq 2$에 의해 $n = 2^{m-1}(2^m - 1)$로 표시되며 $2^m - 1$ 이 소수이다.

증명을 하기 전에 예를 들어 확인해보자.

예제 16.3

$m = 2$이면 $n = 2(2^2 - 1) = 6$으로서 완전수이다.

$m = 3$이면 $n = 2^2(2^3 - 1) = 28$으로서 완전수이다.

$m = 4$이면 $n = 2^3(2^4 - 1)$인데, $2^4 - 1 = 15$이 소수가 아니므로 완전수가 아니다.

$m = 5$이면 $n = 2^4(2^5 - 1) = 496$으로서 완전수이다.

$m = 7$이면 $n = 2^6(2^7 - 1) = 8128$으로서 완전수이다.

증명 (⇒) n이 짝수인 완전수라고 하자. n이 짝수이므로

$$n = 2^{m-1}k \ \ (m \geq 2)$$

이다. 이때 k는 홀수로서 $\gcd(2^{m-1}, k) = 1$이다. 또한 n이 완전수이므로

$$\sigma(n) = 2n = 2^m k$$

이다. 한편 $\gcd(2^{m-1}, k) = 1$ 이므로 $\sigma(n)$함수의 성질에 의해(정리 6.2)

$$\sigma(n) = \sigma(2^{m-1}k) = \sigma(2^{m-1})\sigma(k) = (2^m - 1)\sigma(k)$$

이다. 따라서

$$2^m k = (2^m - 1)\sigma(k), \text{ 즉, } (2^m - 1) \mid 2^m k$$

이다. 그런데 $2^m - 1$과 2^m은 서로소이므로 정리 1.10에 의해 $(2^m - 1) \mid k$ 이다. 따라서 적당한 정수 A가 존재하여

$$k = (2^m - 1)A$$

이 된다. 위의 식 $2^m k = (2^m - 1)\sigma(k)$에 대입하면

$$(2^m - 1)\sigma(k) = 2^m \cdot k = 2^m \cdot (2^m - 1)A,$$

이므로

$$\sigma(k) = 2^m A$$

이다. 그런데 k와 A는 k의 약수이므로

$$\sigma(k) \geq k + A$$

이며,

$$2^m A = \sigma(k) \geq k + A = (2^m - 1)A + A = 2^m A$$

이다. 그러므로

$$\sigma(k) = k + A$$

이다. 여기서 k는 k와 A, 단 두 개의 양의 약수만 갖는 것을 알 수 있다. 따라서 k는 소수이고, $A = 1$이 된다. 그러므로

$$k = (2^m - 1) \text{ 소수이며 } n = 2^{m-1}k = 2^{m-1}(2^m - 1)$$

이다.

($\Leftarrow$) 역으로 $n = 2^{m-1}(2^m - 1)$이며 $2^m - 1$이 소수일 때, n이 완전수임을 보이자. $\gcd(2^{m-1}, 2^m - 1) = 1$이므로

$$\sigma(n) = \sigma(2^{m-1}(2^m - 1)) = \sigma(2^{m-1})\sigma(2^m - 1)$$

이다. 그런데 $\sigma(2^{m-1}) = 2^m - 1$이며 또한 $\sigma(2^m - 1) = 2^m - 1 + 1 = 2^m$이므로

$$\sigma(n) = (2^m - 1)2^m = (2^m - 1)2^{m-1} \cdot 2 = 2n$$

이다. 따라서 정리 16.1에 의해 n은 완전수이다. ■

정리 16.4

모든 짝수인 완전수 $2^{m-1}(2^m - 1)$는 처음 $2^{\frac{m-1}{2}}$개의 연속되는 홀수의 세제곱의 합으로 표현된다.

증명 1 부터 연속하는 n개 정수의 합, 정수 제곱의 합, 또한 정수 세제곱의 합은 다음과 같다.

$$\frac{n(n+1)}{2}, \quad \frac{n(n+1)(2n+1)}{6}, \quad \left(\frac{n(n+1)}{2}\right)^2$$

임의의 홀수를 $2t - 1$ $(t \in \mathbb{Z})$라고 하면 1부터 연속하는 n개 홀수들의 세제곱의 합은

$$\begin{aligned}\sum_{t=1}^{n}(2t-1)^3 &= \sum_{t=1}^{n}(8t^3 - 12t^2 + 6t - 1)\\ &= 8\sum_{t=1}^{n}t^3 - 12\sum_{t=1}^{n}t^2 + 6\sum_{t=1}^{n}t - \sum_{t=1}^{n}1\\ &= 8\left(\frac{n(n+1)}{2}\right)^2 - 12\frac{n(n+1)(2n+1)}{6} + 6\frac{n(n+1)}{2} - n\\ &= 2n^4 - n^2 = n^2(2n^2 - 1)\end{aligned}$$

이다. 따라서 연속하는 처음 $2^{\frac{m-1}{2}}$개 홀수의 세제곱 합은 n 대신 $2^{\frac{m-1}{2}}$를 대입한 값

$$\left(2^{\frac{m-1}{2}}\right)^2 \left[2 \cdot \left(2^{\frac{m-1}{2}}\right)^2 - 1\right] = 2^{m-1}(2^m - 1)$$

이 된다. ■

예를 들면 다음과 같이 된다.

$$1^3+3^3=28, \; 1^3+3^3+5^3+7^3=496$$

정리 16.5

n이 완전수이면 n의 모든 약수들의 역수의 합은 2이다.

증명 n의 모든 약수들의 집합을 $S=\{d_1, d_2, \cdots, d_k\}$라 하자. n은 완전수이므로

$$d_1+d_2+\cdots+d_k=2n$$

이다. 또한 $\dfrac{n}{d_i}\,(i=1,\cdots,k)$도 모두 n의 약수이므로

$$\left\{\frac{n}{d_1}, \frac{n}{d_2}, \cdots, \frac{n}{d_k}\right\}=S$$

이다. 따라서

$$\frac{n}{d_1}+\frac{n}{d_2}+\cdots+\frac{n}{d_k}=2n$$

이다. 그러므로 $\dfrac{1}{d_1}+\dfrac{1}{d_2}+\cdots+\dfrac{1}{d_k}=2$이다. ■

참고 정리 16.5는 정리 6.2와 정리 6.5에 의해 쉽게 증명된다. n의 모든 약수들의 집합을 $S=\{d_1, d_2, \cdots, d_k\}$라고 하면

$$n=d_1d_1', \; n-d_2d_2', \; \cdots, \; n=d_kd_k'$$

인 $d_1', d_2', \cdots, d_k'$이 존재하는데, 실제로 $\{d_1', d_2', \cdots, d_k'\}=\{d_1, d_2, \cdots, d_k\}$이다. 가정에서 n이 완전수이므로 $\sum_{i=1}^{k} d_i=\sum_{i=1}^{k} d_i'=2n$ 이다. 그러므로 약수들의 역수의 합은

$$\sum_{i=1}^{k}\frac{1}{d_i}=\sum_{i=1}^{k}\frac{d_i'}{n}=\frac{1}{n}\sum_{i=1}^{k}d_i'=\frac{1}{n}\cdot 2n=2$$

이다. ▌

실제로 $1+\dfrac{1}{2}+\dfrac{1}{3}+\dfrac{1}{6}=2$ (6의 약수)

$$1+\frac{1}{2}+\frac{1}{4}+\frac{1}{7}+\frac{1}{14}+\frac{1}{28}=2 \qquad (28\text{의 약수})$$

이 성립된다.

2^n-1이 소수이면 n도 소수이다. 더 일반화하면 다음의 정리를 얻을 수 있다.

정리 16.6

$a>0$, $n\ge 2$에 대하여 만일 a^n-1 이 소수이면 $a=2$이고 n는 소수이다.

증명

$$a^n-1=(a-1)(a^{n-1}+a^{n-2}+\cdots+a+1)$$

이다. a^n-1이 소수이면

$$a-1=1 \text{ 또는 } a^{n-1}+a^{n-2}+\cdots+a+1=1$$

이다. 그런데

$$a^{n-1}+a^{n-2}+\cdots+a+1 \ \ge\ a+1>1$$

이므로, $a-1=1$ 즉 $a=2$가 된다.

한편, 만약 n이 합성수이면 $n=rs \quad (r,s>1)$이 된다. 그러면

$$\begin{aligned} a^n-1 &= (a^r)^s-1 \\ &= (a^r-1)(a^{r(s-1)}+a^{r(s-2)}+\cdots+a^r+1) \end{aligned}$$

가 되는데 우변의 각각의 인수들은 명백히 1보다 크다. 그러나 이것은 a^n-1이 소수라는 가정에 모순이므로 n은 소수이어야 한다. ■

그러면 2^n-1은 언제 소수일까? 초기의 많은 학자들은 정리 16.6의 역의 명제 "n이 소수일 때 2^n-1은 항상 소수이다"가 성립한다고 잘못 믿고 있었다. 그러나 1536년에 레지우스(Regius, H)는

$$2^{11}-1=2047=23\cdot 89$$

을 밝힘으로서 n이 소수이더라도 2^n-1 이 소수가 아님을 보였다. 또한 $n=13$일 때 2^n-1이 소수임을 보이고 여기서 5번째 완전수 $2^{12}(2^{13}-1)=33{,}550{,}336$을 얻었다.

예제 16.4

$2^{11}-1=2047$을 인수분해 하여라.

풀이 $\sqrt{2047} \approx 45.2$이므로

$$46^2-2047=69,\ 47^2-2047=162,\ 48^2-2047=257,\ \cdots,\ 56^2-2047=1089=33^2$$

그러므로 $2047=56^2-33^2=89 \cdot 23$이다.

더 큰 완전수를 찾는 어려운 점 중 하나는 소수표가 유용하지 못하다는 것이다. 1603년 카탈디(Cataldi, P)는 5150보다 작은 모든 소수들의 표를 만들었다. 카탈디는 한 수의 제곱을 넘지 않는 모든 소수로 직접 나누는 방법에 의해 $2^{17}-1$ 이 소수임을 알아냈고 여기서 6번째 완전수 $2^{16}(2^{17}-1)=8{,}583{,}869{,}056$을 얻었다.

예제 16.5

$2^{17}-1=131071$이 소수임을 확인하여라.

풀이 $\sqrt{131071} \approx 362.03$이다.

소수 n 에 대하여 2^n-1 형태의 소수들의 개수에 관한 연구도 있었다. 만약 2^n-1 형태의 소수들이 무한히 많이 존재한다면, 짝수인 완전수가 무한히 많이 존재하게 된다. 그러나 이 문제는 풀리지 않은 채 남아있다. 짝수인 완전수에 관한 정리를 알아보자.

정리 16.7

짝수인 완전수 n 의 끝자리 수는 6 또는 8이다. 즉, $n \equiv 6$ 또는 $n \equiv 8 \pmod{10}$이다.

증명 n이 짝수인 완전수라면, 정리 16.3에 의해 2^k-1이 소수이며 $n=2^{k-1}(2^k-1)$로 나타낼 수 있어야한다. 또한 정리 16.6에 의해 지수 k는 소수이다.

만약 $k=2$이면 $n=6$이므로 성립한다.

만약 $k>2$이면 소수 k 는 $4m+1$ 또는 $4m+3$로 표현된다.

① $k=4m+1$이면

$$n = 2^{4m}(2^{4m+1}-1) = 2^{8m+1} - 2^{4m} = 2 \cdot 16^{2m} - 16^{m}$$

이다. 귀납적 방법에 의해 임의의 양의 정수 t에 대하여

$$16^{t} \equiv 6 \pmod{10}$$

임을 얻을 수 있다. 그러므로

$$n \equiv 2 \cdot 6 - 4 \cdot 6 \equiv -12 \equiv 8 \pmod{10}$$

이다.

② $k = 4m+3$이면

$$n = 2^{4m+2}(2^{4m+3}-1) = 2^{8m+5} - 2^{4m+2} = 2 \cdot 16^{2m+1} - 4 \cdot 16^{m}$$

이다. 위와 마찬가지로 $16^{t} \equiv 6 \pmod{10}$이므로

$$n \equiv 2 \cdot 6 - 4 \cdot 6 \equiv -12 \equiv 8 \pmod{10}$$

이다. ■

1811년에 바로우(Barlow, P)는 그의 저서에서 오일러가 1772년에 발견한 19자리의 수인 여덟 번째 완전수 $2^{30}(2^{31}-1)$에 대해서 다음과 같이 썼다. '이 수는 앞으로 발견될 완전수 중에서 가장 큰 완전수이다. 왜냐하면 완전수는 단지 호기심에서 찾은 것일 뿐, 유용하지는 않기 때문에 이것보다 더 큰 완전수를 찾으려고 시도하는 사람이 아무도 없을 것이기 때문이다.' 바로우는 완전수가 단순한 호기심을 채우는 가치밖에 없다고 평가했지만, 호기심에 대한 매력을 너무 과소평가한 것으로 보인다. 그뿐만 아니라 완전수는 여러 가지 흥미로운 성질을 가지고 있는데, 예를 들어 모든 (짝수인) 완전수는 삼각수이다. 이것은 삼각형을 형성하도록 배열된 공의 개수로 이 수를 표현 할 수 있음을 의미한다. (이 수는 적당한 수 n에 대해서 $\frac{n(n+1)}{2}$ 꼴이 된다.) 만약 6 이외의 다른 완전수를 취해서 각 자리의 수를 더하면, 그 결과는 9의 배수보다 1만큼 큰 수가 된다는 또 다른 사실이 있다. 이것과 관련된 것으로 임의의 완전수의 자리수 근(digital root)은 1이라는 사실이 있다. (어떤 수의 자리수 근을 얻기 위해서는 그 수의 모든 자리의 숫자를 더한 다음에 그와 같이 얻어진 수의 모든 자리의 숫자를 다시 더한다. 이와 같이 진행해서 한 자리의 수가 될 때까지 계속한다.) 또 모든 완전수는 연속적인 홀수의 세제곱의 합(정리 6.3)되며, 완전수의 모든 약수들의 역수의 합은 항상 2가 된다(정리 6.4).

바로우의 완전수의 무용론에도 불구하고, '호기심'을 끄는 수를 찾기 위해 많은 노력들이 있었으며, 그러한 계산은 컴퓨터 능력을 측정하는 기준으로서의 지위를 획득했다.

1952년까지 12개의 완전수가 발견되었는데 모두 짝수이다. 홀수 완전수는 그 존재성조차 증명되지 않고 있는 유명한 미해결문제이다. 비록 홀수인 완전수가 존재한다 하더라도, 어느 누구도 현대 슈퍼컴퓨터를 비롯한 컴퓨터의 큰 발달에도 불구하고 홀수 완전수를 찾아내는데 성공하지 못했다. 1961년까지 발견된 5~20번째 완전수들은 다음과 같다.

연번	p	2^p-1은 소수	형태	발견연도	발견자
5	13		$2^{12}(2^{13}-1)$	1456	미상
6	17		$2^{16}(2^{17}-1)$	1588	Cataldi
7	19		$2^{18}(2^{19}-1)$	1588	Cataldi
8	31		$2^{30}(2^{31}-1)$	1772	Euler
9	61		$2^{60}(2^{61}-1)$	1883	Pervushin
10	89		$2^{88}(2^{89}-1)$	1911	Powers
11	107		$2^{106}(2^{107}-1)$	1914	Powers
12	127		$2^{126}(2^{127}-1)$	1876	Lucas
13	521		$2^{520}(2^{521}-1)$	1952	Lehmer
14	607		$2^{606}(2^{607}-1)$	1952	Lehmer
15	1279		$2^{1278}(2^{1279}-1)$	1952	Lehmer
16	2203		$2^{2202}(2^{2203}-1)$	1952	Lehmer
17	2281		$2^{2280}(2^{2281}-1)$	1952	Lehmer
18	3217		$2^{2202}(2^{2203}-1)$	1957	Riesel
19	4253		$2^{4252}(2^{4253}-1)$	1961	Hurwitz
20	4423		$2^{4422}(2^{4423}-1)$	1961	Hurwitz

홀수인 완전수가 존재하는지는 아직 밝혀지지 않았다. 2000년에 P. Weiner는 어떤 정수 n이 $3\sigma(n)=5n$을 만족하면 $5n$은 홀수 완전수가 된다고 증명했다. 그럼에도 불구하고 수학계에서는 홀수인 완전수가 존재하지 않을 지도 모른다는 강한 믿음을 가진 사람들이 많이 있다.

16.2 메르센 수와 메르센 소수 (Mersenne number, Mersenne prime)

정의 16.2

$M_m = 2^m - 1\ (m \geq 1)$ 의 형태의 수를 **메르센 수**라하고, 이것이 소수일 때 메르센 소수라고 부른다.

정리 16.3에서 본 것처럼, 오일러 정리

'n은 짝수인 완전수 $\Leftrightarrow$ $n = 2^{m-1}(2^m - 1)$이며 $2^m - 1$ 은 소수 $(m \geq 2)$'

에 의해, 짝수인 완전수를 찾는 문제는 $2^m - 1$ 형태의 소수를 찾는 문제로 변형되었다. 만약 m이 합성수라면 $2^m - 1$는 합성수이다(정리 16.6). 따라서 $2^m - 1$이 소수가 되기 위해서는 반드시 m은 소수이어야 한다. 즉 $M_m = 2^m - 1$이 소수인 경우를 알 수 만 있으면 짝수인 완전수를 밝혀낼 수 있다는 것이다.

프랑스 수도승인 메르센(Mersenne, M., 1588~1648)은 그의 저서(1644)에서

"$2^n - 1$은 n이 2, 3, 5, 13, 17, 19, 31, 67, 127, 257일 때 소수이고
그 밖에 257보다 작은 모든 소수 n에서 $2^n - 1$은 합성수이다."

라고 했다. 메르센이 저서에 기록하기는 하였으나, 자신이 말한 것을 모두 확인하지는 않았을 것이라고 당시의 다른 수학자들은 확신하고 있었다. 그러나 그들도 역시 확인해 볼 수는 없었다. 결과적으로 메르센이 만든 가설은 옳은 것은 아니었지만 소수성에 대한 관심을 유발시켰다.

오일러(1772)는 M_{31}을 46,339보다 작은 모든 소수들로 나누어봄으로써 M_{31}이 소수임을 보였다. 실제로

$$M_3 = 7,\quad M_5 = 31,\quad M_{13} = 8{,}191,$$
$$M_{17} = 131{,}071,\ M_{19} = 524{,}287,\ M_{31} = 2{,}147{,}483{,}647$$

인데, 페르마의 판정법에 의해 $\sqrt{2{,}147{,}483{,}647} \approx 46340.95$ 이며 46,339보다 작은 소수는 무려 $\dfrac{46339}{\ln 46339} \approx 4{,}313$ 개나 되는 엄청난 작업이었다. 그러나 M_{67}, M_{127}, M_{257}에 대해서는 오일러의 천재적인 기술로도 해결하지 못했다. 1947년이 넘어서 컴퓨터를 사

용하여 M_{55}의 소인수를 찾아냈다.

메르센의 목록은 몇 가지 중요한 오류를 가지고 있다. M_{67}과 M_{257}가 소수라고 했으며 M_{61}, M_{89}, M_{107}을 그가 예측한 소수 목록에서 제외시켰다. 300년 이상이 지나서야 좋은 결과를 볼 수 있었는데, M_n $(n < 257)$인 모든 합성수는 완전히 인수분해 되었다. 가장 어려웠던 인수분해는 M_{251}이었는데, 1984년이 되어서 고성능컴퓨터를 사용하여 32시간 동안 했다.

1876년에 루카스(Lucas)는 M_{67}이 합성수임을 증명하는 역사적인 일을 해냈다. 또한 M_{127} 즉 $2^{127}-1$은 소수임을 증명하였지만, M_{67}의 실제적인 인수분해를 해내지는 못했다. M_{127}은 그 이후 70여 년 동안 가장 큰 소수로 알려졌다. 또한 페르보차인(Pervouchine)은 1883년에 $2^{61}-1$이 소수임을 증명하였고, 1900년대 초에 $2^{89}-1$과 $2^{107}-1$이 합성수임이 증명되었다. 이렇게 메르센 수 중 소수를 찾아내려는 수학자들의 노력으로 1947년까지 $n \le 258$인 메르센 소수를 모두 확인하여 다음과 같이 확정하였다.

$$n = 2, 3, 5, 7, 13, 17, 19, 31, 61, 89, 107, 127$$

1903년 AMS(미국수학회) 학회에서, 콜(Cole, F.N.)은 〈큰 수의 인수분해(On the factorization of Large numbers)〉라는 다소 예측할 수 없는 제목으로 논문발표를 하였다. 그의 차례가 되었을 때, 콜은 아무 말도 하지 않고 칠판으로 걸어 나와서 '$2^{67}-1$'이라고 썼다. 그리고는 칠판의 나머지 흰 쪽 부분에 다음과 같이 썼다.

$$193{,}707{,}721 \times 761{,}838{,}257{,}287$$

이렇게 칠판에 쓰고 난 콜은 한 마디도 하지 않고 다시 들어가 자리에 앉았으며, 그곳의 어느 누구에게도 쓸데없는 질문을 받지 않은 채 역사상 유일하게 청중들의 기립박수를 받았다고 한다. 후에 콜은 M_{67}을 소인수분해하기 위해 20년 동안 매 일요일 오후에 계산을 해 왔었다고 고백했다.

그 후 계속적으로 메르센 소수를 찾기 위한 노력이 이어졌고 1952년부터 컴퓨터의 발달로 인해 수학자들은 계산에서 자유로워졌다. 그 결과 1900년부터 1963년까지 11개의 메르센 소수가 추가적으로 발견되었다. 그 중 1963년에 발견된 23번째 메르센 소수는 일리노이 대학에서 발견하였다. 그들은 메르센 소수를 발견한 것이 너무 자랑스러워 그들의 우편 스탬프를

'$2^{11213}-1$은 소수이다'라고 만들어 그들이 발견한 23번째 소수를 기념하였다.

24번째, 25번째 소수는 두 고등학생에 의해서 발견되었다. 그들은 메르센 수와 관련된 이론을 거의 알지 못했고, 소수를 찾아내는데 루카스의 간단한 테스트 이론과 지방 대학교의 대형 고속 컴퓨터를 이용하였다. 슬로빈스키(Slowinski)는 30번째과 31번째 소수를 찾아냈지만, 그 앞의 29번째 소수는 놓쳐버렸다. 29번째 소수는 Colquitt와 Welsh에 의해 채워졌다. 1994년까지 발견된 메르센 소수를 표로 나타내면 다음과 같다.

연번	p	M_p의 자릿수	발견자	발견 연도	연번	p	M_p의 자릿수	발견자	발견 연도
1	2	1	미상	고대	17	2281	687	R. Robinsom	1952
2	3	1	미상	고대	18	3217	969	H. Riesel	1957
3	5	2	미상	고대	19	4253	1281	A. Hurwitz	1961
4	7	3	미상	고대	20	4423	1332	A. Hurwitz	1961
5	13	4	Regiomontanus	1456	21	9689	2917	D. Gillies	1963
6	17	6	P. Cataldi	1588	22	9941	2993	D. Gillies	1963
7	19	6	P. Cataldi	1588	23	11213	3376	D. Gillies	1963
8	31	10	L. Euler	1772	24	19937	6002	B. Tuckerman	1971
9	61	19	I. Pervushin	1883	25	21701	6533	C. Noll & L.Nickel	1978
10	89	27	R. Powers	1911	26	23209	6897	C. Noll	1979
11	107	33	E. Fauquem-bergue	1913	27	44497	13395	H. Nelson & D. Slowinski	1979
12	127	39	E. Lucas	1876	28	86243	25962	D. Slowinski	1982
13	521	157	R. Robinsom	1952	29	110503	33265	W. Colquitt & L. Welsch	1988
14	607	183	R. Robinsom	1952	30	132049	39751	D. Slowinski	1983
15	1279	386	R. Robinsom	1952	31	216091	65050	D. Slowinski	1985
16	2203	664	R. Robinsom	1952	32	756839	227832	D. Slowinski & P. Gage	1992
					33	859433	258716	D. Slowinski & P. Gage	1994

메르센 수가 소수인지 또는 합성수인지 판별하는 다양한 방법이 있다.

정리 16.8

p 와 $q = 2p+1$가 소수이면 $q \mid M_p$ 또는 $q \mid M_p + 2$이다. 그러나 동시에 성립하지 않는다.

증명 페르마 작은 정리에 의해 $2^{q-1} \equiv 1 \pmod q$이다. $q-1 = 2p$가 짝수이므로,

$$\begin{aligned} 0 &\equiv \left(2^{\frac{q-1}{2}}\right)^2 - 1 \\ &\equiv (2^{(q-1)/2} - 1)(2^{(q-1)/2} + 1) \\ &= (2^p - 1)(2^p + 1) \equiv 0 \pmod q \end{aligned}$$

가 되어,

$$M_p(M_p + 2) \equiv 0 \pmod q$$

이다. 이는 정리 2.1에 의해 $q \mid M_p$ 이거나 $q \mid M_p + 2$이다. ■

예제 16.6

$p = 23$라 하자. 그러면 $q = 2p+1 = 47$이 소수이므로 $M_{23} = 2^{23} - 1$을 생각해 보자.

$$2^{23} = 2^3 \cdot (2^5)^4 \equiv 2^3 \cdot (-15)^4 \pmod{47}$$

이며, $(-15)^4 = (225)^2 \equiv (-10)^2 \equiv 6 \pmod{47}$이므로

$$2^{23} \equiv 2^3 \cdot 6 \equiv 48 \equiv 1 \pmod{47}$$

즉, $47 \mid M_{23}$이다.

그러나 정리 16.8은 M_{29}의 소수성을 테스트하는데 도움이 되지 않는다. 왜냐하면 $59 \nmid M_{29}$이지만, $59 \mid M_{29} + 2$이기 때문이다. $q \mid M_p$ 또는 $q \mid M_p + 2$인 두 가능성에서 'q에서 어떤 조건이 있어야 $q \mid M_p$가 될 수 있을까'라는 질문을 해볼 수 있다. 그 답은 다음 정리에서 발견할 수 있다.

정리 16.9

$q=2n+1$이 소수일 때,

(1) $q \equiv 1 \pmod 8$ 또는 $q \equiv 7 \pmod 8$이면 $q \mid M_n$이다.

(2) $q \equiv 3 \pmod 8$ 또는 $q \equiv 5 \pmod 8$이면 $q \mid M_n+2$이다.

증명 (1)만 증명하도록 하자. $q \mid M_n$은 $2^{(q-1)/2}=2^n=1 \pmod q$과 같다. 즉, 르장드르 기호 $(2/q)=1$이어야 한다.

그런데 정리 'p가 홀수 소수이면 르장드르 기호 $(2/p)$는 1 [$p \equiv 1 \pmod 8$ 또는 $p \equiv 7 \pmod 8$일 때] 또는 -1 [$p \equiv 3 \pmod 8$ 또는 $p \equiv 5 \pmod 8$]이다.'에 의해, q가 홀수 소수이므로 $(2/q)=1$이다. 따라서 $q \mid M_n$이다. ■

정리 16.10

p와 $q=2p+1$가 모두 홀수 소수이면, $p \equiv 3 \pmod 4$이며 $q \mid M_p$이다. 따라서 메르센 수 M_p는 합성수이다.

증명 홀수 소수 p는 $4k+1$ 또는 $4k+3$의 형태를 갖는다.

만약 $p=4k+3$이면, $q=8k+7$이고 정리 16.9에 의하여 $q \mid M_p$이다. 만약 $p=4k+1$이면, $q=8k+3$이고 $q \nmid M_p$이다. 따라서 $p=4k+3 \equiv 3 \pmod 4$이다. ■

p가 $p \equiv 3 \pmod 4$인 소수이며 $q=2p+1$도 소수인 경우의 예로서

$$p=11,\ 23,\ 83,\ 131,\ 179,\ 181,\ 239,\ 251$$

등이 있다. 그러므로 이들 각각의 메르센 수 M_p는 합성수이다.

이제 M_p의 약수에 대한 두 가지 정리를 알아보자.

정리 16.11 $\mathbb{Z}$

만약 p가 홀수 소수이면 M_p은 $2kp+1(k \in \mathbb{Z})$ 형태의 약수를 갖는다.

증명 M_p의 임의의 소수인 약수를 q라고 하자. $q \mid M_p$ 이므로 $2^p \equiv 1 \pmod q$이다. 법 q에 대한 2의 위수를 e라고 하자. 그러면 $2^e \equiv 1 \pmod q$이다. 정리 '법 n에 대해여 a의 위수가 u라면, $a^r \equiv 1 \pmod n \Leftrightarrow u \mid r$이다.'에 의해 $e \mid p$이다. p가 소수이므로 $e=1$

이거나 $e=p$이다.

만약 $e=1$이라면 $2^1 \equiv 1 (\bmod q)$로부터 $q \mid 1$ 이 되어 모순이 된다. 따라서 $e=p$이다. 한편 페르마 정리에 의해 $2^{q-1} \equiv 1 \ (\bmod\ q)$이므로 $e \mid q-1$, 즉 $p \mid q-1$이다. $q-1=tp\ (t \in \mathbb{Z})$라 하면 $q=tp+1$이다. 여기서 t가 홀수이면 q가 짝수가 되어 가정에 모순이다. 그러므로 t는 짝수, 즉 $q=2kp+1\ (k \in \mathbb{Z})$이다. ■

더 나아가 M_p 의 가능한 약수를 체로 걸러 다음과 결과를 얻을 수 있다.

정리 16.12

만약 p가 홀수인 소수이면 M_p의 임의의 소인수 q는 $q \equiv \pm 1 (\bmod 8)$의 형태로 표현된다.

증명 q는 M_p의 소인수라고 하면 $2^p \equiv 1\ (\bmod\ q)$이다. 정리 16.11에 의하여 q는 임의의 k에 대하여 $q=2kp+1$의 형태이다. 르장드르 값 $(2/q)=1$이면

$$(2/q) \equiv 2^{(q-1)/2} \equiv 1\ (\bmod\ q)$$

이다. 그러므로 $q \equiv \pm 1\ (\bmod\ 8)$이다. ■

예제 16.7

M_{17} 이 소수임을 보여라.

풀이 $362 < \sqrt{M_{17}}$ 이므로, 정리 6.11에 의해 $34k+1$의 형태를 만족하는 정수

$$35,\ 69,\ 103,\ 137,\ 171,\ 205,\ 239,\ 273,\ 307,\ 341$$

을 생각해 보자. M_{17}의 가장 작은 약수(≥ 1)는 반드시 소수여야 하므로 위의 10개 수 중 소수인 103, 137, 239, 307을 살펴보자. 그런데 $307 \not\equiv 1 (\bmod 8)$이므로 정리 16.12에 의해 307은 제외된다. 또한 계산을 하면 103, 137 그리고 239는 M_{17}을 나누지 못함을 알 수 있어서, M_{17} 은 소수이다.

앞서 언급한 것처럼 수론의 유명한 문제 중 하나는 홀수 완전수의 존재성에 대한 주제이다. 지금까지 홀수 완전수는 발견되지 않았지만 그것의 존재성에 관한 이론 중 가장 오래된 것은 오일러의 이론이다. 오일러는 n이 홀수 완전수이면

$$n = p^{\alpha} q^{2\beta_1} q^{2\beta_2} \cdots q^{2\beta_r}$$

이며 이 때 p_1, $q_1, q_2, \cdots, q_r$은 서로 다른 소수이고 $p \equiv \alpha \equiv 1 (\mathrm{mod} 4)$임을 보였다.

1937년에 Steuerwald는 모든 β_i가 동시에 1이 될 수 없음을 보였다. 다시 말해서 만일 모든 $\beta_i = 1$이어서 $n = p^{\alpha} q_1^2 q_2^2 \cdots q_r^2$ 이 홀수이고 $p \equiv \alpha \equiv 1 (\mathrm{mod} 4)$ 이면 n은 완전수가 아니라는 것이다. 1941년에 Kanold는 모든 β_i 가 2 역시 될 수 없으며, 어떤 하나의 β_j가 2일 때 나머지 모든 $\beta_i = 1$인 경우도 성립하지 않음을 밝혔다. 그 후 Hagis와 McDaniel (1972)는 $\beta_i = 3$ (모든 i)이 불가능함을 증명했다.

위 내용들을 정리로 나타내면 다음과 같다.

정리 16.13

만약 n이 홀수 완전수이면 $n = p_1^{k_1} p_2^{2j_2} \cdots p_r^{2j_r}$이다. 이때 p_i 는 서로 다른 소수이고 $p_1 = k_1 \equiv 1 (\mathrm{mod}\ 4)$이다.

그러므로 임의의 홀수 완전수 n 은 다음과 같이 나타낼 수 있다.

$$n = p_1^{k_1} p_2^{2j_2} \cdots p_r^{2j_r} = p_1^{k_1} (p_2^{j_2} \cdots p_r^{j_r})^2 = p_1^{k_1} m^2$$

이에 따라 다음과 같은 정리를 얻을 수 있다.

정리 16.14

만약 n이 홀수 완전수이면 $n = p^k m^2$이다. 이때 p는 소수이고, $p \nmid m$이며 $p \equiv k \equiv 1 (\mathrm{mod}\ 4)$이다. 특히 $n \equiv 1 (\mathrm{mod}\ 4)$이다.

1989년에, 컴퓨터를 사용하여 메르센 소수 $M_p (100{,}000 < p < 139{,}268)$를 찾아서 결국 31번째 메르센 소수 $M_{110{,}503}$를 찾았다.

예제 16.8

(1) 처음 5개 메르센 소수와 완전수를 표시한 다음의 표를 완성해라.

	메르센 소수			완전수
$1+2^1$	3	2^2-1	$2^1(2^2-1)$	6
$1+2^1+2^2$	7		$2^2(2^3-1)$	28
$1+2^1+2^2+2^3+2^4$	31			496
$1+2^1+2^2+\cdots+2^5+2^6$	127			
$1+2^1+2^2+\cdots+2^{11}+2^{12}$	8191			

(2) 메르센 당시에는 몇 개의 메르센 수가 알려져 있었는가?

(3) 계산기를 사용하지 말고 $M_{14}=2^{14}-1$는 인수분해됨을 보여라. 또한 $M_{26}=2^{26}-1$에 대해서도 해 보아라. (참고 $M_{11}=2^{11}-1=2047=23\cdot 89$이다.)

(4) 계산기를 사용하지 말고 $M_{15}=2^{15}-1$이 인수분해됨을 보여라. 또한 $M_{21}=2^{21}-1$에 대해서도 해 보아라.

(5) $n>2$인 짝수이면 2^n-1은 합성수임을 증명하여라.

(6) n이 합성수이면 2^n-1도 합성수임을 증명하여라.

연습문제

1. 짝수인 완전수를 5개 이상 찾아라.

2. 짝수인 완전수 $n=2^{k-1}(2^k-1)$ 에 대해 다음을 증명하여라.

(a) $n=1+2+\cdots+(2^k-1)$

(b) $\phi(n)=n-2^{2k-2}$

(c) $2^k \mid \phi(n^2)+1$

3. 완전수에 대해 다음을 보여라.

(a) n이 완전수이면 $\sum_{d\mid n}\frac{1}{d}=2$이다.

(b) 짝수인 완전수의 일의 자릿수는 항상 6 또는 8이다.

(c) 소수 p에 대하여 p^k는 완전수가 될 수 없다.

4. 메르센 소수 M_k에 대해 다음을 보여라

(a) 정수 n이 서로 다른 메르센 소수의 곱이면 $\sigma(n) = 2^k$ 형태이다.

(b) 임의의 메르센 소수 M_p에 대해 $N_p = M_p\, 2^{p-1} = (2^p - 1)2^{p-1}$은 완전수이다.

(c) 메르센 수 $M_n = 2^n - 1$이 소수이면 n도 소수이다.

(d) 양의 정수 m, n이 $m \mid n$이면 $M_m \mid M_n$이다.

(e) $\gcd(M_m, M_n) = M_{\gcd(m,n)}$, 즉 $\gcd(2^m - 1, 2^n - 1) = 2^{\gcd(m,n)} - 1$이다.

16.3 Maple 패키지에서 완전수 찾기(Maple for perfect number)

유클리드 공식 $2^{n-1}(2^n - 1)$에 대입해보면 그 큰 수를 일일이 언급하기는 어렵지만 그 자리수를 계산해 보면 다음과 같다.

$n = 521$일 때 $2^{520}(2^{521} - 1)$는 314 자리수이다.

$n = 607$일 때 $2^{606}(2^{607} - 1)$는 366 자리수이다.

$n = 1279$일 때 $2^{1278}(2^{1279} - 1)$는 770 자리수이다.

$n = 2203$일 때 $2^{2202}(2^{2203} - 1)$는 1327 자리수이다.

$n = 2281$일 때 $2^{2280}(2^{2281} - 1)$는 1373 자리수이다.

예를 들어서 $2^{520}(2^{521} - 1)$을 메이플 패키지를 사용하여 계산해보면,

```
> with(numtheory):
> length(2^520 * (2^521 - 1));                314
```

즉, $2^{520}(2^{521} - 1)$은 314 자리수나 된다는 것을 뜻하며, 명령어 divisors를 이용하여 그 약수들을 알아보면,

```
> divisors(2^520 * (2^521 - 1));
```

{1, 2, 4, 8, 16, 32, 64, 128, 256, 512, 1024, 2048, 4096, 8192, 16384, 32768, 65536, 131072, 604462909807314587353088, 262144, 18889465931478580854784, 549755813888, 274877906944, 9444732965739290427392, 302231454903657293676544, … 중략 … 921377545122446619199598286374089084696513969828232526459034741270904336521520715841339532514076847544303802497745079321233052888165232576308943909041185557397372928, 3685510180489786476798393145496356338786055879312930105836138965083617346086082863365358130056307390177215209990936164742229589491712, 16777216, 33554432, 67108864, 134217728, 268435456, 536870912}

위와 같은 어마어마한 결과를 보게 되는데, tau를 사용하여 약수이 개수를 계산하면

```
> tau(2^520 * (2^521 -1));                    1042
```

로서 $2^{520}(2^{521}-1)$의 약수가 모두 1042개인 것을 알 수 있다. $2^{520}(2^{521}-1)$이 완전수인지 아닌지를 확인하기위해 1042개나 되는 약수를 모두 더해볼 수는 없다. 그러나 σ를 사용하여 쉽게 계산할 수 있다.

$$\sigma(2^{520}(2^{521}-1))-2^{520}(2^{521}-1)=2^{520}(2^{521}-1)$$

즉,

$$\sigma(2^{520}(2^{521}-1))-2\cdot 2^{520}(2^{521}-1)=0$$

이 성립하는지 Maple 프로그램에서 확인할 수 있다.

```
> sigma(2^520 * (2^521 -1)) - 2*(2^520 * (2^521 -1)) );      0
```

이므로 $2^{520}(2^{521}-1)$은 완전수이다.

이와 같이 Maple 프로그램을 사용하여 $2^{520}(2^{521}-1)$이 완전수임을 확인할 수 있다. 실제로 큰 수로 효과적으로 처리하기 위해서는 더 이상 사람의 손에 의존하는 것은 좋은 방법이 아니며, Mathmatica나 Maple 등의 수학 연산 패키지를 사용하게 된다.

16.4 완전수의 여러 변형들(Some perfect numbers)

완전수가 갖는 흥미로운 성질 하나를 먼저 보자.

예제 16.9

완전수들 6, 28, 496 그리고 8128을 이진법으로 표현하여라.

풀이 $6 = 110_2$, $28 = 11100_2$, $496 = 111110000_2$, $8128 = 1111111000000_2$

위의 관찰로부터 다음의 정리를 추측할 수 있을까?

정리 16.15

$N = 2^{n-1}(2^n - 1)$이 완전수일 때 N을 이진법으로 표현하면

(1) 이진법 $2n-1$ 자릿수로 표현된다.

(2) 처음 n개 자릿수는 모두 1이고 나머지 $n-1$ 자릿수는 모두 0이다.

증명 $2^p - 1 = 1 + 2 + \cdots + 2^{p-1}$ 이므로 당연하다. ■

니코마코스 (100년 경)는 저서 《산술입문》에서 모든 정수를 완전수, 과잉수, 부족수의 세 부류로 나누었다. 자기 자신을 제외한 약수를 모두 더한 값이 자신과 같아지는 완전수와 비교하여 과잉수와 부족수를 다음과 같이 정의하였다.

정의 16.3 과잉수와 부족수

자기 자신을 제외한 약수를 모두 더한 값이 자신보다 클 때 그 수를 **과잉수**(abundant number)라고 부른다. 한편 자기 자신을 제외한 약수를 모두 더한 값이 자신보다 작을 때 그 수를 **부족수**(deficient number)라고 부른다.

$\sigma(n) = 2n$이면 n은 완전수	$\sigma(n) > 2n$이면 n은 과잉수	$\sigma(n) < 2n$이면 n은 부족수

예제 16.10

12는 과잉수이다. 8은 부족수이다.

풀이 $12 = 2^2 \cdot 3$이므로 $1+2+3+4+6=16>12$이므로 과잉수이다. 마찬가지로 $1+2+4=7<8$이므로 8은 부족수이다.

예제 16.11

처음 몇 개의 과잉수를 찾아라.

풀이 12, 18, 20, 24, 30, 36, 40, 42, 48, 54, 56, 60, 66, 70, 72, 78, 80, 84, 88, 90, 96, 100, 102,

예제 16.12

처음 몇 개의 부족수를 찾아라.

풀이 1, 2, 3, 4, 5, 7, 8, 9, 10, 11, 13, 14, 15, 16, 17,19, 21, 22, 23, 25, 26, 27, ⋯

$n=12$이면 $\dfrac{\sigma(n)}{n}=\dfrac{28}{12}=\dfrac{7}{3}$이며 12까지의 값 중에서 가장 높은 값이다. $\dfrac{\sigma(n)}{n}$의 값을 몇 개 찾아보면 다음과 같다.

n	1	2	6	12	24	36	48	60	
$\dfrac{\sigma(n)}{n}$	12	$\dfrac{3}{2}$	2	$\dfrac{7}{3}$	$\dfrac{5}{2}$	$\dfrac{91}{36}$	$\dfrac{31}{12}$	$\dfrac{14}{2}$	

정리 16.16

2의 거듭제곱은 모두 부족수이다. 소수 $p>2$의 거듭제곱도 모두 부족수이다.

증명 2^n의 진부분 인수들은 $1, 2, 4, 8, \cdots, 2^{n-1}$이다. 그러므로

$$1+2+4+8+\cdots+2^{n-1}=2^n-1<2^n$$

이다. ■

정리 16.17 과잉수의 성질

(1) 작은 소인수가 여러 개 일 때 그 수는 과잉수일 가능성이 높다.

(2) 대다수의 과잉수는 짝수이다.

(3) 최소의 홀수 과잉수는 $945 = 3^3(5)(7)$이다. 10,000보다 작은 홀수 과잉수는 23개뿐이다.

(4) 완전수의 진 배수(proper multiple)와 과잉수의 배수는 모두 과잉수이다. 그러므로 과잉수는 무한히 많다.

정리 16.18 부족수의 성질

(1) 하나 또는 두 개의 서로 다른 소인수를 갖는 홀수는 모두 부족수이다.

(2) 완전수의 진 약수(proper divisor)와 부족수의 진 약수들은 모두 부족수이다. 그러므로 부족수는 무한히 많다.

정의 16.4

다중 완전수(multiperfect number)란 $\sigma(n) = kn\ (k \in \mathbb{N})$을 만족하는 수이다. 이러한 n을 $n = P_{(k)}$로 표시하고 k중 완전수라고 부른다. 그러므로 $k = 2$인 경우, 즉 이중 완전수가 바로 완전수이다.

예제 16.13

가장 작은 3중 완전수는 $P_{(3)1} = 120$이다.

풀이 $120 = 2^3(3)(5)$이므로 $\sigma(n) = 3n$을 만족한다.

페르마는 두 번째 3중 완전수 $P_{(3)2} = 672$를 찾아냈다. $672 = 2^5(3)(7)$이므로 $\sigma(672) = 2016 = 3 \cdot 672$가 된다. 세 번째 3중 완전수 $P_{(3)3} = 523776$은 1638년에 쥐모(Jumeau, A)에 의해 발견되었다. 실제로 $523776 = 2^9(3)(11)(31)$이다. 데카르트는 $1476304896 = 2^{13}(3)(11)(31)$도 3중 완전수 $P_{(3)}$이라고 발표했다. 또한 여섯 개의 4중 완전수를 밝혔다.

$$P_{(4)1} = 30240 = 2^5\,3^3\,(5)(7)$$
$$P_{(4)2} = 32760 = 2^3\,3^2\,(5)(7)(13)$$
$$P_{(4)3} = 23569920 = 2^9\,3^3\,(5)(11)(31)$$
$$P_{(4)4} = 142990848 = 2^9\,3^2\,(7)(11)(13)(31)$$

$$P_{(4)5} = 64433720320 = 2^{13}\, 3^3\, (5)(11)(43)(127)$$
$$P_{(4)6} = 403031236608 = 2^{13}\, 3^2\, (7)(11)(13)(43)(127)$$

5중 완전수로서 다음이 있다.

$$P_{(5)1} = 14182439040 = 2^7\, 3^4\, (5)(7)(11^3)(17)(19)$$

k	k중 완전수 $P_{(k)}$ 표
2	6, 28, 496, 8128, 33550336, 8589869056, 137438691328, 2305843008139952128, ⋯
3	120, 672, 523776, 459818240, 1476304896, 51001180160, ⋯
4	30240,32760,2178540,23569920,45532800,142990848,1379454720,43861478400, ⋯
5	14182439040,31998395520,518666803200,13661860101120,30823866178560,740344994887680,⋯
6	154345556085770649600,9186050031556349952000,680489641226538823680000, ⋯
7	141310897947438348259849402738485523264343544818565120000, ⋯

완전수에 관련하여 1965년에 시에르핀스키(Sierpinski, W., 1882~1969)는 **유사완전수**(Pseudoperfect number) 라는 개념을 정의했다.

정의 16.5

주어진 정수의 약수들 중에서 자기 자신을 제외한 일부분을 더한 값이 자신과 같아지는 수를 **유사 완전수**라고 한다.

예제 16.14

12와 20은 유사 완전수이다.

풀이 $12 = 2 + 4 + 6$이다. 또한 $20 = 10 + 5 + 4 + 1$이다.

식 $12 = 2 + 4 + 6$과 $20 = 10 + 5 + 4 + 1$ 에서 양변을 각각 12와 20으로 나누면

$$1 = \frac{1}{6} + \frac{1}{3} + \frac{1}{2} \text{과 } 1 = \frac{1}{2} + \frac{1}{4} + \frac{1}{5} + \frac{1}{20}$$

이 된다. 그러므로 $1 = \frac{1}{a} + \frac{1}{b} + \frac{1}{c} + \cdots$ 로 표시되는 식으로부터 유사 완전수를 얻을 수 있

다. 실제로

$$1 = \frac{1}{3} + \frac{1}{5} + \frac{1}{7} + \frac{1}{9} + \frac{1}{15} + \frac{1}{21} + \frac{1}{27} + \frac{1}{35} + \frac{1}{63} + \frac{1}{105} + \frac{1}{135}$$

로부터

$$315 + 189 + 135 + 105 + 63 + 45 + 35 + 27 + 15 + 9 + 7 = 945$$

라는 유사 완전수가 나온다.

예제 16.15

처음 몇 개의 유사 완전수를 찾아라.

풀이 6, 12, 18, 20, 24, 28, 30, 36, 40, ⋯

정리 16.19 유사 완전수에 대한 몇 가지 성질

(1) 유사 완전수의 배수는 유사 완전수이다.

(2) 유사 완전수는 부족수가 될 수 없다.

Chapter 17

Interesting numbers II

흥미로운 수 II

$2^m - 1$ 형태의 수가 메르센 수이며, 특별히 $2^m - 1$이 소수일 때 메르센 소수라 부르면서 완전수에 중요한 역할을 하는 것을 보았다. 한편 메르센 수와 그 형태가 비슷한 $2^m + 1$도 아주 흥미로운 성질을 가지고 있다.

17.1 페르마 수(Fermat number)

정리 17.1

만약 $2^m + 1$ 이 소수이면, $m = 2^n \ (n > 0)$ 이다.

증명 만일 $m = 2^n$의 형태가 아니라고 가정하자. 그러면 m은 어떤 홀수 $2k+1 > 1$ 를 인수로 갖는다. 그러므로 $m = (2k+1)r$ 인 정수 r이 존재하여,

$$\begin{aligned} 2^m + 1 &= 2^{(2k+1)r} + 1 = (2^r)^{2k+1} + 1 \\ &= (2^r + 1)(2^{2kr} - 2^{(2k-1)r} + \cdots + 2^{2r} - 2^r + 1) \end{aligned}$$

로 인수분해 된다[4]. 이것은 $2^m + 1$ 이 소수라는 사실에 모순이며, 따라서 $m = 2^n$ 인 형태이다. ■

참고 $2^m - 1$이 소수이면 m은 소수이다.

$2^m + 1$이 소수이면 $m = 2^n$인 형태이다.

그러므로 $2^m + 1$ 의 형태 중에서, $2^{2^n} + 1 \ (n \geq 0)$인 형태의 정수들에 관심을 갖게 되는데, 이것을 페르마 수라고 부른다.

4) a가 홀수일 때, $x^a + 1 = (x+1)(x^{a-1} + x^{a-2} + \cdots + x + 1)$로 인수분해 된다.

정의 17.1

$F_n = 2^{2^n} + 1 \ (n \geq 0)$ 형태의 정수를 **페르마 수**라고 하며, 특별히 F_n 이 소수일 때 F_n을 페르마 소수라 한다.

1640년에 페르마는 $n = 0, 1, 2, 3, 4$일 때

페르마 수		
$F_0 = 2^1 + 1$	3	소수
$F_1 = 2^2 + 1$	5	소수
$F_2 = 2^4 + 1$	17	소수
$F_3 = 2^8 + 1$	257	소수
$F_4 = 2^{16} + 1$	65,537	소수

가 소수임을 쉽게 확인할 수 있었다. 그 후 이러한 형태의 수는 모두 소수일 것이라고 예측했지만, 바로 그 다음 단계의 값

$$F_5 = 2^{2^5} + 1 = 4,294,967,297$$

에서 벌써 큰 어려움에 봉착했는데, 이 수는 이미 40억 이상의 값이 되어 버렸기 때문이다. 페르마는 F_5의 약수를 찾으려고 무진 애를 썼지만 발견할 수 없었다. 그리고 메르센과의 서신을 통해 'F_5는 소수이다. 그리고 F_5 보다 큰 모든 $F_n = 2^{2^n} + 1$은 항상 소수가 된다.'고 자신 있게 피력했다.

그로부터 100년이 지난 1747년에 오일러는 페르마의 주장을 면밀히 검토하면서 F_5의 약수를 실제로 찾는 작업을 시작했다. 우선 F_n의 약수가 있다면 그것은 어떤 형태인지를 조사하였다.

정리 17.2 오일러

$F_n = 2^{2^n} + 1$의 모든 인수들은 $(2^{n+1}\ k) + 1 \ (k \in \mathbb{Z})$의 형태를 갖는다.

F_5의 약수가 있다면 $(2^{5+1}k) + 1 = 64k + 1$ 형태이어야 하므로 가능성이 있는 수로서

$$65,\ 129,\ 193,\ \cdots,\ 577,\ 641,\ \cdots$$

등이 있다. 오일러는 이것을 순차적으로 시험해 본 후 마침내 641로 F_5가 나누어떨어짐을

발견하였다. 이로서 페르마의 주장이 틀렸음이 드러났다. 컴퓨터가 발달한 오늘날에는 F_5 는 그다지 큰 수라고 느껴지지 않는다. 그러나 계산이 용이하지 않았던 페르마 시대에는 F_5 의 소수성을 조사하는 것이 어려웠기 때문에 페르마 스스로 분명히 밝히지 못했다. 현재에는 수학프로그램들이 많이 발달되었고, 그 중 Maple 프로그램을 사용하여 (명령어. > ifactor) F_5를 인수분해하면

$$F_5 = 2^{2^5} + 1 = 4,294,967,297 = 641 \cdot 6,700,417$$

임을 쉽게 알 수 있다. 계산의 어려움이 있음에도 불구하고 페르마 소수를 찾으려는 노력은 계속되었다.

루카스는 F_6이 합성수임을 밝혔지만 그 인수들은 찾아내지 못했다. F_6의 인수는 1880년 Landry가 $F_6 = 274177 \cdot 67280421310721$이 됨을 발견하고 두 인수 모두 소수임을 밝혀냈다. 1905년 Morehead와 Western은 독립적으로 F_7이 합성수임을 증명하였고 66년 후 1971년 Brillhart와 Morrison은 컴퓨터를 이용하여 F_7을 인수분해하는데 성공하였다.

$$F_7 = 2^{128} + 1 = (59,649,589,127,497,217) \cdot (5,704,689,200,685,129,054,721)$$

1909년 F_8 도 합성수라는 것은 밝혀냈지만 인수가 너무 커 인수분해는 하지 못하였다. F_{14} 역시 합성수라는 것은 밝혀졌지만 그 인수는 찾아내지 못했다.

페르마 소수가 무한히 많이 존재하는지, 또한 $F_0 \sim F_4$ 까지의 페르마 소수 이외의 다른 소수가 존재하는지 알려지지 않았다. 1640년에 페르마가 예상하고 나서부터 페르마 수중에서 F_4부터 다음의 소수는 아직 발견되어 있지 않다. 다만 현재 가장 유력한 추측은 F_4를 넘는 수들은 합성수가 될 것이라는 것이다.

	페르마 수의 인수분해
$F_5 = 2^{32}+1$	$4,294,967,297 = 641 \times 6,700,417$
$F_6 = 2^{64}+1$	$18,446,744,073,709,551,617 = 274,177 \times 67,280,421,310,721$
$F_7 = 2^{128}+1$	$340,282,366,920,938,463,463,374,607,431,768,211,457$ $= 59,649,589,127,497,217 \times 5,704,689,200,685,129,054,721$
$F_8 = 2^{256}+1$	$115,792,089,237,316,195,423,570,985,008,687,907,853,269,984,665,640,564,039,457,584,007,913,129,639,937$ $= 1,238,926,361,552,897 \times 93,461,639,715,357,977,769,163,558,199,606,896,584,051,237,541,638,188,580,$ $280, 321$

2012년 2월까지, 단지 F_0부터 F_{11}까지의 페르마 수가 완전히 인수분해 되었다.

F_n	자릿수	인수 개수	인수 자릿수	관련 수학자와 연도
5	10	2	3, 7	Euler(1732)
6	20	2	6, 14	Landry(1880)
7	39	2	17, 22	Morrison과 Brillhart(1975)
8	78	2	16, 62	Brent와 Pollard(1981)
9	155	3	7, 49, 99	Manasse와 Lenstra(Cipra, B., 1993)
10	309	4	8, 10, 40, 252	Brent(1995)
11	617	5	6, 6, 21, 22, 564	Brent(1988)

F_5의 인수분해는 다음과 같이 할 수도 있다.

정리 17.3

페르마 수 F_5 는 641에 의해 나누어진다.

증명 $a = 2^7$, $b = 5$라 하면 $1 + ab = 1 + 2^7 \cdot 5 = 641$이다. 그러므로

$$1 + ab - b^4 = 1 + (a - b^3)b = 1 + 3b = 2^4$$

이 된다. 따라서

$$\begin{aligned} F_5 = 2^{2^5} + 1 &= 2^{32} + 1 \\ &= 2^4 a^4 + 1 \\ &= (1 + ab - b^4)a^4 + 1 \\ &= (1 + ab)a^4 + (1 - a^4 b^4) \\ &= (1 + ab)[a^4 + (1 - ab)(1 + a^2 b^2)] \\ &= 641 \cdot (2^{28} - 641^3 + 4 \cdot 641^2 - 6 \cdot 641 + 4) \end{aligned}$$

이므로, $641 \mid F_5$이다. ■

페르마 수는 다음과 같은 성질을 지닌다.

정리 17.4

(1) $n \geq 1$에 대하여 $F_n - 1 = (F_{n-1} - 1)^2$이다.

(2) $n \geq 1$에 대하여 $F_n - 2 = F_0 F_1 \cdots F_{n-1}$이다.

증명 (1) 페르마 수의 정의 $F_n = 2^{2^n} + 1$ 에 의하여

$$F_n - 1 = (2^{2^n} + 1) - 1 = 2^{2^n} = \left(2^{2^{(n-1)}}\right)^2 = (F_{n-1} - 1)^2 \quad (n \geq 1)$$

이다.

(2) $n \geq 1$에 대하여

$$F_n - 2 = (F_n - 1) - 1 = (F_{n-1} - 1)^2 - 1 = F_{n-1}(F_{n-1} - 2)$$

이므로, 다음이 성립한다.

$$\begin{aligned} F_n - 2 &= F_{n-1}(F_{n-1} - 2) \\ &= F_{n-1} F_{n-2}(F_{n-2} - 2) \\ &\vdots \\ &= F_{n-1} F_{n-2} \cdots F_1 (F_1 - 2) \end{aligned}$$

이다. 그런데 $F_0 = 2^{2^0} + 1 = 2 + 1 = 3$이므로 $F_0 - 2 = 1$이 되어, 윗 식으로부터

$$F_n - 2 = F_0 F_1 \cdots F_{n-1}$$

가 된다. ■

참고 (2)는 다음과 같이 증명할 수 있다.

$$\begin{aligned} F_n - 2 &= (2^{2^n} + 1) - 2 = 2^{2^n} - 1 \\ &= (2^{2^{n-1}})^2 - 1 = (2^{2^{n-1}} + 1)(2^{2^{n-1}} - 1) = F_{n-1}(F_{n-1} - 2) \end{aligned}$$

페르마 수의 유용한 성질 중 하나는 각각 수가 서로소라는 것이다.

정리 17.5

모든 $m > n \geq 0$에 대해 페르마 수 F_n과 F_m은 서로소이다. 즉 $\gcd(F_m, F_n) = 1$이다.

증명 $F_0 = 3$이다. 모든 $m > n \geq 0$ 에 대해

$$F_m = 2^{2^m} + 1 = (-1)^{2^m} + 1 \equiv 2 (\text{mod} 3)$$

이므로 $\gcd(F_m, F_0) = 1$이다. 이제 $m > n > 0$ 일 때 $d = \gcd(F_m, F_n)$ 라 하자. 페르마 수는 홀수인 정수이므로 d 도 홀수이다. 정리 17.4에 의해 $F_n \mid (F_m - 2)$인데, $d \mid F_n$ 이므로 $d \mid (F_m - 2)$이다. 따라서 $d \mid 2$이다. 그런데 d는 홀수이므로 $d = 1$이다. ■

기원전 300년 경에 유클리드는 소수가 무한히 많이 존재한다는 사실을 귀류법으로 증명했다. 골드바흐(Goldbach, C)는 1730년에 오일러에게 보낸 편지에서 페르마 수를 사용하여 소수의 무한성을 증명했다.

정리 17.6

소수는 무한히 많이 존재한다.

증명 임의의 모든 정수 n과 m에 대해 페르마 수

$$F_n = 2^{2^n} + 1 \text{ 과 } F_m = 2^{2^m} + 1$$

을 생각하자. 정리 17.5에 의해 $\gcd(F_m, F_n) = 1$이므로, F_n을 나누는 소수와 F_m을 나누는 소수 중에는 서로 일치하는 것이 하나도 없다. 다시 말해서 서로 다른 페르마 수는 서로 다른 소인수들을 갖는다. 그런데 페르마 수를 무한히 많이 만들 수 있기 때문에 페르마 수를 나누는 소수들도 무한히 많이 존재한다. 따라서 소수는 무한히 많다. ■

1877년에 페펭(Pepin, P.)은 F_n의 소수성을 알 수 있는 실질적인 방법을 고안했다.

정리 17.7

$n \geq 1$에 대하여 페르마 수 $2^{2n} + 1$ 이 소수이면 $3^{(F_n - 1)/2} \equiv -1 \ (\text{mod } F_n)$이다. 또한 역도 성립한다.

증명 증명은 생략한다. ■

예제 17.1

정리 17.7를 이용하여 $F_3 = 257$의 소수성을 판정하여라.

풀이 법 257에 대하여

$$\begin{aligned} 3^{(F_n - 1)/2} &\equiv 3^{128} \equiv 3^3(3^5)^{25} \equiv 27(-14)^{25} \\ &\equiv 27 \cdot 14^{24}(-14) \equiv 27(-17)(-14) \\ &\equiv 27 \cdot 19 = 513 = -1 \pmod{257} \end{aligned}$$

이다. 그러므로 F_3은 소수이다.

오일러가 F_n의 모든 인수들은 $2^{n+1}k+1$의 형태를 가진다고 주장한 후 다시 약 100년 후에 루카스는 k가 홀수임을 보이면서 오일러의 결과를 발전시켰다.

정리 17.8

페르마 수 $F_n = 2^{2^n}+1$ $(n \geq 2)$의 임의의 인수는 $p = 2^{n+2}k+1$ $(k \in \mathbb{Z})$의 형태이다.

1960년에 '모든 $n \geq 1$에 대하여 $2^n k+1$이 합성수가 되는 홀수 k가 무한히 존재한다.'고 증명되었다. 이런 k의 최솟값을 결정하는 문제는 아직까지 풀리지 않고 있다. 다만 $k = 78557$이 지금까지 알려진 값 중 최솟값이다.

연습문제

1. 페르마 소수 $F_n = 2^{2^n}+1$ $(n \geq 0)$ 일 때, 다음을 보여라.

   (a) $F_n - 1 = (F_{n-1} - 1)^2$ $(n \geq 1)$

   (b) $F_n - 2 = F_{n-1}F_{n-2} \cdots F_1F_0$ $(n \geq 1)$

   (c) $\gcd(F_m, F_n) = 1$ $(n > m)$이다.

2. 처음 5개의 페르마 수를 계산하라.

3. 페르마 수 F_n과 F_k $(n > k \geq 0)$에 대해 $F_n(\mathrm{mod} F_k)$를 계산하여라.

4. 임의의 $n \geq 2$에 대해 $F_{n-1}^2 - 2(F_{n-2} - 1)^2$을 페르마 수로 간단히 표현하여라.

5. 모든 $m < 2^n - 1$에 대해 $2^{F_n} - 2(\mathrm{mod} F_m)$을 계산하여라.

17.2 페르마 수와 작도 가능 다각형 (Fermat number and constructible polygon)

작도 가능 문제(constructible)라는 것은 눈금 없는 자와 컴퍼스만으로 어떤 도형을 작도를 할 수 있는가를 물어보는 것이다. 고대 그리스 시대 이후로 자와 컴퍼스만으로 작도할 수 있는 다각형이 무엇인가를 질문해 왔다. 임의의 각을 삼등분할 수 있는가? 정육면체의 부피의 두 배를 갖는 정육면체를 만들 수 있는가? 원을 그것과 같은 넓이의 정사각형으로 바꿀 수 있는가?와 같은 문제들이 있었는데, 이런 도형들은 작도 불가능한 것으로 이미 잘 알려져 있다.

정다각형들 중에 어떤 것은 자와 컴퍼스만으로 쉽게 작도할 수 있지만, 어떤 것은 그렇지 못하다. 그리스 사람들은 원의 직각으로 교차하는 2개의 지름 사이의 각을 2등분하여 이 원에 내접하는 정사각형을 작도하고 이 각을 거듭 2등분하여 정 8각형을 작도하였다. 이 방법을 계속해 가면 변의 수가 2의 거듭제곱인 정다각형은 모두 작도할 수 있다. 그들은 또 먼저 정 6각형과 정 10각형을 작도하고 나서 그것들을 조합시킨다는 매우 번거롭게 돌아가야 하는 방법으로 정 3각형과 정 5각형도 작도했다. 이들 여러 가지 정다각형을 조합하면 많은 도형을 작도할 수 있다.

이러한 까닭으로 변의 수가 소수인 정다각형의 작도 문제가 남게 되었다. 그리스인은 소수 2, 3, 그리고 5까지를 변의 개수로 하는 정다각형을 잘 만들 수 있었으나, 정 7각형을 작도할 수 없었다. 다시 말해서 자와 컴퍼스 만이라는 전통적인 방법으로 그릴 수 없는 최초의 정다각형은 7각형이다.

작도가능의 문제는 1796년에 젊은 가우스가 정 17각형을 작도할 수 있음을 증명하면서 다시 재 점화되었다. 그로부터 5년 후인 1801년에 가우스는 작은 책을 출판했다. 이 책에서 가우스는 경이롭게도 정다각형의 작도문제와 연관하여 다섯 개의 페르마 수를 다루었는데, 정다각형의 작도 문제와 같은 기하학의 문제를 정수론에서 다룬 놀라운 일이었다. 그리스 시대로부터 2000년, 페르마로부터 150년 후의 일이었다.

① 자와 컴퍼스로 작도할 수 있는 선분은 사칙연산과 제곱근 연산을 조합시켜서 대수적으로 나타낼 수 있는 것뿐이다.

② 자와 컴퍼스로 작도할 수 있는 정다각형의 변의 수는 $2^{2^n}+1$의 형태에 한한다. 즉 페르마 수 이외에는 없다.

다시 말해서 자와 컴퍼스만을 사용해서 작도할 수 있는 정 n각형은 다음과 같다.

n은 2의 거듭제곱수, n은 페르마 수, 이 두 종류의 수의 곱

그 결과 작도 가능한 다각형의 리스트에 다음의 세 경우가 추가되었다.

정 17각형 $(n=F_2)$, 정 257각형 $(n=F_3)$, 정 65537각형 $(n=F_4)$

가우스는 그 후 많은 수학적 업적을 올렸는데, 젊었을 때의 이 연구를 자랑으로 삼았다. 구의 부피를 구하는 공식을 발견했던 아르키메데스가 지신의 묘석에 원기둥에 내접하는 구의 그림을 새겨 넣은 것처럼, 가우스는 자기의 묘석에 정 17각형의 그림을 새겨 넣기를 원했다고 한다. 실제로 이것은 새겨지지 않았지만 가우스가 태어난 고향인 브라운슈바이크 시내의 기념비에는 정 17각형의 그림이 새겨져 있다.

가우스는 다음과 같이 말했다. '원둘레를 3등분 또는 5등분 하는 방법은 그리스 시대부터 알려져 있었는데도 그 후 2000년 동안이나 작도 가능한 다각형을 이것 이상 발견하지 못했던 것은 매우 불가사의하다. 거의 모든 기하학자가 이 두 종류 (및 그것들로부터 유도할 수 있는 것) 이외에는 작도 가능한 것은 없다고 믿고 있었던 것이다.' 그러나 위대한 가우스 조차도 정 $65537(=F_4)$각형이 작도 가능한 최후의 정다각형인지 어떤지는 결정할 수 없었다. 이 문제는 F_4가 최후의 페르마 소수인지를 판정하는 문제였기 때문이다.

17.3 쌍둥이 소수(Twin prime)

소수의 개수에 대하여는 유클리드에 의해 기원전에 이미 증명되었지만, 소수의 분포에 관해서는 아직도 확실하지 않다. 인접한 두 소수들 사이에는 어떤 관계가 있을까?

p는 소수라고 하자. 그러면 $p+1$은 소수가 될 가능성이 전혀 없다. $p+2$는 소수가 될 수 있을까? 이러한 예제는 3과 5, 11과 13, 그리고 17과 19 등에서 발견할 수 있다. 이와 같이 p와 $p+2$가 모두 소수일 때 $(p, p+2)$를 **쌍둥이 소수**(twin prime)이라고 부른다.

예제 17.2

처음 몇 개의 쌍둥이 소수를 찾아라.

풀이 (3,5), (5,7), (11,13), (41,43), (71,73), (101,103), (107,109)

그 밖에 (1,000,000,000,061, 1,000,000,000,063)도 쌍둥이 소수이다. 이러한 소수들에 대해 다음과 같은 성질이 알려져 있다.

정리 17.9

첫 번째 쌍둥이 소수인 (3, 5)를 제외한 나머지 모든 쌍둥이 소수는 $6n\pm1$의 형태이다.

(1949, 1951)은 쌍둥이 소수이다. 그러나 2003은 소수이지만, 2001과 2005는 소수가 아니므로 쌍둥이 소수가 되지 않는다. Maple을 사용하여 다음과 같이 확인할 수 있다.

```
> isprime(2003);        true
> nextprime(2003);      2011
> prevprime(2003);      1999
```

그러면 쌍둥이 소수들도 여전히 무한히 많이 존재할까? 아직 증명은 되지 않았지만 소수와 마찬가지로 쌍둥이 소수도 무한히 많을 것으로 추측하고 있으며, 아마도 그럴 것이라고 추측이 가능한 여러 정황들이 발표되었다.

쌍둥이 소수 추측(Twin Prime Conjecture) 쌍둥이 소수는 무한히 존재한다.

1919년에 브룬(Brun)은 쌍둥이 소수들의 역수의 합이 브룬 상수(Brun's Constant)라고 부르는 일정한 값으로 수렴함을 보였으나, 여전히 쌍둥이 소수의 무한성에 대해서는 증명되지 않은 상태이다. 쌍둥이 소수를 찾는 것은 실질적으로 두개의 소수를 찾는 문제를 수반하므로 알려진 가장 큰 소수는 실제 대부분의 다른 형태의 가장 큰 소수들보다 작다. 가우스가 n보다 작은 소수의 개수에 대한 근삿값을 계산했던 것처럼, 하디(Hardy, G.H., 1877~1947)와 리틀우드(Littlewood, J., 1885~1977)는 n보다 작은 쌍둥이 소수의 개수는 대략 $\dfrac{2C \cdot n}{(\log n)^2}$이라고 증명했다. 여기서 $C = 0.66016\cdots$는 쌍둥이 소수 상수이다. 아직까지 쌍둥이 소수가 몇 개쯤 존재할까에 대해 밝혀진 바가 없다.

쌍둥이 소수와는 달리, 두 연속된 소수의 간격이 무척 큰 경우도 많이 존재한다. 실제로, 임의의 정수만큼 떨어져 있는 연속된 소수를 언제나 발견할 수 있다.

정리 17.10

임의의 양의 정수 n에 대해, n개의 연속되는 합성수가 존재한다.

증명 임의로 주어진 양의 정수 n으로부터, 다음과 같은 정수 수열을 생각해 보자.

$$(n+1)!+2, \quad (n+1)!+3, \quad \cdots, \quad (n+1)!+(n+1)$$

이 수열은 분명히 n개의 연속하는 정수로 이루어져 있다. 이제 수열을 구성하는 정수들이 모두 합성수임을 확인하면 된다. 2와 $n+1$ 사이의 임의의 정수 k에 대해, k는 $(n+1)!$을 나누며, 따라서 k는 $(n+1)!+k$를 나눈다. 즉

$$(n+1)!+2, \quad (n+1)!+3, \quad \cdots, \quad (n+1)!+(n+1)$$

의 모든 정수는 항상 적당한 약수 k를 가지므로, 합성수가 된다. ■

쌍둥이 소수에 대한 아이디어는 세쌍둥이, 네쌍둥이 더 일반화하여 n-쌍둥이 소수로 일반화 시킬 수 있다.

정의 17.2

두 값의 차이가 n 인 정수로서 둘 다 소수인 것을 **n-쌍둥이 소수**라고 부른다. 그 중에서 차이가 4인 두 소수를 **사촌소수**(cousin prime), 차이가 6인 소수를 **섹시소수**(sexy prime)라고 부른다.

사촌소수란 $(p, p+4)$가 모두 소수인 것이며 $(p, p+6)$이 모두 소수인 경우는 섹시소수라고 한다. 여기서 sexy란 six에 해당하는 라틴어 단어 sex로부터 유래했다.

예제 17.3

처음 몇 개의 사촌소수를 찾아라. 또한 섹시소수를 찾아라.

풀이 $(3,7)$, $(7,11)$, $(13,17)$, $(19,23)$, $(37,41)$ 는 사촌소수이다. 한편, $(5,11)$, $(11,17)$, $(13,19)$, $(17,23)$, $(23,29)$은 섹시소수이다.

그 밖에 사촌소수로

$$(43,\ 47),\ (67,\ 71),\ (79,\ 83),\ (97,\ 101),\ (103,\ 107),\ (109,\ 113)$$

등이 있으며, 섹시소수로

$$(31,\ 37),\ (37,\ 43),\ (47,\ 53),\ (53,\ 59),\ (61,\ 67),\ (73,\ 79)$$

등이 있다.

이와 같이 쌍둥이, 사촌, 섹시소수 등은 단순한 호기심일 뿐일까? 수학의 많은 부분이 그렇듯이 호기심으로 시작한 이러한 연구들은 그 당시에는 예측하지도 못했을 여러 분야에서 활용되고 있다.

연습문제

1. 다음을 증명하여라.

(a) 쌍둥이 소수의 곱에 1을 더하면, 항상 완전제곱수를 얻는다.

(b) $p>3$일 때 쌍둥이 소수 p와 $p+2$의 합은 12의 배수임을 예를 들어 확인하여라.

2. p와 $p+2$가 쌍둥이 소수일 때, 다음을 증명하여라.

(a) $\sigma(p+2)=\sigma(p)+2$

(b) $\phi(p+2)=\phi(p)+2$

Chapter 18

여러 가지 정수표

18.1 1~10,000까지의 소수표

2	3	5	7	11	13	17	19	23	29
31	37	41	43	47	53	59	61	67	71
73	79	83	89	97	101	103	107	109	113
127	131	137	139	149	151	157	163	167	173
179	181	191	193	197	199	211	223	227	229
233	239	241	251	257	263	269	271	277	281
283	293	307	311	313	317	331	337	347	349
353	359	367	373	379	383	389	397	401	409
419	421	431	433	439	443	449	457	461	463
467	479	487	491	499	503	509	521	523	541
547	557	563	569	571	577	587	593	599	601
607	613	617	619	631	641	643	647	653	659
661	673	677	683	691	701	709	719	727	733
739	743	751	757	761	769	773	787	797	809
811	821	823	827	829	839	853	857	859	863
877	881	883	887	907	911	919	929	937	941
947	953	967	971	977	983	991	997	1009	1013
1019	1021	1031	1033	1039	1049	1051	1061	1063	1069
1087	1091	1093	1097	1103	1109	1117	1123	1129	1151
1153	1163	1171	1181	1187	1193	1201	1213	1217	1223
1229	1231	1237	1249	1259	1277	1279	1283	1289	1291
1297	1301	1303	1307	1319	1321	1327	1361	1367	1373
1381	1399	1409	1423	1427	1429	1433	1439	1447	1451
1453	1459	1471	1481	1483	1487	1489	1493	1499	1511
1523	1531	1543	1549	1553	1559	1567	1571	1579	1583
1597	1601	1607	1609	1613	1619	1621	1627	1637	1657
1663	1667	1669	1693	1697	1699	1709	1721	1723	1733
1741	1747	1753	1759	1777	1783	1787	1789	1801	1811
1823	1831	1847	1861	1867	1871	1873	1877	1879	1889
1901	1907	1913	1931	1933	1949	1951	1973	1979	1987
1993	1997	1999	2003	2011	2017	2027	2029	2039	2053
2063	2069	2081	2083	2087	2089	2099	2111	2113	2129
2131	2137	2141	2143	2153	2161	2179	2203	2207	2213

2221	2237	2239	2243	2251	2267	2269	2273	2281	2287
2293	2297	2309	2311	2333	2339	2341	2347	2351	2357
2371	2377	2381	2383	2389	2393	2399	2411	2417	2423
2437	2441	2447	2459	2467	2473	2477	2503	2521	2531
2539	2543	2549	2551	2557	2579	2591	2593	2609	2617
2621	2633	2647	2657	2659	2663	2671	2677	2683	2687
2689	2693	2699	2707	2711	2713	2719	2729	2731	2741
2749	2753	2767	2777	2789	2791	2797	2801	2803	2819
2833	2837	2843	2851	2857	2861	2879	2887	2897	2903
2909	2917	2927	2939	2953	2957	2963	2969	2971	2999
3001	3011	3019	3023	3037	3041	3049	3061	3067	3079
3083	3089	3109	3119	3121	3137	3163	3167	3169	3181
3187	3191	3203	3209	3217	3221	3229	3251	3253	3257
3259	3271	3299	3301	3307	3313	3319	3323	3329	3331
3343	3347	3359	3361	3371	3373	3389	3391	3407	3413
3433	3449	3457	3461	3463	3467	3469	3491	3499	3511
3517	3527	3529	3533	3539	3541	3547	3557	3559	3571
3581	3583	3593	3607	3613	3617	3623	3631	3637	3643
3659	3671	3673	3677	3691	3697	3701	3709	3719	3727
3733	3739	3761	3767	3769	3779	3793	3797	3803	3821
3823	3833	3847	3851	3853	3863	3877	3881	3889	3907
3911	3917	3919	3923	3929	3931	3943	3947	3967	3989
4001	4003	4007	4013	4019	4021	4027	4049	4051	4057
4073	4079	4091	4093	4099	4111	4127	4129	4133	4139
4153	4157	4159	4177	4201	4211	4217	4219	4229	4231
4241	4243	4253	4259	4261	4271	4273	4283	4289	4297
4327	4337	4339	4349	4357	4363	4373	4391	4397	4409
4421	4423	4441	4447	4451	4457	4463	4481	4483	4493
4507	4513	4517	4519	4523	4547	4549	4561	4567	4583
4591	4597	4603	4621	4637	4639	4643	4649	4651	4657
4663	4673	4679	4691	4703	4721	4723	4729	4733	4751
4759	4783	4787	4789	4793	4799	4801	4813	4817	4831
4861	4871	4877	4889	4903	4909	4919	4931	4933	4937
4943	4951	4957	4967	4969	4973	4987	4993	4999	5003
5009	5011	5021	5023	5039	5051	5059	5077	5081	5087
5099	5101	5107	5113	5119	5147	5153	5167	5171	5179
5189	5197	5209	5227	5231	5233	5237	5261	5273	5279
5281	5297	5303	5309	5323	5333	5347	5351	5381	5387
5393	5399	5407	5413	5417	5419	5431	5437	5441	5443
5449	5471	5477	5479	5483	5501	5503	5507	5519	5521
5527	5531	5557	5563	5569	5573	5581	5591	5623	5639
5641	5647	5651	5653	5657	5659	5669	5683	5689	5693
5701	5711	5717	5737	5741	5743	5749	5779	5783	5791
5801	5807	5813	5821	5827	5839	5843	5849	5851	5857
5861	5867	5869	5879	5881	5897	5903	5923	5927	5939
5953	5981	5987	6007	6011	6029	6037	6043	6047	6053
6067	6073	6079	6089	6091	6101	6113	6121	6131	6133
6143	6151	6163	6173	6197	6199	6203	6211	6217	6221

6229	6247	6257	6263	6269	6271	6277	6287	6299	6301
6311	6317	6323	6329	6337	6343	6353	6359	6361	6367
6373	6379	6389	6397	6421	6427	6449	6451	6469	6473
6481	6491	6521	6529	6547	6551	6553	6563	6569	6571
6577	6581	6599	6607	6619	6637	6653	6659	6661	6673
6679	6689	6691	6701	6703	6709	6719	6733	6737	6761
6763	6779	6781	6791	6793	6803	6823	6827	6829	6833
6841	6857	6863	6869	6871	6883	6899	6907	6911	6917
6947	6949	6959	6961	6967	6971	6977	6983	6991	6997
7001	7013	7019	7027	7039	7043	7057	7069	7079	7103
7109	7121	7127	7129	7151	7159	7177	7187	7193	7207
7211	7213	7219	7229	7237	7243	7247	7253	7283	7297
7307	7309	7321	7331	7333	7349	7351	7369	7393	7411
7417	7433	7451	7457	7459	7477	7481	7487	7489	7499
7507	7517	7523	7529	7537	7541	7547	7549	7559	7561
7573	7577	7583	7589	7591	7603	7607	7621	7639	7643
7649	7669	7673	7681	7687	7691	7699	7703	7717	7723
7727	7741	7753	7757	7759	7789	7793	7817	7823	7829
7841	7853	7867	7873	7877	7879	7883	7901	7907	7919
7927	7933	7937	7949	7951	7963	7993	8009	8011	8017
8039	8053	8059	8069	8081	8087	8089	8093	8101	8111
8117	8123	8147	8161	8167	8171	8179	8191	8209	8219
8221	8231	8233	8237	8243	8263	8269	8273	8287	8291
8293	8297	8311	8317	8329	8353	8363	8369	8377	8387
8389	8419	8423	8429	8431	8443	8447	8461	8467	8501
8513	8521	8527	8537	8539	8543	8563	8573	8581	8597
8599	8609	8623	8627	8629	8641	8647	8663	8669	8677
8681	8689	8693	8699	8707	8713	8719	8731	8737	8741
8747	8753	8761	8779	8783	8803	8807	8819	8821	8831
8837	8839	8849	8861	8863	8867	8887	8893	8923	8929
8933	8941	8951	8963	8969	8971	8999	9001	9007	9011
9013	9029	9041	9043	9049	9059	9067	9091	9103	9109
9127	9133	9137	9151	9157	9161	9173	9181	9187	9199
9203	9209	9221	9227	9239	9241	9257	9277	9281	9283
9293	9311	9319	9323	9337	9341	9343	9349	9371	9377
9391	9397	9403	9413	9419	9421	9431	9433	9437	9439
9461	9463	9467	9473	9479	9491	9497	9511	9521	9533
9539	9547	9551	9587	9601	9613	9619	9623	9629	9631
9643	9649	9661	9677	9679	9689	9697	9719	9721	9733
9739	9743	9749	9767	9769	9781	9787	9791	9803	9811
9817	9829	9833	9839	9851	9857	9859	9871	9883	9887
9901	9907	9923	9929	9931	9941	9949	9967	9973	

18.2 소수개수 정리 : 1부터 x사이의 소수의 개수

x	$\pi(x)$	$x/\log x$	$x/\ln(x)$	$\frac{\pi(x)}{x/\ln(x)}$	$\frac{\pi(x)}{\int_2^x \frac{1}{\ln t} dt}$
10	4		4	1	
10^2	25		21	1.15	
10^3	168	178	144	1.160	0.9438202
10^4	1,229	1,246	1,085	1.132	0.9863563
10^5	9,592	9,630	8,685	1.104	0.9960540
10^6	78,498	78,628	72,382	1.085	0.9983466
10^7	664,579	664,918	620,420	1.071	0.9998944
10^8	5,761,455	5,762,209	5,428,681	1.061	0.9998691
10^9	50,847,534	50,849,235	48,254,942	1.054	0.9999665
10^{10}	455,052,512	455,055,614	434,294,481	1.048	0.9999932
10^{11}	4,118,054,813		3,948,131,654	1.043	
10^{12}	37,607,912,018		36,191,206,821	1.039	
10^{13}	346,065,536,839				
10^{14}	3,204,941,750,802				
10^{15}	29,844,570,422,669				
10^{16}	279,238,341,033,925				
10^{17}	2,623,557,157,654,233				
10^{18}	24,739,954,287,740,860				
10^{19}	234,057,667,276,344,607				
10^{20}	2,220,819,602,560,918,840				
10^{21}	$\cdots$				

18.3 소수 분포의 그래프

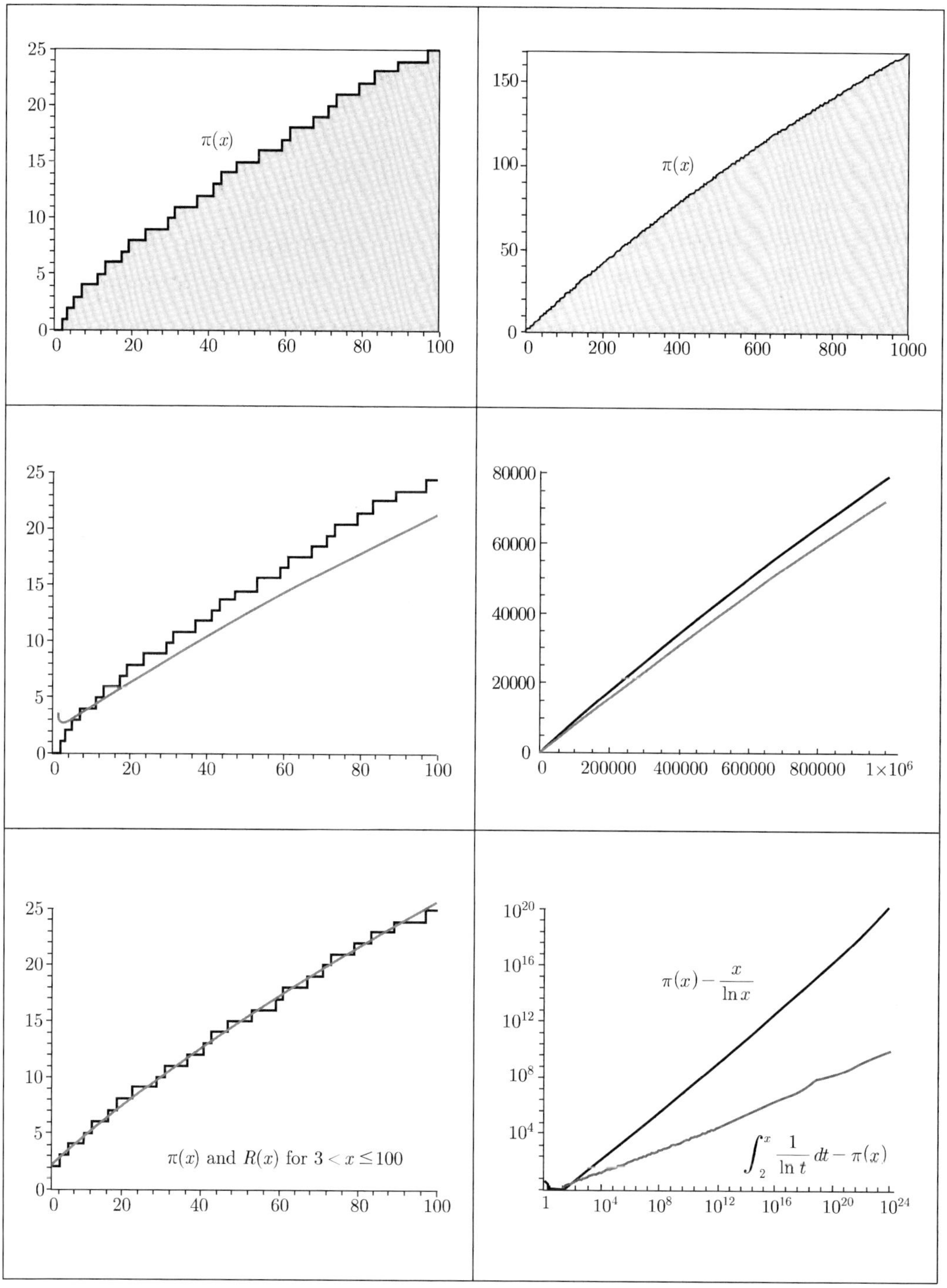

18.4 오일러 함수 $\phi(n)$ $(1 \le n \le 100)$과 약수의 목록

n	$\phi(n)$	약수 목록
1	1	1
2	1	1, 2
3	2	1, 3
4	2	1, 2, 4
5	4	1, 5
6	2	1, 2, 3, 6
7	6	1, 7
8	4	1, 2, 4, 8
9	6	1, 3, 9
10	4	1, 2, 5, 10
11	10	1, 11
12	4	1, 2, 3, 4, 6, 12
13	12	1, 13
14	6	1, 2, 7, 14
15	8	1, 3, 5, 15
16	8	1, 2, 4, 8, 16
17	16	1, 17
18	6	1, 2, 3, 6, 9, 18
19	18	1, 19
20	8	1, 2, 4, 5, 10, 20
21	12	1, 3, 7, 21
22	10	1, 2, 11, 22
23	22	1, 23
24	8	1, 2, 3, 4, 6, 8, 12, 24
25	20	1, 5, 25
26	12	1, 2, 13, 26
27	18	1, 3, 9, 27
28	12	1, 2, 4, 7, 14, 28
29	28	1, 29
30	8	1, 2, 3, 5, 6, 10, 15, 30
31	30	1, 31
32	16	1, 2, 4, 8, 16, 32

n	$\phi(n)$	약수 목록
33	20	1, 3, 11, 33
34	16	1, 2, 17, 34
35	24	1, 5, 7, 35
36	12	1, 2, 3, 4, 6, 9, 12, 18, 36
37	36	1, 37
38	18	1, 2, 19, 38
39	24	1, 3, 13, 39
40	16	1, 2, 4, 5, 8, 10, 20, 40
41	40	1, 41
42	12	1, 2, 3, 6, 7, 14, 21, 42
43	42	1, 43
44	20	1, 2, 4, 11, 22, 44
45	24	1, 3, 5, 9, 15, 45
46	22	1, 2, 23, 46
47	46	1, 47
48	16	1, 2, 3, 4, 6, 8, 12, 16, 24, 48
49	42	1, 7, 49
50	20	1, 2, 5, 10, 25, 50
51	32	1, 3, 17, 51
52	24	1, 2, 4, 13, 26, 52
53	52	1, 53
54	18	1, 2, 3, 6, 9, 18, 27, 54
55	40	1, 5, 11, 55
56	24	1, 2, 4, 7, 8, 14, 28, 56
57	36	1, 3, 19, 57
58	28	1, 2, 29, 58
59	58	1, 59
60	16	1, 2, 3, 4, 5, 6, 10, 12, 15, 20, 30, 60
61	60	1, 61
62	30	1, 2, 31, 62
63	36	1, 3, 7, 9, 21, 63
64	32	1, 2, 4, 8, 16, 32, 64
65	48	1, 5, 13, 65
66	20	1, 2, 3, 6, 11, 22, 33, 66
67	66	1, 67

n	$\phi(n)$	약수 목록
68	32	1, 2, 4, 17, 34, 68
69	44	1, 3, 23, 69
70	24	1, 2, 5, 7, 10, 14, 35, 70
71	70	1, 71
72	24	1, 2, 3, 4, 6, 8, 9, 12, 18, 24, 36, 72
73	72	1, 73
74	36	1, 2, 37, 74
75	40	1, 3, 5, 15, 25, 75
76	36	1, 2, 4, 19, 38, 76
77	60	1, 7, 11, 77
78	24	1, 2, 3, 6, 13, 26, 39, 78
79	78	1, 79
80	32	1, 2, 4, 5, 8, 10, 16, 20, 40, 80
81	54	1, 3, 9, 27, 81
82	40	1, 2, 41, 82
83	82	1, 83
84	24	1, 2, 3, 4, 6, 7, 12, 14, 21, 28, 42, 84
85	64	1, 5, 17, 85
86	42	1, 2, 43, 86
87	56	1, 3, 29, 87
88	40	1, 2, 4, 8, 11, 22, 44, 88
89	88	1, 89
90	24	1, 2, 3, 5, 6, 9, 10, 15, 18, 30, 45, 90
91	72	1, 7, 13, 91
92	44	1, 2, 4, 23, 46, 92
93	60	1, 3, 31, 93
94	46	1, 2, 47, 94
95	72	1, 5, 19, 95
96	32	1, 2, 3, 4, 6, 8, 12, 16, 24, 32, 48, 96
97	96	1, 97
98	42	1, 2, 7, 14, 49, 98
99	60	1, 3, 9, 11, 33, 99
100	40	1, 2, 4, 5, 10, 20, 25, 50, 100

18.5 원시근과 지수 표

n	근	2	3	5	7	11	13	17	19	23	29	31	37	41	43	47	53	59	61	67	71	73	79	83	89
3	2	1																							
5	2	1	3																						
7	3	2	1	5																					
9	2	1	*	5	4																				
11	2	1	8	4	7																				
13	6	5	8	9	7	11																			
16	5	*	3	1	2	1	3																		
17	10	10	11	7	9	13	12																		
19	10	17	5	2	12	6	13	8																	
23	10	8	20	15	21	3	12	17	5																
25	2	1	7	*	5	16	19	13	18	11															
27	2	1	*	5	16	13	8	15	12	11															
29	10	11	27	18	20	23	2	7	15	24															
31	17	12	18	20	4	29	23	1	22	21	27														
32	5	*	3	1	2	5	7	4	7	6	3	0													
37	5	11	34	1	28	6	13	5	25	21	15	27													
41	6	26	15	22	39	3	31	33	9	36	7	28	32												
43	28	39	17	5	7	6	40	16	29	20	25	32	35	18											
47	10	30	18	17	38	27	3	42	29	39	43	5	24	25	37										
49	10	2	13	41	*	16	9	31	35	32	24	7	38	27	36	23									
53	26	25	9	31	38	46	28	42	41	39	6	45	22	33	30	8									
59	10	25	32	34	44	45	28	14	22	27	4	7	41	2	13	53	28								
61	10	47	42	14	23	45	20	49	22	39	25	13	33	18	41	40	51	17							
64	5	*	3	1	10	5	15	12	7	14	11	8	9	14	13	12	5	1	3						
67	12	29	9	39	7	61	23	8	26	20	22	43	44	19	63	64	3	54	5						
71	62	58	18	14	33	43	27	7	38	5	4	13	30	55	44	17	59	29	37	11					
73	5	8	6	1	33	55	59	21	62	46	35	11	64	4	51	31	53	5	58	50	44				
79	29	50	71	34	19	70	74	9	10	52	1	76	23	21	47	55	7	17	75	54	33	4			
81	11	25	*	35	22	1	38	15	12	5	7	14	24	29	10	13	45	53	4	20	33	48	52		
83	50	3	52	81	24	72	67	4	59	16	36	32	60	38	49	69	13	20	34	53	17	43	47		
89	30	72	87	18	7	4	65	82	53	31	29	57	77	67	59	34	10	45	19	32	26	68	46	27	
97	10	86	2	11	53	82	83	19	27	79	47	26	41	71	44	60	14	65	32	51	25	20	42	91	18
		2	3	5	7	11	13	17	19	23	29	31	37	41	43	47	53	59	61	67	71	73	79	83	89

18.6 π의 여러 가지 표현

π의 근삿값

3.14159265358979323846264338327950288419716939937510
58209749445923078164062862089986280348253421170679
82148086513282306647093844609550582231725359408128
48111745028410270193852110555964462294895493038196
44288109756659334461284756482337867831652712019091
45648566923460348610454326648213393607260249141273
72458700660631558817488152092096282925409171536436
78925903600113305305488204665213841469519415116094
33057270365759591953092186117381932611793105118548
07446237996274956735188575272489122793818301194912
98336733624406566430860213949463952247371907021798
60943702770539217176293176752384674818467669405132
00056812714526356082778577134275778960917363717872
14684409012249534301465495853710507922796892589235
42019956112129021960864034418159813629774771309960
51870721134999999837297804995105973173281609631859
50244594553469083026425223082533446850352619311881
71010003137838752886587533208381420617177669147303
59825349042875546873115956286388235378759375195778
18577805321712268066130019278766111959092164201989 ⋯

π의 이진법 표현

$$\pi_{(2)} = 11.001001000011111101101010100010001000010110100011 \cdots \text{ (48자리수)}$$

π의 여러 표현들

- $\dfrac{2}{\pi} = \dfrac{\sqrt{2}}{2}\,\dfrac{\sqrt{2+\sqrt{2}}}{2}\,\dfrac{\sqrt{2+\sqrt{2+\sqrt{2}}}}{2}\cdots$ F. Viete(1593)
- $\dfrac{\pi}{2} = \dfrac{2}{1}\,\dfrac{2}{3}\,\dfrac{4}{3}\,\dfrac{4}{5}\,\dfrac{6}{5}\,\dfrac{6}{7}\,\dfrac{8}{7}\,\dfrac{8}{9}$ J. Wallis(1655)
- $\pi = \dfrac{4}{1} - \dfrac{4}{3} + \dfrac{4}{5} - \dfrac{4}{7} + \dfrac{4}{9} - \dfrac{4}{11} + \dfrac{4}{13} - \cdots$ Leibniz
- $\pi = 3 + \dfrac{4}{2\times3\times4} - \dfrac{4}{4\times5\times6} + \dfrac{4}{6\times7\times8} - \dfrac{4}{8\times9\times10} + \cdots$
- $\dfrac{\pi^2}{6} = \dfrac{1}{1^2} + \dfrac{1}{2^2} + \dfrac{1}{3^2} + \dfrac{1}{4^2} + \cdots$ Rieman zeta function

18.7 자연로그 e의 여러 가지 표현

e의 근삿값

2.71828182845904523536028747135266249775724709369995957496696762772407663035354759457138217852516642742746639193200305992181741359662904357290033429526059563073813232862794349076323382988075319525101901157383418793070215408914993488416750924476146066808226480016847741185374234544243710753907774499206955170276183860626133138458300075204493382656029760673711320070932870912744374704723069697720931014169283681902551510865746377211125238978442505695369677078544996996794686445490598793163688923009879312773617821542499922957635148220826989519366803318252886939849646510582093923982948879332036250944311730123819706841614039701983767932068328237646480429531180232878250981945581530175671736133206981125099618188159304169035159888851934580727386673858942287922849989208680582574927961048419844436346324496848756023362482704197862320900216099023530436994184914631409343173814364054625315209618369088870701676839642437814059271456354906130310720851038375051011574770417189861068739696552126715468895703503540 (1000 자리수)

e의 연분수 표현

- $e = \langle 2; 1, 2, 1, 1, 4, 1, 1, 6, 1, 1, 8, \cdots \rangle$
- $\dfrac{e-1}{e+1} = \langle 0; 2, 6, 10, 14, \cdots \rangle$
- $e-1 = \langle 1; 1, 2, 1, 1, 4, 1, 1, 6, \cdots \rangle$
- $e^{1/2} = \langle 1; 1, 1, 1, 5, 1, 1, 9, 1, 1, 13, \cdots \rangle$
- $e^{1/3} = \langle 1; 2, 1, 1, 8, 1, 1, 14, 1, 1, 20, \ldots \rangle$
- $e^{1/4} = \langle 1; 3, 1, 1, 11, 1, 1, 19, 1, 1, 27, \cdots \rangle$
- $e^{1/5} = \langle 1; 4, 1, 1, 14, 1, 1, 24, 1, 1, 34, \cdots \rangle$

e의 비 단순 연분수(non simple continued fraction)

$$e = 2 + \cfrac{1}{1 + \cfrac{1}{2 + \cfrac{2}{3 + \cfrac{3}{4 + \cfrac{4}{5 + \cfrac{5}{6 + \cdots}}}}}}$$

Answers to the exercise

연습문제 해답

Chapter 01 정수

1.3 배수 법칙

1. $b<0$이므로 절댓값 $|b|>0$를 택하자. a를 $|b|$로 나누면 정리에 의해 적당한 정수 q'과 r' $(0 \le r' < |b|)$이 존재하여 $a=q'|b|+r'$ 이다. $|b|=-b$이므로 $a=(-q')b+r'$이 된다.

2. (a) $\gcd(12345, 543)=3$ (b) $\gcd(9600123, 7892)=1$

(c) $\gcd(54390124, 3452)=4$ (d) $\gcd(12378, 3054)=6$

3. $\gcd(12321, 8658)=\gcd(3663, 8658)=\gcd(3663, 1332)=\gcd(999, 1332)$
$=\gcd(999, 333)=\gcd(0, 333)=333$

$$\begin{aligned}
12321 &= 8658+3663\\
8658 &= 2\cdot 3663+1332\\
3663 &= 2\cdot 1332+999\\
1332 &= 999+333\\
999 &= 3\cdot 333+0
\end{aligned}$$

이므로

$$\begin{aligned}
333 &= 1332-999\\
&= 1332-(3663-2\cdot 1332)\\
&= 3\cdot 1332-3663\\
&= 3(8658-2\cdot 3663)-3663\\
&= 3(8658)+(-7)(3663)\\
&= 3(8658)+(-7)(12321-8658)\\
&= 10(8658)+(-7)(12321)
\end{aligned}$$

이다. 따라서 $c_1=-7$, $c_2=10$

5. $\gcd(198, 288)=18$이며 $18=198(3)+288(-2)$이며 $\gcd(198, 288, 512)=\gcd(18, 512)=2$이므로, $2=18(57)+512(-2)=(198(3)+288(-2))(57)+512(-2)$, 즉 $2=\gcd(198, 288, 512)=198(171)+288(-114)+512(-2)$이다.

6. $\gcd\left(\frac{a}{d}, \frac{b}{d}\right)=k$라 하자. ($k=1$을 보이면 된다.) $k\left|\frac{a}{d}\right.$, $k\left|\frac{b}{d}\right.$이므로 $kd|a$, $kd|b$가 되어 kd는

a, b의 공약수이다. 따라서 $kd \le d$, 즉 $k=1$이다.

7. $a|c$, $b|c$이므로 정수 a', b'에 대해 $c=aa'$, $c=bb'$이 된다. 또한 $\gcd(a,b)=1$이므로 적당한 $x, y \in \mathbb{Z}$가 존재하여 $ax+by=1$이다. 이 식 양변에 c를 곱하면 $c=acx+bcy=a(bb')x+b(aa')y=ab(b'x+a'y)$가 되어 $ab \mid c$가 된다.

8. $\gcd(a,b)=1$, $c \mid a+b$일 때 $\gcd(a,c)=k$라고 하자. (이제 $k=1$을 보이자.) $k|a$이고 $k|c$에서 $k \mid a+b$이다. 따라서 $k|(a+b)-a$, 즉 $k|b$이다. k는 a와 b의 공약수이므로 $k \le \gcd(a, b)=1$, 즉 $k=1$이다.

9. $\gcd(ka,kb)=u$, $\gcd(a,b)=d$라 하자. (이제 $u=kd$를 보이면 된다.) $\gcd(a,b)=d$이므로 $d|a$, $d|b$ 즉 $kd|ka$, $kd|kb$이므로, $kd \le u$이다. 한편 $\gcd(a,b)=d$는 적당한 $x, y \in Z$에 의해 $ax+by=d$, 즉 $kax+kby=kd$이다. 그런데 $\gcd(ka,kb)=u$이므로 $u|ka$, $u|kb$, 즉 $u|kax$, $u|kby$가 되어 $u|kax+kby$, 즉 $u|kd$이다. 따라서 $u=kd$이다.

(다른 풀이: 만일 $c|ka$이며 $c|kb$라고 하자. 그러면 $\gcd(a,b)=d$로부터 $d=ax+by$ $(x, y \in \mathbb{Z})$이다. $c|kax$이며 $c|kby$이므로 $c|kax+kay=k(ax+by)=kd$이다.)

10. $\gcd(a,a+n)=d$ 이면 $d|a$이며 $d|a+n$이다. 그러므로 $d|(a+n)-a$ 즉 $d|n$이다.

11. 10에 의해 $\gcd(a,a+1)$는 1을 나눈다. gcd는 양수이므로 $\gcd(a,a+1)=1$이다.

(다른 풀이: 일반적으로 $a=bq+r$일 때, $\gcd(a,b)=\gcd(b,r)$이다. $a+1$을 a로 나누면 $a+1=aq+r$이며 이때, $q=r=1$이다. 그러므로 $\gcd(a+1,a)=\gcd(a,1)=1$이다.)

12. 우선 $2|a(a+1)$은 a의 값을 어떻게 택하든지 상관없이 $a(a+1)$이 짝수라는 의미이다. 마찬가지로 $3|a(a+1)(a+2)$는 a의 값을 어떻게 택하든지 $a(a+1)(a+2)$는 3의 배수라는 의미이다. 이렇게 생각하면 증명하는 아이디어가 생긴다. 만일 a가 홀수라면 $a+1$은 짝수이므로 $a(a+1)$은 짝수이다. 만일 a가 짝수라면 $a(a+1)$은 항상 짝수이다. 임의의 모든 정수 a는 항상 $a=3q+r$ $(0 \le r < 3)$으로 표현되므로 만일 $a=3q$라면 $3|a(a+1)(a+2)$이다. 만일 $a=3q+1$라면 $3|a+2$이므로 $3|a(a+1)(a+2)$이다. 또한 만일 $a=3q+2$라면 $3|a+1$이므로 $3|a(a+1)(a+2)$이다. 이러한 관계로부터 $4|a(a+1)(a+2)(a+3)$, $5|a(a+1)(a+2)(a+3)(a+4)$, $\cdots$를 보일 수 있다.

13. (a) $\gcd(a+b, a-b)=d$라 하자. $d|a+b$, $d|a-b$이므로 $d|(a+b)\pm(a-b)$, 즉 $d|2a$이며 $d \mid 2b$이다. 따라서 $d|\gcd(2a, 2b)$이다. $\gcd(2a, 2b)=2$, $\gcd(a, b)=2$이므로 $d|2$, 즉 $d=1$ 또는 $d=2$이다.

(b) $d|a+b$이며 $d|a^2-ab+b^2$이라고 하자. 그러면 $d|a^2+2ab+b^2$이며 $d \mid 3ab$이다. 만일 소수 p가 $p|d$이면 $p \mid 3ab$가 되어 $p|a$ 또는 $p|b$ 또는 $p|3$이다. 만일 $p|a$이면 $d|a+b$에 의해 $p|b$이 되어 $\gcd(a,b)=1$에 모순이다. 만일 $p|b$이면 동일한 모순이 발생한다. 그러므로 $p|3$이 되어 1또는 3이다.

Chapter 02 소인수분해

2.2 소인수분해

1. (a) $1234 = 2 \cdot 617$ (b) $10140 = 2^2 \cdot 3 \cdot 5 \cdot 13^2$ (c) $36000 = 2^5 \cdot 3^2 \cdot 5^3$ (d) $2747 = 41 \cdot 67$

3. (a) 가정 $p \mid a^n$ 에서 만일 $n=1$이면 당연히 $p \mid a$이 성립한다. 만일 $n=2$라고 하자. 그러면 가정에서 $p \mid a \cdot a$이다. p가 소수이므로 $p \mid a$ 이다. 따라서 $p^2 \mid a^2$이다. 이와 마찬가지로 $p^n \mid a^n$도 성립한다.

(b) 예제에 의해 $24 \mid p^2 - 1$이며 또한 $24 \mid q^2 - 1$ 이다. 그러므로 $24 \mid (p^2-1)-(q^2-1)$, 즉 $24 \mid p^2 - q^2$ 이다.

보충문제

1. (a) $\gcd(a, b) = d$라고 하면 $a = da'$, $b = db'(a', b' \in \mathbb{Z})$이며 $\gcd(a', b') = 1$이다. 그러면 $a \mid a'b'd$이며 $b \mid a'b'd$이므로 $a'b'd$은 a와 b의 공배수이다. 새로운 정수 c에 의해 $a \mid c$이며 $b \mid c$라고 하자($a'b'd \le c$를 보이게 되면 $a'b'd = 1\mathrm{cm}(a, b)$가 된다). $a \mid c$, $b \mid c$이므로 $c = aa_0$, $c = bb_0(a_0, b_0 \in \mathbb{Z})$이다. $a = da'$, $b = db'$에 의해, $c = da'a_0$이며 $c = db'b_0$이다. 한편 $\gcd(a', b') = 1$이므로 $a'x + b'y = 1(x, y \in \mathbb{Z})$로 된다. 양변에 c를 곱하면 $c = ca'x + cb'y$인데, $c = da'a_0 = db'b_0$이므로 $c = (db'b_0)a'x + (da'a_0)b'y = a'b'd(b_0x + a_0y)$, 즉 $a'b'd \mid c$이다. 따라서 $\mathrm{lcm}(a, b) = a'b'd$이며 $\gcd(a, b) \cdot \mathrm{lcm}(a, b) = d \cdot (a'b'd) = (da')(b'd) = ab$이다.

Chapter 03 소수 판정법

3.2 암호에서의 소수 판정

1. (a) $\sqrt{2093} \approx 45.7$이므로 45보다 작은 소수에서 찾는다.
실제로 $7 \mid 2093$이고, $2093 = 7 \cdot 299 = 7 \cdot 13 \cdot 23$이다.

(b) $\sqrt{1517} \approx 8.94$이므로 38보다 작은 소수에서 찾는다.
실제로 $37 \mid 1517$이고, $2093 = 7 \cdot 299 = 37 \cdot 41$이다.

(c) $22 < \sqrt{509} < 23$ 이므로 소수들 2, 3, 5, 6, 11, 13, 17, 19로 나누어 본다.

2. n보다 작은 소수의 개수는 $\pi(n) \approx \dfrac{n}{\ln n}$이므로, $\pi(100000) \approx \dfrac{100000}{\ln 100000} \approx 8685$개

3. 5자릿수 x는 $10{,}000 < x < 99{,}999$이므로 5자리 소수는

$$\pi(99{,}999) - \pi(10{,}000) = \frac{99{,}999}{\ln 99{,}999} - \frac{10{,}000}{\ln 10{,}000} \approx 7600 \text{ 개다.}$$

4. $\sqrt{1111} \approx 33.33$, $\sqrt{1517} \approx 38.94$, $\sqrt{1829} \approx 31.59$, $\sqrt{1949} \approx 44.147$이며 제곱근 판정에 의해

$1111 = 11 \times 101$, $1517 = 37 \times 41$, $1829 = 31 \times 59$이며, 1949는 소수이다.

5. 50!은 1부터 50까지 모든 수의 곱셈이므로 50!은 1부터 50 사이의 모든 소수인 2, 3, 5, 7, 11, 13, 17, 19, 23, 29, 31, 37, 41, 43, 47을 약수로 갖는다. 실제로 $50! = 2^{47} \cdot 3^{22} \cdot 5^{12} \cdot 7^{8} \cdot 11^{4} \cdot 13^{3} \cdot 17^{2} \cdot 19^{2} \cdot 23^{2} \cdot 29 \cdot 31 \cdot 37 \cdot 41 \cdot 43 \cdot 47$이다.

6. (a) $\sqrt{2747} \approx 52.4$이므로 $\begin{matrix} 53^2 - 2747 = 62 \\ 54^2 - 2747 = 169 = 13^2 \end{matrix}$

$2747 = 54^2 - 13^2 = (54-13)(54+13) = 4 \times 67$이다.

(b) $\sqrt{10541} \approx 102.67$이며 $10541 = 83 \cdot 127$이다.

(c) $\sqrt{340663} \approx 583.66$이며 $340663 = 17 \cdot 29 \cdot 691$이다.

(d) $\sqrt{2^{11}-1} \approx 45.24$이며 $2^{11} - 1 = 23 \cdot 89$이다.

Chapter 04 디오판토스 방정식

4.4 디오판토스 연립방정식

1. (a) $\gcd(6, 51) = 3 \nmid 22$이므로 근을 갖지 않는다.

(b) $\gcd(33, 14) = 1 \mid 115$이므로 근을 갖는다.

(c) $\gcd(14, 35) = 7 \nmid 93$이므로 근을 갖지 않는다.

2. (a) 유클리드 알고리즘에 의해

$$\begin{aligned} 5 &= \gcd(1485, 1745) \\ &= 75 - 2 \cdot (185 - 2 \cdot 75) \\ &= 5 \cdot 75 - 2 \cdot 185 \\ &= 5 \cdot (260 - 185) - 2 \cdot 185 \\ &= 5 \cdot 260 - 7 \cdot 185 \\ &= 40 \cdot 260 - 7 \cdot 1485 \\ &= 5 \cdot 260 - 7 \cdot (1485 - 5 \cdot 260) \\ &= 40 \cdot (1745 - 1485) - 7 \cdot 1485 \\ &= 40 \cdot 1745 - 47 \cdot 1485 \end{aligned}$$

따라서 $15 = 120 \cdot 1745 + (-141) \cdot 1485$가 되어, 방정식 $1485x + 1745y = 15$의 하나의 해는 $(-141, 120)$이다. 그러므로 일반해는

$x = -141 + \dfrac{1745}{5}t = -141 + 349t$, $y = 120 - \dfrac{1485}{5}t = 120 - 297t$ $(t \in \mathbb{Z})$이다.

(b) $x = 500 + 5t$, $y = -4250 - 43t$ $(t \in \mathbb{Z})$이다.

3. (a) 유클리드 알고리즘에 의해 $\gcd(54, 21) = 3 = 54(2) + 21(-5)$가 되므로, 양변에 302를 곱하

면 $54(2\cdot 302)+21(-5\cdot 302)=906$이다. $54x+21y=906$을 만족하는 한 근 $(x_0, y_0)=(604,-1510)$이다. 일반근은 $(x',y')=(604-7t, -1510+18t)$ $(t\in\mathbb{Z})$이다. 양수 근이 되기 위해 부등식 $604-7t>0$, $-1510+18t>0$을 만족하는 t를 찾는다. $7t<604$, 즉 $t<\dfrac{604}{7}=86.2$이며 또한 $18t>1510$, 즉 $t>\dfrac{1510}{18}=83.8$이므로, $83.8<t<86.2$인 정수는 $t=84,85,86$이다. $t=84$이면 $(x',y')=(16,2)$, $t=85$이면 $(x',y')=(9,20)$, $t=86$이면 $(x',y')=(2,38)$이다.

(b) 양의 정수해는 $(4,3)$이다. (c) 양의 정수해는 없다.

4. 계수들을 단위행렬로 모양을 구성한다.

(a) $\left|\begin{array}{cccc} 1 & 2 & 3 & 1 \\ 1 & 0 & 0 & \\ 0 & 1 & 0 & \\ 0 & 0 & 1 & \end{array}\right|$ (1)열$(-2)+$(2)열, (1)열$(-3)+$(3)열 $\Rightarrow \left|\begin{array}{cccc} 1 & 0 & 0 & 1 \\ 1 & -2 & -3 & \\ 0 & 1 & 0 & \\ 0 & 0 & 1 & \end{array}\right|$ 이므로 $u=1$,

$x=u-2v-3w$, $y=v$, $z=w$, 즉 $(x,y,z)=(u-2v-3w, v, w)$이다. 가령 $v=1, w=2$이면 $(-7,1,2)$가 근이다.

(b) $\left|\begin{array}{cccc} 9 & 12 & 16 & 13 \\ 1 & 0 & 0 & \\ 0 & 1 & 0 & \\ 0 & 0 & 1 & \end{array}\right|$ (1)열$(-1)+$(2)열, (1)열$(2)+$(3)열 $\Rightarrow \left|\begin{array}{cccc} 9 & 3 & 7 & 13 \\ 1 & -1 & -1 & \\ 0 & 1 & 0 & \\ 0 & 0 & 1 & \end{array}\right|$

(2)열$(-3)+$(1)열, (2)열$(-2)+$(3)열 $\Rightarrow \left|\begin{array}{cccc} 0 & 3 & 1 & 13 \\ 4 & -1 & 1 & \\ -3 & 1 & 2 & \\ 0 & 0 & 1 & \end{array}\right|$

(3)열$(-3)+$(2)열 $\Rightarrow \left|\begin{array}{ccc|c} 0 & 0 & 1 & 13 \\ 4 & -4 & 1 & \\ -3 & 7 & 2 & \\ 0 & -3 & 1 & \end{array}\right|$

따라서 $w=3$, $x=4u-4v+w$, $y=-3u+7v-2w$, $z=-3v+w$, 즉

$(x,y,z)=(4u-4v+13, -3u+7v-26, -3v+13)$이 근이다.

가령 $u=v=0$이면 $(13,-26,13)$, $u=1, v=0$이면 $(17,-29,13)$이 근이다.

(c) $\left|\begin{array}{ccc|c} 3 & 5 & 7 & 315 \\ 1 & 0 & 0 & \\ 0 & 1 & 0 & \\ 0 & 0 & 1 & \end{array}\right| \Rightarrow \left|\begin{array}{ccc|c} 3 & 2 & 1 & 315 \\ 1 & -1 & -2 & \\ 0 & 1 & 0 & \\ 0 & 0 & 1 & \end{array}\right| \Rightarrow \left|\begin{array}{ccc|c} 0 & 0 & 1 & 315 \\ 7 & 3 & -2 & \\ 0 & 1 & 0 & \\ -3 & -2 & 1 & \end{array}\right|$

따라서 $w=315$, $x=7u+3v-2w$, $y=v$, $z=-3u-2v+w$, 즉 $(x,y,z)=(7u+3v-2w, v, -3u-2v+315)$가 근이다. 가령 $u=v=0$이면 $(-630,0,315)$, $u=1, v=0$이면 $(-623,0,312)$, $u=v=1$이면 $(-620,1,310)$이 근이다.

5. 행렬 $\left|\begin{array}{ccc|c} 21 & 14 & 12 & 1 \\ 1 & 0 & 0 & \\ 0 & 1 & 0 & \\ 0 & 0 & 1 & \end{array}\right|$을 변형시키면 $\left|\begin{array}{cccc} 1 & 0 & 0 & 1 \\ 1 & -2 & 0 & \\ -4 & 9 & -6 & \\ 3 & -7 & 7 & \end{array}\right|$가 되므로, $u=1$, $x=u-2v$,

$y=-4u+9v-6w$, $z=3u-7v+7w(u, v, w\in\mathbb{Z})$이므로 $x=1-2v$, $y=-4+9v-6w$, $z=3-7v+7w$ $(v, w\in\mathbb{Z})$이 근의 일반해이다. (** 푸는 방법에 따라 일반해의 모양이 다를 수 있다.) 일반해 $x=1-2v$, $y=-4+9v-6w$, $z=3-7v+7w$ $(v, w\in\mathbb{Z})$에 간단한 v, w를 대입하여 구체적인 정수근을 찾아볼 수 있다. 가령, $v=w=0$이면 $(x, y, z)=(1, -4, 3)$; $v=0, w=1$이면 $(x, y, z)=(1, -10, 10)$; $v=1, w=0$이면 $(x, y, z)=(-1, 5, -4)$; $v=w=1$이면 $(x, y, z)=(-1, -1, 3)$ (참고: v, w에 다른 값을 대입하면 다른 정수근이 생긴다.)

6. 연립방정식 $x+y+z=31$, $x+2y+3z=41$를 풀기 위해 행렬을 만든다.

$$\begin{bmatrix}1&1&1&31\\1&2&3&41\\1&0&0&\\0&1&0&\\0&0&1&\end{bmatrix}\cdot\begin{bmatrix}1&0&0&31\\1&1&2&41\\1&-1&-1&\\0&1&0&\\0&0&1&\end{bmatrix}\Rightarrow\begin{bmatrix}1&0&0&31\\0&1&0&41\\2&-1&1&\\-1&1&-2&\\0&0&1&\end{bmatrix}$$
이다. 따라서 $u=31$, $v=41$,

$x=2u-v+w=w+21$, $y=-u+v-2w=-2w+10$, $z=w$이다.

(확인: $(x, y, z)=(w+21, -2w+10, w)$는 두 개의 방정식 $x+y+z=31$, $x+2y+3z=41$을 만족함을 쉽게 볼 수 있다.)

7. 6번에서 양수근을 가지려면 $w+21>0$, $-2w+10>0$, $w>0$, 즉 $0<w<5$이다. 따라서 $w=1, 2, 3, 4$이므로 근 (x, y, z)는 $(22, 8, 1)$, $(23, 6, 2)$, $(24, 4, 3)$, $(25, 2, 4)$ 4개이다.

8. $x^3-7y^3=3 \Rightarrow x^3\equiv 3 \pmod 7$, $x\equiv 0 \pmod 7$이면 $x^3\equiv 0 \pmod 7$, $x\equiv \pm 1 \pmod 7$이면 $x^3\equiv \pm 1 \pmod 7$. $x\equiv \pm 2 \pmod 7$이면 $x^3\equiv \pm 8\equiv \pm 1 \pmod 7$, $x\equiv \pm 3 \pmod 7$이면 $x^3\equiv \pm 27\equiv \mp 1 \pmod 7$. 따라서 $x^3\equiv 3 \pmod 7$인 정수가 없으므로, 원래 방정식 $x^3-7y^3=3$는 정수근이 없다. (참고: mod 7에서 3승근인 것은 0, 1, 6이다.)

9. 식 $xy=x+y+3$는 $xy-x-y+1=4$, 즉 $(x-1)(y-1)=4$이므로 $(x-1, y-1)=(1, 4), (4, 1), (-1, -4), (-4, -1), (2, 2), (-2, -2)$이다. 그러므로 $(x, y)=(0, -3), (-1, -1), (-3, 0), (2, 5), (3, 3), (5, 2)$이다.

Chapter 05 합동

5.1 합동식

1. (a) $n\mid a-a$ (b) $n\mid a-b$이면 $n\mid b-a$

(c) $n\mid a-b$, $n\mid b-c$이면 $n\mid a-c$이다.

(d) $n\mid a-b$이면 $n\mid (a+c)-(b+c)$이며 $n\mid (a-b)c$, $n\mid ac-bc$이다.

2. $14\equiv 8 \pmod 6$이지만 $7\not\equiv 4 \pmod 6$이므로 소거법은 성립하지 않는다.

3. $ax\equiv ay \pmod n$에서 $n\mid ax-ay$이다. 최대공약수 d로 나누면 $\frac{n}{d}\,\Big|\,\frac{a}{d}(x-y)$이므로

$\frac{a}{d}x \equiv \frac{a}{d}y\left(\mathrm{mod}\ \frac{n}{d}\right)$이다. 그런데 $\gcd\left(\frac{a}{d}, \frac{n}{d}\right)=1$ 이므로 $x \equiv y\left(\mathrm{mod}\ \frac{n}{d}\right)$이다.

4. $ca \equiv cb \pmod{n}$이므로 $n \mid c(a-b)$. $\gcd(c, n)=1$이므로 $n \mid a-b$, 즉 $a \equiv b \pmod{n}$이다.

5. $\gcd(a, n)=1$이고 $a \equiv b \pmod{n}$이므로 $ax+ny=1$이며 $a=nk+b$ $(x, y, k \in \mathbb{Z})$이다. 따라서 $1=(nk+b)x+ny=bx+n(kx+y)$이므로 $\gcd(b, n)=1$이다.

6. $a \equiv b \pmod{n}$이므로 $n \mid a-b$이다. 즉 $n \mid (a-b)(a+b)$, $n \mid a^2-b^2$이며 $a^2 \equiv b^2 \pmod{n}$.

7. 6에서처럼 $a^2 \equiv b^2 \pmod{n}$, 즉 $n \mid (a-b)(a+b)$일 때 $n \mid a+b$인 경우를 생각할 수 있다. 가령 $1 \equiv 4 \pmod{3}$, 즉 $1^2 \equiv 2^2 \pmod{3}$이다. 그러나 $1 \not\equiv 2 \pmod{3}$이다.

8. (a) $x \equiv 6 \pmod{7}$ (b) $x \equiv 5 \pmod{8}$

(c) $x \equiv 3$ 또는 $10 \pmod{7}$ (d) $x \equiv 35 \pmod{52}$

5.2 잉여류

1. $A=\{-5, -4, -3, -2, -1, 0, 1, 2, 3, 4, 5\}$

$\equiv \{6, 7, 8, 9, 10, 0, 1, 2, 3, 4, 5\} \pmod{11}$,

$B=\{0, 11+1, 22+2, 33+3, 44+4, 55+5, \cdots, 110+10\}$

$\equiv \{0, 1, 2, 3, 4, 5, 6, 7, 8, 9, 10\} \pmod{11}$

이므로 완전 잉여계이다. C는 법 11에서 서로 다른 11개의 원소를 가져서 완전 잉여계이다.

2. (a) $\{1, 2\}$ (b) $\{1, 2, 4, 5, 7, 8\}$

(c) $\{1, 5, 7, 11, 13, 17\}$ (d) $\{1, 2, \cdots, 16\}$

4. $(m-1)^2 \equiv 1 \pmod{m}$, $m-1 \neq 1$

6. (a) $\begin{cases} a \equiv b \pmod{n_1} \\ a \equiv b \pmod{n_2} \\ \quad\vdots \\ a \equiv b \pmod{n_k} \end{cases} \Leftrightarrow a \equiv b(\mathrm{mod}\ \mathrm{lcm}(n_1, n_2, \cdots, n_k))$를 보이자.

모든 $1 \le i \le k$에 대해, $a \equiv b \pmod{n_i} \Leftrightarrow n_i \mid a-b \Leftrightarrow \mathrm{lcm}(n_1, n_2, \cdots, n_k) \mid a-b \Leftrightarrow$ $a \equiv b\ (\mathrm{mod}\ \mathrm{lcm}(n_1, n_2, \cdots, n_k))$

5.3 오일러 phi 함수

1. (a) $100=2^2 \cdot 5^2$이므로 $\phi(100)=40$

(b) 1951는 소수이므로 $\phi(1951)=1950$이다. 또한 $12345=3 \cdot 5 \cdot 823$이며 $95=5 \cdot 19$이므로 $\phi(12345)=6576$이며 $\phi(95)=72$이다.

2. 소인수 분해 $3 \le n=p_1^{k_1} \cdots p_r^{k_r}$ 이므로 n은 반드시 홀수 p_i를 갖는다. 그러면 p_i-1이 짝수이므로 $\phi(n)=\prod_{i=1}^{r}(p_i-1)\,p_i^{k_i-1}$는 짝수이다.

3. $\sum_{d \mid 6} \phi(d) = \phi(1) + \phi(2) + \phi(3) + \phi(6) = 1+1+2+2 = 6$

4. mod 11에 의하면 $10^{101}+1 \equiv (-1)^{101}+1 = 0$. 따라서 11은 약수이다.

5. $n=1$일 때 $5^2 \equiv 1 (\text{mod } 2^3)$이다. $5^{2^k} \equiv 1 (\text{mod } 2^{k+2})$라고 귀납법 가정을 하자. 그러면

$5^{2^{k+1}} = (1+2^{k+2}m)^2 = 1+2 \cdot 2^{k+2}m + 2^{2k+4}m^2 = 1+2^{k+3}(m+2^{k+1}m^2) \equiv 1 (\text{mod } 2^{(k+1)+2})$

6. $p \neq q$이므로 $\gcd(p, q) = 1$이어서 $\phi(pq) = \phi(p)\phi(q) = (p-1)(q-1) = pq-p-q+1$이다.

5.4 합동의 응용

1. (a) 4!보다 큰 모든 항은 항상 $3 \cdot 4$를 인수로 가지므로 법 12에 의해 0이다.

따라서 $1!+2!+3!+\cdots+100! \equiv 1+2+6 (\text{mod } 12)$이다.

(b) $1^5+2^5+3^5+4^5+5^5+6^5+\cdots+99^5+100^5$

$\equiv 1^5+2^5+3^5+0^5+1^5+2^5+3^5+0^5+\cdots+3^5+0^5$

$\equiv 25 \cdot (1^5+2^5+3^5+0^5) \equiv 25 \cdot (1+(-1)^5) \equiv 0 (\text{mod } 4)$

이므로 4로 나눈 나머지는 0이다.

(c) $4444 = 493 \cdot 9 + 7$이므로 $4444 \equiv 7 \equiv -2 (\text{mod } 9)$이다. 따라서

$$4444^{4444} \equiv (-2)^{4444} \equiv 2^{4444} \equiv 2^{3 \cdot 1481+1} \equiv 2^{3 \cdot 1481} \cdot 2^1$$
$$\equiv 8^{1481} \cdot 2 \equiv (-1)^{1481} \cdot 2 \equiv -2 \equiv 7 (\text{mod } 9)$$

(d) 마지막 2자릿수는 법 100의 값이다. $9^2 = 81 \equiv -19 (\text{mod } 100)$, $9^4 \equiv (-19)^2 \equiv 361 \equiv 61$,

$9^5 \equiv 61 \cdot 9 \equiv 549 \equiv 49$, $9^{10} \equiv (49)^2 \equiv 2041 \equiv 1 (\text{mod } 100)$이다.

따라서 $1 \equiv 9^{10} \equiv 9^9 \cdot 9 (\text{mod } 100)$이므로 $9^9 \equiv 9^{-1} \equiv 89 (\text{mod } 100)$이다. 그러므로

$9^{9^9} \equiv 9^{9^9} \equiv 9^{89} \equiv 9^{10 \cdot 8+9} \equiv (9^{10})^8 \cdot 9^9 \equiv 9^9 \equiv 89 (\text{mod } 100)$이다.

(e) 마지막 3자릿수는 법 1000으로 계산한 값이다. $7^3 = 343$, $7^4 = 2401 \equiv 401$, $7^8 \equiv 801$,

$7^{10} \equiv 249$, $7^{20} = 249^2 \equiv 2001 = 1 (\text{mod } 1000)$이다. 따라서

$7^{9999} = (7^{20})^{499} \cdot 7^{19} \equiv 7^{19} \equiv 7^{20} \cdot 7^{-1} \equiv 7^{-1} (\text{mod} 1000)$이다.

그런데 $7 \cdot 143 - 1000 = 1$이므로 $7^{-1} (\text{mod } 1000) \equiv 143$, 즉 마지막 3자릿수는 143이다.

2. $f(x) = x(x^2+3)+1$에서 법 7에 관해 $f(0) \equiv 1$, $f(1) \equiv 5$, $f(2) \equiv 1$, $f(3) \equiv 1$, $f(4) = f(-3)$ $\equiv 0$, $f(5) = 1$, $f(6) \equiv 3$이므로 $x \equiv 4$가 근이다.

3. $\gcd(17, 52) = 1$이며 $1 = 52 + 17(-3)$이다. $1 \equiv 17(-3) (\text{mod } 52)$, $17^{-1} \equiv -3 \equiv 14 (\text{mod } 17)$이다. $17x \equiv 23 (\text{mod } 52)$에 -3을 곱하면 $x \equiv -69 \equiv 35 (\text{mod } 52)$.

5. $P(x) = 2x^{12}+9x^9+x^8+x^7+3x^6+2x^5+7x^3+x^2+1$일 때,

$N = 2{,}009{,}113{,}207{,}101 = P(10)$이다. $10 \equiv 3 (\text{mod} 7)$, $10 \equiv 1 (\text{mod } 9)$,

$10 \equiv -1 (\text{mod } 11)$, $10 \equiv -3 (\text{mod } 13)$이므로 $N \equiv P(3) (\text{mod } 7)$, $N \equiv P(1) (\text{mod } 9)$,

$N \equiv P(-1) \pmod{11}$, $N \equiv P(-3) \pmod{13}$ 이다. $P(3)$, $P(1)$, $P(-1)$, $P(-3)$을 각각 계산하면 N이 7, 9, 11, 13의 배수이다.

6. 법 11에 의해 $2^4 \equiv 5$, $2^8 \equiv 5^2 \equiv 3$, $2^{12} \equiv 15 \equiv 4$, $2^{15} \equiv 4 \cdot 2^3 \equiv -1$이다. 한편 $14^{40} \equiv 3^{40}$이므로 $3^2 \equiv -2$, $3^4 \equiv 4$, $3^8 \equiv 16 \equiv 5$이며 $3^{40} \equiv 1$이다. 따라서 $2^{15}14^{40}+1 \equiv (-1)+1 \equiv 0 \pmod{11}$ 이다.

Chapter 06 정수론적 함수

6.1 정수론적 함수

1. $p! = (p-1)!\,p$이며 $\gcd((p-1)!, p) = 1$이므로

$$\tau(p!) = \tau((p-1)!)\,\tau(p) = 2\tau((p-1)!)$$
$$\sigma(p!) = \sigma((p-1)!)\,\sigma(p) = (p+1)\sigma((p-1)!)$$
$$\phi(p!) = \phi((p-1)!)\ \phi(p) = (p-1)\phi((p-1)!)$$

2. $\tau(n) = 8 = 2 \cdot 2 \cdot 2$이 될 n의 소인수 분해의 형태는 $\tau(p^7) = 8$, $\tau(p^3q) = 4 \cdot 2 = 8$, $\tau(pqr) = 2 \cdot 2 \cdot 2 = 8$($p, q, r$은 서로 다른 소수)이다. 따라서 가능한 작은 값들은 $\{2^7, 2^3 \cdot 3, 3^3 \cdot 2, 2 \cdot 3 \cdot 5\} = \{128, 24, 54, 30\}$이므로 가장 작은 두 수는 24와 30이다.

3. (a) $\tau(56000) = 56$ (b) $\sigma(12345678) = 27{,}319{,}968$

4. (a) $\tau(n) = 2 = 1+1$이므로 $n = 2^1 = 2$ (b) $\tau(n) = 3+2+1$이므로 $n = 2^2 = 4$

(c) $\tau(n) = 14 = 7 \cdot 2 = (6+1)(1+1)$이므로 $n = 2^6 \cdot 3 = 192$이다.

6. (a) $\sigma(n) = 12 = 3 \cdot 4$이다. $12 = 1+11^1$인 경우는 $n = 11$이다. $3 \cdot 4 = (1+2^1)(1+3^1)$인 경우는 $n = 2 \cdot 3 = 6$이다. 따라서 $n = 6, 11$이다.

(b) $\sigma(n) = 18 = 3 \cdot 6$이다. $18 = 1+17^1$인 경우는 $n = 17$이다. $3 \cdot 6 = (1+2^1)(1+5^1)$인 경우는 $n = 2 \cdot 5 = 10$이다. 따라서 $n = 10, 17$이다.

(c) $\sigma(n) = 24 = 3 \cdot 8 = 4 \cdot 6$. $24 = 1+23^1$인 경우는 $n = 23$이다.

$3 \cdot 8 = (1+2^1)(1+7^1)$인이면 $n = 2 \cdot 7 = 14$이다.

$4 \cdot 6 = (1+3^1)(1+5^1)$이면 $n = 3 \cdot 5 = 15$이다. $n = 14, 15, 23$이다.

6.2 가우스 함수

1. $n < p^i$이면 $\left[\dfrac{n}{p^i}\right] = 0$이므로 $\displaystyle\sum_{k=1}^{\infty}\left[\dfrac{n}{p^k}\right]$에서 0이 아닌 항은 유한개이다. 정수 $1, 2, \cdots, n$ 중에서 p의 배수인 것은 $p, 2p, \cdots, \left[\dfrac{n}{p}\right]p$ 뿐이므로 p가 $n \neq 1 \cdot 2 \cdots n$ 의 인수로 나타나는 횟수는 p가 $p \cdot 2p \cdots \left[\dfrac{n}{p}\right]p = p^{\left[\frac{n}{p}\right]} \cdot \left(1 \cdot 2 \cdots \left[\dfrac{n}{p}\right]\right)$의 인수로 나타나는 횟수와 같다.

따라서 $E(p,n)=\left[\frac{n}{p}\right]+E\left(p,\left[\frac{n}{p}\right]\right)$이다. 이 등식의 n 대신에 $\left[\frac{n}{p}\right]$를 대입하고, 문제 4(v)를 사용하면 $E\left(p,\left[\frac{n}{p}\right]\right)=\left[\frac{n}{p^2}\right]+E\left(p,\left[\frac{n}{p^2}\right]\right)$. 즉 $E(p,n)=\left[\frac{n}{p}\right]+\left[\frac{n}{p^2}\right]+E\left(p,\left[\frac{n}{p^2}\right]\right)$이다.

이 과정을 반복하면 $E(p,n)=\left[\frac{n}{p}\right]+\left[\frac{n}{p^2}\right]+\left[\frac{n}{p^3}\right]+\left[\frac{n}{p^4}\right]+\cdots=\sum_{k=1}^{\infty}\left[\frac{n}{p^k}\right]$이다.

2. (a) $\left[\frac{500}{3}\right]=166$, $\left[\frac{166}{3}\right]=55$, $\left[\frac{55}{3}\right]=18$, $\left[\frac{18}{3}\right]=6$, $\left[\frac{6}{3}\right]=2$, $\left[\frac{2}{3}\right]=0$이므로

$E(3,500)=166+55+18+6+2=247$

(b) $E(2,1000)$와 $E(3,1000)$을 먼저 계산한다. $\left[\frac{1000}{2}\right]=500$, $\left[\frac{500}{2}\right]=250$, $\left[\frac{250}{2}\right]=125$, $\left[\frac{125}{2}\right]=62$, $\left[\frac{62}{2}\right]=31$, $\left[\frac{31}{2}\right]=15$, $\left[\frac{15}{2}\right]=7$, $\left[\frac{7}{2}\right]=3$, $\left[\frac{3}{2}\right]=1$이므로 $E(2,1000)=994$이다. 또 $\left[\frac{1000}{3}\right]=333$, $\left[\frac{333}{3}\right]=111$, $\left[\frac{111}{3}\right]=37$, $\left[\frac{37}{3}\right]=12$, $\left[\frac{12}{3}\right]=4$, $\left[\frac{4}{3}\right]=1$이므로 $E(3,1000)=498$이다. 따라서 $2^{994}\cdot 3^{498}=(2\cdot 3)^{498}\cdot 2^{496}$, 즉 $E(6,1000)=498$이다.

(c) $\left[\frac{2000}{7}\right]=285$, $\left[\frac{285}{7}\right]=40$, $\left[\frac{40}{7}\right]=5$, $\left[\frac{5}{7}\right]=0$이므로 $E(7,2000)=330$이다.

3. k는 533!을 나누어 떨어뜨리는 2의 최대지수를 의미하므로 $k=E(2,533)$이다.
$\left[\frac{533}{2}\right]=266$, $\left[\frac{266}{2}\right]=133$, $\left[\frac{133}{2}\right]=66$, $\left[\frac{66}{2}\right]=33$, $\left[\frac{33}{2}\right]=16$, $\left[\frac{16}{2}\right]=8$, $\left[\frac{8}{2}\right]=4$, $\left[\frac{4}{2}\right]=2$, $\left[\frac{2}{2}\right]=1$이므로 $k=E(2,533)=529$이다.

6. 100!의 끝의 0의 개수는 10을 나누는 최대지수의 값과 동일하므로 $E(10,100)$이 된다.
$10=2\cdot 5$이므로 $E(2,100)$과 $E(5,100)$을 계산한다. $\left[\frac{100}{2}\right]=50$, $\left[\frac{50}{2}\right]=25$, $\left[\frac{25}{2}\right]=12$, $\left[\frac{12}{2}\right]=6$, $\left[\frac{6}{2}\right]=3$, $\left[\frac{3}{2}\right]=1$이므로 $E(2,100)=97$이다. 또한 $\left[\frac{100}{5}\right]=20$, $\left[\frac{20}{5}\right]=4$이므로 $E(5,100)=24$이다. 따라서 $2^{97}\cdot 5^{24}=(10)^{24}\cdot 2^{73}$이므로 끝의 0은 모두 24개이다.

7. (a) $\left[\frac{500}{7}\right]=\left[71+\frac{3}{7}\right]=71$　　(b) $\left[\frac{200}{11}\right]=\left[18+\frac{2}{11}\right]=18$

Chapter 07 페르마 정리와 오일러 정리

7.1 윌슨 정리

1. (a) 윌슨 정리에 의해 $(p-1)!\equiv -1$이다. $-1\equiv(p-1)!=(p-2)!(p-1)\equiv(p-2)!(-1)$이므로 $(p-2)!\equiv 1$이다.

(b) (a)에서처럼 $-1\equiv(p-1)!=(p-3)!(p-2)(p-1)\equiv(p-2)!(-2)(-1)=2(p-2)!$

따라서 $2(p-2)! \equiv 1$

7.3 오일러 정리

1. (a) $\gcd(a, 35) = 1$이므로 $\gcd(a, 5) = \gcd(a, 7) = 1$이다. 페르마 정리에 의해 $a^6 \equiv 1 \pmod 7$이며 $a^4 \equiv 1 \pmod 5$이다. 따라서 $a^{12} \equiv 1 \pmod 7$이며 $a^{12} \equiv 1 \pmod 5$, 즉 $a^{12} \equiv 1 \pmod{35}$이다.

(b) $168 = 2^3 \cdot 3 \cdot 7$. $\gcd(a, 42) = 1$이므로 $\gcd(a, 3) = \gcd(a, 7) = 1$이며 $a^2 \equiv 1 \pmod 3$, $a^6 \equiv 1 \pmod 7$이며 $a^{\phi(8)} = a^4 \equiv 1 \pmod 8$이다.

$$\begin{cases} a \equiv b \pmod{n_1} \\ a \equiv b \pmod{n_2} \\ \quad\vdots \\ a \equiv b \pmod{n_k} \end{cases} \Leftrightarrow a \equiv b \pmod{\operatorname{lcm}(n_1, n_2, \cdots, n_k)}$$ 이므로 $a^{12} \equiv 1 \pmod{168}$이다.

또한 $a^6 \equiv 1 \pmod{168}$.

2. (a) 윌슨 정리에 의해 $16! \equiv -1 \pmod{17}$이다. $-1 \equiv 15! \cdot 16 \equiv 15! \cdot (-1) \pmod{17}$, 즉 이므로 $15! \equiv 1 \pmod{17}$이므로 나머지는 1이다.

(b) $-1 \equiv 28! \equiv 26! \cdot 27 \cdot 28 \equiv 26!(-2)(-1) \pmod{29}$이므로 $2(26!) \equiv -1 \pmod{29}$이다. 따라서 나머지는 $-1 \equiv 28 \pmod{29}$이다.

(c) $-1 \equiv 30! \equiv 29!(30) \equiv 29!(-1) \pmod{31}$이므로 $29! \equiv 1 \pmod{31}$이다.

따라서 $4(29!) + 5! \equiv 4 + 5! \equiv 4 + (2 \cdot 3 \cdot 5)(4) \equiv 4 + (-1)4 \equiv 0 \pmod{31}$, 즉 나머지 0이다.

3. (a) $437 = 19 \cdot 23$이며 $18! \equiv -1 \pmod{19}$이다. 또한 $-1 \equiv 22! \equiv 18!(19)(20)(21)(22)$ $= 18!(-4)(-3)(-2)(-1) \equiv 18!(24) \equiv 18! \pmod{23}$이다.

따라서 $18! \equiv -1 \pmod{437}$ 이므로 $437 \mid 18! + 1$이다.

(b) 임의의 n에 대해 $3^{2n+1} \equiv 3^{2n} \cdot 3 \equiv (3^2)^n \cdot 3 \equiv 2^n \cdot 3 \pmod 7$이며 $2^{n+2} \equiv 2^n \cdot 4 \pmod 7$이므로 $3^{2n+1} + 2^{n+2} \equiv 2^n \cdot 3 + 2^n \cdot 4 \equiv 2^n \cdot 7 \equiv 0 \pmod 7$이다.

따라서 $7 \mid (3^{2n+1} + 2^{n+2})$이다.

4. $1 = \gcd(ab, p) \Leftrightarrow 1 = \gcd(a, p) = \gcd(b, p)$이므로 페르마 정리를 사용한다.

(a) $a^{p-1} \equiv 1 \pmod p$, $a^{q-1} \equiv 1 \pmod q$이다. 즉 $a^p \equiv a \pmod p$, $a^q \equiv a \pmod q$이다.

따라서 $a^p \equiv b^p \pmod p$는 $a \equiv b \pmod p$이다.

(b) $\gcd(a^p - b^p, p) = 1$이거나 $p^2 \mid (a^p - b^p)$이므로 $a^p \equiv b^p \pmod p$이면 $a^p \equiv b^p \pmod{p^2}$이다.

5. (a) $1 \le a \le p-1$인 모든 a는 $\gcd(a, p) = 1$이므로 페르마 정리에 의해 $a^{p-1} \equiv 1 \pmod p$, $a^p \equiv a \pmod p$이다. 따라서 $1^{p-1} + 2^{p-1} + \cdots + (p-1)^{p-1} \equiv 1 + 1 + \cdots 1 \equiv (p-1) \equiv -1 \pmod p$이다.

(b) 그러므로 $1^p + 2^p + \cdots + (p-1)^p \equiv 1 + 2 + \cdots (p-1) = \dfrac{p(p-1)}{2} \equiv 0 \pmod p$이다.

6. (a) 윌슨 정리 $-1 \equiv (p-1)! \equiv (p-2)!(p-1) \equiv (p-2)!(-1)(\mathrm{mod}\, p)$, 즉 $(p-2)! \equiv 1(\mathrm{mod}\, p)$ 이다. 따라서 $(p-2)!-1 \equiv 0(\mathrm{mod} p)$, 즉 $p \mid ((p-2)!-1)$ 이다.

(b) $1+2+\cdots+(p-1) = \dfrac{p(p-1)}{2}$ 이며 $(p-1)!-(p-1) = (p-1)[(p-2)!-1]$ 이므로 $\dfrac{p(p-1)}{2} \mid (p-1)[(p-2)!-1]$, 즉 $p(p-1) \mid 2(p-1)[(p-2)!-1]$를 보이면 된다.
당연히 $(p-1) \mid (p-1)[(p-2)!-1]$ 이므로 $(p-1) \mid 2(p-1)[(p-2)!-1]$ 이다.
또한 $p \mid [(p-2)!-1]$ 이므로 $p \mid 2(p-1)[(p-2)!-1]$ 이다. $\gcd(p, p-1) = 1$ 이므로 $p(p-1) \mid 2(p-1)[(p-2)!-1]$ 이 된다. (중국인의 나머지 정리를 활용하면 쉽게 증명할 수 있다. 윌슨 정리에 의해 $(p-1)! \equiv -1(\mathrm{mod}\, p)$ 이다. 한편 $(p-1) \neq 1 \cdot 2 \cdots \dfrac{p-1}{2} \cdot \dfrac{p-2}{2} \cdots (p-1)$ 이므로 $(p-1)! \equiv 0\left(\mathrm{mod}\, \dfrac{p-1}{2}\right)$ 이다. 중국인의 나머지 정리에 의해 $(p-1)! \equiv -1\left(\mathrm{mod}\, p\dfrac{p-1}{2}\right)$ 이다.)

7. (b)를 증명하면 (a)는 m, n이 소수인 경우이다.

(b) 오일러 정리에 의해 $m^{\phi(n)} \equiv 1(\mathrm{mod}\, n)$ 이다. 그런데 $n^{\phi(m)} \equiv 0(\mathrm{mod}\, n)$ 은 당연하므로 $m^{\phi(n)} + n^{\phi(m)} \equiv 1(\mathrm{mod}\, n)$ 이다. 같은 방법으로 $n^{\phi(m)} \equiv 1(\mathrm{mod}\, m)$ 이며 $m^{\phi(n)} \equiv 0(\mathrm{mod} m)$ 이므로 $m^{\phi(n)} + n^{\phi(m)} \equiv 1(\mathrm{mod}\, m)$ 이다. $\gcd(m, n) = 1$ 이므로 $m^{\phi(n)} + n^{\phi(m)} \equiv 1(\mathrm{mod}\, mn)$ 이다.

8. (a) 소수 p와 $\gcd(a, p) = 1$ 이므로 윌슨 정리에 의해 $(p-1)! \equiv -1(\mathrm{mod}\, p)$ 이며 $a^p \equiv a(\mathrm{mod}\, p)$ 이다. 따라서 $a^p + (p-1)!a \equiv 0(\mathrm{mod}\, p)$ 이다.

(b) $(p-1)!a^p + a \equiv -a + a \equiv 0(\mathrm{mod}\, p)$ 이다.

(c) $1^2 \cdot 3^2 \cdot 5^2 \cdots (p-3)^2(p-2)^2$

$$\equiv (1 \cdot 1) \cdot (3 \cdot 3) \cdot (5 \cdot 5) \cdots ((p-4) \cdot (p-4)) \cdot ((p-2) \cdot (p-2))$$

$$\equiv (-1 \cdot (p-1)) \cdot ((-3) \cdot (p-3)) \cdot ((-5) \cdot (p-5)) \cdots (-(p-4) \cdot 4) \cdot (-(p-2) \cdot 2)$$

$$\equiv (-1)^{\frac{p-1}{2}} [1 \cdot 2 \cdot 3 \cdots (p-4)(p-3)(p-2)(p-1)]$$

$$\equiv (-1)^{\frac{p-1}{2}} (p-1)! \equiv (-1)^{\frac{p-1}{2}} (-1) \equiv (-1)^{\frac{p+1}{2}}$$

7.6 카마이클 수

1. (a) $\gcd(b, n) = 1$ 이므로 $b^{-1}(\mathrm{mod} n)$ 이 존재한다. $b \equiv d(\mathrm{mod}\, n)$ 이므로 $b^{-1} \equiv d^{-1}(\mathrm{mod}\, n)$ 이다. 따라서 $ab \equiv cd(\mathrm{mod}\, n)$ 의 양변에 역원을 곱하면 $a \equiv c(\mathrm{mod}\, n)$ 이다.

(b) $30 = 2 \cdot 3 \cdot 5$ 이다. $p = 5$ 이면 $a^{25} = (a^5)^5 \equiv a^5 \equiv a(\mathrm{mod}\, 5)$, 즉 $5 \mid a^{25} - a$ 이다.
또한 $a^3 \equiv a(\mathrm{mod}\, 3)$ 이며 $a^2 \equiv a(\mathrm{mod}\, 2)$ 이므로

$$\begin{cases} a^{25} \equiv (a^3)^8 a \equiv a^8 a \equiv a^9 \equiv (a^3)^3 \equiv a^3 \equiv a(\mathrm{mod}\, 3) \\ a^{25} \equiv (a^2)^{12} a \equiv a^{12} a \equiv (a^2)^6 a \equiv a^6 a \equiv (a^3)^2 a \equiv a^3 a \equiv a^4 \equiv a^2 \equiv a(\mathrm{mod}\, 2) \end{cases}$$

이다. 따라서 $a^{25} \equiv a \pmod 2$, $a^{25} \equiv a \pmod 3$, $a^{25} \equiv a \pmod 5$이므로 $a^{25} \equiv a \pmod{30}$. $30 \mid a^{25} - a$.

2. $\dfrac{\phi(a)}{a} = \prod_{p \mid a}\left(1 - \dfrac{1}{p}\right)$이며 $\dfrac{\phi(b)}{b} = \prod_{q \mid b}\left(1 - \dfrac{1}{q}\right)$이다. 또한 $\dfrac{\phi(ab)}{ab} = \prod_{r \mid ab}\left(1 - \dfrac{1}{r}\right)$이다. ($p, q, r$은 소수) 그런데 $r \mid ab$는 $r \mid a$ 또는 $r \mid b$이므로 $r = p$이거나 $r = q$이다. 그러므로 $\dfrac{\phi(ab)}{ab} = \prod_{r \mid ab}\left(1 - \dfrac{1}{r}\right) \geq \prod_{p, q}\left(1 - \dfrac{1}{p}\right)\left(1 - \dfrac{1}{q}\right) = \dfrac{\phi(a)\phi(b)}{ab}$이다.

3. 위의 식에서 등호가 성립하려면 $p = q$가 되어서는 안 된다. 즉 $\gcd(a, b) = 1$이면 $\phi(ab) = \phi(a)\phi(b)$가 된다.

4. 임의의 정수 a는 소수 p에 의해 $p \nmid a$이거나 $p \mid a$이다. $p \nmid a$이면 $\gcd(p, a) = 1$이므로 페르마 정리에 의해 $a^{p-1} \equiv 1 \pmod p$이다. 즉 $a^p \equiv a \pmod p$이다. $p \mid a$이면 $a = kp (k \in \mathbb{Z})$이므로 $a^p = k^p p^p \equiv 0 \equiv kp \equiv a \pmod p$이다.

5. (a) $15 = 3 \cdot 5$. $a^3 \equiv a \pmod 3$이므로 $a^{21} = (a^3)^7 \equiv a^7 \equiv (a^3)^2 \cdot a \equiv a^3 \equiv a \pmod 3$이다. 또한 $a^5 \equiv a \pmod 5$이므로 $a^{21} = (a^5)^4 \cdot a \equiv a^4 \cdot a \equiv a \pmod 5$. 따라서 $a^{21} \equiv a \pmod{15}$이다.

(c) $273 = (3)(7)(13)$. $a^3 \equiv a \pmod 3$이므로 $a^{13} \equiv (a^3)^4 \cdot a \equiv a^4 \cdot a \equiv a^3 \equiv a \pmod 3$이다. 또한 $a^7 \equiv a \pmod 7$이므로 $a^{13} \equiv a \pmod 7$. $a^{13} \equiv a \pmod{13}$이므로 $a^{13} \equiv a \pmod{3 \cdot 7 \cdot 13}$.

7. $10 = 2 \cdot 5$, $\gcd(3,2) = \gcd(3,5) = 1$이므로 $3 \equiv 1 \pmod 2$, $3^4 \equiv 1 \pmod 5$이다. 그러므로 $3^{100} \equiv 1 \pmod 2$, $3^{100} \equiv (3^4)^{25} \equiv 1 \pmod 5$, 즉 $3^{100} \equiv 1 \pmod{10}$이므로 1의 자릿수는 1이다.

8. 임의의 a에 대해 $a^p \equiv a \pmod p$이며 $a^q \equiv a \pmod q$이므로 $a^p \equiv a \pmod{pq}$, $a^q \equiv a \pmod{pq}$이다. $a^{pq} - a^p - a^q + a \equiv (a^p)^q - a^p - a^q + a \equiv a^q - a^p - a^q + a \equiv 0 \pmod{pq}$.

Chapter 08 합동방정식

8.1 합동방정식 풀기

1. (a) $\gcd(25, 9) = 1$이며 $1 \mid 2$이므로 근이 1개 존재한다. 또한 $1 = 25(4) + 9(-11)$이므로 법 25에 대한 9의 역원은 $-11 \equiv 14 \pmod{25}$이다. 따라서 $x \equiv 9^{-1} \cdot 2 \equiv 14 \cdot 2 \equiv 3 \pmod{25}$이다.

(b) $\gcd(4, 32) \nmid 35$이므로 근이 없다.

(c) $\gcd(15, 85) = 5 \mid 10$이므로 근은 5개 존재한다. $15x \equiv 10 \pmod{85}$, 즉 $3x \equiv 2 \pmod{17}$이다. $3 \cdot 6 \equiv 1 \pmod{17}$이므로 $x \equiv 3^{-1} \cdot 2 \equiv 6 \cdot 2 \equiv 12 \pmod{17}$이며, 일반 형태는 법 85에 대해 $x \equiv 12 + \dfrac{85}{5}t \equiv 12 + 17t$ ($t = 0, \cdots, 4$)이다. 따라서 $x \equiv 12, 29, 46, 63, 80 \pmod{85}$이다.

(d) $\gcd(42, 156) = 6 \mid 90$이므로 근은 6개 있다. $42x \equiv 90 \pmod{156}$, 즉 $7x \equiv 15 \pmod{26}$이다.

$\gcd(7, 26) = 1 = 26(3) + 7(-11)$ 이므로 $7(-11) \equiv 1 \pmod{26}$, 즉 $7^{-1} \equiv -11 \equiv 15 \pmod{26}$ 이다. $x \equiv 7^{-1} \cdot 15 \equiv 15 \cdot 15 \equiv 17 \pmod{26}$ 이므로 $x \equiv 17 + \frac{156}{6}6 \equiv 17 + 26t \ (t = 0, \cdots, 5)$. 그러므로 $x = 17, 43, 69, 95, 121, 147 \pmod{156}$.

(e) 유클리드 알고리즘. $440 = 4 \cdot 91 + 76$, $91 = 1 \cdot 76 + 15$, $76 = 5 \cdot 15 + 1$ 이므로 $\gcd(91, 440) = 1 = 440(6) + 91(-29)$ 이다. $1 \equiv 91(-29) \pmod{440}$, 즉 $91^{-1} \equiv -29$ 이다. $91x \equiv 419 \equiv -21 \pmod{440}$ 에 -29를 곱하면 근 $x \equiv (-21)(-29) = 609 \equiv 169 \pmod{440}$.

(f) $\begin{cases} 17x \equiv 3 \pmod 2 \\ 17x \equiv 3 \pmod 3 \\ 17x \equiv 3 \pmod 5 \\ 17x \equiv 3 \pmod 7 \end{cases} \Leftrightarrow \begin{cases} x \equiv 1 \pmod 2 \\ 2x \equiv 0 \pmod 3 \\ 2x \equiv 3 \pmod 5 \\ 3x \equiv 3 \pmod 7 \end{cases} \Leftrightarrow \begin{cases} x \equiv 1 \pmod 2 \\ x \equiv 0 \pmod 3 \\ x \equiv 4 \pmod 5 \\ x \equiv 1 \pmod 7 \end{cases}$ 의 근을 찾는다. 중국인 정리에 의해

$x \equiv 1(3 \cdot 5 \cdot 7)(3 \cdot 5 \cdot 7)^{-1} \pmod 2 + 4(2 \cdot 3 \cdot 7)(2 \cdot 3 \cdot 7)^{-1} \pmod 5$
$\quad + 1(2 \cdot 3 \cdot 5)(2 \cdot 3 \cdot 5)^{-1} \pmod 7 \pmod{210}$ 이다.

그런데 $(3 \cdot 5 \cdot 7)^{-1} \equiv 105^{-1} \equiv 1^{-1} \equiv 1 \pmod 2$, $(2 \cdot 3 \cdot 7)^{-1} \equiv 42^{-1} \equiv 2^{-1} \equiv 3 \pmod 5$, $(2 \cdot 3 \cdot 5)^{-1} \equiv 30^{-1} \equiv 2^{-1} \equiv 4 \pmod 7$ 이므로 $x \equiv 105 + 504 + 120 \equiv 729 \equiv 99 \pmod{210}$ 이다.

(g) $327 \pmod{380}$

8.2 연립 일차 합동식

1. (a) $x \equiv 5(13)(13^{-1} \bmod 6) + 7(6)(6^{-1} \bmod 13) \equiv 5(13)(1) + 7(6)(11) \equiv 527 \equiv 59 \pmod{78}$

(b) $x \equiv 7(11)(11^{-1} \bmod 10) + 4(10)(10^{-1} \bmod 11) \equiv 7(11)(1) + 4(10)(-1) \equiv 37 \pmod{110}$

(c) 원방정식 $\Leftrightarrow \begin{cases} 4x \equiv 2 \pmod 7 \\ 5x \equiv 3 \pmod{11} \end{cases} \Leftrightarrow \begin{cases} x \equiv 4 \pmod 7 \\ x \equiv 5 \pmod{11} \end{cases}$ 이다. 따라서

$x \equiv 4 \cdot 11 \cdot 2 + 5 \cdot 7 \cdot 8 \equiv 368 \equiv 60 \pmod{77}$ 이다.

2. (a) $x \equiv 5(3 \cdot 5)(3 \cdot 5)^{-1} \pmod 2 + 1(2 \cdot 5)(2 \cdot 5)^{-1} \pmod 3 + 2(2 \cdot 3)(2 \cdot 3)^{-1} \pmod 5$ 이다. $(3 \cdot 5)^{-1} \equiv 1^{-1} \equiv 1 \pmod 2$, $(2 \cdot 5)^{-1} \equiv 1^{-1} \equiv 1 \pmod 3$, $(2 \cdot 3)^{-1} \equiv 1^{-1} \equiv 1 \pmod 5$ 이 므로 $x \equiv 5(3 \cdot 5) + 1(2 \cdot 5) + 2(2 \cdot 3) \equiv 97 \equiv 7 \pmod{30}$

(b) $x \equiv 5(11 \cdot 17)(11 \cdot 17)^{-1} \pmod 6 + 4(6 \cdot 17)(6 \cdot 17)^{-1} \pmod{11} + 3(6 \cdot 11)$ $(6 \cdot 11)^{-1} \pmod{17}$ 이다.

$(11 \cdot 17)^{-1} \equiv 1 \pmod 6$, $(6 \cdot 17)^{-1} \equiv 36^{-1} \equiv 3^{-1} \equiv 4 \pmod{11}$, $(6 \cdot 11)^{-1} \equiv 66^{-1}$ $\equiv -2^{-1} \equiv 8 \pmod{17}$ 이므로

$x \equiv 5(11 \cdot 17)(1) + 4(6 \cdot 17)(4) + 3(6 \cdot 11)(8) \equiv 4151 \equiv 785 \pmod{1122}$

(c) 원방정식 $\Leftrightarrow \begin{cases} x \equiv 1 \pmod 4 \\ x \equiv 4 \pmod 5 \\ x \equiv 3 \pmod 7 \end{cases}$ 이므로

$x \equiv 1 \cdot 35 \cdot (-1) + 4 \cdot 28 \cdot 2 + 3 \cdot 20 \cdot (-1) \equiv 129 \pmod{140}$ 이다.

(d) $2x \equiv 2 \pmod 9$ 의 해는 $x \equiv 1 \pmod 9$ 이다. 또한 $4x \equiv 2 \pmod{10}$ 의 해는 $x \equiv 3, 8 \pmod{10}$

이다. 따라서 원방정식 $\Leftrightarrow \begin{cases} x \equiv 1 \pmod 9 \\ x \equiv 3 \pmod{10} \\ x \equiv 4 \pmod 7 \end{cases}$ 이며 $\begin{cases} x \equiv 1 \pmod 9 \\ x \equiv 8 \pmod{10} \\ x \equiv 4 \pmod 7 \end{cases}$ 이다.

그러므로

$x \equiv 1(70)(4)+3(63)(-3)+4(90)(-1) \equiv -647 \equiv -17 \equiv 613 \pmod{630}$ 과

$x \equiv 1(70)(4)+8(63)(-3)+4(90)(-1) \equiv 1592 \equiv 298 \pmod{630}$ 이다.

3. 우선 $4x \equiv 2 \pmod 6$ 은 $x \equiv 2 \pmod 6$ 과 $x \equiv 5 \pmod 6$ 을 근으로 한다. 따라서

원방정식 $\Leftrightarrow \begin{cases} x \equiv 4 \pmod 5 \\ x \equiv 2 \pmod 6 \\ x \equiv 3 \pmod 7 \end{cases}$ 이며 $\begin{cases} x \equiv 4 \pmod 5 \\ x \equiv 5 \pmod 6 \\ x \equiv 3 \pmod 7 \end{cases}$ 이다. 중국인 정리를 사용하면

$x \equiv 4 \cdot 6 \cdot 7(6 \cdot 7)^{-1} \pmod 5 + 2 \cdot 5 \cdot 7(5 \cdot 7)^{-1} \pmod 6 + 3 \cdot 5 \cdot 6(5 \cdot 6)^{-1} \pmod 7$ 과

$x \equiv 4 \cdot 6 \cdot 7(6 \cdot 7)^{-1} \pmod 5 + 5 \cdot 5 \cdot 7(5 \cdot 7)^{-1} \pmod 6 + 3 \cdot 5 \cdot 6(5 \cdot 6)^{-1} \pmod 7$ 이 근이다.

$(6 \cdot 7)^{-1} \equiv 2^{-1} \equiv 3 \pmod 5$, $(5 \cdot 7)^{-1} \equiv 5^{-1} \equiv 5 \pmod 6$, $(5 \cdot 6)^{-1} \equiv 2^{-1} \equiv 4 \pmod 7$ 이므로,

근은 $x = 4 \cdot 6 \cdot 7(3) + 2 \cdot 5 \cdot 7(5) + 3 \cdot 5 \cdot 6(4) \equiv 1214 \equiv 5 \cdot 210 + 164 \equiv 164 \pmod{210}$

$x = 4 \cdot 6 \cdot 7(3) + 5 \cdot 5 \cdot 7(5) + 3 \cdot 5 \cdot 6(4) \equiv 1749 = 8 \cdot 210 + 59 \equiv 59 \pmod{210}$ 이다.

8.4 합동식 응용

1. (a) 근없음

(풀이) $x^2 + x + 7 \equiv 0 \pmod 3 \;\Leftrightarrow\; (2x+1)^2 \equiv -27 \equiv 0 \pmod 3$

$X^2 \equiv 0 \pmod 3$ 의 형태이므로, 르장드르 기호를 사용할 수는 없다. 그러니

$X^2 \equiv 0 \pmod 3$ 의 근은 $X = 0$ 이다.

고차방정식 풀이에 의해

[1단계] $x^2 + x + 7 \equiv 0 \pmod 3$ 을 풀자.

$(2x+1)^2 \equiv -27 \equiv 0 \pmod 3$ 이므로, $2x + 1 \equiv 0 \pmod 3$, 즉 $x \equiv 1 \pmod 3$ 이 근이다.

[2단계] $x^2 + x + 7 \equiv 0 \pmod{3^2}$ 을 풀자. $b \equiv 1 \pmod 3$ 이며 $x^2 + x + 7 \equiv 0 \pmod{3^2}$ 의 근을 x 라고 하자. 그러면

① $x \equiv b \equiv 1 \pmod 3$ 이므로 $x = 1 + 3k$ $(k \in \mathbb{Z})$ 이다.

② $f(b) \equiv 0 \pmod 3$ 이므로 $f(b) = 3t$ $(t \in \mathbb{Z})$ 이다. (실제로 $f(b) = f(1) = 9$, $t = 3$)

③ 한편 $f'(x) = 2x + 1$ 이므로, $f'(b) = f'(1) = 3$ 이다.

④ 테일러전개에 의해 $0 \equiv f(x) = f(b) + f'(b)(3k) \pmod 9$ 이므로 $3t + 3(3k) \equiv 0 \pmod 9$,

즉 $t + 3k \equiv 0 \pmod 3$, $3k \equiv -t \pmod 3$ 이다. 더욱이 $t = 3$ 이므로, $3k \equiv -3 \pmod 3$.

이 식은 모든 $k = 0, 1, 2, \cdots$ 에서 성립한다.

따라서 $x^2 + x + 7 \equiv 0 \pmod{3^2}$ 의 근 $x = 1 + 3k$ 는 $1, 4, 7 \pmod 9$.

[3단계] $x^2+x+7 \equiv 0 \pmod{3^3}$을 풀자. 위에서 구한 근을 $b \equiv 1, 4, 7 \pmod 9$라고 하자.

(1) $b \equiv 1 \pmod 9$이며 $x^2+x+7 \equiv 0 \pmod{3^3}$의 근을 x라고 하자. 그러면

① $x \equiv b \equiv 1 \pmod 9$이므로 $x = 1+9k$ $(k \in \mathbb{Z})$이다.

② $f(b) \equiv 0 \pmod 9$이므로 $f(b) = 9t$ $(t \in \mathbb{Z})$이다(실제로 $f(b)=f(1)=9$, $t=1$이다).

③ $f'(x) = 2x+1$이므로, $f'(b) = f'(1) = 3$이다.

④ 테일러전개에서 $0 \equiv f(x) = f(b)+f'(b)(9k) \pmod{27}$이므로

$9t+3(9k) \equiv 0 \pmod{27}$, 즉 $t+3k \equiv 0 \pmod 3$, $3k \equiv -t \pmod 3$이다. $t=1$이므로, $3k \equiv -1 \pmod 3$, 즉 $0 \equiv -1 \pmod 3$이 되어, 어떠한 경우에도 모순이 된다. 따라서 근이 존재하지 않는다.

(2) $b \equiv 4 \pmod 9$이며 $x^2+x+7 \equiv 0 \pmod{3^3}$의 근을 x라고 하자. 그러면

① $x \equiv b \equiv 4 \pmod 9$이므로 $x = 4+9k$ $(k \in \mathbb{Z})$이다.

② $f(b) \equiv 0 \pmod 9$이므로 $f(b) = 9t$ $(t \in \mathbb{Z})$이다.

(실제로 $f(b)=f(4)=27$, $t=3$.)

③ $f'(x) = 2x+1$이므로, $f'(b) = f'(4) = 9$이다.

④ 테일러전개에서 $0 \equiv f(x) = f(b)+f'(b)(9k) \pmod{27}$이므로

$9t+9(9k) \equiv 0 \pmod{27}$, 즉 $t+9k \equiv 0 \pmod 3$, $9k \equiv -t \pmod 3$이다.

$t=3$이므로, $9k \equiv -3 \pmod 3$, 즉 $0 \equiv 0 \pmod 3$가 되므로 모든 $k=0, 1, 2, 3, \cdots$에 대해 항상 성립한다. 따라서 $x^2+x+7 \equiv 0 \pmod{3^3}$의 근 $x=4+9k$는 $4, 13, 22 \pmod{27}$이다.

(3) $b \equiv 7 \pmod 9$이며 $x^2+x+7 \equiv 0 \pmod{3^3}$의 근을 x라고 하자. 그러면

① $x \equiv b \equiv 7 \pmod 9$이므로 $x = 7+9k$ $(k \in \mathbb{Z})$이다.

② $f(b) \equiv 0 \pmod 9$이므로 $f(b) = 9t$ $(t \in \mathbb{Z})$이다. (실제로 $f(b)=f(7)=63$, $t=7$.)

③ $f'(x) = 2x+1$이므로, $f'(b) = f'(7) = 15$이다.

④ 테일러 전개에서 $0 \equiv f(x) = f(b)+f'(b)(9k) \pmod{27}$이므로

$9t+15(9k) \equiv 0 \pmod{27}$, 즉 $t+15k \equiv 0 \pmod 3$, $15k \equiv -t \pmod 3$.

$t=7$이므로 $15k \equiv -7 \pmod 3$, 즉 $0 \equiv -1 \pmod 3$으로 모순이다. 따라서 근이 없다.

따라서 $x^2+x+7 \equiv 0 \pmod{3^3}$의 근은 $4, 13, 22 \pmod{27}$이다.

[4단계] $x^2+x+7 \equiv 0 \pmod{81 = 3^4}$을 풀자.

위 단계에서 구한 근을 $b \equiv 4, 13, 22 \pmod{27}$라고 하자.

(1) $b \equiv 4 \pmod{27}$이며 $x^2+x+7 \equiv 0 \pmod{81}$의 근을 x라 하자. 그러면

① $x \equiv b \equiv 4 \pmod{27}$이므로 $x = 4+27k$ $(k \in \mathbb{Z})$이다.

② $f(b) \equiv 0 \pmod{27}$이므로 $f(b) = 27t$ $(t \in \mathbb{Z})$이다.

(실제로 $f(b)=f(4)=27$, 즉 $t=1$.)

③ $f'(x)=2x+1$이므로, $f'(b)=f'(4)=9$이다.

④ $0\equiv f(x)=f(b)+f'(b)(27k) \pmod{81}$이므로 $27t+9(27k)\equiv 0 \pmod{81}$,

즉 $t+9k\equiv 0 \pmod 3$, $9k\equiv -t \pmod 3$ 이다.

$t=1$이므로, $9k\equiv -1 \pmod 3$, 즉 $0\equiv -1 \pmod 3$이 되어 모순이다. 따라서 근이 없다.

(2) $b\equiv 13 \pmod{27}$이며 $x^2+x+7\equiv 0 \pmod{81}$의 근을 x라 하자. 그러면

① $x\equiv b\equiv 13 \pmod{27}$이므로 $x=13+27k$ $(k\in\mathbb{Z})$이다.

② $f(b)\equiv 0 \pmod{27}$이므로 $f(b)=27t$ $(t\in\mathbb{Z})$이다.

(실제로 $f(b)=f(13)=189=27\cdot 7$이므로, $t=7$이다.)

③ $f'(x)=2x+1$이므로, $f'(b)=f'(13)=27$이다.

④ $0\equiv f(x)=f(b)+f'(b)(27k) \pmod{81}$이므로 $27t+27(27k)\equiv 0 \pmod{81}$,

즉 $t+27k\equiv 0 \pmod 3$, $27k\equiv -t \pmod 3$ 이다.

$t=7$이므로 $27k\equiv -7 \pmod 3$, 즉 $0\equiv -1 \pmod 3$이 되어 모순이다. 따라서 근이 없다.

(3) $b\equiv 22 \pmod{27}$이며 $x^2+x+7\equiv 0 \pmod{81}$의 근을 x라 하자. 그러면

① $x\equiv b\equiv 22 \pmod{27}$이므로 $x=22+27k$ $(k\in\mathbb{Z})$이다.

② $f(b)\equiv 0 \pmod{27}$이므로 $f(b)=27t$ $(t\in\mathbb{Z})$.

(실제로 $f(b)=f(22)=513=27\cdot 19$이므로, $t=19$이다.)

③ $f'(x)=2x+1$이므로, $f'(b)=f'(22)=45$이다.

④ $0\equiv f(x)=f(b)+f'(b)(27k) \pmod{81}$이므로 $27t+45(27k)\equiv 0 \pmod{81}$,

즉 $t+45k\equiv 0 \pmod 3$, $45k\equiv -t \pmod 3$.

$t=19$이므로, $45k\equiv -19t \pmod 3$, $0\equiv -1 \pmod 3$이 되어 모순이다. 따라서 근이 없다. 그러므로 $x^2+x+7\equiv 0 \pmod{3^4}$의 근은 존재하지 않는다.

(b) $x\equiv 137, 173 \pmod{441}$, (c) $x\equiv 57, 68 \pmod{125}$ (d) 근없음

(e) $x\equiv 2, 9, 16, 23, 30, 37, 44 \pmod{49}$ (f) $x\equiv 2, 7, 10, 11 \pmod{12}$

2. (a) $x=19, 37 \pmod{63}$ (b) $x=16, 26, 31 \pmod{35}$

(c) $x\equiv 14 \pmod{27}$ (d) $x\equiv 323, 698, 1073 \pmod{1125}$

(e) $x\equiv 1 \pmod 9$ (f) $x\equiv 5,\ 14,\ 23 \pmod{27}$

3. (a) 근없음 (b) $x\equiv 4 \pmod 5$ (c) $x\equiv 3, 4 \pmod 5$

4. 원방정식 $\Leftrightarrow \begin{cases} x^4+2x+1\equiv 0 \pmod 5 \\ x^4+2x+1\equiv 0 \pmod 7 \end{cases} \Leftrightarrow \begin{cases} x\equiv -1 \pmod 5 \\ x\equiv -1 \text{ 또는 } x\equiv 2 \pmod 7 \end{cases}$ 이다.

$\begin{cases} x\equiv -1 \pmod 5 \\ x\equiv -1 \pmod 7 \end{cases}$ 과 $\begin{cases} x\equiv -1 \pmod 5 \\ x\equiv \ \ 2 \pmod 7 \end{cases}$ 에서 $x\equiv -1 \pmod{35}$와 $x\equiv 9 \pmod{35}$이다.

5. $f(x) \equiv x^4+7x+4$라 하면 $f'(x)=4x^3+7$이다. $x^4+7x+4 \equiv 0 \pmod 3$로부터 $x \equiv 1 \pmod 3$이다. 그러므로 $f'(1)=4 \cdot 1^3+7 \equiv 2 \pmod 3$이고 $3 \nmid f'(1)$이며 $x=1+3t_1(t_1 \in \mathbb{Z})$이다. 또한 $f(1+3t_1) \equiv f(1)+3t_1 f'(1) \equiv 0 \pmod 9$로부터 $3+3t_1 \cdot 2 \equiv 0 \pmod 9$이다. 따라서 $2t_1 \equiv -1 \pmod 3$, 즉 $t_1 \equiv 1 \pmod 3$이다. $t_1=1+3t_2(t_2 \in \mathbb{Z})$라고 하면 $x=1+3t_1=1+3(1+3t_2)=4+9t_2$이다. 따라서 $f(4+9t_2) \equiv f(4)+9t_2 f'(4) \equiv 0 \pmod{27}$로부터 $18+9t_2 \cdot 20 \equiv 0 \pmod{27}$, 즉 $t_2 \equiv 2 \pmod 3$이므로 $t_2=2+3t_3(t_3 \in \mathbb{Z})$가 된다. 그러므로 $x \equiv 4+9t_2=4+9(2+3t_2)=22+27t_3$이므로, 법 27에 의해 $x \equiv 22 \pmod{27}$이다.

6. $875=5^3 \cdot 7$이다. 우선 $x^4+2x+36 \equiv 0 \pmod{5^3}$의 해를 구하자. $f(x)=x^4+2x+36$, $f'(x)=4x^3+2$이다. $x^4+2x+36 \equiv 0 \pmod 5$는 근 $x \equiv -1 \pmod 5$를 갖는다. 그러므로 $f'(-1)=4(-1)^3+2 \equiv -2 \pmod 5$이며 $5 \nmid f'(-1)$이고 $x=-1+5t_1(t_1 \in \mathbb{Z})$이다. 또한 $f(-1+5t_1) \equiv f(-1)+5t_1 f'(-1) \equiv 0 \pmod{5^2}$이 되어서 $35+5t_1(-2) \equiv 0 \pmod{5^2}$, 즉 $2t_1 \equiv 7 \equiv 2 \pmod 5$, $t_1 \equiv 1 \pmod 5$이다. $t_1=1+5t_2$ $(t_2 \in \mathbb{Z})$라고 하면, $x=-1+5t_1=-1+5(1+5t_2)=4+25t_2$가 되어서 $f(4+25t_2) \equiv f(4)+25t_2 f'(4) \equiv 0 \pmod{5^2}$; $300+25t_2 \cdot 258 \equiv 0 \pmod{5^3}$; $258t_2 \equiv -12 \pmod 5$, 즉 $3t_2 \equiv 3 \pmod 5$이다. 따라서 $t_2 \equiv 1 \pmod 5$이므로 $t_2=1+5t_3$ $(t_3 \in \mathbb{Z})$로 표현된다. 그러므로 $x=4+25t_2=4+25(1+5t_3)=29+125t_3$, 즉 $x \equiv 29 \pmod{5^3}$가 근이다. 한편, $x^4+2x+36 \equiv 0 \pmod 7$에서 $x \equiv -1, 2 \pmod 7$이 근이므로 연립방정식 $\begin{cases} x \equiv 29 \pmod{5^3} \\ x \equiv -1 \pmod 7 \end{cases}$, $\begin{cases} x \equiv 29 \pmod{5^3} \\ x \equiv 2 \pmod 7 \end{cases}$이다. 이를 풀면 $\begin{cases} 7x \equiv 1 \pmod{5^3} \\ 5^3 x \equiv 1 \pmod 7 \end{cases}$, $\begin{cases} x \equiv 18 \pmod{5^3} \\ x \equiv -1 \pmod 7 \end{cases}$이므로, 중국인의 나머지 정리에 의해

$$x \equiv 29 \cdot 7 \cdot 18 + (-1) \cdot 5^3 \cdot (-1) \equiv 279 \pmod{5^3 \cdot 7},$$

$$x \equiv 29 \cdot 7 \cdot 18 + 2 \cdot 5^3 \cdot (-1) \equiv 779 \pmod{5^3 \cdot 7}$$

이다. 따라서 $x \equiv 279, 779 \pmod{5^3 \cdot 7}$이 근이다.

Chapter 09 원시근

9.1 위수

2.

a	1	2	3	4	5	6
$O_7(a)$	1	3	6	3	6	2

3.

a	1	2	3	4	5	6	7	8	9	10	11	12
$O_{13}(a)$	1	12	3	6	4	12	12	4	3	6	12	2

4. $O_n(a) = hk$이므로 $a^{hk} \equiv 1 \pmod n$이다. 즉 $(a^h)^k \equiv 1 \pmod n$이므로 $O_n(a^h) = k$이다.

7. $a^2 \equiv 1 \pmod p$이므로 $0 \equiv a^2 - 1 = (a+1)(a-1) \pmod p$, 즉 $p \mid (a+1)(a-1)$이다. 소수의 정의에 의해 $p \mid (a+1)$ 또는 $p \mid (a-1)$, 즉 $a \equiv -1 \pmod p$ 또는 $a \equiv 1 \pmod p$이다. 그런데 $a \equiv 1 \pmod p$이 불가능하므로 $a \equiv -1 \pmod p$이다. 반대로, $a \equiv -1 \pmod p$이면 $a^2 \equiv 1 \pmod p$이다. 이때 2는 $a^k \equiv 1 \pmod p$가 될 최소의 $k = 2$이므로 $O_p(a) = 2$이다.

9. $ab \equiv 1 \pmod m$이면 $\gcd(ab, m) = \gcd(1, m) = 1$이고 $\gcd(a, m) = \gcd(b, m) = 1$이다. 따라서 법 m에 관한 a의 위수와 b의 위수가 같다. 즉 $O_m(a) = O_m(b)$이다.

10. $a^h \equiv 1 \pmod n$, $b^k \equiv 1 \pmod n$이므로 $(ab)^{hk} = (a^h)^k \cdot (b^k)^h \equiv 1 \pmod n$, 즉 $O_n(ab) \mid hk$이다. 실제로 $O_n(ab) = \dfrac{hk}{d}$ $(d = \gcd(a, b))$가 된다. 따라서 $\gcd(a,b) = 1$이면 $O_n(ab) = hk$이다.

9.2 원시근

1. 3의 원시근 2; 5의 원시근 2, 3; 7의 원시근 3, 5; 13의 원시근 2, 6, 7, 11

2. $12 = 3 \cdot 4$이며 $\gcd(3, 4) = 1$이므로 정리 7.7에 의해 12의 원시근은 존재하지 않는다.

3. 페르마 정리에 의해 $3^{16} \equiv 1 \pmod{17}$이므로 $O_{17}(3)$은 16의 약수인 1, 2, 4, 8, 16 중에 하나이다. 법 17에 대해 $3^2 \equiv 9$, $3^4 \equiv 13 \equiv -4$, $3^8 \equiv 16 \equiv -1$이므로 16은 $3^k \equiv 1 \pmod{17}$이 되는 최소의 값 k이다. 따라서 3은 17의 원시근이다.

5. $O_n(r^k) = \dfrac{O_n(r)}{\gcd(k, O_n(r))} = \dfrac{\phi(n)}{\gcd(k, \phi(n))}$

6. 법 43에 대해 2는 원시근이 아니다($2^{14} \equiv 1 \pmod{43}$이기 때문). 그러나 법 43에 대해 $3^6 \equiv 42$, $3^7 \equiv 37$, $3^{14} \equiv 36$, $3^{21} \equiv 42$, $3^{42} \equiv 1$이므로 $O_{43}(3) = 42$, 즉 3은 43에 대해 원시근이다. 그러므로 원시근의 개수는 $\phi(\phi(43)) = \phi(42) = \phi(2)\phi(3)\phi(7) = 12$개이다.

7. g, h는 법 p에 관한 원시근이므로 홀수인 k에 대하여 $h \equiv g^k \pmod p$이다. $k+1$은 짝수이므로 $k+1 = 2n\,(n > 0)$이라고 하자. $\gcd(g, p) = 1$이므로 $\gcd(g^n, p) = 1$, $(g^n)^{p-1} \equiv 1 \pmod p$이다. 따라서 $(gh)^{\frac{p-1}{2}} \equiv (g^{k+1})^{\frac{p-1}{2}} \equiv (a^{2n})^{\frac{p-1}{2}} \equiv (a^n)^{p-1} \equiv 1 \pmod p$이다. 그러므로 법 p에 관한 gh의 위수는 $\dfrac{p-1}{2}$의 약수이다. $O_p(ab) \neq p-1 = \phi(p)$가 되어 gh는 법 p관한 위수가 아니다.

8. g가 원시근이므로 $O_p(g) = p-1$이다. $g, g^2, g^3, \cdots, g^{p-1}$은 모두 법 p에 관하여 서로 합동이 아니므로 $T = \{g, g^2, g^3, \cdots, g^{p-1}\}$는 법 p에 관한 기약 잉여계이다. 따라서 $\gcd(h, p) = 1$이므로 h는 단 하나의 g^k $(1 \le k \le p-1)$과 합동이다 즉 $h \equiv g^k \pmod p$이다. 그런데 법 p에 관한 h의 위수가 $\phi(p) = p-1$이므로 법 p에 관한 g^k의 위수도 $p-1$이다. 그러면 $\gcd(k, p-1) = 1$이다. p가 홀수이므로 $p-1$은 짝수인데, 만일 k가 짝수이면 $\gcd(k, p-1) = 1$에 모순이 된다. 그러므

로 k는 홀수가 되고 $h = g^k \pmod p$이다.

9. $gh \equiv 1 \pmod p$이면 $\gcd(gh, p) = \gcd(1, p) = 1$이고 $\gcd(g, p) = \gcd(h, p) = 1$이다. g가 법 p에 관한 원시근이므로 법 p에 관한 g의 위수는 $\phi(p)$이고, 따라서 법 p에 관한 h의 위수도 $\phi(p)$이다. 그러므로 h도 법 p의 원시근이다.

10. g가 법 p에 관한 원시근이므로 $\left(g^{\frac{p-1}{2}}\right)^2 = g^{p-1} = g^{\phi(p)} \equiv 1 \pmod p$ 이다. 그러므로 $\left(g^{\frac{p-1}{2}}+1\right)\left(g^{\frac{p-1}{2}}-1\right) = g^{p-1} - 1 \equiv 0 \pmod p$, 즉 $p \mid \left(g^{\frac{p-1}{2}}+1\right)\left(g^{\frac{p-1}{2}}-1\right)$ 이다.
따라서 $p \mid \left(g^{\frac{p-1}{2}}+1\right)$ 또는 $p \mid \left(g^{\frac{p-1}{2}}-1\right)$, 즉 $g^{\frac{p-1}{2}} \equiv -1 \pmod p$ 또는 $g^{\frac{p-1}{2}} \equiv 1 \pmod p$이다. 그러나 g가 p에 관한 원시근이므로 $g^{\frac{p-1}{2}} \equiv 1 \pmod p$는 불가능하므로 $g^{\frac{p-1}{2}} \equiv -1 \pmod p$이다.

9.3 지수

2.

a	1	2	3	4	5	6	7	8	9	10	11	12	13	14	15	16
$ind_3 a$	16	14	1	12	5	15	11	10	2	3	7	13	4	9	6	8

5. (a) $\phi(n) = \phi(17) = 16$. 합동식의 양변을 3을 밑으로 하면 $x\, ind_3 7 \equiv ind_3 6 \pmod{16}$이므로 법 13의 지수표를 사용하면 $11x \equiv 15 \pmod{16}$이다. 법 16에 대한 11의 역원을 양변에 곱하자. 유클리드 알고리즘에 의해 $\gcd(16, 11) = 1 = 16(-2) + 11(3)$이므로 $(11)(3) \equiv 1 \pmod{16}$, 즉 $11^{-1} \equiv 3 \pmod{16}$이다. 양변에 3을 곱하면 $x \equiv 45 \equiv 13 \pmod{16}$이다. 따라서 합동방정식의 근은 $13 \pmod{17}$이다.

(b) $n = 37$이 소수이므로 $\phi(n) = 36$이다. 합동식 $14x \equiv 25 \pmod{37}$의 양변에 ind를 취하면 $ind\,14 + ind\,x \equiv ind\,25 \pmod{36}$이고 지수표에 의해 $33 + ind\,x \equiv 10 \pmod{36}$ 이다. 그러므로 $ind\,x \equiv -23 \equiv 13 \pmod{36}$가 되어서 $x \equiv 15 \pmod{37}$이다.

(c) $n = 13$이므로 $\phi(n) = 12$이다. 합동식 $4x^9 \equiv 7 \pmod{13}$의 양변에 ind를 취하면
$ind\,4 + 9\,ind\,x \equiv ind\,7 \pmod{12}$이고 지수표

a	1	2	3	4	5	6	7	8	9	10	11	12
$ind_2 a$	12	1	4	2	9	5	11	3	8	10	7	6

에 의해, $ind_2 4 = 2$, $ind_2 7 = 11$이므로 $2 + 9\,ind\,x \equiv 11 \pmod{12}$, $9\,ind\,x \equiv 9 \pmod{12}$. 양변을 3으로 나누면 $3\,ind\,x \equiv 3 \pmod 4$이다. 법 4에 대한 3의 역원은 3이므로 양변에 3을 곱하면 $ind\,x \equiv 1 \pmod 4$이다. 즉 $ind\,x \equiv 1$, 2, 그리고 9이다. 다시 지수표를 사용하여 본래 합동식 $4x^9 \equiv 7 \pmod{13}$의 해 $x \equiv 2, 5$, 그리고 $6 \pmod{13}$를 얻을 수 있다.

(d) 2, 11 (e) 4

6. 13의 다른 원시근을 이용해도 동일한 결과를 얻는다. 13의 원시근은 2, 6, 7, 11임을 알았다. 13의 원시근으로 6을 이용하여 풀어보자. 원시근 6에 대한 지수표는 다음과 같다.

a	1	2	3	4	5	6	7	8	9	10	11	12
$ind_6 a$	12	5	8	10	9	1	7	3	4	2	11	6

합동식 $4x^9 \equiv 7 \pmod{13}$ 으로부터 $ind_6 4 + 9\, ind_6 x \equiv ind_6 7 \pmod{12}$를 얻는다. 그런데 표에서 $ind_6 4 \equiv 10$, $ind_6 7 \equiv 7 \pmod{12}$ 이므로 $9\, ind_6 x \equiv 7 - 10 \equiv -3 \equiv 9 \pmod{12}$이다. 따라서 $ind_6 x = 1, 5, 9$가 되므로 표에서 합동식의 해를 구하면 $x \equiv 2, 5$, 그리고 $6 \pmod{13}$ 이다. 이것은 앞서 얻은 결과와 동일하다.

7. $\gcd(p-1, p) = \gcd(-1, p) = 1$이며 $p-1 \equiv -1 \pmod p$ 이므로, $ind_g(p-1) = ind_g\ (-1)$이다. $-1 \equiv g^{\frac{p-1}{2}} \pmod p$, $0 < \frac{p-1}{2} < p-1 = \phi(p)$이므로 $\frac{p-1}{2} = ind_g(-1) = ind_g(p-1)$이다.

8. g, h가 법 q의 원시근이므로 $\gcd(g, q) = \gcd(h, q) = 1$이며, $O_q(g) = O_q(h) = \phi(q)$이다. $ind_g(a) = i$, $ind_h(a) = j$, $ind_g(h) = k$라고 하면 법 q에 의해 $a \equiv g^i$, $a \equiv h^j$, $h \equiv g^k$이므로 $g^i \equiv h^j \equiv g^{kj} \pmod q$ 이다. 따라서 $i \equiv kj \pmod{\phi(q)}$ 이며, $ind_g(a) = i \equiv kj = (ind_g(h))(ind_h(a)) \pmod{\phi(q)}$ 이다.

9. $ind_g(g) = 1$이므로 문제 8에 의해 성립한다.

Chapter 10 이차합동방정식 I

10.2 이차잉여

1. (a) 원식은 $-x^2 - x - 1 \equiv 0 \pmod 3$ 이므로 $x \equiv 1$이 근이 된다. (또는, 양변에 $2^{-1} \equiv 2 \pmod 3$을 곱하면 $x^2 - 2x - 2 \equiv x^2 + x - 2 = (x+2)(x-1)$이 되어, 근 $x \equiv -2$과 $x \equiv 1 \pmod 3$를 갖는다. 그런데 $-2 \equiv 1 \pmod 3$이므로, 방정식 $2x^2 - x - 1 \equiv 0 \pmod 3$은 단 하나의 근 $x \equiv 1 \pmod 3$을 갖는다. 실제로, $x^2 - 2x - 2 \equiv x^2 - 2x + 1 = (x-1)^2$ 이 되어 근 $x \equiv 1 \pmod 3$임을 알 수 있다.)

(b) 원식에 $x = 0, \cdots, 4$를 대입해 보면 근이 없음을 알 수 있다.

(c) 원식에 4를 곱해 인수분해하면 $(2x+7)^2 - 49 + 16 \equiv 0$, 즉 $(2x+7)^2 \equiv 33 \equiv 4 \pmod{29}$이다. 따라서 $2x + 7 \equiv \pm 2 \pmod{29}$, $2x \equiv -5 \pmod{29}$, $2x \equiv -9 \pmod{29}$이다. $2^{-1} \equiv 15 \pmod{29}$이므로 $x \equiv -75 \equiv 12 \pmod{29}$, $x \equiv -135 \equiv 10 \pmod{29}$이다.

10.3 르장드르 기호

1. (a) $47 \equiv 3 (\bmod 4)$ 이므로 $\left(\dfrac{-1}{47}\right) \equiv (-1)^{23} = -1$ 이다.

(b) $\left(\dfrac{17}{31}\right)=\left(\dfrac{31}{17}\right)=\left(\dfrac{14}{17}\right)=\left(\dfrac{2}{17}\right)\left(\dfrac{7}{17}\right)=\left(\dfrac{7}{17}\right)=\left(\dfrac{17}{7}\right)=\left(\dfrac{3}{7}\right)=-\left(\dfrac{7}{3}\right)=-\left(\dfrac{1}{3}\right)=-1$

또는 $\left(\dfrac{17}{31}\right)=(-1)^{8 \cdot 15}\left(\dfrac{31}{17}\right)=\left(\dfrac{-3}{17}\right)=\left(\dfrac{-1}{17}\right)\left(\dfrac{3}{17}\right)=(-1)^{\frac{16}{2}}(-1)^{8}\left(\dfrac{17}{3}\right)=\left(\dfrac{-1}{3}\right)=-1$

(c) $\left(\dfrac{-23}{59}\right)=\left(\dfrac{-1}{59}\right)\left(\dfrac{23}{59}\right)=(-1)^{19}(-1)^{11 \cdot 19}\left(\dfrac{59}{23}\right)=\left(\dfrac{59}{23}\right)=\left(\dfrac{13}{23}\right)$

$$=(-1)^{6 \cdot 11}\left(\dfrac{23}{13}\right)=\left(\dfrac{-3}{13}\right)=\left(\dfrac{-1}{13}\right)\left(\dfrac{3}{13}\right)=(-1)^{6}(-1)^{6}\left(\dfrac{13}{3}\right)=\left(\dfrac{1}{3}\right)=1$$

또는 $\left(\dfrac{-23}{59}\right)=\left(\dfrac{36}{59}\right)=\left(\dfrac{6^2}{59}\right)=1$

(d) $\left(\dfrac{18}{43}\right)=\left(\dfrac{2}{43}\right)\equiv 2^{21} (\bmod 43) \equiv (2^6)^3 \cdot 2^3 = 3^3 \cdot 7^3 \cdot 2^3 =-1$

또는 $\left(\dfrac{18}{43}\right)=\left(\dfrac{-25}{43}\right)=\left(\dfrac{-1}{43}\right)\left(\dfrac{25}{43}\right)=(-1)^{21}\left(\dfrac{5^2}{43}\right)=-1$

2. $\sqrt{11021}=104.9$이다. $105^2-11021=4$이므로 $11021=103 \cdot 107$이다. 따라서 합동식은 $\begin{cases} x^2 \equiv 860 (\bmod 11) \\ x^2 \equiv 860 (\bmod 31) \end{cases} \Leftrightarrow \begin{cases} x^2 \equiv 36 (\bmod 11) \\ x^2 \equiv 4 (\bmod 31) \end{cases}$ 과 동치이다. $x \equiv \pm 6 (\bmod 103)$, $x \equiv \pm 2 (\bmod 107)$ 이므로 $x \equiv \pm 2 (\bmod 107)$ 이므로 연립합동식

$$\begin{cases} x \equiv 6 (\bmod 103) \\ x \equiv 2 (\bmod 107) \end{cases}, \quad \begin{cases} x \equiv -6 (\bmod 103) \\ x \equiv 2 (\bmod 107) \end{cases}$$

$$\begin{cases} x \equiv -6 (\bmod 103) \\ x \equiv -2 (\bmod 107) \end{cases}, \quad \begin{cases} x \equiv 6 (\bmod 103) \\ x \equiv -2 (\bmod 107) \end{cases}$$

$107=1 \cdot 103+4$, $103=25 \cdot 4+3$, $4=1 \cdot 3+1$이므로 $1=107(26)+103(-27)$이다. 따라서 $107^{-1} \equiv 26(\bmod 103)$이며 $103^{-1} \equiv -27(\bmod 107)$이다. 그러므로 법 11021에 대해

$$x_1 \equiv 6 \cdot 107(107^{-1} \bmod 103)+2 \cdot 103(103^{-1} \bmod 107)$$
$$\equiv 6 \cdot 107(26)+2 \cdot 103(-27) \equiv 11130 \equiv 109$$

이다. 나머지 모든 근들은

$$\begin{aligned} x &\equiv x_1 \equiv 11130 \equiv 109 (\bmod 11021) \\ x &\equiv x_2 \equiv -22254 \equiv -212 (\bmod 11021) \\ x &\equiv -x_1 \equiv -109 \equiv 10912 (\bmod 11021) \\ x &\equiv -x_2 \equiv 22254 \equiv 212 (\bmod 11021) \end{aligned}$$

참고 $x^2 \equiv 860 \pmod{11021}$ 의 4개의 해에 대해 다음이 성립한다.

$$x_1 + x_2 = 11130 + (-22254) = -11124, \quad (x_1 + x_2, 11021) = 103$$
$$x_1 - x_2 = 11130 - (-22254) = 33384, \quad (x_1 - x_2, 11021) = 107$$

한편, $103 \equiv -1 \pmod 8$, $107 \equiv 3 \pmod 8$ 이고 $103 \equiv 3 \pmod 4$, $107 \equiv 3 \pmod 4$ 이므로

$$\left(\frac{6}{103}\right) = \left(\frac{2}{103}\right)\left(\frac{3}{103}\right) = \left(\frac{3}{103}\right) = -\left(\frac{103}{3}\right) = -\left(\frac{1}{3}\right) = -1, \quad \left(\frac{-6}{103}\right) = 1,$$

$$\left(\frac{2}{107}\right) = -1, \quad \left(\frac{-2}{107}\right) = 1$$

이다. 따라서 이차합동식 $x^2 \equiv 860 \pmod{11021}$ 의 해 중에서 법 11021에 관하여 이차잉여인 해 $x \equiv x_0 \pmod{11021}$ 은 연립방정식$\begin{cases} x \equiv -6 \pmod{103} \\ x \equiv -2 \pmod{107} \end{cases}$ 의 해이다. 따라서 앞의 결과에 의하여 $x \equiv x_0 \equiv -x_1 \equiv 10912 \pmod{11021}$ 이다.

3. 1, 2, 4, 8, 9, 13, 15, 16

4. $b^2 = \left(a^{\frac{p+1}{4}}\right)^2 = a^{\frac{p+1}{2}} = a^{\frac{p-1}{2}} \cdot a \equiv \left(\frac{a}{p}\right) a = -a$

5. (a) a가 p의 이차잉여이므로 $\left(\frac{a}{p}\right) = 1$ 이다. $\left(\frac{a}{p}\right) = a^{\frac{p-1}{2}} \equiv 1 \pmod p$ 인데, $\frac{p-1}{2} \neq \phi(p)$ 이므로 a는 p의 원시근이 아니다.

(b) $p \equiv 1 \pmod 4$ 이므로 $p = 4k+1$ $(k \in \mathbb{Z})$ 이다. 따라서

$\left(\frac{p-a}{p}\right) = \left(\frac{-a}{p}\right) = \left(\frac{-1}{p}\right)\left(\frac{a}{p}\right) = (-1)^{\frac{p-1}{2}} = (-1)^{\frac{4k}{2}} = 1$, 즉 $p-a$는 p의 이차잉여이다.

(c) $p \equiv 3 \pmod 4$ 이므로 $p = 4k+3$ $(k \in \mathbb{Z})$ 이다. 따라서

$\left(\frac{p-a}{p}\right) = \left(\frac{-a}{p}\right) = (-1)^{\frac{p-1}{2}} = (-1)^{\frac{4k+2}{2}} = -1$, 즉 $p-a$는 p의 이차비잉여이다.

10.4 이차잉여의 상반법칙

1. (a) $\left(\frac{8}{11}\right) = \left(\frac{2}{11}\right) = 2^5 \pmod{11} \equiv -1$

(b) $\left(\frac{11}{17}\right) = (-1)^{5 \cdot 8}\left(\frac{17}{11}\right) = \left(\frac{6}{11}\right) = \left(\frac{-1}{11}\right) = (-1)^5 = -1$

(c) $\left(\frac{7}{13}\right) = \left(\frac{-1}{13}\right) = (-1)^7 = -1$

(d) $\left(\frac{5}{19}\right) = (-1)^{2 \cdot 9}\left(\frac{19}{5}\right) = \left(\frac{-1}{5}\right) = (-1)^2 = 1$

2. (a) $\left(\frac{12}{23}\right)=\left(\frac{3}{23}\right)=(-1)^{11}\left(\frac{23}{3}\right)=(-1)\left(\frac{-1}{3}\right)=(-1)(-1)=1$

(b) $\left(\frac{6}{31}\right)=\left(\frac{2}{31}\right)\left(\frac{3}{31}\right)\equiv 2^{15}(\mathrm{mod}\,31)(-1)^{15}\left(\frac{31}{3}\right)$

$\equiv (2^5)^3(\mathrm{mod}\,31)(-1)\left(\frac{1}{3}\right)=(1)(-1)(1)=-1$

(c) $\left(\frac{-42}{61}\right)=\left(\frac{(-1)\cdot 2\cdot 3\cdot 7}{61}\right)=\left(\frac{-1}{61}\right)\cdot\left(\frac{2}{61}\right)\cdot\left(\frac{3}{61}\right)\cdot\left(\frac{7}{61}\right)$이다.

$\left(\frac{-1}{61}\right)=(-1)^{30}=1$, $\left(\frac{2}{61}\right)\equiv 2^{30}(\mathrm{mod}\,61)\equiv(2^6)^5\equiv 3^5\equiv 3^4\cdot 3\equiv 20\cdot 3\equiv 60\equiv -1$,

$\left(\frac{3}{61}\right)=(-1)^{30}\left(\frac{61}{3}\right)=\left(\frac{1}{3}\right)=1$, 또한

$\left(\frac{7}{61}\right)=(-1)^{30}\left(\frac{61}{7}\right)=\left(\frac{-2}{7}\right)=\left(\frac{-1}{7}\right)\left(\frac{2}{7}\right)=(-1)^3 2^3(\mathrm{mod}7)\equiv -1$,

$\left(\frac{-42}{61}\right)=(1)(-1)(1)(-1)=1$이다.

3. (a) $\left(\frac{5}{p}\right)=-1$를 만족하는 소수를 찾기 위해 작은 소수인 경우 몇 가지를 해 보자.

$p=2$이면 $\left(\frac{5}{2}\right)=\left(\frac{1}{2}\right)=1$; $p=3$이면 $\left(\frac{5}{3}\right)=\left(\frac{-1}{3}\right)=-1$

$p=7$이면 $\left(\frac{5}{7}\right)=\left(\frac{7}{5}\right)=\left(\frac{2}{5}\right)=2^2=-1(\mathrm{mod}\,5)$

$p=11$이면 $\left(\frac{5}{11}\right)=\left(\frac{11}{5}\right)=\left(\frac{1}{5}\right)=1, \cdots$

그러므로 $5\neq p$이며 $2<p$인 모든 소수 p에 대해 항상 $\left(\frac{5}{p}\right)=\left(\frac{p}{5}\right)\equiv p^2(\mathrm{mod}\,5)$이다. 따라서 $p=5k+1, \cdots, p=5k+4$의 경우를 차례로 생각해 보면

$$p=5k+1 \to p^2\equiv 1(\mathrm{mod}\,5),\ p=5k+2 \to p^2\equiv 4\equiv -1(\mathrm{mod}\,5)$$
$$p=5k+3 \to p^2\equiv -1(\mathrm{mod}\,5),\ p=5k+4 \to p^2\equiv 1(\mathrm{mod}\,5)$$

이므로 $\left(\frac{5}{p}\right)=-1$이 될 소수 p는 $p\equiv 2, 3(\mathrm{mod}\,5)$이다.

(b) $1=\left(\frac{10}{p}\right)=\left(\frac{2}{p}\right)\left(\frac{5}{p}\right)$이려면 $\left(\frac{2}{p}\right)=\left(\frac{5}{p}\right)=1$ 이거나 $\left(\frac{2}{p}\right)=\left(\frac{5}{p}\right)=-1$이어야 한다.

(a)에 의해 $\left(\frac{5}{p}\right)=\begin{cases}1 & p\equiv\pm 1(\mathrm{mod}\,5)\\ -1 & p\equiv\pm 2(\mathrm{mod}\,5)\end{cases}$이며, 또한

$\left(\frac{2}{p}\right)=\begin{cases}1\ \text{만약}\ p\equiv\pm 1(\mathrm{mod}\,8)\\ -1\ \text{만약}\ p\equiv\pm 3(\mathrm{mod}\,8)\end{cases}$ 이므로, 몇 가지 경우로 나누어 생각한다.

4. (a), (b), (c) 모두 근을 갖지 않는다.

5. (a) $x \equiv 122, 297 \pmod{419}$ (b) $x \equiv 66, 163 \pmod{229}$, (c) $x \equiv 84, 925 \pmod{1009}$

6. $\left(\frac{3}{p}\right) = (-1)^{\frac{p-1}{2}} \left(\frac{p}{3}\right)$이다. 또한 $\begin{cases} p \equiv 1 (\text{mod} 4) & \Rightarrow (-1)^{\frac{p-1}{2}} = 1 \\ p \equiv -1 (\text{mod} 4) & \Rightarrow (-1)^{\frac{p-1}{2}} = -1 \\ p \equiv 1 (\text{mod} 3) & \Rightarrow \left(\frac{p}{3}\right) = \left(\frac{1}{3}\right) = 1 \\ p \equiv -1 (\text{mod} 3) & \Rightarrow \left(\frac{p}{3}\right) = \left(\frac{2}{3}\right) = (-1)^{\frac{9-1}{8}} = -1 \end{cases}$

이다. $\left(\frac{3}{p}\right) = 1$일 동치조건은 $\begin{cases} p \equiv 1 \ (\text{mod} 4) \\ p \equiv 1 \ (\text{mod} 3) \end{cases}$, $\begin{cases} p \equiv -1 \equiv 3 \ (\text{mod} 4) \\ p \equiv -1 \equiv 2 \ (\text{mod} 3) \end{cases}$, 즉 $p = \pm 1 \ (\text{mod} 12)$.

Chapter 11 이차합동방정식 II

11.2 크로네커 기호

1. (c) $\left(\frac{-35}{97}\right) = 1$이며, 이때 근은 $x \equiv 16, 81 \pmod{71}$이다.

2. (b)를 제외한 모든 방정식의 근은 존재하지 않는다. (b) $x \equiv 65, 108 \pmod{173}$

3. $\left(\frac{103}{1223}\right) = -\left(\frac{1223}{103}\right) = -\left(\frac{90}{103}\right) = -\left(\frac{2}{103}\right)\left(\frac{45}{103}\right) = -\left(\frac{45}{103}\right) = -\left(\frac{103}{45}\right)$

$= -\left(\frac{13}{45}\right) = -\left(\frac{45}{13}\right) = -\left(\frac{6}{13}\right) = -\left(\frac{2}{13}\right)\left(\frac{3}{13}\right) = \left(\frac{3}{13}\right) = \left(\frac{13}{3}\right) = \left(\frac{1}{3}\right) = 1$

그러므로 103은 법 1223에 의해 제곱수이다.

4. 원식은 법 5에 의해 $x^2 \equiv 3 \pmod 5$이어서 근이 없다.

($x \equiv 0 \pmod 5 \rightarrow x^2 \equiv 0 \pmod 5$; $x \equiv \pm 1 \pmod 5 \rightarrow x^2 \equiv 1 \pmod 5$;

$x \equiv \pm 2 \pmod 5 \rightarrow x^2 \equiv 4 \pmod 5$이므로 $x^2 \not\equiv 3 \pmod 5$이다. 또는 르장드르 기호를 계산)

5. 원식은 법 7에 의해 $x^2 \equiv -1 \pmod 7$. $\left(\frac{-1}{7}\right) = -1$이므로 $x^2 \equiv -1 \pmod 7$는 근이 없다.

6. $g: x^2 - 5y^2 = -1$는 $x^2 \equiv -1 \ (\text{mod} 5)$로서 $x \equiv 2$인 근을 갖는다. 따라서 정수근을 갖는다.

7. $60 = 2^2 \cdot 3 \cdot 5$이므로 $x^2 + 26x + 33 \equiv 0 \ (\text{mod} 60)$를 각각 법 3, 4, 5에 의한 중국인의 나머지 정리를 사용한다. $x^2 + 2x \equiv 0 \ (\text{mod} 3)$; $x^2 + 2x + 1 \equiv 0 (\text{mod} 4)$; $x^2 + x + 3 \equiv 0 (\text{mod} 5)$이 각각 근 $x \equiv 0, 1 (\text{mod} 3)$, $x \equiv 1, 3 (\text{mod} 4)$, $x \equiv 1, 3 (\text{mod} 5)$을 갖는다.

따라서 $x^2 + 26x + 33 \equiv 0 \ (\text{mod} 60)$의 근의 개수는 위의 근들의 조합인 $2^3 = 8$개이다.

8. 실제로 방정식의 근을 구하면, $x \equiv 1, 3, 13, 21, 31, 43, 33, 51$이다.

9. (a) $\left(\frac{15}{n}\right) = \left(\frac{3}{n}\right)\left(\frac{5}{n}\right) = (-1)^{\frac{3-1}{2}\frac{n-1}{2}} \left(\frac{n}{3}\right) \cdot (-1)^{\frac{5-1}{2}\frac{n-1}{2}} \left(\frac{n}{5}\right) = (-1)^{\frac{n-1}{2}} \left(\frac{n}{3}\right) \cdot (-1)^{n-1} \left(\frac{n}{5}\right)$

이다. $\begin{cases} n \equiv \ \ 1(\bmod 3)\text{이면 } (-1)^{\frac{n-1}{2}}\left(\dfrac{n}{3}\right)=1 \\ n \equiv -1(\bmod 3)\text{이면 } (-1)^{\frac{n-1}{2}}\left(\dfrac{n}{3}\right)=-1 \\ n \equiv \pm 1(\bmod 5)\text{이면 } (-1)^{n-1}\left(\dfrac{n}{5}\right)=1 \\ n \equiv \pm 2(\bmod 5)\text{이면 } (-1)^{n-1}\left(\dfrac{n}{5}\right)=-1 \end{cases}$ 이므로

$\left(\dfrac{15}{n}\right)=1$일 동치조건은 $\begin{cases} n \equiv \ \ 1 \ (\bmod 3) \\ n \equiv \pm 1 \ (\bmod 5) \end{cases}$ 또는 $\begin{cases} n \equiv -1 \ (\bmod 3) \\ n \equiv \pm 2 \ (\bmod 5) \end{cases}$,

즉 $n \equiv 1, 2, 4, 8 \ (\bmod 15)$ 이다.

(b) $\left(\dfrac{30}{n}\right)=\left(\dfrac{2}{n}\right)\left(\dfrac{3}{n}\right)\left(\dfrac{5}{n}\right)$ 이다. $\left(\dfrac{2}{n}\right)=(-1)^{\frac{n^2-1}{8}}=(-1)^{\frac{(n+1)(n-1)}{8}}$ 에서

$\begin{cases} n \equiv \pm 1(\bmod 8)\text{이면 } \left(\dfrac{2}{n}\right)=1 \\ n \equiv \pm 3(\bmod 8)\text{이면 } \left(\dfrac{2}{n}\right)=-1 \end{cases}$ 이며 (1)에서

$\begin{cases} n \equiv 1,2,4,8(\bmod 15)\text{이면 } \left(\dfrac{3}{n}\right)\left(\dfrac{5}{n}\right)=1 \\ n \equiv 7,11,13,14(\bmod 15)\text{이면 } \left(\dfrac{3}{n}\right)\left(\dfrac{5}{n}\right)=-1 \end{cases}$ 이므로

$\left(\dfrac{30}{n}\right)=1$일 필요충분조건은 $\begin{cases} n \equiv \pm 1 \ (\bmod 8) \\ n \equiv 1, 2, 4, 8 \ (\bmod 15) \end{cases}$ 또는 $\begin{cases} n \equiv \pm 3 \ (\bmod 8) \\ n \equiv 7, 11, 13, 14 \ (\bmod 15) \end{cases}$

즉 $n \equiv 1, 11, 13, 17, 29, 31, 37, 43, 49, 59, 67, 79, 101, 103, 113 \ (\bmod 120)$ 이다.

11.3 소수 거듭제곱에 대한 이차합동방정식

1. $f(x)=x^3+x+4$ 라고 하자.

(단계 1) 법 7에 대한 근을 먼저 찾자. $x=0, \pm 1, \pm 2, \pm 3(\bmod 7)$ 를 각각 $f(x)$에 대입하면 $x \equiv 2(\bmod 7)$이 유일한 근임을 알 수 있다.

(단계 2) $f(x)=x^3+x+4 \ (\bmod 7^3)$의 근은 반드시 $f(x)=x^3+x+4 \ (\bmod 7^2)$ 의 근이어야 하므로, 법 7^2에 대한 근을 찾자. $x \equiv 2(\bmod 7)$로부터 $x=2+7k$라고 하자. 그러면

$$(2+7k)^3+(2+7k)+4 \equiv 0(\bmod 7^2)$$

이어야 한다. 따라서 $(2^3+3 \cdot 2^2 \cdot 7k)+(2+7k)+4=14+13 \cdot 7k \equiv 0(\bmod 7^2)$ 이다. 즉 $13k+2 \ \equiv -k+2 \equiv 0(\bmod 7)$ 이 되어, $k \equiv 2$이다. 따라서 $x=2+7 \cdot 2=16$ 이다. (확인: $x=16$은 $f(x)=x^3+x+4 \ (\bmod 7^2)$의 근임을 확인할 수 있다.)

(단계 3) $f(x)=x^3+x+4 \ (\bmod 7^3)$의 근은 $x=16(\bmod 7^2)$으로부터 $x=16+7^2s$라고 쓸 수 있다. 그러면

$$(16+7^2s)^3+(16+7^2s)+4 \equiv (16^3+3\cdot 16^2\cdot 7^2s)+(16+7^2s)+4 \equiv 0 \pmod{7^3}$$

즉, $(16^3+16+4)+(3\cdot 16^2+1)7^2s \equiv 0 \pmod{7^3}$이다. 그런데 $x=16 \pmod{7^2}$이 $f(x) \pmod{7^2}$의 근이므로, $16^3+16+4 \equiv 0 \pmod{7^2}$이다. 실제로 $16^3+16+4=7^2\cdot 84$이므로 $7^2\cdot 84+(3\cdot 16^2+1)7^2s \equiv 0 \pmod{7^3}$; 즉, $84+(3\cdot 16^2+1)s \equiv 0 \pmod{7}$이다. $769s+84 \equiv 0 \pmod{7}$; $13s \equiv 0 \pmod{7}$이다. 따라서 $s=0$이며 $x \equiv 16 \pmod{7^3}$이 $f(x)=x^3+x+4 \pmod{7^3}$의 근이다. (확인: $x=16$은 $f(x)=x^3+x+4 \pmod{7^3}$의 근임을 확인할 수 있다.)

2. $f(x)=x^2+1$라고 하자.

(단계 1) 법 5에 대해 $x_1 \equiv \pm 2 \pmod{5}$가 근이다.

(단계 2) 법 5^2에 대해, $x_2 \equiv x_1-\dfrac{f(x_1)}{f'(x_1)} \equiv 2-\dfrac{5}{-1} \equiv 7 \pmod{5^2}$이므로 $x \equiv 7 \pmod{5^2}$이 근이다. ($x \equiv 7 \pmod{5^2}$을 식에 대입하여 정확한 근임을 확인하자.)

(단계 3) 법 5^3에 대해, $x_3 \equiv x_2-\dfrac{f(x_2)}{f'(x_2)} \equiv 7-\dfrac{50}{14} \equiv 7-\dfrac{50}{-1} \equiv 57 \pmod{5^3}$이므로 $x \equiv 57 \pmod{5^3}$이 근이다. ($x \equiv 57 \pmod{5^3}$을 식에 대입하여 정확한 근임을 확인하자.)

(단계 4) 법 5^4에 대해, $x_4 \equiv x_3-\dfrac{f(x_3)}{f'(x_3)} \equiv 57-\dfrac{3250}{114} \equiv 57-\dfrac{3250}{-1} \equiv 3307 \equiv 182 \pmod{5^4}$이므로 $x \equiv 182 \pmod{5^4}$이 근이다. ($x \equiv 182 \pmod{5^4}$을 식에 대입하여 정확한 근임을 확인하자.)

3. 법 13에 대한 3의 역원인 9를 양변에 곱하면 $x^2+3x+11 \equiv 0 \pmod{13}$이다. 이것을 $x^2-10x+11 \equiv 0 \pmod{13}$로 변형하여, 다시 완전제곱꼴 $(x-5)^2 \equiv 1 \pmod{13}$로 만든다. 그러면 $x-5 \equiv 1 \pmod{13}$, $x \equiv 6 \pmod{13}$, $x-5=12 \pmod{13}$, $x=4 \pmod{13}$가 되어 근이다.

4. 양변을 7 거듭제곱하면 $x^{35} \equiv 9^7 \equiv 16 \pmod{37}$. 양변에 x를 곱하면 $x^{36} \equiv 16x \pmod{37}$인데, 여기에 페르마 정리($x^{36} \equiv 1 \pmod{37}$, $x \not\equiv 0 \pmod{37}$임은 분명하다.)를 사용하면 $1 \equiv 16x \pmod{37}$가 된다. $16\cdot 7=112=(3\cdot 37)+1 \equiv 1 \pmod{37}$이므로 양변에 7을 곱하면 $x \equiv 7 \pmod{37}$이 된다. $x \equiv 7 \pmod{37}$을 원식에 대입하면 $x^5 \equiv 7^5 \equiv (7^2)^2\cdot 7 \equiv 12^2\cdot 7 \equiv 6^2\cdot 2^2\cdot 7 \equiv (-1)28 \equiv 9 \pmod{37}$ 근이 됨을 볼 수 있다.

5. 양변을 제곱하면 $x^{34} \equiv 18^2 \equiv 324 \equiv (8\cdot 37)+28 \equiv 28 \pmod{37}$. 양변에 x^2을 곱하면 $x^{36} \equiv 28x^2 \pmod{37}$인데 페르마 정리에 의해 $28x^2 \equiv 1 \pmod{37}$이다. $28^{-1} \pmod{37}$을 얻기 위해 유클리드 알고리즘을 사용하면 $37=28\cdot 1+9$; $28=9\cdot 3+1$이므로 $1=28-(37-28)\cdot 3=28(4)+37(-3)$, $28^{-1} \pmod{37} \equiv 4$이므로 $x^2 \equiv 4 \pmod{37}$, 즉 $x \equiv 2 \pmod{37}$ 또는 $x \equiv -2 \pmod{37}$이다. $x \equiv 2 \pmod{37}$를 원식에 대입하면

$2^{17} \equiv (2^5)^3 \cdot 2^2 \equiv (-5)^3 \cdot 2^2 \equiv (-1)(14)(4) \equiv -56 \equiv 18 \pmod{37}$으로 근이 된다.

한편 $x \equiv -2 \pmod{37}$를 원식에 대입하면 $(-2)^{17} \equiv (-1)(2^5)^3 \cdot 2^2 \equiv 56 \equiv 19 \pmod{37}$로서 근이 되지 않는다. 따라서 $x \equiv 2 \pmod{37}$는 $x^{17} \equiv 18 \pmod{37}$의 유일한 근이다.

6. 양변을 4 거듭제곱하면 $x^{40} \equiv 11 \pmod{43}$.

$(x^{40} \equiv 35^4 \equiv 5^4 \cdot 7^4 \equiv (5^2)^2\ (7^2)^2 \equiv 18^2\ 6^2 \equiv 3^2\ (6^2)^2 \equiv 9(-7)^2 \equiv 9 \cdot 49 \equiv 54 \equiv 11 \pmod{43})$

양변에 x^2을 곱하여 페르마 정리를 사용하면 $11x^2 \equiv x^{42} \equiv 1 \pmod{43}$. $11^{-1} \pmod{43} \equiv 4$이므로 $x^2 \equiv 4 \pmod{43}$, 즉 $x \equiv \pm 2 \pmod{43}$이다. $x \equiv 2$와 $x \equiv -2$를 각각 원식에 대입해보면, 이 두 값이 모두 근임을 알 수 있다.

7. y가 짝수이면 $x^2 = y^3 - 5 \equiv 3 \pmod 8$으로서 정수근이 불가능하다. y가 홀수라고 하자. $y \equiv 3 \pmod 4$라면, $x^2 = y^3 - 5 \equiv 3^3 - 5 \equiv 2 \pmod 4$으로서 정수근이 불가능하다. $y \equiv 1 \pmod 4$라면, $y = 4z+1\ (z \in \mathbb{Z})$라고 하면, $x^2 + 4 = y^3 - 1 = 64z^3 + 48z^2 + 12z = 4z(16z^2 + 12z + 3)$으로서 $x^2 \equiv 4 \pmod{16z^2 + 12z + 3}$이 된다. 그런데 $16z^2 + 12z + 3 \equiv 3 \pmod 4$이므로 야코비 기호에 의해 $\left(\frac{-4}{16z^2+12z+3}\right) = \left(\frac{-1}{16z^2+12z+3}\right) = -1$가 되어 정수근이 존재하지 않는다.

Chapter 12 연분수

12.1 유한단순연분수

1. (a) $\frac{17}{3} = 5 + \frac{2}{3} = 5 + \cfrac{1}{1 + \cfrac{1}{2}} = \langle 5;\ 1,\ 2 \rangle$

(b) $\langle 0;\ 3,\ 1,\ 1,\ 2 \rangle$

(c) $\langle 4;\ 1,\ 1,\ 2,\ 1,\ 2 \rangle$

(d) $77 = 2 \cdot 30 + 17$ 이므로 $\frac{77}{30} = \langle 2; 1,\ 1,\ 3,\ 4 \rangle = \langle 2; 1,\ 1,\ 3,\ 3,1 \rangle$

$30 = 1 \cdot 17 + 13$

$17 = 1 \cdot 13 + 4$

$13 = 3 \cdot 4 + 1$

$4 = 4 \cdot 1$

(e) $36 = 2 \cdot 14 + 8$ 이므로 $\frac{14}{36} = \langle 0;\ 2,\ 1,\ 1,\ 3 \rangle = \langle 0;\ 2,\ 1,\ 1,\ 2,\ 1 \rangle$

$14 = 1 \cdot 8 + 6$

$8 = 1 \cdot 6 + 2$

$6 = 3 \cdot 2 + 0$

2. (a) $\langle 2;\ 1,\ 3 \rangle \quad = 2 + \cfrac{1}{1 + \cfrac{1}{3}} = 2 + \frac{3}{4} = \frac{11}{4}$

(b) $\langle -3;\, 2,\, 12\rangle \quad = -3+\cfrac{1}{2+\cfrac{1}{12}} = -3+\frac{12}{25} = -\frac{63}{25}$

(c) $\langle 0;\, 1,\, 100\rangle \quad = 0+\cfrac{1}{1+\cfrac{1}{100}} = \frac{100}{101}$

12.2 무한단순연분수

1. (a) $\frac{1+\sqrt{13}}{2} = \langle 2;\, \overline{3}\rangle$ (b) $3-\sqrt{3} = \langle 1;\, 3,\, 1,\, 2,\, 1,\, 2,\, \cdots\rangle$

(c) $\frac{5-\sqrt{7}}{4} = \langle 0;\, 1,\, 1,\, \overline{2,\, 3,\, 10,\, 3}\rangle$

2. (a) $\langle 1; 2, \overline{2,3}\rangle = 1+\cfrac{1}{2+\cfrac{1}{\cfrac{\sqrt{15}+3}{3}}} = 1+\cfrac{1}{2+\cfrac{3}{\sqrt{15}+3}} = 1+\frac{\sqrt{15}+3}{2\sqrt{15}+9}$

$$= \frac{3\sqrt{15}+12}{2\sqrt{15}+9}\cdot\frac{9-2\sqrt{15}}{9-2\sqrt{15}} = \frac{18+3\sqrt{15}}{21} = \frac{6+\sqrt{15}}{7}$$

(b) $\langle 0; \overline{1,2,3}\rangle = x$라고 하면 $x = \cfrac{1}{1+\cfrac{1}{2+\cfrac{1}{3+x}}} = \cfrac{1}{1+\cfrac{3+x}{7+2x}} = \frac{7+2x}{10+3x}$. $10+3x^2 = 7+2x$,

즉 $3x^2+8x-7=0$이다. 그러므로 $x = \frac{\sqrt{37}-4}{3}$이다.

4. $r = \langle a_0; a_1, \cdots, a_n\rangle$이므로 $\frac{1}{r} = \frac{1}{\langle a_0; a_1, \cdots, a_n\rangle} = 0+\frac{1}{\langle a_0; a_1, \cdots, a_n\rangle} = \langle 0, a_0, a_1, \cdots, a_n\rangle$

5. (a) $c>d$이므로 $\frac{1}{c}<\frac{1}{d}$이다. 따라서 $a+\frac{1}{c}<a+\frac{1}{d}$, 즉 $\langle a, c\rangle < \langle a, d\rangle$이다.

(b) $c>d$이므로 $\frac{1}{c}<\frac{1}{d}$이며 $b+\frac{1}{c}<b+\frac{1}{d}$.

$\cfrac{1}{b+\cfrac{1}{d}} < \cfrac{1}{b+\cfrac{1}{c}}$이며 $a+\cfrac{1}{b+\cfrac{1}{d}} < a+\cfrac{1}{b+\cfrac{1}{c}}$이다. 따라서 $\langle a, b, d\rangle < \langle a, b, c\rangle$이다.

6. $\sqrt{41} = \langle 6; \overline{2, 2, 12}\rangle$ $\sqrt{42} = \langle 6; \overline{2, 12}\rangle$

$\sqrt{43} = \langle 6; \overline{1, 1, 3, 1, 5, 1, 3, 1, 1, 12}\rangle$ $\sqrt{44} = \langle 6; \overline{1, 1, 1, 2, 1, 1, 1, 12}\rangle$

$\sqrt{45} = \langle 6; \overline{1, 2, 2, 2, 1, 12}\rangle$ $\sqrt{46} = \langle 6;\, \overline{1, 3, 1, 1, 2, 6, 2, 1, 1, 3, 1, 12}\rangle$

$\sqrt{47} - \langle 6; \overline{1, 5, 1, 12}\rangle$ $\sqrt{48} = \langle 6; \overline{1, 12}\rangle$

$\sqrt{50} = \langle 7; \overline{14}\rangle$ $\sqrt{51} = \langle 7; \overline{7, 14}\rangle$

12.3 연분수의 응용

1. $\frac{1}{\phi}=\phi-1 \Leftrightarrow \phi=1+\frac{1}{\phi}=1+\frac{1}{1+\phi}=1+\cfrac{1}{1+\cfrac{1}{1+\cdots}}$

즉, 황금비는 $\phi=\langle 1;1,1,1,1,\cdots\rangle$으로 표현되는 무한단순연분수이다.

2. $\alpha=\frac{5+\sqrt{29}}{2}$에서 $(2\alpha-5)^2=(\sqrt{29})^2 \Leftrightarrow 4\alpha^2-20\alpha-4=0$. 즉, $\alpha^2-5\alpha-1=0$이다. α 대신 x를 대입하면 $x^2-5x-1=0$이 된다. 따라서 $\alpha=\frac{5+\sqrt{29}}{2}$은 $x^2-5x-1=0$의 무리수 근이 되고 $\alpha=\frac{5+\sqrt{29}}{2}=\langle 5;5,5,5,\cdots\rangle$이다.

3. (a) 이차방정식 $x^2-5x-1=0$에서 $x^2=5x+1$. 양변을 x로 나누고, x 대신에서 $5+\frac{1}{x}$을 대입하는 과정을 반복하면

$$x=5+\frac{1}{x}=5+\cfrac{1}{5+\cfrac{1}{x}}=5+\cfrac{1}{5+\cfrac{1}{5+\cfrac{1}{\cdots}}}=\langle 5;5,5,5,\cdots\rangle.$$

따라서 $x=\langle 5;5,5,5,\cdots\rangle$는 무한단순연분수로서 이차방정식 $x^2-5x-1=0$의 근이므로, 방정식은 이차 무리수근을 갖는다. 즉 $x=\langle 5;5,5,5,\cdots\rangle=\langle \bar{5}\rangle=\frac{5+\sqrt{29}}{2}$이다.

(b) $x^2-3x-1=0$에서 $-3x-1$을 우변으로 이항한 후, 양변을 x로 나누고, 분모 x 대신 $3+\frac{1}{x}$을 대입한다. $x=3+\frac{1}{x}=3+\cfrac{1}{3+\cfrac{1}{3+\cfrac{1}{\cdots}}}=\langle 3;3,3,3,3,\cdots\rangle$

(c) $4x^2-8x-1=0$에서 $-8x-1$을 이항한 후, 양변을 $4x$로 나누고, x 대신 $2+\frac{1}{4x}$을 대입한다. $x=2+\frac{1}{4x}=2+\cfrac{1}{8+\cfrac{1}{2+\cfrac{1}{8+\cfrac{1}{\cdots}}}}=\langle 2;8,2,8,2,8,\cdots\rangle$

4.

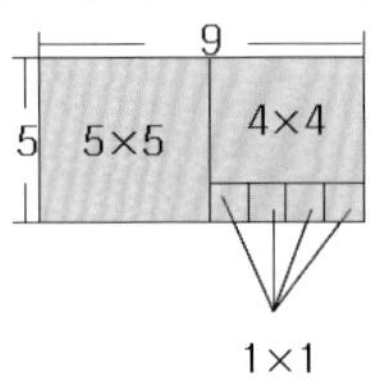

$\frac{9}{5}=1+\cfrac{1}{1+\cfrac{1}{4}}$

$\frac{7}{20}=0+\cfrac{1}{2+\cfrac{1}{1+\cfrac{1}{6}}}$

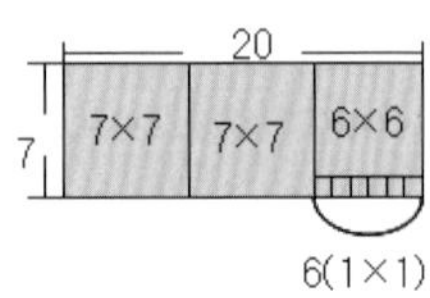

Chapter 13 피보나치수열, 피타고라스 세 쌍, 펠 수열

13.1 피보나치수열

1. (a) $F_9 = 34,\ F_{12} = 144$이므로 $\gcd(F_9, F_{12}) = \gcd(34, 144) = 2 = F_3$

(b) $F_{15} = 610,\ F_{20} = 6765$이므로 $\gcd(F_{15}, F_{20}) = \gcd(610, 6765) = 5 = F_5$

(c) $F_{24} = 46368,\ F_{36} = 14930352$이므로

$\gcd(F_{24}, F_{36}) = \gcd(46368, 14930352) = 144 = F_{12}$

3. (a) $F_1 = F_2 = 1,\ F_n = F_{n-1} + F_{n-2}\ (n \geq 3)$이다.

$\gcd(F_n, F_{n-1}) = \gcd(F_{n-1}, F_{n-2}) = \cdots = \gcd(F_2, F_1) = \gcd(1, 1) = 1$

4. (a) 연분수 표현 $\dfrac{F_{n+1}}{F_n} = \dfrac{h_{n-1}}{k_{n-1}} = \langle 1, 1, \cdots, 1\rangle$ (1이 n개)이므로

$$\lim_{n\to\infty}\frac{F_{n+1}}{F_n} = \lim_{n\to\infty}\frac{h_{n-1}}{k_{n-1}} = \lim_{n\to\infty}\frac{h_n}{k_n} = \langle 1, 1, \cdots\rangle = \frac{1+\sqrt{5}}{2}$$ 이다.

(b) n에 관한 귀납법사용. $n=2$일 때, $\begin{pmatrix} F_3 & F_2 \\ F_2 & F_1 \end{pmatrix} = \begin{pmatrix} 2 & 1 \\ 1 & 1 \end{pmatrix} = \begin{pmatrix} 1 & 1 \\ 1 & 0 \end{pmatrix}^2$이다.

$\begin{pmatrix} F_{n+1} & F_n \\ F_n & F_{n-1} \end{pmatrix} = \begin{pmatrix} 1 & 1 \\ 1 & 0 \end{pmatrix}^n$이 성립한다고 가정하자. 그러면

$$\begin{pmatrix} 1 & 1 \\ 1 & 0 \end{pmatrix} = \begin{pmatrix} 1 & 1 \\ 1 & 0 \end{pmatrix}\begin{pmatrix} F_{n+1} & F_n \\ F_n & F_{n-1} \end{pmatrix} = \begin{pmatrix} F_{n+1}+F_n & F_n+F_{n-1} \\ F_{n+1} & F_n \end{pmatrix} = \begin{pmatrix} F_{n+2} & F_{n+1} \\ F_{n+1} & F_n \end{pmatrix}$$ 이다.

5. 4(b)를 사용하자. $A = \begin{pmatrix} 1 & 1 \\ 1 & 0 \end{pmatrix}$라고 할 때, 4(b)에서 $A^n = \begin{pmatrix} F_{n+1} & F_n \\ F_n & F_{n-1} \end{pmatrix}$. 따라서

$$\begin{pmatrix} F_{m+n+1} & F_{m+n} \\ F_{m+n} & F_{m+n-1} \end{pmatrix} = A^{m+n} = A^m A^n = A^n A^m = \begin{pmatrix} F_{n+1} & F_n \\ F_n & F_{n-1} \end{pmatrix}\begin{pmatrix} F_{m+1} & F_m \\ F_m & F_{m-1} \end{pmatrix}$$

$$= \begin{pmatrix} F_{n+1}F_{m+1}+F_nF_m & F_{n+1}F_m+F_nF_{m-1} \\ F_{n+1}F_m+F_nF_{m-1} & F_nF_m+F_{n-1}F_{m-1} \end{pmatrix}.$$

그러므로 $F_{m+n+1} = F_{n+1}F_{m+1} + F_nF_m,\ \ F_{m+n} = F_{n+1}F_m + F_nF_{m-1},$

$F_{m+n-1} = F_nF_m + F_{n-1}F_{m-1}$

(a) $F_{m+n} = F_{n+1}F_m + F_nF_{m-1}$이 성립한다.

(b) $n=m$이면 $F_{2n-1} = F_nF_n + F_{n-1}F_{n-1} = F_n^2 + F_{n-1}^2$

(c) $n=m$이면,

$$F_{2n} = F_{n+1}F_n + F_nF_{n-1} = F_{n+1}(F_{n+1} - F_{n-1}) + (F_{n+1} - F_{n-1})F_{n-1} = F_{n+1}^2 - F_{n-1}^2$$

참고 위의 문제들을 풀기 위해 다음의 방법을 사용하면 효과적으로 해결할 수 있다. 유클리드 알고리즘에서 만일 $n = qm + r$이면 $\gcd(n, m) = \gcd(m, r)$이다.

따라서 $\gcd(978, 96) = \gcd(96, 18) = \gcd(18, 6) = \gcd(6, 0) = 6$이다. 이와 유사하게 피보나치 수열에서도 $\gcd(F_n, F_m) = \gcd(F_m, F_r)$가 됨을 보일 수 있다.

만일 n이 m의 배수여서 $n = qm$이라면, $F_n = F_{qm} = F_m F_{(q-1)m+1} + F_{m-1} F_{(q-1)m}$이다. 만일 $F_{(q-1)m}$이 F_m의 배수라면 F_{qm}도 그렇다. 따라서 $F_n = F_{qm}$도 F_m의 배수이다.

따라서 $\gcd(F_n, F_m) = \gcd(F_{qm}, F_m) = F_m = F_{\gcd(n,m)}$이다.

일반적으로 $n = qm + r \ (r > 0)$이면

$$\gcd(F_n, F_m) = \gcd(F_m, F_{qm+r}) = \gcd(F_m, F_{qm}F_{r+1} + F_{qm-1}F_r) = \gcd(F_m, F_{qm-1}F_r)$$

그런데 F_m은 F_{qm}을 나누고 F_{qm}은 F_{qm-1}과 서로소이므로 $\gcd(F_m, F_{qm-1}) = 1$이다.

따라서 $\gcd(F_n, F_m) = \gcd(F_m, F_r)$.

이런 방법을 반복하면 $\gcd(F_n, F_m) = \gcd(F_m, F_r) = \cdots = \gcd(F_{\gcd(n,m)}, F_0) = F_{\gcd(n,m)}$이며 특별히 $\gcd(F_{n+1}, F_n) = 1 = F_1 = F_{\gcd(n+1,n)}$이 된다.

$$\gcd(F_{978}, F_{96}) = \gcd(F_{96}, F_{18}) = \gcd(F_{18}, F_6) = \gcd(F_6, F_0) = \gcd(F_6, 0) = F_6 = F_{\gcd(978,96)}$$

그러므로

① (a) $\gcd(F_9, F_{12}) = F_{\gcd(9,12)} = F_3$ (b) $\gcd(F_{15}, F_{20}) = F_{\gcd(15,20)} = F_5$

③ $\gcd(F_n, F_{n-1}) = F_{\gcd(n,n-1)} = F_1 = 1$

④ $\gcd(F_m, F_{mn}) = F_m$이므로 $F_m \mid F_{mn}$이다. ∎

13.3 피타고라스 세 쌍과 피보나치수열

1. (3, 4, 5), (5, 12, 13), (7, 24, 25), (8, 15, 17), (9, 41, 40), (60, 61, 11), (12, 35, 37), (84, 85, 13), (63, 65, 16), (20, 21, 29), (45, 53, 28), (56, 65, 33), (77, 85, 36), (80, 89, 39)

2. 피보나치 수 $(2, a, a+2, 2a+2)$에서 $2a+2=50$, 즉 $a=24$이다. 그러면 $(2,24,26,50)$인 피보나치 수로부터 $x=100$, $y=1248$, $z=1252$인 피타고라스 세 쌍을 만들 수 있다.

3. 피보나치 수 $(1, a, a+1, 2a+1)$에서 $2a+1=51$, 즉 $a=25$가 되어, 피보나치 수 $1, 25, 26, 51$로부터 피타고라스 세 쌍 $(51, 1300, 1301)$을 만들 수 있다. 또 다른 방법은, $51 = 3 \cdot 17$로부터 $(3, a, a+3, 2a+3)$에서 $2a+3=17$, 즉 $a=7$로 하면 피보나치 수 $(3, 7, 10, 17)$로부터 피타고라스 세 쌍 ((51, 140, 149)를 만들 수 있다. 물론, 잘 알려진 피타고라스 세 쌍 $(3, 4, 5)$에 17을 곱하여 피타고라스 세 쌍 $(51, 68, 85)$을 만들 수도 있다.

Chapter 15 암호론 II

15.4 암호이론의 실생활에서의 응용.

2. (1) 라 (2) 다 (3) 랴

(4) '황' 은 ㅎ + ㅏ + ㅗ + ㅇ의 네 성분으로 구성되므로, 순서쌍 (x, y, z, w)의 형태로 표현된다. 그러므로 $(x, y, z, w) \to (x', y', z', w')$과 같은 변환으로 암호를 만들어야 한다.

3. $K = \begin{pmatrix} 2 & 5 \\ 1 & 3 \end{pmatrix}$

Chapter 16 흥미로운 수 I

16.2 메르센 수와 메르센 소수

1. $n = 2^{k-1}(2^k - 1)$의 형태를 사용하여 $2(2^2-1) = 6$, $2^2(2^3-1) = 28$, $2^4(2^5-1) = 496$, $2^6(2^7-1) = 8128$, $2^{12}(2^{13}-1) = 33550336$.

2. (a) $n = 2^{k-1}(2^k - 1)$이 완전수이므로 $2^k - 1$은 소수(홀수)이다. 따라서

$$1 + 2 + \cdots + (2^k - 1) = 2^k \frac{(2^k - 2)}{2} + \frac{2^k}{2} = \frac{2^k}{2}(2^k - 1) = 2^{k-1}(2^k - 1) = n \text{ 이다.}$$

(b) $n = 2^{k-1}(2^k - 1)$이 완전수이므로 $2^k - 1$은 소수이다. 따라서

$$\begin{aligned} \phi(n) &= \phi(2^{k-1}(2^k - 1)) = \phi(2^{k-1}) \cdot \phi(2^k - 1) \\ &= 2^{k-2}(2-1) \cdot (2^k - 2) = (2^{k-1} - 2^{k-2}) \cdot (2^k - 2) \\ &= 2^{k-1}(2^k - 2) - 2^{k-2}(2^k - 2) = 2^{k-1}(2^k - 1 - 1) - 2^{k-2}(2^k - 2) \\ &= 2^{k-1}(2^k - 1) - 2^{k-1} - 2^{2k-2} + 2^{k-1} = n - 2^{2k-2} \end{aligned}$$

(c) $n^2 = 2^{2k-2}(2^k \quad 1)^2$이므로

$\phi(n^2) + 1 = \phi(2^{2k-2})\,\phi((2^k - 1)^2) + 1 = 2^{2k-3} \cdot (2^k - 1)(2^k - 2) + 1 \equiv 0 \pmod{2^k}$

3. (a) n이 완전수이므로 $\sigma(n) = 2n$이다. $d \mid n$이면 $n = dd'$인 d'이 존재하며 $d' \mid n$이다. 따라서

$$\sum_{d \mid n} \frac{1}{d} = \sum_{d \mid n} \frac{d'}{dd'} = \sum_{d' \mid n} \frac{d'}{n} = \frac{1}{n} \sum_{d' \mid n} d' = \frac{\sigma(n)}{n} = 2 \text{이다.}$$

(b) 짝수인 완전수는 $n = 2^{k-1}(2^k - 1)$의 꼴이다. 또한 $2^k - 1$이 소수이므로 k는 소수이다. 만약 $k = 2$이면 $n = 6$이다. 만약 $k > 2$이며 $k \equiv 1 \pmod 4$이거나 $k \equiv 3 \pmod 4$이다.

$k \equiv 1 \pmod 4$ 즉 $k = 4m + 1$의 형태이면

$$n = 2^{4m}(2^{4m+1} - 1) = 2^{8m+1} - 2^{4m} = 2 \cdot 16^{2m} - 16^m$$

이다. 그런데 항상 $16^t \equiv 6 \pmod{10}$이므로 $n \equiv 2 \cdot 6 - 6 \equiv 6 \pmod{10}$이다.

$k \equiv 3 \pmod 4$, 즉 $k = 4m + 3$의 형태이면

$$n = 2^{4m+2}(2^{4m+3} - 1) = 2^{8m+5} - 2^{4m+2} = 2 \cdot 16^{2m+1} - 4 \cdot 16^m \equiv 2 \cdot 6 - 4 \cdot 6 \equiv -12 \equiv 8$$

이다. 따라서 완전수의 끝 자릿수는 6 또는 8이다.

(c) p^k의 약수들은 $1, p, p^2, \cdots, p^k$ 이며, $1+p+p^2+\cdots+p^{k-1} = \dfrac{p^k-1}{p-1} < p^k$이다. 그런데 $\sigma(p^k) = 1+p+p^2+\cdots+p^{k-1}+p^k < p^k+p^k = 2p^k$ 이므로 완전수가 아니다.

4. (a) 메르센 수의 곱 $n=(2^u-1)(2^v-1)$에서
$\sigma(n)=\sigma(2^u-1)\cdot\sigma(2^v-1)=2^u\cdot 2^v=2^{u+v}$.

(b) $\sigma(N_p) = \sum_{d\mid N_p} d = \sum_{d\mid M_p 2^{p-1}} d$
$= 1+2+\cdots+2^{p-1}+M_p(1+2+\cdots+2^{p-1}) = (1+M_p)(2^p-1) = 2^pM_p = 2N_p$

(c) $n=bc\ (1<b, c<n)$인 합성수라 하자.
그러면 $2^n-1=(2^b)^c-1=(2^b-1)((2^b)^{c-1}+(2^b)^{c-2}+\cdots+2^b+1)$이며
$2^b-1 \ge 2^2-1=3$ 또한 $(2^b)^{c-1}+(2^b)^{c-2}+\cdots+2^b+1 \ge 2^b+1 \ge 5$이므로
2^n-1이 합성수로 모순이다. 따라서 n은 소수이다.

(d) $a>1,\ d\ge 1,\ n>0$이 $d\mid n$일 때, $(a^d-1)\mid(a^n-1)$이므로 $(2^m-1)\mid(2^n-1)$이다.
따라서 $M_m\mid M_n$이다.

(e) 정수 $a, m, n(a>1,\ m, n\ge 1)$이 $d=\gcd(m,n)$일 때 $\gcd(a^m-1, a^n-1)=a^d-1$이므로
$\gcd(M_m, M_n)=\gcd(2^m-1, 2^n-1)=2^d-1=M_d=M_{\gcd(m,n)}$이다.

Chapter 17 흥미로운 수 II

17.1 페르마 수

1. (a) $F_n=2^{2^n}+1$이며 $F_{n-1}=2^{2^{n-1}}+1$이므로 $F_n-1=2^{2^n}=(2^{2^{n-1}})^2=(F_{n-1}-1)^2$이다.

(b) $F_n=2^{2^n}+1$이며 $F_{n-1}=2^{2^{n-1}}+1$이므로
$F_n-2=2^{2^n}-1=(2^{2^{n-1}})^2-1=(2^{2^{n-1}}+1)(2^{2^{n-1}}-1)=F_{n-1}\cdot(F_{n-1}-2)$이다.
또한 $F_{n-1}=2^{2^{n-1}}+1$이며 $F_{n-2}=2^{2^{n-2}}+1$이므로
$F_{n-1}-2=2^{2^{n-1}}-1=(2^{2^{n-2}})^2-1=(2^{2^{n-2}}+1)(2^{2^{n-2}}-1)=F_{n-2}\cdot(F_{n-2}-2)$이다. 그러므로
$F_n-2=F_{n-1}\cdot(F_{n-1}-2)=F_{n-1}\cdot F_{n-2}\cdot(F_{n-2}-2)$이다. 반복하면
$F_n-2=F_{n-1}\cdot F_{n-2}\cdot(F_{n-2}-2)=F_{n-1}\cdot F_{n-2}\cdot F_{n-3}\cdot(F_{n-3}-2)=F_{n-1}\cdot F_{n-2}\cdots F_1F_0$
이다.

(c) $\gcd(F_m, F_n)=d$라고 하자. $n>m\ge 0$이므로 (b)에서 F_m은 F_n-2의 약수이다. $F_n-2=kF_m(k\in\mathbb{Z})$라면 $F_n=kF_m+2$이다. 그러므로 $(d\mid F_m$ 또한 $d\mid F_n)\Rightarrow(d\mid F_m$ 또한 $d\mid kF_m+2)\Rightarrow(d\mid 2)\Rightarrow d=1$ 또는 $d=2$이다. F_m과 F_n은 모두 홀수이므로 $d=1$이다.

2. $F_n=2^{2^n}+1\ (n\ge 0)$이므로, $F_0=3,\ F_1=5,\ F_2=17,\ F_3=257,\ F_4=65537$이다.

3. $F_n = F_0 \cdots F_{n-1} + 2$이다. $n > k \geq 0$이므로 k는 0부터 $n-1$ 사이의 어떤 수이므로
$F_n = F_0 \cdots F_k \cdots F_{n-1} + 2 \equiv 2(\bmod F_k)$이다.

4. $F_{n-1}^2 - 2(F_{n-2} - 1)^2 = (2^{2^{n-1}} + 1)^2 - 2(2^{2^{n-2}} - 1 + 1)^2$
$= 2^{2^n} + 2 \cdot 2^{2^{n-1}} + 1 - 2 \cdot 2^{2^{n-1}} = 2^{2^n} + 1 = F_n$

5. $2^{F_n} - 2 = 2(2^{F_{n-1}} - 1) = 2(2^{2^{2^n}} + 1 - 2) = 2(F_{2^n} - 2) = 2F_0 \cdots F_{2^n - 1}$.
모든 $m < 2^n - 1$에 대해 $2^{F_n} - 2 \equiv 0\ (\bmod F_m)$이다.

17.3 쌍둥이 소수

1. (a) 쌍둥이 소수 p, $p+2$에서 $p(p+2)+1 = p^2 + 2p + 1 = (p+1)^2$으로서 완전제곱수이다.
(b) $(3, 5) \to 8$, $(5, 7) \to 12$, $(11, 13) \to 24$, $(17, 19) \to 36$, $(29, 31) \to 60$, $(41, 43) \to 84$, $(59, 61) \to 120$, $(71, 73) \to 144$, $(101, 103) \to 204$, $(107, 109) \to 216$

2. (a) p와 $p+2$가 소수이므로 $\sigma(p) = p+1$, $\sigma(p+2) = p+2+1$이며 $\sigma(p+2) = \sigma(p) + 2$이다.
(b) p와 $p+2$가 소수이므로 $\phi(p) = p-1$, $\phi(p+2) = p+2-1$이며 $\phi(p+2) = \phi(p) + 2$이다.
따라서 $\sigma(p+2) = \sigma(p) + 2$이다.

찾아보기

ㅇ

ㅈ

ㅊ

ㅋ

ㅍ

ㅎ

기타

정수와 암호론

인쇄 | 2019년 4월 15일
발행 | 2019년 4월 20일

지은이 | 최은미

펴낸이 | 조승식
펴낸곳 | (주)도서출판 북스힐

등 록 | 1998년 7월 28일 제22-457호
주 소 | 서울시 강북구 한천로 153길 17
전 화 | (02) 994-0071
팩 스 | (02) 994-0073

홈페이지 | www.bookshill.com
이메일 | bookshill@bookshill.com

정가 22,000원

ISBN 979-11-5971-205-0

Published by bookshill, Inc. Printed in Korea.